Tobias Leuker
Angelo Poliziano

Beiträge zur Altertumskunde

Herausgegeben von
Michael Erler, Ernst Heitsch, Ludwig Koenen,
Reinhold Merkelbach, Clemens Zintzen

Band 98

B. G. Teubner Stuttgart und Leipzig

Angelo Poliziano

Dichter, Redner, Stratege

Eine Analyse der *Fabula di Orpheo*
und ausgewählter lateinischer Werke
des Florentiner Humanisten

Von
Tobias Leuker

B. G. Teubner Stuttgart und Leipzig 1997

Die Deutsche Bibliothek – CIP-Einheitsaufnahme

Leuker, Tobias:
Angelo Poliziano: Dichter, Redner, Stratege; ein Analyse der Fabula di Orpheo und ausgewähler lateinischer Werke des Florentiner Humanisten / von Tobias Leuker. – Stuttgart; Leipzig: Teubner, 1997
(Beiträge zur Altertumskunde; Bd. 98)
Zugl.: Freiburg (Breisgau), Univ., Diss., 1996
ISBN 3-519-07647-0

Printed in Germany
Druck und Bindung: Röck, Weinsberg

Meinen Eltern

Die vorliegende Studie wurde im Juli 1996 als italianistische Dissertation an der Albert-Ludwigs-Universität Freiburg eingereicht. Mit Fachkunde und Aufgeschlossenheit betreut wurde sie von Prof. Dr. Frank-Rutger Hausmann, dem ich meinen besonderen Dank aussprechen möchte. Mein Interesse für den italienischen Humanismus wurde von Dr. Giuliana Crevatin (Scuola Normale Superiore, Pisa) geweckt und von Prof. Dr. Peter Godman (Tübingen) nachhaltig unterstützt. Auch ihnen weiß ich mich zu Dank verpflichtet. Für Anregung und Kritik danke ich weiterhin Prof. Dr. Brigitte Schlieben-Lange (Tübingen) und Prof. Dr. Achim Aurnhammer (Freiburg). Technische Hilfe gewährten mir mit großer Zuvorkommenheit Monika Claus, Eva Rohr, Roland Haidl und Volker Wittenauer.
Über meine gesamte Studienzeit hin hat mich die Studienstiftung des deutschen Volkes unterstützt, zuletzt mit einem zweijährigen Promotionsstipendium. In meinen Tübinger und Pisaner Jahren erhielt ich überdies Begabtenförderung durch den Freistaat Bayern. Ich hoffe, die Erwartungen der genannten Institutionen nicht enttäuscht zu haben, und spreche auch ihnen meinen herzlichen Dank aus.

INHALTSVERZEICHNIS

1. Einführung

Carlo Dionisotti nannte Angelo Poliziano einmal bündig "[il] maggiore umanista del Quattrocento"[1]. Mit einem Seitenblick auf die aktuelle deutsche Italianistik ließe sich hinzufügen: Er ist der nahezu unbekannte Protagonist eines vernachlässigten Jahrhunderts[2]. Eine größere monographische Studie zu Poliziano hat hierzulande in diesem Jahrhundert nur der Philosophiehistoriker Alfons Waschbüsch[3] verfaßt.

Poliziano ist ein Autor, der mit einer Unzahl von Quellen operiert. Überragend waren seine Kenntnisse der volkssprachlichen, lateinischen und griechischen Literatur, stark ausgeprägt seine Abneigung gegen jegliche Kanonbildung, hoch-, ja, überentwickelt sein künstlerisches Selbstbewußtsein, das ihn mit den *auctores*, die so viele andere nur andächtig verehrten, frech in Wettstreit treten ließ. Die Auseinandersetzung mit den Geistesgrößen der Antike erfolgte nicht selten im Rahmen zeitgenössischer philologischer und philosophischer Debatten. Zuweilen war sie auch, was bisher noch zu wenig beachtet wurde, dem Ziel der autobiographischen Stilisierung untergeordnet. Aus beiden Gründen erscheint es angebracht, einige wichtige Stationen der Vita Polizianos zu skizzieren[4].

Geboren am 14. Juli 1454 in Montepulciano, wurde Poliziano nach dem gewaltsamen Tod seines Vaters im Alter von etwa zehn Jahren zu einem Verwandten nach Florenz geschickt. Früh besuchte er dort Vorlesungen am Florentiner *Studio*, wo damals berühmte byzantinische Gelehrte unterrichteten, die vor den islamischen Eroberern geflohen waren und am Arno eine neue Heimat gefunden hatten. Poliziano galt ob seiner Fähigkeiten vor allem auf dem Gebiet des Griechischen bald als Wunderkind. 1470 präsentierte er, sechzehnjährig, dem wenig älteren Lorenzo de' Medici (1449-1492) eine lateinische Hexameter-Übertragung des zweiten Gesangs der *Ilias*, mit der er an ein 17 Jahre zuvor durch Tod unterbrochenes Unternehmen Carlo Marsuppinis anknüpfte. Spätestens 1475 war das Projekt, längst unter der Schirmherrschaft Lorenzos, bis zum fünften

---

[1] DIONISOTTI 1960, S. 10.

[2] Einer der wenigen Parteigänger Polizianos unter den deutschen Romanisten ist Bodo Guthmüller. Vgl. das Kapitel *Mythos und dramatisches Festspiel an den oberitalienischen Höfen des Quattrocento* in GUTHMÜLLER 1986, S. 65-77.

[3] WASCHBÜSCH 1972.

[4] Mithilfe von MAÏER 1966, S. 19-98.

Gesang gediehen, mit dem es unvermittelt enden sollte. Poliziano war mittlerweile zum persönlichen Sekretär des Medici aufgestiegen und in den höfischen Intellektuellenzirkel aufgenommen worden, den Lorenzo um sich geschart hatte. Das führende Mitglied dieser *Brigata medicea* war der Neuplatoniker Marsilio Ficino (1433-1499), den Poliziano kurz nach Aufnahme in den erlauchten Kreis in euphorischen Versen dem mythischen Sänger Orpheus gleichsetzte[5]. Im Januar 1475 sollten die Dichter der *Brigata* Gelegenheit erhalten, ihre poetischen Fähigkeiten an einem zeitgenössischen Gegenstand zu beweisen: Lorenzo veranstaltete damals ein festliches Turnier zu Ehren seines jüngeren Bruders Giuliano und machte es den Poeten zur Aufgabe, den vorprogrammierten Sieg des Protagonisten der Nachwelt zu überliefern. Polizianos Beitrag zu jenem *certamen* sollten die *Stanze* sein. Kurz bevor die Erzählung jedoch zur im Proömium des Werkes angekündigten Beschreibung der *giostra* hätte übergehen können, bricht sie ab. Möglich, daß schon der unerwartete Tod Simonetta Cattaneos, jener *bella dama*, der Giuliano seinen Sieg gewidmet hatte, den Enthusiasmus des Dichters erlahmen ließ. Schlimmer aber noch dürfte das Schicksal der *Stanze* auf den Tag genau zwei Jahre später, am 26. April 1478, von der *Congiura de' Pazzi* getroffen worden sein, die die Herrschaft der Medici in ihren Grundfesten erschütterte und die Ermordung des zu Feiernden (und von anderen längst Gefeierten) sah[6].

Mit der *Congiura* brachen wenig erfreuliche Zeiten für den jungen Dichter an. Lorenzo quartierte seine Familie aufgrund der innenpolitischen Gefahren aufs Land aus, und Poliziano hatte ihr zu folgen, da ihm die Erziehung von Lorenzos ältestem Sohn Piero oblag. Was als kurzzeitige Maßnahme gedacht war, wuchs sich infolge der in Florenz grassierenden Pest zu einer längeren Trennung aus. Zwischen Poliziano und Clarice Orsini, der Gattin des Medici, kam es rasch zu Spannungen, die sich wohl vor allem an den Erziehungsmethoden des Dichters entzündeten. Schon am 24. August 1478 schrieb dieser an Lorenzo:

> Io aspetto con desiderio novelle che la morìa sia restata, per il sospetto [che] ho di Voi, e per tornare a servire Voi: chè con Voi volevo e credevomi stare; ma poichè Voi o piuttosto la mia mala sorte mi ha assegnato questo grado appresso V.M., lo sopporterò, *quamvis durum, nec levius fit patientia.*[7]

[5] "Qualis Apollinei modulator carminis Orpheus / Dicitur Odrysias allicuisse feras", heißt es von Ficino in der *Elegia ad Fontium*, v. 183f. Das Gedicht ist abgedruckt in MAÏER 1966, S. 72-77.

[6] Vgl. die Ausführungen Carrais in: Poliziano, *ed.* CARRAI 1988, S. 5.

[7] In: DEL LUNGO 1976 [1867], S. 58; im folgenden stets ohne Jahreszahl zitiert.

Wie die Anspielung auf Horaz, *Oden* I 24, am Ende des zitierten Auszugs erhellt, sah Poliziano seine persönliche Situation durchaus dramatisch: Wie einst Vergil nach dem Tod des Quintilius[8] war er offenbar der Ansicht, trotz erwiesener *pietas* seinen besten Freund verloren zu haben. Auch in einem lateinischen Epigramm (XXVIII) bat er Lorenzo inständig um Rückkehr nach Florenz:

> O ego si possem laqueo subducere collum,
> Et pedicis vinctos explicuisse pedes!
> Haud equidem dubitem volucres superare canendo
> Quas aluit campis unda Caystra suis.
> At nunc, phoebeos inter velut anser olores,
> Agrestem rauco gutture fundo sonum.
> Sed facile expediar, Medices, fiamque canorus,
> Si modo tu dicas: Politiane, veni.[9]

Lorenzo aber unternahm nichts, um Poliziano aus seinem Unglück zu befreien. Angesichts dieser Untätigkeit darf man sich ernsthaft fragen, ob es legitim ist, die Konfliktsituation infolge der *Congiura* auf einen Privatdissens zwischen Clarice und Angelo zu reduzieren, oder ob damals nicht vielmehr auch die Gestalt des Medici in den Augen des enttäuschten Dichters erheblich an Glanz verlor.
Der Mai 1479 brachte schließlich eine schwere Demütigung für Poliziano: Clarice vertrieb ihn aus Cafaggiolo, seit einiger Zeit Refugium der Familie. Lorenzo versuchte die Wogen zu glätten und wies dem Verjagten eine Villa in Fiesole zu, wo dieser - augenscheinlich zur Demonstration seines guten Willens - ein stoisches Handbuch, das *Enchiridion* des Epiktet, ins Lateinische übersetzte. Am 6. Dezember 1479 kam es gleichwohl zu einem Bruch in beider Verhältnis. Lorenzo verweigerte seinem Schützling die Aufnahme in eine Delegation, die im

---

[8] Vgl. Horaz, *Oden* I 24, vv. 9-12:

> Multis ille [Quintilius] bonis flebilis occidit,
> nulli flebilior quam tibi, Vergili.
> Tu, frustra pius, heu non ita creditum
> poscis Quintilium deos.

Der Schluß des Gedichts lautet dann:

> *Durum*: sed *levius fit patientia*
> quidquid corrigere est nefas. (v. 19f.)

Man beachte, daß Poliziano diesen stoischen Ratschlag ablehnt: Er ersetzt "sed" durch "nec" (vgl. ORVIETO 1989, S. 48).

[9] "Könnte ich doch nur den Hals aus der Schlinge ziehen und die gefesselten Füße frei bewegen! Dann würde ich zweifellos die Vögel an Sangeskraft übertreffen, die die Wasser von Caystra auf ihren Flächen nähren! Doch jetzt bringe ich gleich einer Gans unter Schwänen mit heiserer Kehle ungeschliffene Töne hervor. - Leicht aber kann ich, mein Medici, von den Fesseln loskommen und wieder schön singen. Du brauchst nur zu sagen: 'Komm, Poliziano'."

Begriff stand, unter seiner Führung zu einer heiklen diplomatischen Mission nach Neapel aufzubrechen. Inwieweit Feigheit oder Illoyalität Polizianos dabei eine Rolle spielten, ist nicht zu klären. Kurz nach dem Eklat begann der Dichter seinerseits eine Reise durch Oberitalien. An ihrem Endpunkt, dem Hof von Mantua, brachte er nach Ansicht vieler Gelehrter die berühmte *Fabula di Orpheo* zur Aufführung. Es entspricht unserer Absicht, dieser in jüngster Zeit bezweifelten Datierung zu neuer Geltung zu verhelfen.

Am 29. Mai 1480 wurde Poliziano zum Professor für Poetik und Rhetorik am Florentiner *Studio* berufen. Lorenzo (der seine schwierigen Verhandlungen inzwischen erfolgreich abgeschlossen hatte) zählte wieder auf ihn. Vierzehn Jahre, bis zu seinem frühen Tod, sollte Angelo am *Studio* lehren.

Seine Antrittsvorlesung widmete Poliziano in provozierender Weise zwei Autoren der silbernen Latinität: Quintilian, der gewöhnlich (nicht allerdings bei Lorenzo Valla) hinter Cicero zurückzutreten hatte, und Statius, der nach allgemeiner Ansicht im Schatten Vergils stand. Zum Meisterwerk des Statius erklärte der frisch ernannte Professor indes nicht die epische *Thebais* (oder ihre unvollendete Schwester, die *Achilleis*), sondern die *Silvae*, eine Sammlung von Gelegenheitsdichtungen, die er in seinem ersten akademischen Kurs (1480/81) dann auch gleich ausführlich kommentierte[10] - nicht ohne den Veroneser Domizio Calderini (1446-1478) scharf anzugreifen, der 1475 in Rom den ersten gedruckten Kommentar zu den *Silvae* vorgelegt hatte.

Sylvae[11] lautet auch der Titel einer Sammlung von vier *praelusiones*, mit denen Poliziano die konventionellen Schranken des Genus der akademischen Vorrede durchbrach, das seine Wurzeln im mittelalterlichen *accessus ad auctores* hat: Er ersetzte die zumeist einfallslose Prosa der Gattung durch raffiniert gestaltete Hexameter, Spiegelbilder seiner alexandrinischen Gelehrsamkeit. Eine *Sylva* war für Poliziano dabei - wohl anders als für Statius, der seine "poetischen Wälder" wahrscheinlich aus verschiedenen "Bäumen", d. h. aus metrischen Texten unterschiedlicher Gattungen, konstituiert sah - schon das einzelne Gedicht[12].

---

10 *Angeli Politiani in Statii Sylvas tumultuaria commentatio*, mustergültig ediert als *Commento inedito alle Selve di Stazio* von Lucia Cesarini Martinelli (CESARINI MARTINELLI 1978; im folgenden *Commento* genannt).

11 DEL LUNGO, S. 285-427. In unserer Arbeit stützen wir uns auf diese alte, aber verdienstvolle Ausgabe.

12 Vgl. ADAM 1988, S. 104f. Statius äußert sich selbst nicht zu diesem Punkt. Basis für Polizianos Auffassung ist die Ausschöpfung der sekundären Bedeutung von lat. *silva*, '(unbearbitete) Materie' (nach dem griechischen ὕλη) durch Quintilian, *Inst. orat.* X 3,17, die Domizio Calderini

Die Absichten, die Poliziano bei der performativen Wiederbelebung der Sylvenform leiteten, haben Hugo Friedrich[13] und Elisabeth Klecker[14] verbindlich aufgeklärt. Statius hatte im Begleitbrief zum ersten Buch der *Silvae* die in Wahrheit rhetorisch höchst ausgefeilten Dichtungen als unvollkommene Früchte eines "subitus calor" ausgegeben, um damit deren Beurteilung günstig zu beeinflussen. Anders als die meisten seiner Zeitgenossen erkannte Poliziano die rhetorische Dimension dieses Schachzugs[15], ja, er übernahm das Maskenspiel des römischen Hofdichters für die eigenen *Sylvae*, was ihn von formalen Zwängen befreite: Sylva *vs.* Poetik. Domizio Calderini lieferte Poliziano noch einen tieferen Grund, sich in der Sylvenform zu versuchen: Er hatte, geblendet durch die Worte des Statius, die *Silvae* als genuine Produkte des von Sokrates im *Ion* und *Phaedrus* beschriebenen *poeticus furor* bezeichnet[16]. Die Furor-Theorie wurde von den Anhängern der neuplatonischen Lehre, der in Florenz bis ca. 1490 dominanten ideologischen Strömung, vehement verfochten. Reaktivierung der Sylvenform und

---

aufgegriffen hatte. Poliziano "beerbte" Calderini im *Commento*, S. 8f. (vgl. BETTINZOLI 1990, S. 39).

[13] H. Friedrich, *Über die* Silvae *des Statius (insbesondere V,4* Somnus*) und die Frage des literarischen Manierismus* [1963], In: FRIEDRICH 1972, S. 34-55.

[14] KLECKER 1994, S. 11-20.

[15] Entscheidend in dieser Hinsicht ist ein Auszug aus der *Oratio super Fabio Quintiliano et Statii Sylvis* (in: Poliziano, *ed.* GARIN 1952, S. 874), zitiert in KLECKER 1994, S. 18: "Itaque dum [*sc.* Statius] se 'diu multumque dubitasse' ait, an eos libellos de integro collectos emitteret, facile ad id viam sternit quo sibi perveniendum destinaverat, ut tumultuaria scilicet esse illos 'subitoque calore' effusos *persuaderet*. Quamlibet enim multis neque fucosis ornamentis abundarent, minime tamen homini de omni sua existimatione sollicito vel haec ipsa celeritatis *commendatio fuerat negligenda, quippe cui et indulgentia liberior et venia proclivior et admiratio maior deberetur*." Hugo Friedrich schrieb mit Blick auf diese Worte: "Aber sind die *Silvae* improvisiert? [...] Die Fachwissenschaft unserer Tage scheint es ihm [*sc.* Statius] zu glauben. Poliziano war gewitzter: er hat in jener Vorlesung bemerkt, wie man sehr wohl erkenne, daß sie gründlich und lange gearbeitet sind, *libri emendatissimi*." (FRIEDRICH 1972, S. 45). Wolfgang Adam glaubt Statius zwar nicht alles, aber immer noch zuviel. Er klassifiziert die *Silvae* fünfmal als wirklich improvisierte und allenfalls örtlich nachgebesserte Dichtungen (vgl. ADAM 1988, S. 36, S. 71, S. 79, S. 80f., S. 101). Was Polizianos eigene *Sylvae* betrifft, so sei deren erste, die zu Lebzeiten (und weit darüber hinaus) ungedruckte *Sylva in Scabiem*, ein "improvisierter Einzeltext" (S. 105), die anderen vier hingegen bestünden nur "angeblich" aus "kunstlosen und unverbessert publizierten Versen" (S. 109). Adams Fazit lautet: "Die Diskrepanz zwischen dem durch das Titelsignal suggerierten [...] Eindruck eines unfertigen sowie improvisierten literarischen Nebenproduktes und dem tatsächlichen Erscheinungsbild eines kalkuliert angelegten und mit allem rhetorischen Schmuck ausgestatteten Textes wird zum signifikanten Merkmal der [*sc.* vier großen] *Sylvae* des Poliziano" (S. 110). Poliziano fühlte sich in diesem entscheidenden Punkt nicht als Innovator. Er hätte Friedrich zugestimmt. - Zu einer gänzlich anderen Einschätzung der *Sylva in Scabiem* vgl. unten, Kap. 5.

[16] Wiederum ohne Nennung Calderinis erwähnt Poliziano die Parallele im *Commento*, S. 29; vgl. BETTINZOLI 1990, S. 39.

Übernahme der Rhetorik des Statius gaben Poliziano somit die Möglichkeit, sich zum Vorzeigebeispiel eines *Furor*-Dichters zu stilisieren.

Die vier *Sylvae*, die Poliziano zu Lebzeiten veröffentlichte, entstanden zwischen 1482 und 1486: Die *Manto*[17] preist Vergil, der *Rusticus* verschmilzt in origineller Weise Stilmerkmale georgischer und bukolischer Dichtung[18], die *Ambra*[19] erhebt Homer über alle Philosophen und Vertreter anderer Disziplinen. Als sein dichterisches Meisterwerk sah Poliziano die letzte der *Sylvae*, erst *Nutrix* ('Amme') genannt, später in *Nutricia*[20] ('Ammenlohn') umgetauft, an, die er 1486 dem ungarischen König Matthias Corvinus als "historia omnium fere vatum"[21] anzupreisen gedachte. Umstände, die Mario Martelli[22] illustriert hat, verhinderten die Übersendung des Werkes, das 1491 zwei Editionen erlebte, in denen ihm jeweils ein Widmungsbrief an den römischen Kardinal Antoniotto Gentile vorgeschaltet ist. Die Ambitionen Polizianos hatten sich in der Zwischenzeit gewandelt. Er wollte nunmehr Bibliothekar der *Vaticana* werden und die Kardinalswürde erlangen - Wünsche, deren Erfüllung ihm versagt bleiben sollte.

Die letzten Lebensjahre Polizianos waren zum einen die der philologischen Hauptwerke, der *Miscellaneorum Centuria prima* (1489) und der unvollendet gebliebenen *Centuria secunda*, zum anderen die der Vorlesungen über Aristoteles (ab 1490). Die späte Hinwendung Polizianos zu philosophischen Werken mag ebenso wie die sie flankierende Unterstützung neuer wissenschaftlicher Denkansätze (namentlich auf den Sektoren Recht und Medizin) wesentlich von äußeren Faktoren bedingt gewesen sein: Mythologisch verbrämte Dichtung und alexandrinische Gelehrsamkeit, wie sie die *Sylvae* prägen, gerieten in Zeiten, da Girolamo Savonarola zunehmend das kulturelle Klima in Florenz bestimmte, mehr und mehr in Verruf[23]. Ernste Argumente waren gefordert.

Polizianos früher Tod in der Nacht vom 28. auf den 29. September 1494 ersparte es ihm, das vorläufige Ende der Herrschaft der Medici miterleben zu müssen. Lorenzo il Magnifico, die alles überstrahlende Herrschergestalt der zweiten Hälfte des *Quattrocento*, war bereits zwei Jahre vor dem Begabtesten seiner Schützlinge

---

[17] Vgl. KLECKER 1994, S. 21-66. Dort auch weitere Bibliographie.

[18] Vgl. BETTINZOLI 1993. Eine deutsche Übersetzung bietet die *ed.* SCHÖNBERGER 1992.

[19] Analysiert in KLECKER 1994, S. 67-123.

[20] Die jüngste Ausgabe der *Nutricia*, BOCCUTO 1990, geht im Kommentar über eine Paraphrase des Textes kaum hinaus.

[21] Poliziano, *Epistulae* IX 1.

[22] MARTELLI 1978, S. 232-36.

[23] Die Bedeutung Savonarolas für die Kulturpolitik des späten Lorenzo erhellt MARTELLI 1980b.

gestorben. Sein Sohn Piero, als Schüler lange Zeit in der Obhut Polizianos, verfügte weder über die politische Kraft noch über das diplomatische Geschick, um die Bedrohung durch die französischen Truppen abzuwenden, die Italien von Nordwesten her förmlich überrannten. Jahrhunderte der Fremdherrschaft verschiedener Nationen über weite Teile der Halbinsel begannen.

Auch geistesgeschichtlich ging mit dem letzten Jahrzehnt des *Quattrocento* eine Epoche zu Ende. Es sah nicht nur den Tod Polizianos, sondern auch den weiterer wichtiger Humanisten: Giovanni Pico della Mirandola, der in Florenz Zuflucht gefunden hatte, starb im Alter von nur 31 Jahren am 17. November 1494, dem Tag, an dem König Karls Regimenter die Stadt besetzten. Bereits ein Jahr zuvor war der venezianische Aristoteliker Ermolao Barbaro verschieden, und auch die beiden wichtigsten florentinischen Neuplatoniker, Marsilio Ficino (1433-1499) und Cristoforo Landino (1424-1498), überlebten das Jahrhundert nicht.

Poliziano stand mit allen vier Autoren in regem Kontakt. Seine Eigenständigkeit besonders gegenüber Ficino wird in Fachkreisen vielfach unterschätzt[24]. Unsere Studie wird dem entgegensteuern.

* * *

In der italienischen Poliziano-Forschung streiten seit Jahren zwei Schulen miteinander. Die venezianische, angeführt von Vittore Branca[25], schreibt Angelos erstem Venedig-Aufenthalt im Winter 1479/80, kurz nach dem Streit mit Lorenzo, einen prägenden Einfluß zu. Die Begegnung mit Gelehrten wie Girolamo Donà und vor allem Ermolao Barbaro habe Poliziano zu einem enthusiastischen Anhänger von deren Bestrebungen werden lassen, Aristoteles aus der Umklammerung seiner Kommentatoren zu befreien. Ferner habe Poliziano, so Branca, in Venedig auch mit der aristotelischen *Poetik* Bekanntschaft gemacht, die fortan von großer Bedeutung für ihn gewesen sei. Die florentinische Schule, mit Mario Martelli an der Spitze, glaubt hingegen, daß Poliziano, den kulturpolitischen Vorgaben Lorenzos verpflichtet, auch in den achtziger Jahren des *Quattrocento* dem Neuplatonismus verpflichtet blieb[26].

---

[24] Eine Ausnahme stellt BRANCA 1985 dar.
[25] Exemplarisch das erste Kapitel von BRANCA 1983.
[26] Vgl. zuletzt GODMAN 1993, S. 174-77.

Branca läßt sich entgegenhalten, daß Polizianos Sympathiebekundungen für die venezianischen Aristoteliker ausschließlich in Briefen an diese selbst zu finden sind, was ihre Glaubwürdigkeit möglicherweise einschränkt. Was die Insistenz des namhaften Italianisten auf der *Poetik* betrifft, so hat Peter Godman[27] deren Bedeutung für Poliziano auf das richtige, sehr bescheidene Maß reduziert, indem er am von Angelo glossierten Manuskript des Werkes nachwies, daß dessen Interesse nicht dem Regelwerk an sich galt, sondern den darin enthaltenen antiquarischen Informationen. So gesehen erwies sich die *Poetik* als ausgesprochen unergiebig: Außer einer Tragikerliste bot sie nichts, was Poliziano für würdig hielt, in seiner *poetarum historia*, den *Nutricia*, zu erscheinen. Die Beobachtungen Godmans erhärten unsere Vermutung, daß gerade die Möglichkeit der Umgehung poetischer Regelzwänge eines der zentralen Motive Polizianos war, die Sylvenform wiederzubeleben.

Ist Poliziano aber als Neuplatoniker zu bezeichnen? Das Aufgreifen von *Furor*-Theorie und *Vates*-Konzept im Anfangsteil der *Nutricia* verführt gewiß zu dieser Annahme. Dabei wird jedoch stillschweigend vorausgesetzt, daß Rezeption ideologische Zustimmung bedeutet. Zwang bzw. Opportunität, auf dominante kulturpolitische Vorgaben einzugehen, werden dabei ebensowenig in Rechnung gestellt wie die Möglichkeit, derartigen Prämissen auf ironische Weise zu entsprechen.

Godman hat Poliziano einen "radikalen Pluralismus" konstatiert, der ihn zum Feind aller literarischen *Canones* gemacht habe. War der Humanist mit philosophischen Dogmen versöhnlicher? War der antiquarische Alexandrinismus seiner *Sylvae* nicht eher Alternative als Ergänzung philosophischer Ansätze?

Die Antwort gibt Poliziano im Grunde selbst. Er befreit uns gleichsam von der Notwendigkeit, ihn einem philosophischen System zuordnen zu müssen. Daß diese Frage seit Jahrzehnten die Forschung prägt, ist um so erstaunlicher, als die Stelle aus der *Coronis* der *Miscellaneorum Centuria Prima*, die die besagte Antwort enthält, bereits von zahlreichen Experten gewürdigt wurde[28]. Poliziano unterscheidet dort mit kaum zu überbietender Klarheit drei Phasen in seiner intellektuellen Biographie:

---

27 *Ibid.*, S. 169ff.

28 Vgl. GARIN 1992 [1961], S. 344; BIGI 1967, S. 68ff.; TISSONI BENVENUTI 1986, S. 84.

Etenim ego, tenera adhuc aetate, sub duobus excellentissimis hominibus, Marsilio Ficino Florentino, cuius longe felicior quam Thracensis Orphei cithara veram (ni fallor) Eurydicen, hoc est amplissimi iudicii Platonicam sapientiam revocavit ab inferis, et Argyropilo Byzantio Peripateticorum sui temporis longe clarissimo, dabam quidem philosophiae utrique operam, sed non admodum assiduam, videlicet ad Homeri poetae blandimenta natura et aetate proclivior, quem tunc latine quoque miro, ut adulescens, ardore, miro studio versibus interpretabar. Postea vero rebus aliis negotiisque prementibus, sic ego nonnunquam de philosophia, quasi de Nilo canes, bibi fugique, donec reversus est in hanc urbem maxime Laurentii Medicis cum benevolentia, tum virtutis et ingenii similitudine allectus, princeps hic nobilissimus Ioannes Picus Mirandula, vir unus, an heros potius omnibus fortunae, corporis maiestate, perspicacissimo ingenio, memoria singulari, studio infatigabili, tum luculenta uberique facundia, dubium vero iudicio mirabilior an moribus. Iam idem totius philosophiae consultissimus, etiamque varia linguarum literatura, et omnibus honestis artibus supra veri fidem munitus atque instructus. Denique ut semel complectar, nullo non praeconio maior. Is igitur continuo me, cum quo partiri curas dulcissimas et nugari suaviter interdum solet, et quem sibi studiorum prope assiduum comitem (qui summus honor) adlegit: is me instituit ad philosophiam, non ut antea somniculosis, sed vegetis vigilantibusque oculis explorandam, quasi quodam suae vocis animarer [*ed.* animare] classico.[29]

---

[29] "Ich freilich verwandte in noch zartem Alter unter der Ägide zweier hochberühmter Männer, des Florentiners Marsilio Ficino - dessen Leier, weit glücklicher als die des Thrakers Orpheus, die wahre (wenn ich nicht irre) Eurydike, d. h. die durch ihr sehr breit gefächertes Urteilsvermögen ausgezeichnete platonische Weisheitslehre, aus der Unterwelt zurückholte - und des Byzantiners Argyropoulos - des mit Abstand berühmtesten Peripatetikers seiner Zeit -, zwar eine gewisse Mühe auf das Studium beider philosophischen Schulen, aber doch keine sonderlich ausdauernde, denn charakterlich und altersbedingt war ich eher den Lockungen des Dichters Homer zugeneigt, den ich damals mit einem für einen Heranwachsenden wahrhaft erstaunlichen Eifer in lateinische Verse übersetzte. Später, als mich andere Dinge und Aufgaben in Anspruch nahmen, da nippte ich bisweilen an der Philosophie, um gleich wieder von ihr Reißaus zu nehmen - gerade so, wie es die Hunde mit dem Nil halten -, bis der hochedle Graf Pico della Mirandola in diese Stadt zurückkehrte, herbeigelockt zuvörderst durch Lorenzo - einerseits durch die Gunst des Medici, andererseits besonders durch die beiderseitige Ähnlichkeit in Tüchtigkeit und Charakter; Pico: ein einzigartiger Mann, ja, ein Held in allen Wirrungen des Schicksals; von herrschaftlicher Erscheinung, äußerst scharfsinnigem Verstand, einmalig ausgeprägtem Gedächtnis, unerschöpflichen Eifer und ebenso anmutiger wie reicher Redegabe, wobei man zweifeln darf, ob er mehr durch seine Urteilskraft oder durch seine reinen Sitten Bewunderung weckt. Längst war er in der gesamten Philosophie sehr bewandert, und dazu in verschiedenen Alphabeten und in allen ehrbaren Wissenschaften über jedes glaubhafte Maß hinaus firm und gerüstet. Kurzum, größer, als es jedes Lob ausdrücken kann. Dieser nun hat mich, mit dem er gar reizvolle Aufgaben zu teilen und manchmal lieblich zu scherzen pflegt, und den er sich (o höchste Ehre!) zum nahezu ständigen Begleiter seiner Studien erkor - dieser nun brachte mich unverzüglich dazu, die Philosophie nicht mehr, wie zuvor, mit verschlafenen, sondern mit wachen und lebhaften Augen zu erforschen, so als hätte mich der Signalruf seiner Stimme aufgeweckt."

Rekapitulieren wir Polizianos Periodisierung:
- Der Humanist nennt die führenden Vertreter der beiden großen philosophischen Schulen, Ficino (Platonismus) und Argyropoulos (Aristotelismus), und merkt an, ihnen mit Respekt, aber aufgrund seiner Jugend keineswegs mit übermäßigem Interesse gefolgt zu sein.
- Auf jene Jahre, die er mehr der Poesie als der Philosophie gewidmet habe (erwähnt wird die Homerübersetzung, ungenannt bleiben die *Stanze*), sei, so Poliziano, eine Phase ohne feste philosophische Orientierung, ja sogar eher der Auflehnung gegenüber philosophischen Lehren gefolgt. Die Formulierung "rebus aliis negotiisque prementibus" ist dabei wohl als nichtssagend vielsagende Anspielung auf die Krisenjahre nach der *Congiura de' Pazzi* zu werten.
- Erst Giovanni Pico "reversus", schreibt Poliziano, habe ihn wieder mit der Philosophie versöhnt[30]. Seine "Konversion" fand demnach 1488 statt, dem Jahr, in dem Lorenzo de' Medici den Grafen aus französischer Gefangenschaft freikaufte.

Gewiß wird Pico in den *Miscellanea* überhaupt und speziell in der *Coronis* über Gebühr gefeiert. Dies kann jedoch allenfalls dazu Anlaß geben, die Radikalität der Wende von 1488 anzuzweifeln. An Polizianos Bekenntnis einer zeitweiligen Skepsis gegenüber jeglicher Philosophie ändert sich dadurch nichts.

Die vorliegende Studie wird sich auf den Zeitraum konzentrieren, den Poliziano in der *Coronis* als seine mittlere Schaffensperiode bezeichnete. Ziel wird sein, Symptome für eine Emanzipation von philosophischen wie persönlichen Idolen seiner Jugend in ausgewählten, vorwiegend poetischen Texten jener Jahre aufzuspüren und typische Merkmale dieser Zeugnisse zu beschreiben. Ergänzend wird je ein Text aus der ersten und der dritten Phase herangezogen. Obwohl die Datierung einiger der Werke, die wir vorstellen werden, umstritten ist, soll die Reihenfolge der Analysen dennoch hauptsächlich von der Chronologie der Texte bestimmt sein. Folgende Schriften werden uns beschäftigen (in Klammern die Datierung, die wir vorschlagen bzw. der wir uns anschließen):

1.) *Epigrammaton latinorum* XXIX (1477): Das kurze Gedicht (zwei Distichen) bietet sich aus zwei Gründen als Einstiegstext an. Zum einen ist es der erste Text Polizianos, aus dem Spannungen zwischen ihm und Lorenzo erkennbar sind, wie

---

[30] Zum Verhältnis Poliziano-Pico vgl. die Darstellung in GARIN 1992 [1961], S. 335-38. Poliziano hatte den Grafen von Mirandola 1479 in Florenz kennengelernt.

sie die Jahre nach der *Congiura de' Pazzi* prägen sollten; zum anderen spielt es auf subtile Weise mit einem Sujet der Medici-Propaganda und bietet insofern einen Vorgeschmack auf das Claudian-Porträt der *Nutricia*, aber auch auf die Auseinandersetzung des Humanisten mit ideologischen Diskursen im allgemeinen.

2.) Version von Epiktets *Enchiridion* samt Begleitbrief (1479): Das Epiktet-Projekt soll als Versuch Polizianos entlarvt werden, sich nach den Eskapaden von Cafaggiolo ein stoisches Image zu geben.

3.) *Fabula di Orpheo* (1480): Der einzige volkssprachliche Text von Belang, den Poliziano in seiner mittleren Schaffensperiode konzipierte. Nach ausführlicher Begründung der Datierung soll dem Werk eine völlig neuartige Analyse zuteil werden. Wir werden es als Frucht einer ausgefeilten rhetorischen Strategie werten, mit der der Humanist eine ehrenvolle Rückkehr aus dem selbstgewählten oberitalienischen "Exil" erwirken wollte.

4.) *Sylva in Scabiem* (1480): Eine "inoffizielle" Sylva Polizainos, erst 1952 entdeckt, bislang fast einhellig auf die Jahre 1475-78 datiert. Bei ihrer Lektüre soll nicht zuletzt nach den Gründen gesucht werden, die das Gedicht zur ersten Sylva der Neuzeit werden ließen[31].

5.) *Ambra* (1485): Die Interpretation der Homer-Sylva wird sich der Frage annehmen, wie Poliziano auf die Tradition der allegorischen Exegese des griechischen Dichters einging und inwieweit seine Haltung vom eigenen Ruhm als "homericus adulescens"[32] bedingt gewesen sein könnte.

6.) *Nutricia* (1486 unter dem Titel *Nutrix* beendet, gedruckt 1491): Polizianos metrische Abhandlung *De Poetica et de poetis* verdient aufgrund ihrer extremen Komplexität eine besonders ausführliche Betrachtung. Das ironische Aufgreifen der Furor-Lehre und die autobiographischen Implikationen des Lukan-Porträts werden dabei Schwerpunkte bilden.

7.) *Lamia* (1492): Die Prosavorrede zu den *Analytica Priora* des Aristoteles vertritt in unserer Studie den Poliziano der dritten Schaffensperiode. Sie soll uns

---

[31] Nach ADAM 1988, S. 120, wäre Janus Pannonius Poliziano zuvorgekommen. Der *Panegyricus ad Guarinum Veronensem* (1453/69) des ungarischen Humanisten sollte aber erst in Frobens Edition (Basel 1518) den Titel *Sylva panegyrica* tragen, und selbst dort nur auf dem Frontispiz. Keines der Manuskripte und keiner der sonstigen Drucke bis 1619 (auch nicht die drei Editionen vor Froben) nennt das Gedicht eine Sylva (vgl. *ed.* TELEKI 1784, Bd. 2, S. 338f.). Der Primat ist Poliziano also nicht zu nehmen.

[32] Ficino, *Opera*, S. 618.

helfen, die Tiefe der von Poliziano proklamierten Zäsur des Jahres 1488 auszuloten.

In allen Analysen wird uns die Überzeugung von der "Dreidimensionalität" der Dichtungen Polizianos leiten: Seine Texte wollen mitsamt Wurzeln betrachtet sein. Erst das Spannungsverhältnis zwischen "Substrat" und Oberfläche macht ihren Reiz aus. Auf die Meisterschaft Polizianos in Sachen *contaminatio fontium* haben bereits Kritiker früherer Generationen hingewiesen, gleichwohl wurden die großräumigen Strategien, die der Vermengung der Quellen zugrundeliegen, noch zu selten erfaßt. Antonia Tissoni Benvenuti, Herausgeberin einer kritischen Ausgabe des *Orfeo*, benannte ein fundamentales Desiderat der gegenwärtigen Poliziano-Forschung, als sie schrieb:

> Non si tratta tanto di riconoscere e denunciare le fonti direttamente utilizzate o citate, ma, e piú, di conoscere l'intero sistema letterario a cui fa riferimento l'autore: per identificare tutti i rimandi intertestuali per allusione, per similitudine, per antifrasi, per omaggio, ottenuti di volta in volta con le diverse modalità dell'*imitatio*. Ogni parola rimanda ad altro, a luoghi antichi noti o, piú spesso, peregrini. Senza questa eco, questa pienezza di vibrazioni e di riflessi, la parola resta gracile e unidimensionale: a volte anche incomprensibile nel suo vero significato; in ogni caso dimidiata.[33]

Die Ermittlung von Quellen und Parallelstellen dient also nicht der Befriedigung philologischer Eitelkeit, sondern erweist sich als unabdingbar, um Poliziano zu verstehen. Oft genug geht der Anspielungsreichtum seiner Rezeptionsmanöver erst aus einem Vergleich des jeweiligen Ausgangs- und Ziel*kontextes* hervor.

Angelo war alles andere als ein unschuldiger Engel, wenn es darum ging, auf der Basis alten Materials in origineller Weise neuen Sinn zu stiften. Er liebte es, durch gewagte Umdeutungen von Signifikanten ganze Abschnitte aus Texten der Tradition für neue poetische Experimente fruchtbar zu machen. Ari Wesseling schreibt:

> [To Poliziano] the literature of antiquity in all its fascinating diversity and versatility is a reservoir of material which he uses in all sorts of combinations within the framework of his own times and in the service of his own objectives.[34]

---

[33] TISSONI BENVENUTI 1986, S. 109.

[34] Wesseling in: Poliziano, *ed.* WESSELING 1986, S. XXIV.

Die verheißungsvollen Worte des holländischen Philologen mögen dem Leser der folgenden Seiten ein ermutigendes *Vademecum* sein.

2. Zorniger Appell an Herkules - *Epigrammaton latinorum* XXIX

Im Sommer 1477 kam es zu einer ernsthaften Störung im Verhältnis zwischen Poliziano und Lorenzo de' Medici, in der Mario Martelli[1] den Entstehungshintergrund eines kleinen, aber aussagekräftigen Textes erkannt hat, des neunundzwanzigsten der lateinischen Epigramme des Humanisten[2]:

Laurentio Medici maecenati suo

Sum tuus, o Medices: fateor, tuque ipse fateris;
  Sum tuus usque: tui sit tibi cura, precor.
Heu, pereo! heu, lacerant gemini mea corda leones!
  Eripe me a rabidis, spes mea sola, feris.[3]

Folgt man der Rekonstruktion Martellis, wollte Poliziano mit diesem Vierzeiler seinem Anspruch auf die *Prioria di San Paolo* Nachdruck verleihen, die ihm Lorenzo im Juli 1477 ausdrücklich versprochen hatte, ohne sie jedoch sofort in seinen Besitz zu überschreiben. Zwischenzeitlich mußte der Dichter das ökonomische Sicherheit versprechende Kirchengut sogar für definitiv verloren halten, weil der Medici bereit schien, es seinem römischen Cousin Giuliano di Filippo Tornabuoni zu vermachen. Zu einer Klärung der Präferenzen Lorenzos kam es erst am 18. August, als dieser dem Verwandten den Verzicht auf das *beneficium* nahelegte. Das Epigramm kann laut Martelli jedoch auch noch nach diesem Datum entstanden sein, da die betroffene Familie den Appell nicht ohne weiteres hinnahm: Fast drei Monate sollten noch verstreichen, ehe Angelo die Pfründe endgültig zugesprochen wurde.

Auch die Interpretation des Vierzeilers brachte Martelli ein entscheidendes Stück voran, indem er die Identität der "gemini leones" aus v. 3 klärte. Fündig wurde er in Coluccio Salutatis Hauptwerk, *De laboribus Herculis*. Dort wird die Formel auf jene furchtbaren Löwen angewandt, die Herkules der Sage nach tötete ("*Geminos* itaque *leones* Theumesium et Nemeum [...] Hercules interfecit"[4]). Salutati sah in

---

[1] MARTELLI 1980a.
[2] Abgedruckt *ibid.*, S. 270, sowie in DEL LUNGO, S. 124.
[3] "*Seinem Mäzen Lorenzo de' Medici.* Ich bin dein, o Medici: Ich sage es, und du selbst sagst es auch. Ich bin dein - von jeher: Für das Deine zu sorgen, bitte ich dich. Weh, ich vergehe! Weh, Zwillingslöwen zerfleischen mein Herz! Entreiße mich den wütenden Bestien, o meine einzige Hoffnung."
[4] *De laboribus Herculis* III 8; zit. in MARTELLI 1980a, S. 271.

ihnen Allegorien der *ira* bzw. *iracundia*, die er für zwei entgegengesetzte Arten des Zorns hielt, kurz aufflammenden bzw. andauernden: eine Fehlinterpretation, meint *iracundia* doch bei den einschlägigen *auctores*[5] nicht einen Zornesausbruch gleich welcher Dauer, sondern charakterliche Neigung zum Zorn.
Für Martelli wie für uns steht außer Zweifel, daß Poliziano Coluccios Mißverständis bewußt war. Wenn er im Epigramm dennoch auf Salutatis Scheidung zurückgriff, so tat er es, meinen wir, nicht ohne Ironie: Er beschreibt seine Wut als derart heftig, daß sie alle rationalen Differenzierungen als ungültig erweise, läßt sich zum Opfer zweier Arten von Zorn werden, die Coluccio strikt voneinander getrennt wissen wollte.
Die Ausbeutung von Salutatis Löwenbild durch Poliziano setzt zwingend voraus, daß sich Lorenzo selbst als *alter Hercules* sah, denn andernfalls hätte Angelo nicht verlangen können, daß der Medici ihm in der Rolle des Löwentöters beistehen solle. Durch die Anspielung auf den mythischen Helden gewinnt das *Epigramm* XXIX erheblich an Bedeutung. Sie macht es zu einem wichtigen Baustein in der Geschichte des *Hercules Florentinus*, die im folgenden Exkurs skizziert sei.

2.1. *Hercules Florentinus*

Schon zu Lebzeiten Dantes spielte Herkules eine große Rolle in Florenz. Seit der zweiten Hälfte des 13. Jahrhunderts droht der Held auf dem Siegel der Kommune mit seinem Attribut, der Keule. Die Inschrift "Herculea clava domat Florencia prava" umrahmt das Bildnis des Helden[6]. Das Siegel ist ungewöhnlich. "Medieval seals", schreibt Leopold D. Ettlinger, "normally bear the picture of a saint, a ruler, or an emblem". Von daher seine Feststellung: "The question really is, why should Hercules have been chosen at all for a Florentine seal?"[7] Für Ettlinger gab es keine Antwort auf diese Frage: "It is impossible to state with any degree of certainty why this Greek hero should suddenly appear in so a prominent place"[8].

---

[5] Aristoteles (*Nikomachische Ethik* 1125b ff.), Cicero (*Tusculanae disputationes* IV 12,27), Seneca (*De ira* I 4): sämtlich in MARTELLI 1980a, S. 272.
[6] "Mit der Herkuleskeule bändigt Florenz das Ungerechte". Vgl. ETTLINGER 1972, S. 120f. Falsche Übersetzung bei VON HESSERT 1991, S. 16, korrigiert von BULST 1993, S. 124.
[7] ETTLINGER 1972, S. 121.
[8] *Ibidem*, S. 122.

Eine Hypothese wollen wir uns gleichwohl erlauben. Sie erklärt die Präsenz des Herkules auf dem Siegel damit, daß der griechische Held und Mars, "primo padrone"[9] der Stadt Florenz, nach dem Zeugnis zweier im 13. Jhd. (und zuvor) gängiger Autoren in der Antike miteinander identifiziert wurden. Bei den erwähnten Schriftstellern handelt es sich um Servius und Macrobius. Servius' Äußerung betrifft einen Vers aus der Rede, die Evander, König des Latium, im achten Buch der *Aeneis* an Aeneas und die übrigen trojanischen Ankömmlinge richtet. Gehalten wird sie an der nachmals stadtrömischen *Ara maxima*. Herkules, erzählt Evander, habe den Altar nach der Besiegung des schrecklichen Riesen Cacus errichten lassen, ein gewisser Potitius dort später einen Herkuleskult eingeführt. Der König schließt seine Rede mit der Aufforderung, den Helden, "communem [...] deum", mit Opfern und Gebeten zu ehren. Eine der möglichen Interpretationen dieser Formulierung lautet nach Servius:

> alii communem deum ideo dictum volunt, quia secundum pontificalem ritum idem est Hercules et Mars. Nam et stellam unam habere dicuntur, et novimus Martem communem dici. Cicero "Martemque communem" [*Pro Milone* 21,56 (Thilo)], Vergilius [*Aeneis* XII 118 (Thilo)] "et dis communibus aras". Item paulo post dat salios Herculi, quos Martis esse non dubium est. (*Ad Aeneidem* VIII 275[10])

Macrobius, der wahrscheinlich wie Servius auf den verlorenen Vergil-Kommentar des Aelius Donatus zurückgreifen konnte[11], äußert sich ganz ähnlich. Einen Teilnehmer seiner *Saturnalien* läßt er wie folgt die Behauptung eines anderen bestreiten, Vergil habe im achten Buch seines Epos Mars und Herkules miteinander verwechselt:

> Salios autem [Vergilius] Herculi ubertate doctrinae altioris adsignat, quia is deus et apud pontifices idem qui et Mars habetur. Et sane ita Menippea Varronis adfirmat quae inscribitur ἄλλος οὗτος Ἡρακλῆς, in qua, cum de Invicto Hercule loqueretur, eundem esse ac Martem

[9] Dante, *Inferno* XIII 144.

[10] "Andere wollen, daß er [Herkules] deshalb 'allgemeiner Gott' genannt wird, weil nach dem priesterlichen Ritus Herkules und Mars identisch sind. Denn sie sollen auch einen gemeinsamen Stern haben, und Mars wird bekanntlich 'allgemeiner Gott' genannt. Cicero spricht vom 'allgemeinen Gott Mars', bei Vergil ist von 'den allgemeinen Göttern geweihten Altären' die Rede. Entsprechend ordnet Vergil wenig später die Salier dem Herkules zu, die ohne Zweifel zu Mars gehören." - Die Worte des Servius werden ohne signifkative Abweichungen vom *Mythographus tertius* (d. h. Albericus) adaptiert (XIII 8).

[11] Vgl. BERNABEI 1970, S. 103.

probavit. Chaldaei quoque stellam Herculis vocant, quam reliqui omnes Martis appellant. (*Saturnalien* III 12,5[12])

Die Vergil attestierte Verschmelzung beider Gottheiten wird hier durch das Zeugnis des Varro gefestigt. Wenn die Florentiner (d. h. einige maßgebliche unter ihnen) sie aber nun als gegeben akzeptierten, was veranlaßte sie dann, Mars, als Gründungspatron der Stadt eine der Stützen ihrer schon im *Dugento* stolz verfochtenen *romanitas*[13], auf dem Kommunalsiegel als Herkules erscheinen zu lassen? Den Ausschlag dürfte - absolut wie relativ gesehen[14] - das positive allegorische Potential des Alkiden gegeben haben. Der Siegelspruch selbst ließ sich leicht aus Evanders Rede ableiten, die den Sieg des Helden über Cacus schildert[15]. Dem ungeheuren Riesen, den die Keule ("nodis [...] gravatum / robur",

---

[12] "Die Salier aber ordnet Vergil aufgrund seines Reichtums an höherer Gelehrsamkeit dem Herkules zu, weil dieser Gott unter den Priestern als mit Mars identisch gilt. Und ganz genauso behauptet es die Menippeische Satire des Varro mit dem Titel ἄλλος οὗτος Ηρακλῆς, in der Varro, als vom Unbesiegbaren Herkules die Rede ist, dessen Identität mit Mars beweist (*oder:* dessen Identifizierung mit Mars billigt). Auch bezeichnen die Chaldäer den Stern als 'Stern des Herkules', den alle anderen 'Stern des Mars' nennen."

[13] Mars ist für Giovanni Villani schlicht "Iddio de' Romani", 'Gott der (Stadt-)Römer': So steht es in *Cronica* I 42 zu lesen, dem Kapitel, das die Erbauung von Florenz samt Marstempel durch römische Bürger nach römischem Muster schildert. Die Insistenz auf der *romanitas* der Stadt war nach RUBINSTEIN 1942 spätestens seit 1230 ein wesentliches Element politischen Denkens in Florenz.

[14] Mit Mars verbanden viele Florentiner Bedrohliches. Sie wähnten, er zürne ihnen auf ewig, da sie sein Standbild aus dem zentralen Kultort der Stadt im Zuge von dessen Umwidmung in eine Basilika des Hl. Johannes Baptista entfernt hatten. So wagten sie es nie, die Statue des Gottes zu zerstören, glaubten vielmehr, der Stadt drohe furchtbare Rache, wenn jener etwas geschehe (vgl. Dante, *Inferno* XIII 139-50 bzw. G. Villani, *Cronica* II 1 und III 1). Dementsprechend war das Entsetzen groß, als sie 1333 von den Wassern des Arno fortgespült wurde (vgl. *ibid.*, XI 1). Es war, zumindest der Sage nach, zwar nicht das erste Mal, daß das Standbild in den Fluß fiel (schon bei der Zerstörung von Florenz durch Totila war sie dort gelandet), doch diesmal bestand kaum noch Hoffnung, sie zu bergen. Verzweifelt reimte Adriano de' Rossi, ein Freund Boccaccios, nach der Flut:

> Deh facciasi cercar sí che si truovi,
> la pietra dov'egli è Marte intagliato,
> e facciasi riporre al luogo usato
> per modo ch'Arno ma' piú non la covi,
> ch'i' ho sognato pericoli nuovi
> per lui contro a Firenze del suo stato,
> che, mentre che non fia dissotterato,
> maggior fortuna converrà che pruovi
> che quella d'Arno, che non fu da ciancia,
> anzi fu sì crudele e dolorosa,
> ch'a molti fe' e fa doler la guancia. (*ed.* CORSI [2]1980, S. 906)

"Fortuna" (v. 8) bedeutet *sc.* 'Unglück'. - Angesichts der Legende war es kaum angezeigt, Mars zum Beschützer von Florenz zu erklären.

[15] Die älteste erhaltene Herkules-Darstellung auf Florentiner Boden, ein um 1340 entstandenes Relief von Andrea Pisano am Campanile des Doms (vgl. VON HESSERT 1991, S. 27f.), zeigt

v. 220f.) des Herkules zu Boden streckt, wird eine "mens effera", ein verbrecherischer Sinn, bescheinigt, der kein Vergehen, keine List unversucht gelassen habe ("*N*e quid inausum / aut intractatum scelerisve dolive fuisset", heißt es in v. 205f. vor der Schilderung seiner letzten Bluttat). Die Allegorese von Cacus - ein Name, den Servius[16] auf κακός, 'schlecht, böse', zurückführt - konnte daher mühelos *besiegtes Unrecht, prava domata,* lauten. Zu einer solchen "juristischen" Lesart fügt sich gut, daß Herkules von Evander als "maximus ultor" (v. 201), größter aller Bestrafer, tituliert wird[17]. Darüber hinaus war der Heros natürlich schon aufgrund seines Beinamens Invictus, den das oben betrachtete Macrobius-Zitat überliefert, für die Rolle des Garanten republikanischer Freiheit wie geschaffen. Dies war sein vorwiegender Symbolwert bis weit ins Quattrocento hinein[18].

Cosimo und Piero de' Medici trugen dem auf ihre Weise Rechnung. Gemeinsam für Bau und Ausstattung des Palazzo Medici verantwortlich[19], ließen sie 1460 drei Siege des Herkules (gegen Antäus, die Hydra und den Nemeischen Löwen) von den Brüdern Pollaiuolo auf großformatige Gemälde für die *Sala grande* bannen. Es handelt sich um exakt die Szenen, die seit Beginn des 15. Jahrhunderts die Porta della Mandorla des Florentiner Doms schmückten. Sollte die Bilderserie allein ein Bekenntnis zur Republik darstellen oder zusätzlich andeuten, wer nunmehr den Part des Herkules innehatte? Alison Wright hegt wohl zu Recht den Verdacht, daß die Ambiguität der Symbolik gewollt war[20]. Daß Cosimo sowohl

vielleicht nicht zufällig diesen Sieg. - Wohl auszuschließen als Motivation für das Siegel ist die Vorstellung von Herkules als Präfiguration Christi, die von den Kirchenvätern heftig bekämpft worden war und erst wieder zu Beginn des 14. Jahrhunderts wieder in Texten nachweisbar ist (vgl. GAETA 1954). Kaum daß sie in Florenz aufkam, wurde sie freilich mit dem Siegel in Verbindung gebracht: Eine pseudo-danteske Kanzone des Trecento (*ed.* ROTHE, S. 136), die um das rettende Eingreifen des Herkules bittet und dabei unzweifelhaft die Intervention des Messias meint, enthält die Verse: "Il mondo tristo è di virtù sfornito / Et già non trova aito / Contro al volere della gente *prava* / Se non gli *domi* colla giusta *clava*" (vv. 10-13).

[16] *Ad Aeneidem* VIII 190.

[17] Daß die hier vorgeschlagene Allegorese im Mittelalter möglich war, bezeugt der *Mythographus tertius*. Er schreibt zur Cacus-Episode nach Mitteilung der bei Servius verzeichneten Etymologie: "Hercules bona concupiscit, quia omnis malignitas virtuti contraria est. [...] Sed Hercules, id est virtus, et malos interficit, et sua vendicat" (XIII 1). Eine zum Stadtsiegel passende Deutung der Namen Herkules und Alkides bietet Bernardus Silvestris in seinem *Commentum super sex libros Eneidos Vergilii*: "Hercules victoriam de vitiis figurat. Unde nomen congruit. Dicitur enim Hercules graece gloria litis latine: labor eius eum celebrat. Et dicitur Alcides quasi fortis et formosus. Fortis notat virtutem, formosus gloriam." (*ed.* RIEDEL, S. 87).

[18] Vgl. ETTLINGER 1972, S. 120-28, VON HESSERT 1991, S. 18-44, sowie DONATO 1991.

[19] Vgl. TÖNNESMANN 1993, S. 71, und PAOLETTI 1993, S. 240.

[20] WRIGHT 1994, S. 326.

zu Lebzeiten als auch kurz nach seinem Tod mit dem Helden identifiziert wurde, zeigen Verse medicitreuer Dichter. In den *Collectiones Cosmianae*, die Bartolomeo della Scala für Lorenzo de' Medici zusammenstellte, findet sich ein Gedicht Gentile Becchis an den *Pater Patriae*, das dessen "larga manus" feiert[21]. Darin stößt man auf mindestens zwei Herkules-Anspielungen, deren erste deutlich auf den Siegelspruch verweist:

Larga manus nostro tenuit quoque tempore clavam
herculeam, domuit monstraque larga manus. (v. 51f.[22])

Larga manus digitis athlantia pondera fulcit:
Est aliis manibus pro duce larga manus. (v. 95f.[23])

In einem weiteren Gedicht Becchis, das Scala ebenfalls in seine Gedenkschrift aufnahm, legt Herkules sein Löwenfell ab und räumt freiwillig ein, daß er Cosimo unterlegen sei[24]. Ähnlich hatte der Held laut Martial angesichts der *virtus* Domitians reagiert, der sich wie viele andere römische Kaiser als Reinkarnation des Alkiden sah[25]. In den Lobgedichten auf den *Pater Patriae* bleibt gleichwohl die republikanische Rolle des Heros, die Sicherung der *libertas*, Grundlage der Assoziation. Dies gilt auch für das *Compendium in vitam Cosmi Medicis*, das Amerigo Corsini Lorenzo widmete. Der Panegyricus beschreibt eingangs die Vorbereitungen zur irdischen Sendung Cosimos. Jupiter teilt Sol mit, welche Lebensbahn er dem Medici zukommen lassen solle: "Huic dabis Herculeos grandes superare labores" (I 65)[26], lautet ein Vers aus den Anweisungen des Göttervaters. Zur Präzisierung seiner Konnotationen muß man einen späteren Passus des Werkes heranziehen, in dem Cosimo seine schwierigen Jahre vom Exil (1433/34) bis zur Schlacht bei Anghiari (1440) vorausahnt:

---

21 *De laudibus Cosmi*, *Laur. Plut.* 54,10, f. 135r-136v.

22 "Die freigebige Hand hielt auch in unserer Zeit die Keule des Herkules, Ungeheuer bändigte die freigebige Hand."

23 "Die freigebige Hand hält mit den Fingern Atlantische Gewichte; anderen Händen Führer ist die freigebige Hand".

24 "Conferet vestris sua gesta rebus, / Ponet Alcides humeris leonem." (*Laur. Plut.* 54,10. f. 137r).

25 "Maiorem Alciden nunc minor ipse colit" (Martial, *Epigrammata* IX 64,6). Zahlreiche literarische Belege für Herkules = Caesar, beginnend mit Augustus (und seinem Lobredner Horaz), versammelt R. Peter in ROSCHER 1978, S. 2980ff.

26 Vgl. VON HESSERT 1991, S. 47. Die Assoziation fällt noch direkter aus, als die Kunsthistorikerin vermutet. Der Vers besagt nämlich nicht, daß Cosimo die Arbeiten des Herkules übertreffen werde, sondern vielmehr, daß es ihm beschieden sei, große herkulische Mühen zu überstehen. *Labores superare* mit entsprechender Bedeutung ist ein feststehender Ausdruck.

Attamen in cunctis noscat me quisque paratum
Pro patria cunctosque graves perferre labores.
Quaeque mihi cara pro libertate manebunt
Gestanda, illa libens ac laetus semper obibo. (I 415-18[27])

Cosimos Sohn und Nachfolger Piero ließ sich offenbar nicht mit Herkules vergleichen. Von Lorenzo, der in sovielem an seinen Großvater anknüpfte, wird dies gemeinhin angenommen, nicht zuletzt weil Michelangelo nach dem Zeugnis Ascanio Condivis, aufgegriffen von Vasari, als erstes Werk nach dem Tod des Magnifico eine (verlorene) Herkules-Statue schuf[28]. Die *literarischen* Belege, die in der Forschung bisher zur Stützung dieser Annahme angeführt wurden, sind alles andere als eindeutig, was freilich insoweit nicht überrascht, als eine plakative Vereinnahmung der Figur durch Lorenzo angesichts starker innenpolitischer Gegner nie unproblematisch war[29]. In den *Disputationes Camaldulenses* Cristoforo Landinos darf der Magnifico Herkules als Paradebeispiel eines Weisen preisen, der nahezu allen Menschen genützt habe, indem er "horrendas feras", "perniciosa ac inmania monstra" und "crudelissimos tyrannos" gebändigt[30] und den meisten Völkern Recht und Freiheit zurückgegeben habe (*ed.* LOHE, S. 32). Unmittelbar zuvor hatte Landinos Lorenzo, den der Dialog am Beginn seiner Machtausübung zeigt, Herzog Federico von Urbino als vollendeten Herrscher gerühmt, der einerseits zu Recht "inter litteratissimos" gezählt werde, andererseits keineswegs das Militärwesen vernachlässige. Allenfalls die Nebeneinanderstellung der beiden Exempla, die merkwürdigerweise keinem der drei Kommentatoren des Passus[31] erwähnenswert schien, kann hier als Indiz dafür gewertet werden, daß sich der Medici als *Hercules Florentinus* sah. Das

27 "Dennoch soll ein jeder meine Bereitschaft erkennen, für das Vaterland alle Mühen durchzustehen, und seien sie noch so schwer. Was auch immer für das teure Gut der Freiheit unternommen werden muß, das will ich stets gern und frohen Mutes angehen."

28 Vgl. ETTLINGER 1972, S. 119. WRIGHT 1994, S. 333f., vertritt im Gegensatz zu ihrem Kollegen die Ansicht, daß es sich bei der Skulptur nicht notwendigerweise um ein Werk *in memoriam Laurentii* handelte. Ihre Skepsis erscheint uns indes übertrieben.

29 Landino selbst huldigte bei der Vorstellung seines Dante-Kommentars 1481 der republikanischen Tradition und bezeichnete die *Signoria*, formal auch damals noch das höchste Gremium der Stadt, als "Ercole" (vgl. VON HESSERT 1991, S. 70ff.). Da er dies wohl kaum ohne Billigung Lorenzos getan haben wird, kann man erahnen, wie heikel die Inanspruchnahme des Helden dem Medici selbst noch nach dem erfolgreichen Krisenmanagement des Jahres 1479/80 erschien.

30 Die dem Magnifico in den Mund gelegten Worte sind, wie WRIGHT 1994, S. 328, feinsinnig bemerkt, auf den Pollaiuolo-Zyklus im Palazzo Medici abgestimmt, der Herkules im Kampf mit einer *fera*, einem *monstrum* und einem *tyrannus* darstellte.

31 Vgl. ETTLINGER 1972, S. 136, VON HESSERT 1991, S. 49, sowie WRIGHT 1994, S. 328.

abschließende Lob des Alkiden in Landinos *De vera nobilitate* (*ed.* LIACI, S. 107ff.) hat trotz gegenteiliger Einschätzungen in der Forschung[32] einen nicht minder vagen Bezug zu Lorenzo, da der Held dort als *von allen* nachzuahmendes Beispiel für *nobilitas* angeführt wird[33]. Die Tatsache, daß der Magnifico kurz vor dem Finale als "vera nobilitate donandum" (S. 104) eingestuft wurde, bietet zumindest für sich allein genommen keinen Anlaß für eine Gleichsetzung seiner Person mit dem Alkiden. Somit ist Polizianos *Epigramm* XXIX, hier erstmals in die Diskussion eingebracht, der einzige Text, der das Rollenspiel mit Blick auf Lorenzo bestätigt[34].

Poliziano wollte seinen Patron mit dem Epigramm möglicherweise nicht nur an eine heroische Tat, sondern darüber hinaus noch an ein "Amt" des Herkules erinnern, das des Musenführers. Nach einer antiken Traditionslinie kam es nämlich nicht Apoll, sondern Herkules zu. Angelo sollte die Formel "Hercules Musagetes" in den Materialien zu seinem ersten Kurs am Florentiner *Studio* (1480/81) zitieren[35]. Von Inschriften abgesehen überliefert sie nur ein einziger literarischer Text: die *Pro instaurandis scholis oratio* des Eumenius, gehalten im Frühling des Jahres 298 n. Chr. im gallischen Augustodonum (Autun). Sie gehört zum Korpus der *Panegyrici latini*, das Giovanni Aurispa 1433 in Mainz entdeckt hatte[36]. Das siebte Kapitel der Rede beginnt mit einer Untersuchung der

---

32 Vgl. ETTLINGER 1972, S. 136 und VON HESSERT 1991, S. 49f.

33 Die Aufruf zur allgemeinen *imitatio* des Hélden ähnelt dem Appell, den Rinaldo degli Albizzi 1423/24 an die Florentiner richtete, die er in den Kampf mit den Visconti schickte: "Voi sarete domatori della pravità dei tiranni; e ciascheduno di voi sia un nuovo Ercole, il quale domò tanti pessimi tiranni" (zit. in Giovanni Cavalcantis *Istorie fiorentine*; vgl. ETTLINGER 1972, S. 123). Neben der ausdrücklichen Anspielung auf den Text des Kommunalsiegels ist hier bemerkenswert, daß Cosimos langjähriger Gegenspieler den Verdacht, er sehe sich in einer herkulischen Sonderstellung, offenbar gar nicht erst aufkommen lassen wollte.

34 Ganz und gar nichts mit der Thematik *Hercules Florentinus* zu tun hat eine Ode Polizianos (abgedruckt in DEL LUNGO, S. 260f.), die VON HESSERT 1991, S. 50, als neuen Beleg präsentiert. In der fünften Strophe des Gedichts heißt es, daß "bellipotens [...] Hercules" für Lorenzo auf der Wacht liege. Lorenzo und Herkules sind hier nicht nur sichtlich zwei verschiedene Entitäten, mit "Hercules" ist zudem, wie aus dem Kommentar Del Lungos klar hervorgeht, eindeutig Ercole d'Este gemeint. Im übrigen ist die Ode nicht, wie von Hessert behauptet, an Lorenzo gerichtet, sondern an Gentile Becchi, den Bischof von Arezzo.

35 *Commento*, S. 552: "A graecis Musagetes quoque appellatur [Hercules]." Das Lemma SONABAT, das der zitierte Satz beschließt, faßt die Recherchen Polizianos zum Thema *Herkules und die Musen* zusammen.

36 Ein 1468 in Florenz kopiertes Exemplar der *Panegyrici latini* ist erhalten. Sowohl die umgehende Mitteilung des Fundes durch Aurispa an den Florentiner Thebalducci als auch der Aufenthalt des Humanisten in Florenz in den Jahren 1435/36 legen indes nahe, daß das Werk am Arno deutlich früher bekannt wurde; vgl. *Panégyriques latines*, *ed.* GALLETIER 1949, S. XXXVIII-XL.

Beweggründe, die den römischen Konsul Fulvius Nobilior (2. Jhd. v. Chr.), einen Gönner des Ennius, auf dem Circus Flaminius einen Tempel für "Hercules Musarum" errichten ließen[37]:

> Aedem Herculis Musarum in circo Flaminio Fulvius ille Nobilior ex pecunia censoria fecit non id modo secutus quod ipse litteris et summi poetae amicitia duceretur, sed quod in Graecia cum esset imperator acceperat *Heraclen Musageten* esse, id est comitem ducemque Musarum, idemque primus novem signa, hoc est omnium Camenarum ex Ambraciensi oppido translata sub tutela fortissimi numinis consecravit, ut res est, *quia mutuis opibus et praemiis iuvari ornarique deberent: Musarum quies defensione Herculis et virtus Herculis voce Musarum.* (VII[38])

Es war keine Laune, die Eumenius dazu trieb, den Pakt zwischen dem Heros und den Musen in solcher Ausführlichkeit zu schildern. Constantius, in dessen Herrschaft die *Oratio* fiel, ließ sich wie sein Vater Maximian Herculius nennen, um seine angebliche Abstammung von Herkules zu unterstreichen. Eumenius' Absicht ist Herrscherlob, und er selbst macht daraus keinen Hehl:

> Credo igitur, tali Caesar Herculius et avi Herculis et Herculii patris instinctu tanto studium litterarum favore prosequitur ut non minus ad providentiam numinis sui existimet pertinere bene dicendi quam recte faciendi disciplinas et pro divina intelligentia mentis aeternae sentiat litteras omnium fundamenta esse virtutum, utpote contenentiae, vigilantiae, patientiae magistras. [...] Ideoque his omnis industriae atque omnis laudis nutricibus aut, ut verius loquar, matribus cum praeceptorem Caesar Herculius declarare dignatus sit, necesse est etiam sedem propriam cupiat reformari, ut, cum ad antiquam firmitatem cultumque reparata sit, multo hic iustius et verius nuncupetur aedes Herculis atque Musarum. Et sane, Vir perfectissime, interest etiam gloriae quam tanti principes tot victoriis ac triumphis merentur ut ingenia quae canendis eorum virtutibus excoluntur non

---

37 Weitere Quellen zu diesem Tempelbau gibt R. Peter in ROSCHER 1978, Bd. I.2, S. 2976ff.; zum *Hercules Musarum* siehe *ibid.*, S. 2970ff.

38 "Den Tempel des Herkules Musarum auf dem Circus Flaminius ließ jener Fulvius Nobilior mit Zensorengeld errichten. Auf die Idee des Tempelbaus kam er nicht nur durch seine Kultur und seine Freundschaft zu einem herausragenden Dichter, sondern auch deshalb, weil ihm in seiner Zeit als Feldherr in Griechenland zu Ohren gekommen war, daß Herkules der Musaget ('Anführer der Musen') sei. Damals ließ Fulvius auch die Statuen aller neun Musen erstmals aus der Stadt Ambrakia herausbringen und unter den Schutz des starken Gottes schlechthin stellen. Beide sollten einander wechselseitig unterstützen und belohnen: Das ruhige Wirken der Musen sollte von Herkules, die Tapferkeit des Herkules von der Stimme der Musen profitieren."

intra privatos parietes, sed in publica ostentatione et in ipso urbis istius ore vegetentur. (VIII-IX[39])

Der Herrscher als *Hercules Musarum*, der die Künste fördert und sich von pflichtbewußten Poeten feiern läßt - war diese Beschreibung das Leitbild für die "Kulturpolitik" der Medici?

Diese Frage sicher zu beantworten, ist wohl unmöglich. Würde man argumentieren, daß die Medici in Architektur und Kunst mehr oder minder offen dem kaiserlichen Rom nacheiferten[40], so ließe sich umgehend entgegenhalten, daß für ein solches Streben das ganz und gar nicht republikanische Herkules-Bild, das die Rede des Eumenius vorstellt, nicht vonnöten war. Völlig auszuschließen ist andererseits aber nicht, daß die Verherrlichung Cosimos als Augustus[41] oder - für die kritische Öffentlichkeit unverfänglicher - als Maecenas[42] in der mediceischen Panegyrik auf die *Pro instaurandis scholis oratio* zurückgehen könnte. Die Evokationen des augusteischen Zeitalters setzten laut Alison Brown nach 1454 ein. Als Preisdichter betätigten sich "poverty-stricken poets in whose interest it was to extol the political power of the Medici, since it was from them that they received what wealth and position they enjoyed"[43]. Dies klingt nach einem Pakt zwischen Herrschern und Dichtern, wie ihn Eumenius beschreibt. Für seine

[39] "Ich glaube also, daß Kaiser Herkulius, beflügelt durch das Vorbild seines Ahnen Herkules und seines Vaters Herkulius mit solchem Wohlwollen das Studium der Künste befördert, daß er wohl der Ansicht ist, die Fächer zur Erlernung der Kunst der Rede gehörten nicht minder zu seiner göttlichen Bestimmung wie die, die richtiges Handeln lehren, und meint, die Künste seien die Grundlage aller Tugenden, die Lehrerinnen der Selbstbeherrschung, der Wachsamkeit und der Geduld. [...] Und weil Kaiser Herkulius es für würdig erachtet hat, einen Lehrmeister für diese Nährerinnen allen Fleißes und aller löblichen Tätigkeit zu ernennen, muß er jetzt [*sc.* als reinkarnierter Herkules] den Wunsch haben, auch seine eigene Residenz wiederherzustellen, damit diese, sobald sie die einstige Stärke und Verehrung wiedererlangt hat, weitaus rechtmäßiger und wahrhaftiger als zuvor Tempel des Herkules und der Musen genannt werden kann.
Ja, Exzellenz, es ist wichtig für den Ruhm, den unsere hochedlen Herrscher sich durch so viele triumphale Siege verdienen, daß die Talente, die dazu ausgebildet werden, ihre Vorzüge zu besingen, nicht etwa in Privathäusern versteckt bleiben, sondern öffentlich im Herzen der Stadt präsentiert werden."

[40] Von der Fassadenrustika des Palazzo Medici, die der "Umfassungsmauer des römischen Augustusforums, das im 15. Jahrhundert allgemein als Ruine einer antiken Kaiserresidenz, des sagenhaften *Palatium Nervae*, galt" (TÖNNESMANN 1993, S. 82), nachempfunden ist, über die Büsten Pieros und seiner Frau Lucrezia Donati, die Mino da Fiesole schuf (vgl. ZURAW 1993), bis hin zur Porphyrrota in der Kapelle des neuen Palastes, mit deren imperialen Konnotationen sich BEYER 1993 befaßt. PAOLETTI 1993 schreibt: "The visual symbols commissioned by the Medici in the 15th century stand out from traditional family patronage in Florence and [...] provide clear indications of princely rulership" (S. 240).

[41] Vgl. GOMBRICH 1985, S. 48.

[42] Vgl. BROWN 1992, S. 22f.

[43] *Ibidem*, S. 28.

Existenz könnte auch ein Distichon aus einer Elegie Naldo Naldis (III 2) auf Cosimos Tod sprechen. Es lautet: "Nec iuvat, heu, [Cosmum] doctas semper coluisse Camenas / Illarumque choris usque fuisse ducem" (v. 305f.). Sollte dies eine Assoziation des *Pater Patriae* mit Herkules (und nicht mit Apoll) sein, so hätte Cosimo seiner Alkiden-Rolle, die er *privatim* bereits früh übernommen haben dürfte, nur eine weitere Facette hinzugefügt.

Ein Herkules-Nachfolger als Anreger der Musen, diese Vorstellung wird, freilich ohne auf die strategischen Vorteile eines solchen Paktes für den Herrscher hinzuweisen, auch in einem weiteren spätantiken Text formuliert, der gegenüber dem des Eumenius das große Plus eines vermeintlichen Bezugs zum florentinischen Souverän aufweist: Die Rede ist vom zweiten Prolog zu Claudians *Raptus Proserpinae*.

Orpheus, schreibt Claudian, habe nach dem Tod Eurydikes lange nichts mehr zu singen gehabt, bis Herkules in sein Land gekommen sei und ihm durch seine Heldentaten, die berühmten zwölf Mühen, Stoff für neue Lieder gegeben habe. Nach knapp fünfzig Versen entpuppt sich die Geschichte als Vordersatz eines Vergleichs:

> Sed tu Tirynthius alter,
> Florentine, mihi: tu mea plectra moves
> Antraque Musarum longo torpentia somno
> Excutis et placidos ducis in orbe choros. (vv. 49-52[44])

Der angesprochene Florentinus hat mit Florenz nichts zu tun. Ihm wurde dieser Name schlicht in die Wiege gelegt. Die Florentiner hatten darüber schon einmal, vor Petrarcas Zeiten, hinweggesehen. Damals hatten sie Claudian zu einem der Ihren erklärt, indem sie ihm kurzerhand die "Heimat" seines Herrn und Beschützers zuschrieben[45]. Möglich, daß sich die Medici nun aus demselben Text eine Stütze für ihre Rolle als *Hercules florentini* herauslasen.

---

[44] "Du aber, Florentinus, bist mir ein zweiter Tirynthier [*sc.* Herkules]: Du bewegst mein Plektrum, du bringst Leben in die schlafdämmernden Höhlen der Musen und führst ihre lieblichen Reigentänze an."

[45] Giammaria Mazzuchelli hat bereits im 18. Jhd. den zweiten *Raptus*-Prolog als Auslöser der falschen Annahme von der Florentinität Claudians entlarvt (vgl. TANTURLI 1992, S. 11). Wie Tanturli von einer nicht dokumentierten, verderbten Traditionslinie auszugehen, die statt "Florentine, mihi" "Florentino mihi" gelesen hätte, erscheint uns überflüssig. - Mit der vermeintlichen Florentinität Claudians werden wir uns im Rahmen der Analyse der *Nutricia* ausführlich beschäftigen.

Panegyriker Eumenius erweist sich nicht nur als vorbildlicher *alter Orpheus* im Sinne Claudians; er bietet zugleich ein kulturpolitisches Programm. Ein "Renaissance-Programm" war es schon am Ende des dritten Jahrhunderts, mit seiner Forderung, "sedem propriam [...] reformari", um "antiquam firmitatem cultumque" wiederherzustellen. Als "Renaissance-Programm", ähnlich dem zweiten *Raptus*-Prolog, könnten es auch die Medici gelesen und daraus den Vorsatz abgeleitet haben, als Nachfolger des Herkules die Musen zu neuem Leben zu erwecken.

2.2. Der Mäzen in der Pflicht

Die Herkules-Strategie der Medici hat Folgen für unser Epigramm. Wenn Lorenzo darin mit dem antiken Heros assoziiert wird, nimmt ihn Poliziano gleichsam in die Pflicht. Er muß sich des Helden würdig erweisen und die beiden Löwen des Zorns, die Angelo zerfleischen, besiegen: "Tui sit tibi cura, precor" (v. 2). Schlichte Worte, doch auch sie nicht ohne Bedacht gewählt. In seinem *Compendium in vitam Cosmi Medicis*[46] hatte der Florentiner Amerigo Corsini mit ähnlichen Worten Hilfe von göttlicher Seite erfleht, als er vor der großen Aufgabe stand, das Eingreifen des *Pater Patriae* in den oberitalienischen Konflikt zwischen Venedig und Mailand zu beschreiben:

> Quis deus ingenio poterit praestare favorem?
> Vestrum opus, o Musae, *vestra* haec *sit cura, precamur.*
> Nam nihil absque opibus vestris *speramus* honestum
> Posse loqui; *vestra* haec iterum *sit cura, precamur.* (III 219-22[47])

Poliziano brauchte nicht die geistigen Schätze der Musen, sondern die materiellen Mittel Lorenzos. Erst mit diesen kann er, wie ein ein weiterer Seitenblick auf Corsinis Hexameter verrät, wieder etwas "Anständiges" von sich geben[48].

---

[46] Laut *Dizionario biografico degli Italiani* (R. Ristori) entstand das Werk zwischen 1464 und 1478, wahrscheinlich vor 1469. Die untere Zeitgrenze ist angesichts des hier geschilderten Rezeptionsvorgangs auf 1477 anzuheben.
[47] "Welcher Gott vermag unser Talent zu beflügeln? Dies sei euer Werk, o Musen, eure Aufgabe, darum bitten wir. Denn ohne eure Hilfe dürfen wir nicht hoffen, etwas Rechtes zu sprechen: Übernehmt diese Aufgabe, wir bitten nochmals darum."
[48] Ein Epigramm Naldo Naldis (*Elegiae* III 28) hat mit Polizianos Vierzeiler Adressaten, Grundaussage, Metrum, Länge und gewisse lexikalische Elemente gemein - und ist doch nicht halb so raffiniert. Es lautet:

Über eine weitere Herkules-Anspielung, die freilich noch indirekter ausfiele als die Nennung der "gemini leones", wollte Poliziano vielleicht sogar einen ganz konkreten Bezug zu seinen dichterischen Aktivitäten des Jahres 1477 herstellen. Die Dechiffrierung begänne hier mit der Annahme, daß der vierte Vers von Angelos Epigramm, "Eripe me a rabidis, spes mea sola, feris", an einen vergilischen Hexameter erinnern soll, in dem Aeneas mit dem herkulischen Epitheton *invictus* um Rettung angefleht wird: "*Eripe me* his, invicte, malis [...]" (*Aeneis* VI 365). Der Ausruf ist Teil einer Rede, in der der unglückliche Steuermann Palinurus um Befreiung von seinen Qualen bittet. Unmittelbar voraus geht ihm eine Beschwörungsformel: "per genitorem oro, *per spes surgentis Iuli*". Sie könnte den heimlichen Grund für die Rezeption der *Eripe*-Formel in Polizianos Epigramm darstellen, und zwar dann, wenn der Dichterphilologe den "heranwachsenden Iulus" metonymisch auf sein damaliges poetisches Projekt *in fieri*, die *Stanze per la giostra*, bezog. "Iulo" ist bekanntlich der Name ihres Protagonisten, *vulgo* Giuliano de' Medici. Träfe unsere Hypothese zu, dann würde die Rezeption des benachbarten Verses einen verdeckten Zusammenhang zwischen der Vergabe des Priorats und dem Fortgang des später mehr oder minder aufgegebenen Werkes etablieren.

In der Überschrift seines Epigramms spricht Poliziano Lorenzo ganz im Stil der oben erwähnten panegyrischen Tradition als Maecenas an. Sein Kollege Naldo Naldi sah sich und seine Kollegen unter Cosimo zeitweise von gleich drei Mäzenen umsorgt, vom führenden Medici ebenso wie von dessen Söhnen Piero und Giovanni:

> Nec Maecenatem iactitet illa [aetas avorum] suum:
> Maecenas olim favit nam vatibus unus,
> Maecenas unus spesque salusque fuit.
> At modo tris Medices Tusca natique paterque
> Urbe vigent, doctis portus et aura viris. (*Elegiae* III 6, 18-22[49])

> Si tibi Pierides curae, si Phoebus Apollo,
> Es quibus Etrusca *solus* in urbe pater,
> Te *precor*, o vates vatum, *tibi cura* super*sit*
> Musarum, veluti sic tua turba sumus.

49 "Auch ihren Mäzen soll die Zeit der Vorväter nicht rühmen: Einst nämlich förderte ein einziger Mäzen die Dichter, ein einziger Mäzen war ihre Hoffnung, ihr Heil. Jetzt aber, in der toskanischen Urbs, entfalten gleich drei Mäzene ihr kraftvolles Wirken, ein Vater und seine beiden Söhne, Hafen und Lebensatem den gelehrten Männern."

Im Jahre 1477 war die Trias der Mäzene längst tot, und ihr Erbe Lorenzo, wie einst der antike Gönner alleinige Hoffnung der Dichter (aus Naldis "unus spes" wird "spes mea sola"), lief Gefahr, den hehren Titel zu verspielen. Wie gern hätte Poliziano von Lorenzo behauptet, was Ugolino Verino einst von (und an) Piero geschrieben hatte!

> Sed tu, magnanimi Cosmi generosa propago,
> Praecipue es magno dignus honore, Petre.
> Maecenas tuscis alter nunc natus in oris
> Doctorum ingeniis ingeniose faves.
> Gloria tirrenae es, Medices, verissima gentis,
> Sospite quo doctis praemia semper erunt.
> His inopes opibus iuvitque favore poetas,
> Et vatum vati maxima *cura sibi est*. (*Carmen* XLV, 133-40[50])

Einstweilen aber blieb er ein *inops poeta*. Die verdienten *praemia* ließen auf sich warten, was um so schwerer wog, als der historische Maecenas Horaz ein *rusculum* geschenkt und Vergil gar in einer "Immobiliensache" geholfen hatte, die starke Ähnlichkeiten mit der des Jahres 1477 aufwies[51].

Ehrentitel müssen durch Taten bestätigt werden. Das ist der Tenor des *Epigramms* XXIX. In mehrfacher Hinsicht ist der Vierzeiler bemerkenswert: Der fordernde Ton hebt ihn ebenso deutlich von der Medici-Panegyrik ab, wie ihn der Ernst des geäußerten Anliegens vom witzigen Charakter herkömmlicher Epigramme trennt. Die verschlüsselte Herkules-Anspielung, geschickt mit der offenen Evokation des Maecenas verknüpft, verleiht dem Gedicht nicht nur Raffinesse, sondern überdies kulturpolitische Brisanz.

---

50 "Aber du, vornehmer Sproß des großherzigen Cosimo, bist vor allem großer Ehren würdig, Piero. Als zweiter, in toskanischen Landen geborener Maecenas förderst du nun geistreich die Begabungen der Gelehrten. Der wahrhaftigste Ruhm des tyrrhenischen Volkes bist du, mein Medici, dank dessen Hilfe die Gelehrten stets ihren Lohn erhalten werden. Mit Geld und Gefälligkeiten unterstützt er die armen Dichter, und sorgt sich, selbst heiliger Sänger, mit der größten Hingabe um die heiligen Sänger."

51 Es ging um ein Grundstück, das dem seinerzeit noch wenig bekannten Dichter von Rechts wegen zustand, aber von einem Veteranen okkupiert worden war. Vergil, für den die Auseinandersetzung beinahe tödlich verlaufen sei, habe aus Dankbarkeit für die Intervention die *Georgica* "in honorem Maecenatis" geschrieben, heißt es in der *Vita Donati* (§20).

3. Unternehmen *Epiktet*

Im Mai 1479 wurde Angelo Poliziano von Lorenzos Gattin Clarice aus Cafaggiolo vertrieben, wo er für die Erziehung von deren Sohn Piero verantwortlich gewesen war. Der Fürst wies ihm daraufhin eine Villa in Fiesole als Refugium zu. Dort übersetzte Poliziano das *Enchiridion*[1] Epiktets, ein stoisches Handbuch aus der Kaiserzeit. Die Version eignete er Lorenzo zu. Wie er dem Medici im Widmungsbrief[2] schreibt, hatte er in der Bibliothek der Villa zwei äußerst lückenhafte, griechische Manuskripte des "libellus" gefunden[3] und sich kurzerhand entschlossen, auf ihrer Grundlage eine lateinische Fassung desselben anzufertigen. Polizianos Übersetzung ist erhalten, doch ist ihre Überlieferung von einer langen Reihe philologischer Verstrickungen gezeichnet, die eine kritische Ausgabe bis heute unmöglich erscheinen lassen[4]. Die editorischen Probleme des Widmungsbriefs sind weit geringer. Ihm wollen wir uns zunächst zuwenden[5].

In der Epistel hebt Poliziano die Vereinbarkeit der stoischen Inhalte des *Enchiridion* mit dem Platonismus hervor. Möglich wird die ideologische Verschmelzung beider Schulen durch den ausgiebigen Gebrauch eines platonischen Kommentars zum *Enchiridion*, den Simplikios in der Spätantike verfaßte. Ihm folgend, kann Poliziano den Stil des Handbuchs als vergleichbar mit dem der pythagoreischen *Symbola* rühmen, deren Deutung im Kreise des Florentiner Neuplatonismus große Aufmerksamkeit geschenkt wurde[6], und das Manual selbst als "florem quendam, qui hunc Platonicum, hoc est verum hominem in libertatem vindicaret". Diese Blütenlese habe, ergänzt Poliziano unter weiterer Ausschöpfung seiner Quelle, Epiktets Schüler Arrian aus den Lehren des Meisters erstellt, um sie der Nachwelt an die Hand zu geben: als ständigen Begleiter und Kampfinstrument, gemäß der beiden Bedeutungen von *Enchiridion*, 'Handbuch' und 'Handwaffe' ("militaris pugiunculus"). Somit, versichert Poliziano seinem

---

[1] Jüngste Ausgabe von Original und Übersetzung: Poliziano, *ed.* MALTESE 1990.

[2] *Ibid.*, S. 60.

[3] Wie Sebastiano Gentile in den *Atti del Convegno di Studi sul Poliziano* (*Montepulciano, 18.-22.7.1994*), berichten wird, ist jüngst die Identifizierung beider Handschriften gelungen.

[4] Vgl. OLIVER 1958, bes. S. 207-10. Gerade die textkritischen Bemühungen des amerikanischen Philologen, eingeflossen in den *Commentariolum criticum* der S. 211-17, ermöglichen indes das Operieren mit der Version - nach Ausklammern der Teile, die dort als stark kontaminiert ausgewiesen werden.

[5] *Ed.* Maltese, S. 58-62.

[6] Vgl. die Belege in der Einleitung zu Poliziano, *ed.* WESSELING, S. 31-33.

Herren, sei das *Opusculum* ein ideales Mittel zur Bewältigung der enormen politischen Schwierigkeiten, denen er, Lorenzo, sich gerade gegenübersehe.
In der Tat war die Situation des Medici im Jahre 1479 nicht eben beneidenswert. Inwieweit er sich später bei der meisterhaften diplomatischen Lösung des damals schwelenden Konflikts mit Neapel und Rom vom *Enchiridion* leiten ließ, bleibt sein Geheimnis. Anzunehmen ist jedenfalls, daß er Polizianos Gabe dankbar annahm. War sie aber wirklich das Geschenk eines loyalen Anhängers? Der große Philosophiehistoriker Eugenio Garin äußerte bereits vor über dreißig Jahren den Verdacht, die Epistel an den Magnifico enthalte ironische Züge[7]. Zwei Aspekte sind unseres Erachtens dazu angetan, diesen Verdacht zu erhärten:
1. Das Fundament der Eröffnung des Widmungsbriefes.
2. Das rhetorische Gewand von Polizianos Antwort auf einen polemischen Einwurf des Florentiner Kanzlers Bartolomeo Scala (1430-1497), der sich mit den Thesen des *Enchiridion* auseinandersetzte.
Im Anschluß an die Besprechung dieser Punkte werden wir vorschlagen, Polizianos Beschäftigung mit Epiktet als Antwort auf jene Episoden zu verstehen, die sich in den *Noctes Atticae* des Gellius um die Gestalt des Stoikers ranken.

3.1. Kaineus, Epiktet und Lorenzo - Von der heimlichen *malizia* leuchtender Rhetorik

> Caenea Lapithan, eum qui cum Centauris pugnaverit, Laurenti Medices, adeo vulneribus inviolabilem telisque impervium fuisse scribit Pindarus, ut, cum in eum Centauri ingentem quandam sylvarum molem facto unanimiter impetu congessissent, recto (ut idem inquit) pede terram sciderit. At vero Epictetus hic noster ea non a Vulcano, ut Achilles atque Aeneas, sed a natura ipsa ac ratione arma accepit, quae non modo se a telis et ferro, sed a metu quoque et dolore caeterisque animi perturbationibus tutum inviolabilemque praestiterint. Bellum quidem hic vir non cum Centauris, ut ille, sed cum fortuna cumque opinione acerrimum gessit. Quas ita ambas fudit atque fugavit, ut eas ex universa quoque hominum vita exterminaverit.[8]

---

[7] GARIN 1992 [1961], S. 345.
[8] *Ed.* MALTESE, S. 58. Übersetzung: "Der Lapithe Kaineus, der mit den Kentauren gekämpft haben soll, Lorenzo de' Medici, soll nach dem Zeugnis des Pindar derart unverwundbar und undurchdringbar für Geschosse gewesen sein, daß er mit (wie derselbe Dichter sagt) dem rechten Fuß die Erde gespalten haben soll, als die Kentauren mit vereinten Kräften eine ungeheuerliche Masse Waldes auf ihn schleuderten. Unser Epiktet nun erhielt seine Waffen nicht von Vulkan, wie Achilles oder Aeneas, sondern von der Natur selbst und von der Vernunft, und sie machten ihn nicht nur vor Geschossen und Schwertern sicher, sondern auch unverwundbar gegen Furcht,

Mit diesem Vergleich eröffnet Poliziano den Widmungsbrief an Lorenzo. Vor den Augen der Philologie erweist sich das Ganze als zynisches Zitat. Nur dies erscheint uns ein adäquater Ausdruck für Polizianos Entschluß, einen Brief, der nach außen hin die Absicht verfolgt, ein stoisches Handbuch und seinen Autor zu preisen, mit einem Bild anheben zu lassen, das den ersten Zeilen eines Traktats namens Σύνοψις τοῦ ὅτι παραδοξότερα οἱ Στωικοὶ τῶν ποιητῶν λέγουσιν entstammt[9]. Plutarch vergleicht darin den Kaineus Pindars[10], der traditionell als unglaubwürdig gescholten werde, mit dem in seinen Augen noch weit weniger vorstellbaren "Kaineus" der Stoa. Sei ersterer "nur" schlechthin unverwundbar gewesen, so verharre letzterer, wiewohl von Wunden übersät und von Kalamitäten aller Art[11] geschlagen, in vollendeter Ataraxie. Polizianos Operation besteht nun darin, Epiktet an die Stelle des stoischen Lapithen zu setzen. Maliziöse Anspielung an die Glaubwürdigkeit seiner Lehrsätze? Der jüngste Herausgeber des Textes dementiert entschieden[12]. Doch hätten sich nicht ungezählte andere Beispiele für stoische Unverwundbarkeit finden lassen? Polizianos Wahl, dem Medici gewiß nicht nachvollziehbar, kann kein Zufall sein.

3.2. Die Polemik mit Bartolomeo Scala

Kurz nach ihrer Übergabe an Lorenzo im Sommer 1479 rief die Übersetzung Epiktets einen überraschenden polemischen Einwurf hervor, der Poliziano zu einer umgehenden Rechtfertigung zwang[13].

> Putabam equidem factum a me satis quod Epictetum essem de graeco interpretatus; tu me ad eum quoque tuendum quasi tuba nunc classicoque excitas.[14]

---

nicht nur vor Geschossen und Schwertern sicher, sondern auch unverwundbar gegen Furcht, Schmerz und die übrigen Verwirrungen des Gemüts. Krieg führte Epiktet nicht, wie Kaineus, gegen die Kentauren, sondern gegen das wechselnde Glück und die Meinung - sehr heftigen Krieg. Beide schlug er so gründlich in die Flucht, daß er sie gänzlich aus dem menschlichen Dasein ausschloß."

[9] Plutarch 1,1057d.

[10] Zur möglichen Quelle Plutarchs vgl. *ed.* MALTESE, S. 64.

[11] Erwähnt werden u.a. die Zerstörung des Vaterlandes und persönliche Unglücksfälle.

[12] *Ed.* MALTESE, S. 64.

[13] In Poliziano, *ed.* GARIN 1952, S. 910-24. Das Schreiben trägt in Aldo Manuzios Ausgabe der *Epistulae* das Datum 1. August 1479; OLIVER 1958, S. 198, bekräftigt die Datierung mit Hilfe anderer Indizien.

Der Briefwechsel mit Bartolomeo Scala war die erste ideologische Debatte, die Poliziano auszufechten hatte. Sein Widerpart erhob drei Vorwürfe: Die Lehrsätze des *Enchiridion* seien dunkel, ihr Inhalt zum Teil abwegig, und ihre Befolgung übersteige das Menschenmögliche. Es überrascht nicht, daß Poliziano diese Behauptungen um der eigenen Glaubwürdigkeit willen zurückwies, doch lohnt der Blick auf die Art und Weise, in der er die Apologie Epiktets in Angriff nahm. Neben rein rhetorischen Entschuldigungen hinsichtlich der Vermessenheit, einen weitaus weiseren Mann wie Scala zurechtweisen zu wollen[15], führt er ein weiteres, kurioses Argument ins Feld, das der mangelnden persönlichen Eignung zur Rolle des Verteidigers. Grund: seine vergleichsweise geringen Sympathien für den Stoiker:

> neque ut me legitimum Epicteti propugnatorem contra te putem. Non enim vel ego tanto me dignor honore, *vel Epicteto tam faveo, quam te illi favere certo scio, sed ut impositam a te nobis personam, quantum in nobis sit, sustineamus.*[16]

Poliziano hielt sein Maskenspiel durch. Mit seiner Verteidigung des *Enchiridion* entsprach er ironischerweise exakt einer Vorschrift des stoischen Handbuchs:

> Memento actorem te esse fabulae, quamcunque is velit qui docet: si brevem, brevis; si longam, longae. Si mendicum agere te velit, et hunc ingeniose age: si claudum, si principem, si privatum. *Ad te enim pertinet datam tibi personam bene agere, eligere ad alium.* (Kap. XXII[17])

---

14 *Ed.* GARIN 1952, S. 912. Übersetzung: "Ich glaubte freilich, damit genug getan zu haben, daß ich Epiktet aus dem Griechischen übersetzte. Du aber forderst mich nun zusätzlich, wie mit dem Signal der Kriegstrompete, zu seiner Verteidigung heraus."

15 GARIN 1992 [1961], S. 26f., charakterisiert den Kanzler wie folgt: "Bartolomeo di Giovanni Scala, figlio d'un mugnaio di Val d'Elsa, buon servitore dei Medici, cassato nel '94 e poi rieletto, accanto al suo sostituto Pietro Beccanugi, mentre non ha più alcuna personalità politica è, anche sul piano culturale, una figura di scarso rilievo."

16 *Ed.* GARIN 1952, S. 912. Übersetzung: "Nicht daß ich glaubte, ein legitimer Verfechter Epiktets gegen Dich zu sein. Ich maße mir nämlich weder eine so große Ehre an, noch bin ich Epiktet so sehr gewogen, wie ich es von Dir sicher weiß. Gleichwohl aber ich will die Rolle, die Du mir auferlegt hast, nach Kräften durchspielen."

17 Diese und alle weiteren Kapitelangaben zum *Enchiridion* erfolgen nach der Zählung Polizianos, die von der des griechischen Originals erheblich abweicht. Übersetzung: "Bedenke, daß du Darsteller in einem Theaterstück bist, in welchem, hängt vom Willen des Lehrers ab. Will er ein kurzes, wird es kurz sein; will er ein langes, lang. Will er, daß du einen Bettler spielst, spiele auch ihn geistreich, und halte es nicht anders, wenn du einen Lahmen, einen Fürsten, einen Privatmann spielen sollst. Dir nämlich steht nur an, die dir gegebene Rolle gut zu bekleiden, einem anderen, sie auszuwählen."

Zur Rolle Polizianos gehörte die plakative Exaltierung Epiktets - dem *Kanzler* Scala wird gleich zu Anfang vorgeworfen, "arcem [...] ipsam vereque totius urbis caput" angegriffen zu haben, indem er eine der Maximen des Philosophen verworfen habe - und Platons, dessen im Widmungsbrief behauptete Übereinstimmung mit dem Stoiker aufzuzeigen war. Der Athener, zum Anwalt und "clypeum" (S. 924) Epiktets bestellt, wird unablässig mit Lob überhäuft: "Platonis auctoritas, quae tanta quidem est ut, quasi illa Virgilium Fama, 'caput inter nubila condat'" (S. 914); "Platonis, cuius vero dulcissimum in ore versatur nomen" (*ibid.*); "apud Platonem philosophorum principem" (S. 920); "platonicam maiestatem" (*ibid.*); "Quid enim Platone ipso illustrius?" (S. 922) *etc.* Die wenigen platonischen Gedanken des Briefes sind hingegen entweder wortgetreu aus Simplikios' Kommentar übernommen[18] oder - teils auch noch unpräzis zitierte - Banalitäten. Poliziano wußte genau, daß sein Gegenüber mit der zwölfmaligen Nennung des *magnum nomen* weit stärker zu beeindrucken war als mit komplizierten philosophischen Argumentationen[19].

Gemeinsam mit dem zynischen Zitat im Widmungsbrief stellt Polizianos Maskenspiel gegenüber Scala ein weiteres, wichtiges Indiz für eine bereits Monate vor dem Bruch des Dezember 1479 vorhandene Schere zwischen äußerer Loyalität zu und innerer Entfremdung von Lorenzo dar. Bleibt zu zeigen, welches Motiv Poliziano - jenseits der Aussage des Widmungsbriefs - letztlich leitete, seinen Fürsten mit einer Übersetzung des *Enchiridion* zu bedenken. Dazu sollten wir uns jetzt den *Attischen Nächten* des Gellius zuwenden, in denen Epiktet als "Stoicorum maximus", ja als "maximus Philosophorum"[20] gefeiert wird. Sie dürften die wichtigste (weil mit Abstand ausführlichste) Quelle sein, auf die Poliziano anspielte, als er Scala versicherte: "Atque eum [sc. Epictetum] quidem et fuisse magnum virum omnes tradunt et mihi centies reperitus perpetuo placet"[21].

---

[18] Vgl. HADOT 1985, S. 326ff., bes. S. 354ff.

[19] Auch die Ausflüge Polizianos ins Terrain der lateinischen Literatur (Sallust, Vergil, Terenz) und der elementaren Mathematik Euklids scheinen auf den Horizont Scalas abgestimmt.

[20] *Noctes atticae* I 2 bzw. XVII 19.

[21] *Ed.* GARIN 1952, S. 924

3.3. Gellius-Rezeption als eigentlicher Anlaß für Polizianos Übersetzung des *Enchiridion*

Im XXXIV. Kapitel der Übersetzung des *Enchiridion* konfrontiert Epiktet seinen Leser mit der verlockenden Frage "Vis Olympia vincere?", mahnt jedoch angesichts der immensen Mühen, die mit der Erringung dieses fraglos großartigen Ziels ("Et ego, per deos: magnificum enim est") verbunden seien, sogleich: "Oportet bene sese instituere". In welcher Kunst? Die Antwort fällt entschieden aus. Für Epiktet ist außerhalb des Stadions nur in der Philosophie olympischer Lorbeer zu gewinnen. Wie der Olymp der höchste Berg Griechenlands, sei sie das höchste Ziel, dem sich der Mensch verschreiben könne. Es verlange und verdiene volle Konzentration. Unmöglich könne man "modo philosophus, modo publicanus, paulo post rhetor, postremo Caesaris procurator" sein. Wer anders denke, verhalte sich alles andere mannhaft.
Epiktet hat für den Menschentyp, der "instar puerorum" in allen Disziplinen zuhause sein will, eine konkrete Bezeichnung parat. Das LXIV. Kapitel des Manuals - es spricht schon in der Überschrift, *Quod verba propter opera*, Klartext - liefert sie:

> Cum quis ideo gloriatur, quod Chrysippi sententias interpretatur, dicat ipse secum: "nisi operte Chrysippus scripsisset, nequaquam haberem unde gloriarer". Sed scripsit Chrysippus non ut quis eum interpretaretur, sed ut secundum se operaretur. Si ergo scriptis utar, tum corum bonum fuero consecutus. Si autem interpretantem admirer aut etiam ipse interpretari possim, grammaticum, non philosophum admirer aut agam. Quid autem prodest medicamenta quaedam invenisse descripta eaque intelligere atque aliis tradere, ipsummet aegrotantem minime eis uti?[22]

[22] "Wenn sich jemand deshalb rühmt, weil er die Lehrsätze des Chrysipp deutet, soll er zu sich sagen: 'Wenn Chrysipp nicht dunkel geschrieben hätte, hätte ich keinen Anlaß, mich zu rühmen.' Aber Chrysipp schrieb nicht, damit jemand seine Lehre deute, sondern damit man nach ihr handle. Erst wenn ich von seinen Schriften Gebrauch mache, werde ich mir also ihr Gutes zu eigen gemacht haben. Wenn ich aber ihren Interpreten bewundere bzw. wenn ich ihn selbst interpretieren kann, dann werde ich den Grammatiker, nicht den Philosophen bewundern bzw. ein Grammatiker statt eines Philosophen sein. Was aber nützt es, gewisse Heilmittel irgendwo beschrieben zu finden, sie zu verstehen und anderen zu überliefern, ohne sie selbst bei Krankheit im mindesten zu gebrauchen?"

Der stoische Philosoph nimmt eine deutliche Differenzierung vor zwischen *interpres* oder *grammaticus* einerseits und *philosophus* andererseits. Die ersten beiden Termini sind dabei markant negativ.
In *Noctes atticae* XVII 19 schlägt Epiktet schärfere Töne an als im *Enchiridion*. Den dort als *grammaticus* bzw. *interpres* bezeichneten Menschentyp, der den Grundsatz *Quod verba propter opera* vernachlässigt und meint, dank seiner Eloquenz auf den verschiedensten Gebieten Wortführer sein zu können, vergleicht er bei Gellius geradewegs mit einem Nachttopf ("vas spurcum"). Da jener nämlich keinerlei moralische Konsequenzen aus dem aufgenommenen geistigen Material ziehe, verwandle sich dieses in nichts anderes als Urin "aut si quid est urina spurcius". Der Erzähler aus Gellius' Gesprächsrunde weiß weiterhin zu berichten, daß der Stoiker auf zwei Laster ganz besonders allergisch reagiert habe. Äußerst unerträglich und schändlich seien ihm diejenigen erschienen, deren "intoleranti*a* et incontinenti*a*" soviel Macht hatte, daß sie keinerlei "iniuri*ae*" zu ertragen verstanden; ferner jene, die nicht gelernt hatten, sich entbehrlicher "re*rum* voluptat*um*que" zu enthalten.
Epiktet - ein Meister der Ataraxie, ein unbeirrbar stoischer Kaineus? "Die Worte der Stoiker sind widersinniger als die der Dichter", lautete der Tenor von Plutarchs Σύνοψις. Den besten Beweis dafür sollte Epiktet selbst liefern. Jedenfalls dann, wenn man seine Biographie so tendenziös umliest, wie es Poliziano im Widmungsbrief tat; wenn man nachvollzieht, wie der Humanist mit den Daten umging, die ihm die *Noctes atticae* und Simplikios' Kommentar zur Person des Stoikers offerierten.
Gellius schreibt (XV 11), Epiktet habe "Domitiano imperante" die Stadt Rom infolge eines Senatsbeschlusses verlassen, der *alle* Philosophen "urbe et Italia" verbannt habe. Poliziano übernimmt den absoluten Ablativ, läßt aber nichts von einer generellen Ächtung verlauten: Er reduziert die Auseinandersetzung auf einen persönlichen Konflikt. Auf die Nennung des Herrschers folgt im Widmungsbrief eine Wendung, die auf einem Auszug aus Simplikios' Glossen zum 24. Kapitel des *Enchiridion* beruht. Dort heißt es, Epiktet habe Rom den Rücken gekehrt, weil er die Herrschaft Domitians für verwerflich hielt ("τῆς Δομετιανοῦ τυραννίδος καταγνούς"). "Eius dominatu *offensus*", schreibt demgegenüber Poliziano. Mit bezeichnendem P.P.P. anstelle der aktiven griechischen Form. In Angelos Version hat sich Epiktet eines der schlimmsten Vergehen schuldig gemacht, die er sich selbst laut Gellius vorstellen konnte: Er reagierte auf Unrecht *beleidigt*. Indem er

sich eine neue Heimat suchte, "ratus verum esse quod est apud tragicum, patriam esse cuiusque ubi quis recte ageret.", mißachtete er sein Motto "Sustine et abstine"[23]. Der Weggang aus Rom entlarvt den Stoiker als unaufrichtigen Schwätzer. Poliziano, der ihm dies unterstellt, tritt vor Lorenzo als Lobredner Epiktets auf. Ist der Verdacht noch auszuräumen, daß auch er schwätzt und schwindelt?[24]

Nach Vorstellung der dritten Epiktet-Erzählung des Gellius (*Noctes atticae* I 2) wohl endgültig nicht mehr. Dort ist nicht mehr die Person des Philosophen von Belang, sondern sein Werk: "Verba Epicteti Stoici" (vorgetragen von Konsul Herodes Atticus) vermögen "quendam iactantem et gloriosum adulescentem, specie tantum philosophiae sectatorem" zum Schweigen zu bringen. Der junge Mann pflegte seine großsprecherischen Reden in einer Villa in der Umgebung von Athen zu halten. Ruft man sich in Erinnerung, daß florentinische Gelehrte des *Quattrocento* ihre Stadt als *novella Atene* zu bezeichnen pflegten, drängt sich der Schluß auf, daß Poliziano in seiner Fiesolaner Villa zum vollendeten Pendant des attischen Prahlers werden wollte. Wie der "insolentissimus adulescens" maßlos zu tönen, lautete, wie wir glauben, sein Entschluß. Ihn ausgerechnet als Advokat Epiktets umzusetzen, dessen Worte sein *alter ego* noch hatten verstummen lassen, zeugt von Dreistigkeit.

Das rhetorische Gehabe des Briefes an Lorenzo, insbesondere seiner Eröffnung, entspricht mit seiner Insistenz auf stoischer Unverwundbarkeit auch thematisch exakt dem, das dem *adulescens* zu Beginn von *Noctes atticae* I 2 zum Vorwurf gemacht wird:

> Erat ibidem nobiscum simul adulescens philosophiae sectator, disciplinae, ut ipse dicebat, stoicae, sed loquacior inpendio et promptior. Is plerumque in convivio sermonibus, qui post epulas haberi solent, multa atque inmodica de philosophiae doctrinis intempestive atque insubide disserebat praeque se uno ceteros omnes linguae Atticae principes gentemque omnem togatam, quodcumque nomen Latinum rudes esse et agrestes praedicabat atque interea vocabulis haut facile cognitis, syllogismorum captionumque dialecticarum laqueis strepebat, κυριεύοντας et ἡσυχάζοντας et σωρείτας aliosque id genus griphos neminem posse dicens nisi se

---

[23] *Noctes atticae* XVII 19,6, im Widmungsbrief zur Epiktet-Version, *ed.* MALTESE, S.60, von Poliziano aufgegriffen.

[24] Sicher pikant in diesem Zusammenhang, daß das vorletzte Kapitel des *Enchiridion* (LXVII) Aufrichtigkeit als wichtigsten philosophischen Grundsatz überhaupt ausgibt.

> dissoluere. Rem vero ethicam naturamque humani ingenii virtutumque origines officiaque earum et confinia, aut contra morborum vitiorumque fraudes animorumque labes, pestilentias, asseverabat nulli esse ulli magis ea omnia explorata, comperta meditataque. Cruciatibus autem doloribusque corporis et periculis mortem minitantibus habitum statumque vitae beatae, quem se esse adeptum putabat, neque laedi neque inminui existimabat, ac ne oris quoque et vultus serenitatem stoici hominis umquam ulla posse aegritudine obnubilari.[25]

Die scheinbar mustergültige Haltung Polizianos war wohl tatsächlich nur das, was der Brief an Scala im Grunde deutlich sagte: rhetorische Maske.

3.4. Alberti als Wegbereiter von Polizianos Maskenspiel?

Für das Unternehmen *Epiktet* schlüpfte Poliziano nicht nur in die Rolle des "insolentissimus adulescens" der *Noctes atticae*, sondern möglicherweise auch in die des Momus, der Hauptfigur des gleichnamigen Romans von Leon Battista Alberti.

Durch ein Komplott der Göttin Fraus fällt Momus bei Jupiter in Ungnade und wird aus dem Himmel verbannt. Im irdischen Exil stiftet er allerlei Unwesen, so daß man ihn wieder begnadigt. Momus verachtet die Götter, weiß aber auch, daß er ihren Argwohn künftig nicht mehr schüren darf, um nicht neuerlich verjagt zu

---

[25] "Wir trafen daselbst oft mit einem jungen Menschen zusammen, einem Anhänger der Philosophie, und zwar, wie er selbst angab, der stoischen Schule, aber furchtbar geschwätzig und aufdringlich. Dieser hatte die Gewohnheit, beim Mahle in der Unterhaltung, die gewöhnlich nach dem Essen geführt wurde, entsetzlich viel über die Lehren und Grundsätze der Philosophie auf unpassende und ungeschickte Art auszukramen, und erklärte ganz unverhohlen, alle anderen, die Muster attischer Beredsamkeit, das ganze römische Volk und alles, was lateinisch heißt, kurz, alle Griechen und Römer zusammengenommen, seien, abgesehen von ihm allein, unwissende und ungebildete Menschen, und dabei machte er sich gewaltig breit mit ziemlich unbekannten Ausdrücken, mit dialektischen, verfänglichen Vernunft- und Trugschlüssen und erklärte ganz offen, alle Arten Rätsel, sie möchten heißen, wie sie wollten, die 'gewaltigen', die 'ruhigen', die 'Kettenschlüsse', könne niemand als nur er allein lösen. Die Sittenlehre, das Wesen und der Entwicklungsgang des menschlichen Geistes, der Urquell der Tugenden und die mit ihnen im Zusammenhang stehenden oder ihnen entgegenlaufenden Verpflichtungen, ferner die Nachteile durch Krankheiten, die Berückungen durch Laster sowie die Makel der Seele - all das seien Dinge, über die niemand gründlicher nachgedacht und in denen, wie er allen Ernstes behauptete, niemand mehr zu Hause sei als er. Die Ruhe und der Genuß des Lebensglücks, in dessen vollem Besitz er sich zu befinden meinte, könne nach seiner Ansicht durch Martern, durch körperliche Leiden, selbst durch drohende Todesgefahren weder unangenehm berührt noch vermindert werden, und es wäre kein Kummer imstande, bei einem echten Stoiker die Heiterkeit in Miene und Blick zu umwölken." (Übersetzung nach F. Weiss).

werden. Daher beschließt er, seinen Zorn zu zügeln und ihnen Leutseligkeit vorzuspiegeln.
Polizianos Situation des Sommers 1479 weist gewisse Analogien zu der des Momus auf. Durch Lorenzo, den er schon 1477 in einem Brief mit Jupiter verglich[26], war er gerade von einem "Exil" erlöst worden, in dem er sich, wie seine Briefe zeigen, zu Unrecht wähnte. Die Strategie der *simulatio* und *dissimulatio*, die er in Fiesole verfolgte, könnte sehr wohl an jener orientiert gewesen sein, die sich Momus beim Wiedereintritt in den Himmel zurechtlegte (und über eine beträchtliche Strecke von Albertis Roman erfolgreich praktizieren sollte):

> Momus ubi solus lavat haec secum animo caepit deputare: "Olim quod tristem personam gererem illam et severam, tetrico incessu, truculento et terribili aspectu, vestitu aspero, barba et capillo subhorrido atque inculto, quod superstitiosa quadam severitate multo supercilio multaque frontis contractione gestiebam, quod me contumaci quadam taciturnitate aut odiosa obiurgandi mordendique acrimonia publicum terrorem omnibus offerebam, merito nullis eram non invisus atque infensus. Nunc vero aliam nostris temporibus accomodatiorem personam imbuendam sentio. Et quaenam ea persona erit, Mome? Nempe ut comem, lenem affabilemque me exhibeam. Item oportet discam praesto esse omnibus, benigne obsequi, per hilaritatem excipere, grate detinere, laetos mittere. Ne tu haec, Mome, ab tua natura penitus aliena poteris? Potero quidem, dum velim. Et erit ut velis? Quidni? Spe illectus, necessitate actus propositisque praemiis, ipsum me potero fingere atque accomodare his quae usui futura sint. Sequere, Mome, namque abs te quicquid voles impetrabis et quae tute tibi non negabis, ea tu quidem omnia perquam pulcherrime poteris. Quid tum? Igiturne vero nos insitum et penitus innatum lacessendi morem obliviscemur? Minime; verum id quidem moderabimur taciturnitate, pristinumque erga inimicos studium nova quadam captandi laedendique via et ratione servabimus. Demum sic statuo oportere his quibus intra multitudinem atque in negotio vivendum sit, ut ex intimis praecordiis nunquam susceptae iniuriae memoriam obliterent, offensae vero livorem nusquam propalent, sed inserviant temporibus, simulando atque dissimulando; in eo tamen opere sibi nequicquam desint, sed quasi in speculis pervigilent, captantes quid quisque sentiat, quibus moveatur studiis, quid cogitet, quid tentet, quid aggrediatur, quid quemque expediat, quid necesse sit, quos quisque diligat, quos oderit, quae cuiusque causa et voluntas, quae cuique in agendis rebus facultas et ratio sit. Alia ex parte sua ipsi studia et

[26] Brief vom 3. Juli 1477, in: PICOTTI 1915, S. 86f.

cupiditates callida semper confingendi arte integant; vigilantes, solertes, accincti paratique occasionem praestolentur vindicandi sui praestitam ne deserant; sempiterne sui sint memores; nunquam adversariis parcant nisi cum velint gravius laedere, arietum more, qui quidem abscedendo impetum concitant, quo vehementius impetant; mulctandoque inimico re quam verbis, facto quam ostentatione insistant; fronte, familiaritate et blanditiis iram animi operiant; omnium sermones aeque esse insidiosos deputent; credant nemini, sed credere omnibus ostendant; nullos vereantur, sed coram quibusque applaudere atque assentari omnibus assuescant. Qui se sic instructum paratumque exhibuerit vulgo habebitur frugi, servabitur apud doctos, metuent omnes, obsecundabunt, idque praesertim cum te viderint quasi ex commentariis omnem eorum vitam ad unguem tenere; alioquin si ipsum te neglexeris, si cesseris petulantibus, si pertuleris irritantes, fiet ut immodesti in te in dies insolentiores reddantur tua patientia, fiet item ut procaces temulentique quodammodo ad te unum vexandum illectentur. Sed quid plura? Omnino illud unum iterum atque iterum iuvabit meminisse, bene et gnaviter fucare omnia adumbratis quibusdam signis probitatis et innocentiae: quam quidem rem pulchre assequemur si verba vultusque nostros et omnem corporis faciem assuefaciemus ita fingere atque conformare, ut illis esse persimiles videamur qui boni ac mites putentur, tametsi ab illis penitus discrepemus. O rem optimam nosse erudito artificio fucatae fallacisque simulationis suos operire atque obnubere sensus!" (*ed.* Consolo, S.98/100[27])

---

[27] "Sobald Momus sich zum Zwecke der Reinigung zurückgezogen hatte und mit sich allein war, erging er sich in folgenden Gedanken: 'Einst, da ich als so mürrische und finstere Person aufgetreten bin, mit ungehobeltem Auftreten und grimmigem und furchteinflößendem Gesichtsausdruck, mich kleidete wie ein Barbar, Haupthaar und Bart struppig und ungepflegt wachsen ließ, und mir dazu mit meinen zusammengezogenen Augenbrauen und gefurchter Stirn ein sehr hochmütiges und gestrenges Aussehen gab, mich in eigensinniges Schweigen hüllte oder aber mit unangenehmer Schärfe den bissigsten Tadel und Schelte austeilte, so daß ich allen als der personifizierte Schrecken erschien, da ist mir recht geschehen, daß mich alle haßten und mir feindselig begegneten. Nun aber scheint mir der Zeitpunkt gekommen, eine andere Persönlichkeit anzunehmen, die meiner gegenwärtigen Lage mehr entspricht. Aber was für eine Person könnte das sein, Momus? Ganz sicher eine solche, die mich frohsinnig, gelassen und umgänglich erscheinen läßt. Zudem muß ich lernen, gegenüber allen hilfreich aufzutreten, ihnen freundlich nachzugeben, sie in heiterer Stimmung zu empfangen und zufrieden von mir gehen zu lassen. Aber wirst du denn dazu imstande sein, Momus, da dies deiner Natur so völlig widerspricht? Gewiß werde ich dazu imstande sein, wenn ich nur will! ... - Aber werde ich wollen? Warum denn aber nicht? Mich lockt die Hoffnung, ich bin ohnedies dazu gezwungen, ich habe Aussicht auf Belohnungen: Warum sollte ich es da nicht fertigbringen, mich zu verstellen und dem anzupassen, was mir künftig von Nutzen sein wird? Ergib dich in dein Schicksal, Momus, denn was immer du begehrst, kannst nur du dir selbst verschaffen, und du wirst alles, was du willst, mit dem glänzendsten Erfolg erreichen, abgesehen von den Dingen, die du dir selbst verbietest.

Und ansonsten? Muß ich denn deshalb meinem innersten Wesen, meinem angeborenen Hang zur Kritiksucht untreu werden? Nicht im mindesten muß ich das tun, aber ich werde mich beherrschen und schweigen wie ein Grab und mich für den alten Kampf gegen meine Feinde neuer Mittel und Strategien bedienen, um im rechten Augenblick wie aus heiterem Himmel zuzuschlagen.

Ein wahres Manifest opportunistischen Verhaltens! Ein Manifest mit Vorbildwirkung?

Simulatio und *dissimulatio* waren Poliziano im Sommer 1479 jedenfalls nicht fremd. In der Rolle eines Anwalts der Philosophie verteidigte er nicht nur ein stoisches Handbuch, sondern gab es zudem mit unfreiwilliger Hilfe des

---

Schließlich und endlich bin ich davon überzeugt, daß Leute, die in zahlreichen Verbindungen stehen und ein geschäftiges Leben führen, sich unbedingt so verhalten müssen, daß sie erlittenes Unrecht niemals aus ihrem Gedächtnis tilgen dürfen, ohne dabei jemals auch nur einen Schimmer ihrer Rachlust an die Oberfläche dringen zu lassen: Vielmehr müssen sie sich die Umstände zunutze machen, sich verstellen und den Schein wahren, und sie dürfen sich nicht auch nur eine einzige Sekunde gehenlassen, sondern müssen stets wachsam sein und sozusagen auf der Lauer liegen und immer darüber im Bilde sein, wie es dem Gegner geht, weshalb er sich so und so verhält, was er denkt, wonach er strebt, was er im Augenblick vorhat, mit wem er was zu tun hat, wo er Mangel hat, wen er liebt und wen er haßt, in welchen Verhältnissen er lebt und wohin seine Ambitionen gehen, über welche Fähigkeiten er im Geschäftsleben verfügt und wie er in geschäftlichen Dingen vorzugehen pflegt. Auf der anderen Seite müssen solche Leute ihre eigenen Interessen und vornehmlichen Bestrebungen unentwegt mit ausgeklügelter Verstellungskunst verbergen, immer wachsam, immer auf der Hut sein, und sie müssen stets darauf vorbereitet sein, die Gelegenheit zur Rache wahrzunehmen, sobald sich eine solche bietet; sie müssen sich immer völlig unter Kontrolle haben und dürfen ihre Gegner niemals schonen, es sei denn, daß die Möglichkeit bestünde, diesen noch schlimmeren Schaden zuzufügen, so wie es die Widder tun, die zunächst zurückweichen, um mit Anlauf loszustürmen und einen um so kräftigeren Angriff auszuführen. Sie müssen ihren Feinden weniger durch Worte als durch Taten, weniger durch die Zurschaustellung ihrer Feindseligkeit als durch die Art und Weise ihres Handelns schaden, sie müssen den Zorn, der in ihrem Innern tobt, unter freundschaftlichem Auftreten und schmeichelhaften Reden zu verbergen wissen und davon ausgehen, daß alle anderen sich im Gespräch ebenso heimtückisch verstellen; sie dürfen niemandem Glauben schenken, aber sie müssen so tun, als glaubten sie jedermann aufs Wort; sie dürfen auf niemanden Rücksicht nehmen, aber müssen es sich zur Gewohnheit machen, in der Öffentlichkeit jedermann Beifall und Zustimmung zu bekunden. Wer sich in dieser Weise geschult und ausgebildet hat und dementsprechend auftritt, wird beim Volk im Rufe eines braven Mannes stehen und die Achtung der Gebildeten genießen, man wird ihm überall mit Ehrerbietung begegnen und ihm mit Gefälligkeiten zu Diensten sein, und zwar ganz besonders dann, wenn die Leute feststellen, daß du ihr ganzes Leben bis in die kleinsten Einzelheiten kennst, als hättest du die Chronik ihres Lebens auswendig gelernt; wohingegen, wenn du dich auch nur ein wenig gehenläßt, dich nachgiebig gegenüber unverschämten Bittstellern zeigst und dich gegen Störenfriede nicht zur Wehr setzt, es damit enden wird, daß dich die Leute ausnützen und dir deine Geduld mit von Tag zu Tag immer größeren Frechheiten heimzahlen, und genauso gut kann es geschehen, daß sie unverschämt werden, wenn sie betrunken sind, und sich gegenseitig dazu aufhetzen, dich, der du alleine bist, zu malträtieren. Habe ich noch etwas übersehen? Um die Sache auf den Punkt zu bringen: Man muß sich wieder und immer wieder klarmachen, daß es darum geht, mit unermüdlicher Anstrengung und Geschicklichkeit alles und jedes in den Schleier der Wohlanständigkeit und Rechtschaffenheit zu hüllen, und dies läßt sich am besten dadurch bewerkstelligen, daß ich mir angewöhne, mich in Rede, Gestik und Gesichtsausdruck und in meiner ganzen äußeren Erscheinung so zu verstellen und so aufzutreten, daß ich solchen Personen, die für gut und freundlich gelten, zum Verwechseln ähnlich sehe, wenn ich auch im Grunde ganz und gar anders bin als sie. Was für eine wunderbare Sache das doch ist, wenn man sich darauf versteht, mit der ausgeklügelsten Kunstfertigkeit die eigenen Gefühle hinter Täuschungen und falschen Vorspiegelungen wie hinter einer Wolke zu verbergen!'" (Übersetzung: M. Boenke).

Simplikios als im Einklang mit dem Stil des Pythagoras[28] und der Lehre Platons aus, was seinen Wert erheblich steigerte.

3.5. Polizianos Verhalten gegenüber den Maximen des *Enchiridion*

Zum Abschluß der Analyse des Unternehmens *Epiktet* sei festgehalten, daß Poliziano sich alsbald ebenso über die Maximen des *Enchiridion* hinwegsetzen sollte, wie er es dem Stoiker unterstellte. Er tat es im Winter 1479/80, im Rahmen eines Projekts von vielleicht einmaliger rhetorischer Komplexität, der *Fabula di Orpheo.*

Epiktets Idealmensch meidet Kontakte zu seinen Artgenossen nach Kräften, sucht weder die Gunst der Mächtigen noch die Nähe des *vulgus*. Insbesondere verzichtet er auf den Besuch von *convivia* und szenischen Darbietungen[29]. Der Autor des *Orfeo* sollte nicht eine dieser Maßgaben beachten. Er schrieb ein Spektakel für einen fremden Hof, konzipiert als Höhepunkt eines Banketts und ausdrücklich "in stilo *vulgare*" verfaßt, "perché dagli spectatori meglio fusse intesa"[30].

Doch dies ist nur ein winziger Aspekt der *Fabula*, der wir uns nunmehr zuwenden wollen.

---

[28] In der Einleitung seiner Edition der *Lamia* (S. XXXII) zeigt sich Ari Wesseling anläßlich der Demontage der pythagoreischen *Symbola* in Polizianos Prosarede von 1492 verwundert: "It is curious that thirteen years previously Poliziano had linked the *symbola* to the *Encheiridion* of Epictetus *that was so dear to his heart.*" Mit unserer Analyse glauben wir gezeigt zu haben, daß Angelos Meinung über das stoische Handbuch in Wahrheit schon 1479 anders aussah.

[29] Vgl. *Enchiridion*, Kap. XXVIII-XXX, Kap. XLI, Kap. XLV-IL.

[30] Poliziano, *ed.* TISSONI BENVENUTI, S. 136.

4. Der *Orfeo*-Coup

4.1. Die *Fabula di Orpheo*

Die *Fabula di Orpheo*, Polizianos szenische Adaptation des Orpheus-Mythos, ist zwar nicht ausdrücklich in Abschnitte gegliedert, doch lassen sich in ihr gleichwohl vier Teile unterscheiden:
a) Ein Prolog, in dem Mercurio den Inhalt des Stücks kurz zusammenfaßt (vv. 1-14), bevor ein "pastore schiavone", typische Figur des venezianischen Karnevals, das Publikum zur Aufmerksamkeit auffordert (v. 15f.).
b) Eine Hirtenszene (vv. 17-140): Tirsi hat Euridice gesehen und beschreibt ihre Schönheit vor Aristeo, der sich trotz der Warnungen des "pastor vecchio"[1] Mopso in sie verliebt und ihr nachstellt. Euridice flüchtet sich in einen Wald, wo sie von einer Schlange gebissen wird und stirbt.
c) Die Höllenszene (vv. 141-260): Orfeo erhält von einem Hirten die Todesnachricht und steigt in den Hades hinab, um Euridice wiederzugewinnen. Sein Gesang erweicht die finsteren Mächte der Unterwelt. Er erhält seine Gemahlin zurück, doch nur unter der Auflage, ihr erst nach Erreichen der Erdoberfläche den Blick zuzuwenden. Orfeo verstößt gegen das Gebot und verliert Euridice erneut.
d) Die Bacchanalszene (vv. 261-342): Aus der Hölle zurückgekehrt, erklärt Orfeo, sich hinfort von den Frauen abwenden und stattdessen der Knabenliebe frönen zu wollen. Rasende Bacchantinnen metzeln ihn daraufhin nieder.

4.2. Eine alte Datierung für eine neue Lektüre

Im Jahre 1986 veröffentlichte Antonia Tissoni Benvenuti eine kritische Edition der *Fabula di Orpheo* und zweier Texte, die sie als "successive forme teatrali" bezeichnet[2]. Der erste dieser Texte, von der Herausgeberin mit dem Kürzel *Ft* 1 versehen, war von entscheidender Bedeutung für die weitere Entwicklung des höfischen Theaters in und außerhalb Italiens. Er weist gegenüber dem Ur-*Orfeo*

[1] Beschreibung des Hirten vor *Orfeo* 17.
[2] Poliziano, *Orfeo*, *ed.* TISSONI BENVENUTI 1986, Untertitel.

einige Erweiterungen auf, die, so Tissoni Benvenuti, nicht auf Betreiben Polizianos in das Werk geraten seien, obwohl sie zum Teil vom ihm stammten[3]. Der zweite Text ist die *Orphei Tragoedia*, eine nach Polizianos Tod entstandene Umarbeitung der *Fabula*, die sie dem Fünf-Akte-Schema der Tragödie anpaßt. Sie bleibt in unserer Analyse unberücksichtigt.

Die textkritische Arbeit Tissoni Benvenutis entspricht dem hohen italienischen Standard, und auch ihre Bewertung des *Orfeo* als Wiederbelebung des griechischen Satyrspiels[4] überzeugt. Einige Abschnitte des langen Einleitungsessays ihrer Edition geben indes Rätsel auf. Insbesondere gilt dies für das Kapitel zur Datierung der *Fabula*[5], das sich gleichwohl bei namhaften Gelehrten einer enthusiastischen Aufnahme erfreute[6]. Die Brüchigkeit der darin gebotenen Argumentation entging indes nicht den beiden aufmerksamsten

---

[3] TISSONI BENVENUTI 1986, S. 11-57; *Ft* 1 ist der Text des Bologneser Drucks von 1494. Zur Frage der Authentizität der Erweiterungen vgl. den Schluß unserer Analyse.

[4] *Ibid.*, S. 89-103. Schon die Bühnenbild- und Inhaltsanweisungen Vitruvs und Albertis, die Tissoni Benvenuti zitiert, lassen uns dieser Hypothese lebhaft zustimmen. Zusätzlich gibt die Philologin einen Überblick über Polizianos theoretische Äußerungen zum Thema *satyrus / fabula satyrica*, die sämtlich aus dem Zeitraum 1480 (zweite Hälfte) bis 1494 stammen, d. h. aus den Jahren seiner Professur. Diese Erklärungen sind freilich - anders als Tissoni Benvenuti es gerne hätte - nicht durchwegs mit dem *Orfeo* vereinbar. Namentlich die im Statius- und Persiuskommentar (1480 bzw. 1484) zitierte Behauptung Johannes Tsetses, daß eine *fabula satyrica* freudig zu enden habe - "satyrice autem poesis ilaritatem luctibus admiscet atque a luctu in gaudium desinit", übersetzt Poliziano im *Commento*, S. 54 -, läßt sich mit dem Szenenstück beim besten Willen nicht vereinbaren. Ein Problem muß dies indes nicht sein, denn bei Tsetses *Scholien zu Lykophron* kann es sich sehr gut um eine philologische Neuerwerbung des Sommers oder Herbstes 1480 handeln.

Das ausführliche Zitat der *Scholien* erübrigte u. E. die Präsentation des einschlägigen, inhaltlich ärmeren Passus aus der Abhandlung *De elocutione* des Demetrius Phalereus, die ansonsten im *Commento* sehr wohl zum Zug kommt. (Erst in der unvollendeten *Miscellanea Centuria Secunda*, in der der glückliche Ausgang nicht mehr als zwingendes Merkmal einer *fabula satyrica* erwähnt wird, sollte Demetrius - der nicht auf diesem Punkt insistiert hatte - Tsetse als *auctoritas* verdrängen.) Ungeachtet des späten Zitats dürfte Poliziano also die von Demetrius gegebene, griffige Charakterisierung der *fabula satyrica* als τραγῳδία παίζουσα ('Tragödie mit scherzhaften Elementen') auf der Höhe des *Commento* bereits gekannt haben, und nichts schließt aus, daß er sich ihrer auch schon kurz zuvor, bei der Planung des *Orfeo*, bedienen konnte.

Ovids schärfere Formel, "in obscenos deflexa tragoedia risus" (*Tristia* II 409), beeinflußte die Gestaltung des *Fabula* sichtlich. Offenkundig erkannte Poliziano darin schon deutlich vor dem Persiuskommentar (*ed.* CESARINI MRTINELLI 1985, S. 117, auswendiges Zitat des Humanisten mit "versus" statt "risus") eine Umschreibung für "satyrus" ('Satyrspiel') - der Gattungsname war bei Naso nicht gefallen. Ermöglichte Demetrius die Identifikation? Horaz' Charakteristik des Satyros als "asper / incolumi gravitate iocum" (*Ars Poetica* 221f.) klingt uns angesichts des Bacchanals des *Orfeo* jedenfalls zu harmlos, um als alleiniger poetologischer Orientierungspunkt bei dessen Abfassung in Frage zu kommen.

[5] *Ibid.*, S. 58-70.

[6] Als Beispiele mögen genügen: MARTELLI 1988 und *ed.* CARRAI 1988, S. 12.

Beobachtern der Poliziano-Forschung, Attilio Bettinzoli[7] und Emilio Bigi[8], auch wenn letzterer sich geneigt zeigte, die Thesen der Herausgeberin bis zum Nachweis des Gegenteils zu akzeptieren. Nun, betrachten wir nacheinander die Anhaltspunkte, aufgrund derer Tissoni Benvenuti die Abfassung des Ur-*Orfeo* vom Jahr 1480, in dessen erster Hälfte man sie zuvor überwiegend ansiedelte, "a una data a rigore non precisabile, ma - in ultima analisi - prossima a quella delle *Stanze*"[9] vorverlegen möchte.

Die einzige Quelle, in der mit Mantua ein Entstehungsort des *Orfeo* genannt wird, ist ein Brief von Alessandro Sarti, der der Bologneser Edition der *Cose vulgari*, erschienen 1494 kurz vor Polizianos Tod, vorausgeht. Die Epistel, die Angelo selbst der *Fabula* beifügte, ein Schreiben an den Mantuaner Höfling Carlo Canale, spricht hingegen nur vom "Cardinale Mantuano" (gemeint ist Francesco Gonzaga, Kardinal von Bologna, Bruder des Mantuaner Markgrafen Federico) als dem Auftraggeber des Textes, ohne dessen Entstehung bzw. Aufführung mit irgendeiner Ortsangabe zu verbinden.

Sartis Mitteilung ist nicht nur deshalb mit Vorbehalt zu lesen, weil er Poliziano erst 1491 kennenlernte. Die Textgestalt seines Briefs legt vielmehr nahe, daß er bei dessen Abfassung weitgehend oder gar ausschließlich aus der *Lettera a Carlo Canale* schöpfte. Da er dabei nicht sonderlich auf die Genauigkeit seiner Übernahmen geachtet habe, glaubt Tissoni Benvenuti, habe er Mantua zum Entstehungsort der *Fabula* erklärt. Ist diese These durchaus plausibel, so gilt dies nicht für die Folgerung, die die Philologin daran knüpft. Ableiten nämlich läßt sich aus ihrer Annahme lediglich, daß der *Orfeo vielleicht nicht in Mantua* geschrieben (und aufgeführt), keineswegs aber, daß er *mit Sicherheit außerhalb der Stadt* dargeboten wurde. Wenn Tissoni Benvenuti also behauptet, die Datierung 1480, vor Jahrzehnten aufgestellt von G. B. Picotti[10], sei "solo una ipotesi di lavoro"[11], so ist ihr umgehend entgegenzuhalten, daß dies auch auf ihren Versuch zutrifft, den *Orfeo* vor der *Congiura de' Pazzi* anzusiedeln, und zwar in weit höherem Maße, da sie weder ein plausibles Motiv für die Abfassung des

---

[7] Bettinzoli 1994, S. 637ff.; dort auch Verweise auf andere Rezensionen.
[8] Bigi 1988.
[9] Bettinzoli 1994, S. 638.
[10] Picotti 1914.
[11] Tissoni Benvenuti 1986, S. 60.

Werkes zu bieten vermag noch ein Ereignis, anläßlich dessen es hätte geschrieben werden können[12].

Der eigentliche Grund, der Tissoni Benvenuti vom traditionell behaupteten Jahr der Entstehung des *Orfeo* abrücken ließ, ist ihre Überzeugung, daß ein Spektakel wie die *Fabula* in der ersten Hälfte des Jahres 1480 in Mantua prinzipiell undenkbar war, da sich der dortige Hof von Oktober 1479 an wegen des Todes der Schwägerin des Kardinals für ein Jahr in Trauer befand[13]. Diese Überzeugung freilich ist irrig, denn ein Trauerjahr gestattete jede Art künstlerischer Darbietungen, *solange sie nicht öffentlich waren*. Lesen wir zur Bestätigung einen Abschnitt aus einem Bericht über eine Mantuaner Doppelhochzeit vom Juni 1480, den der estensische Polygraph Francesco Peregrino Ariosti für den Hof von Mailand anfertigte. Tissoni Benvenuti war so freundlich, ihn selbst in die Anmerkungen eines ihrer Edition vorausgehenden Aufsatzes aufzunehmen:

> Ac quoniam illustris quondam marchionissae carissimae principis consortis curati funeris annus nec dum exactus erat, *a publicis choreis festivisque diebus* abstinere par visum fuit. [...] Iuvit etiam illustrem divam Claram predilectam eius filiam pro delectanda magis illustrissima diva principe nostra saltare tamen *choreamque privatam* ducere iubere, quae ne dicam alias illustres divas chorizando sed et universam eam regionem facile excelleret. (In: TISSONI BENVENUTI 1981, S. 374[14])

Die spürbare Zufriedenheit, mit der Vittore Branca[15] seine Kollegin aus Pavia mit deren eigenem Zitat konfrontierte, im festen Glauben, damit die von ihm bevorzugte Datierung des *Orfeo* auf die erwähnten Hochzeitsfeierlichkeiten gerettet zu haben[16], kann uns nicht davon abhalten, Tissoni Benvenuti darin zuzustimmen, daß die *Fabula* schwerlich für jene Festivitäten geschrieben worden

---

[12] Im wörtlichen Sinne fabelhaft ist ihre Mutmaßung (*ibid.*, S. 65), die Widmung des *Orfeo* an Francesco Gonzaga habe eine helfende Intervention des Kardinals in der Episode um die *Prioria di San Paolo* vom Sommer 1477 erwirken sollen.

[13] *Ibid.*, S. 64.

[14] "Und weil noch kein Jahr seit dem Begräbnis der teuersten Markgräfin und Gemahlin des Regenten verstrichen war, schien es angebracht, von öffentlichen Umzügen und offiziellen Festtagen abzusehen. [...] Ferner beliebte es, Chiara, die berühmte, göttliche Tochter des Markgrafen, tanzen und einen privaten Umzug anführen zu lassen, um das Vergnügen unserer hochberühmten, göttlichen Herrin zu mehren - Chiara, die keineswegs nur die berühmten Hofdamen im Tanz leicht hinter sich läßt, sondern auch alle anderen Bewohner der Markgrafschaft."

[15] BRANCA 1983, S. 70.

[16] Vgl. *ibid.*, S. 55ff. Die Datierung geht auf PICOTTI 1914 zurück.

sein kann. Dagegen spricht zuallererst, daß ihr aufmerksamer Chronist, der oben erwähnte Ariosti, in keiner Weise auf das Werk eingeht, dessen Darbietung er wohl weder versäumt noch verschwiegen hätte. Außerdem ist festzustellen, daß der Arbeitsvertrag, der Polizianos nachmalige Lehrtätigkeit am Florentiner *Studio* regelte, schon am 29. Mai 1480, fast drei Wochen vor dem Mantuaner Hochzeitstermin, angefertigt wurde - in Florenz, versteht sich. Angelo hatte ihn zwar nicht zu unterschreiben, doch halten wir es mit Tissoni Benvenuti[17] für sehr wahrscheinlich, daß er damals bereits *all'ombra del Lauro* zurückgekehrt war.

Wenn man die Bedeutung des Trauerjahrs auf ein vertretbares Maß reduziert, kann man - wie weiland Mirella Vitalini[18] und Nino Pirrotta[19] - an den 15. Februar 1480 als Tag der ersten Darbietung der *Fabula* denken. Jener Faschingsdienstag - damals *bacchanaliorum dies* genannt, wie Stefano Carrai[20] natürlich unter Anspielung auf das Bacchanal am Ende der *Fabula* hervorhebt - sah ein Bankett am Hofe der Gonzaga, an dem sowohl Markgraf Federico als auch Kardinal Francesco teilnahmen[21]. Als großes öffentliches Spektakel, wohl wahr, konnte der *Orfeo* erst nach Ablauf des Trauerjahrs, d. h. nach dem 12. Oktober 1480[22], über die Bühne gehen. Dies geschah, so glauben wir, tatsächlich, und Textgrundlage sollte eine mit *Ft* 1 eng verwandte Version sein.

Noch aber gilt es, zwei weitere Einwände Tissoni Benvenutis zu entkräften[23]. Zum einen stuft sie Ähnlichkeiten zwischen einer Ekloge Girolamo Benivienis an Giovanni Pico della Mirandola, entstanden wahrscheinlich im Jahre 1479[24], und gewissen Abschnitten des *Orfeo* als Beweis dafür ein, daß die *Fabula* spätestens in jenem Jahr bekannt war. Ähnlichkeiten, die, wie ihre Gegenüberstellung beider Werke beweist, unstreitig sind. Nicht unstreitig hingegen ist die Richtung, in der die Nachahmung erfolgte. Polizianos Verse sind ohne Zweifel raffinierter als die Benivienis. Nach Ansicht Tissoni Benvenutis schickte dieser seine Ekloge deshalb an Pico, um den jungen Grafen an die Verse des *Orfeo* zu erinnern, die er -

---

17 TISSONI BENVENUTI 1986, S. 62.

18 VITALINI 1969.

19 PIRROTTA 1969, S. 9.

20 CARRAI 1990, S. 10. Carrai akzeptiert jedoch - wie bereits angedeutet - nicht die Datierung 1480.

21 Eine Auflistung der kulinarischen Besorgungen für das Festessen ist erhalten; vgl. PICOTTI 1914, S. 335f.

22 ... und vor Beginn des nächsten, d. h. vor dem 7. November 1481 (vgl. TISSONI BENVENUTI 1986, S. 64).

23 Für das Folgende vgl. *ibid.*, S. 66ff.

24 Erstdruck der Ekloge in: *Elegiae elegantissime composte*, Florenz: Miscomini, 1482.

vermutet die Gelehrte - 1479, während seines ersten Aufenthalts in Florenz, bei Poliziano hatte sehen können. Die Idee einer solchen Hommage mutet nicht nur recht merkwürdig an, man kann vor allem mit weit weniger gewundenen Erklärungen behaupten, daß es Poliziano war, der die Verse des Kollegen überarbeitete, um sie in die *Fabula* einzufügen. Die Schnelligkeit, mit der Tissoni Benvenuti diese Hypothese ausschließt ("E' sufficiente una rapida lettura per capire che l'imitatore non può essere il Poliziano", S. 66), ist beeindruckend.
Die Datierung auf den Faschingsdienstag des Jahres 1480 kann auch nicht durch Hinweise auf gewisse Parallelen zwischen *Stanze* und *Orfeo* erschüttert werden. Die Wiederaufnahme von Versen nach Jahren - hier im übrigen in völlig verschiedenen Kontexten - ist nichts Ungewöhnliches im Œuvre Polizianos[25]. Beide Werke sind im übrigen keineswegs Frucht eines "medesimo motivo ispiratore"[26], sondern grundlegend verschieden, wie die folgenden Ausführungen zeigen werden.

* * *

Am 6. Dezember 1479 kam es zu einer kritischen Zuspitzung im Verhältnis zwischen Poliziano und Lorenzo de' Medici. Von der Episode besitzen wir nur die Version des Humanisten. In der sogenannten *Lettera apologetica* vom 19. März 1480[27] beklagte er gegenüber dem florentinischen Herrscher eine Kette von Mißverständnissen, die ihn, Angelo, als Feigling habe erscheinen lassen, so als hätte er sich gescheut, seinen Herrn auf dessen heikler diplomatischer Mission nach Neapel zu begleiten.
Über die Monate nach den Dezember-Ereignissen gibt es gleichfalls nur wenige Quellen, die Picotti in seinen beiden Studien[28] mit großer Sorgfalt zusammengetragen hat. Wichtige Informationen liefert auch hier der erwähnte Verteidigungsbrief. Poliziano erklärt darin, nach dem Aufbruch der Delegation

[25] Die nahezu vollständige Reprise der fraglichen Strophe wurde im übrigen von deren Inhalt - den *amori illegittimi* Jupiters, Apolls und Herkules' - begünstigt, da schon der Orpheus der *Metamorphosen* die Liebe der beiden ersten Götter zu Ganymed bzw. Hyazinth besingt; vgl. TISSONI BENVENUTI 1986, S. 123.
[26] *Ibid.*, S. 68.
[27] Poliziano, *ed.* PICOTTI 1915, S. 90-100.
[28] PICOTTI 1914 und 1915.

sein Heil in der Fremde gesucht zu haben, und zählt die Etappen jener berühmten Reise auf, die er im Winter 1479/80 durch Oberitalien unternahm:

> repulsus a te etiam cum ignominia, Laurenti, dicebar: quid facerem istic a tua non solum domo sed etiam familiaritate praesidio eiectus, cum tu praesertim peregre esses, neque quidquam iam esset in quo tibi meum officium praestare possem? statui mihi ergo ab istorum oculis paulisper aliquo concedendum, Aemiliamque et Cisalpinae Galliae ac Venetiae oram animi causa peragravi Mantuaeque plurimum fui. (*ed. cit.*, S. 99[29])

Als Zeuge für sein auch in der Fremde stets loyales Verhalten benennt der Humanist neben Niccolò da Piacenza den Künstler und Diplomaten Baccio Ugolini, später Darsteller des Orfeo in der revidierten Fassung der *Fabula* (*Ft* 1)[30]. Baccio war es auch, der Lorenzo die *Lettera apologetica* überbrachte und mit seinem rhetorischen Talent entschieden zur Rehabilitierung Polizianos beigetragen haben dürfte. Eine späte Epistel des Humanisten[31] feiert ihn euphorisch.

Unmittelbar nach Lorenzos Aufbruch nach Neapel im Dezember 1479 hatte sich Baccio auf Weisung des Magnifico in verschiedene norditalienische Städte begeben, um die dortigen *Signori* von dessen diplomatischen Plänen zu unterrichten. Spätestens ab dem 12. Dezember weilte er in Mantua, wo Kardinal Gonzaga acht Tage später von Bologna kommend eintraf[32]. Auftragsgemäß trat Baccio in die Dienste des Geistlichen, um so den anderen Teil seiner Mission, die Eintreibung von Schulden beim Marchese Federico, leichter erfüllen zu können. Solange er sich im Umkreis des Kardinals befand, hatte er hinreichend Gelegenheit, diesen dazu zu überreden, bei Poliziano ein Stück für das Ende des Karnevals in Auftrag zu geben: ein Stück, das dieser längst konzipiert hatte...

---

29 "Nachdem ich von Dir verstoßen worden war, noch dazu zu meiner Schmach, fragte ich mich, was ich denn als einer, der nicht nur aus Deinem Palast, sondern sogar aus Deinem Umkreis ausgeschlossen worden war, wohl dort in Florenz noch tun sollte, zumal Du selbst sehr schlecht auf mich zu sprechen warst, und ich nirgends eine Möglichkeit sah, Dir meine Dienste zu erweisen. Ich kam daher zu dem Schluß, mich den Blicken meiner Florentiner Feinde für eine Weile entziehen zu müssen, und bereiste zur Hebung meiner Gemütslage die Emilia, die Gallia Cisalpina und Venedig. Am längsten aber hielt mich in Mantua auf."

30 Auch TISSONI BENVENUTI 1986, S. 35, neigt zu der Ansicht, daß der Text von *Ft* 1 zumindest an einer Stelle (im Bacchanal) von Poliziano selbst revidiert wurde. In unseren Augen - siehe unten - fiel die Revision weit umfangreicher aus.

31 *Epist.* VI 5.

32 Der Bruder des Markgrafen sollte bis zum Beginn der Fastenzeit, möglicherweise sogar bis Ostern, bleiben.

4.3. Orpheus und die "Barbaren" am Hof zu Mantua

Wie der Übersetzung des *Enchiridion* lag unseres Erachtens auch der *Fabula di Orpheo* eine präzise Strategie zugrunde, die sich ihr Autor aus Texten der Tradition zusammenschmiedete. Die für das Projekt herangezogenen Materialien stammen dabei wie üblich nicht durchwegs von Autoren, die man in der ersten Reihe ansiedeln würde. Einer von ihnen war Venantius Fortunatus (etwa 540-594). Entscheidend für den *Orfeo* wurde die *Praefatio* zu seinen gesammelten Werken, die er an Bischof Gregor von Tours, den Historiker der Franken, richtete. Sie hebt an mit Ausführungen über den Ruhm der "veteris aetatis ingenia", die durch ihre rhetorische Brillanz den Tod überwunden hätten. Wer hingegen in der Rede glanzlos sei, solle seine Werke der Öffentlichkeit besser vorenthalten, um sich nicht mit Schande zu beladen. Diese Regel hätte auch er, so Fortunat in toposgerechter Bescheidenheit, hinsichtlich der eigenen *nugae* beherzigen sollen, zumal sie auf langen Reisen und unter teils widrigen Bedingungen entstanden seien. Er habe sie für barbarische Völkerschaften geschrieben, die, ungebildet und unkritisch, ihm keinerlei Maß auferlegt hätten, was ihm so manche im Nachhinein beschämende Kühnheit habe durchgehen lassen. Nach Kräften habe er sich daher gegen eine Freigabe seiner Ergüsse gesträubt, sei dem Drängen Gregors aber schließlich erlegen. Als Gegenleistung wird diesem nahegelegt, die Gabe für sich zu behalten oder zumindest nur "intimorum auribus" (§6) zugänglich zu machen.
Sehen wir uns den Mitteltell des Briefes genauer an, entdecken wir gewisse Parallelen zur Situation Polizianos im Winter 1479/80:

1. Die Reise, von der Fortunat spricht, führte von Ravenna zum Po und dann weiter über die Etsch und das Brenta-Massiv in die Julischen Alpen, bevor sie das Gebiet der Appenninenhalbinsel verließ: Oberitalienische Etappen hatte auch Angelos Reise.
2. Der christliche Autor entschuldigt viele seiner Schöpfungen damit, daß sie "brumali sub frigore, musa hortante nescio gelida magis an ebria" entstanden seien: Auch der *Orfeo* ist Frucht eines Winters.

Anstöße zur Rezeption kamen für Poliziano aber vor allem aus dem Abschnitt des Briefs, in dem Fortunat seinen Aufenthalt unter den Barbaren beschreibt. Aufhorchen läßt schon sein Beginn: "Novus Orpheus silvae voces dabam, silva reddebat." Weiter heißt es:

Quid inter haec extensa viatica consulte dici potuerit? Censor ipse mensura, ubi me non urguebat vel metus ex iudice vel probabat usus ex lege nec invitabat favor ex comite nec emendabat lector ex arte, ubi mihi tantundem valebat raucum gemere quod cantare apud quod nihil disparat aut stridor anseris aut canor oloris, sola saepe bombicans barbaros leudos arpa relidens ut inter illos egomet non musicus poeta sed muricus deroso flore carminis poema non canerem sed garrirem, quo residentes auditores inter acernea pocula salute bibentes insana Baccho iudice debaccharent. Quid ibi fabre dictum sit, ubi quis sanus vix creditur, nisi secum pariter insanitur, quo gratulari magis est si vivere licet post bibere, de quo convivam tyrsicum non fatidicum licet exire sed fatuum? cum, quantum ad mei sensus intellegentiam pertinet, quia se pigra non explicat brutae animae ipsa ieiuna sunt ebria. (§5[33])

Eine solche Apologie sollten die Mantuaner nie zu hören bekommen: Poliziano, sichtlich angeregt durch die Worte Fortunats, erklärte sie kurzerhand zu Nachfolgern jener "Barbaren", deren Geschmack sich Venantius einst angepaßt hatte. Er nahm sich vor, als gleichsam zweiter "novus Orpheus" ihre bacchischen Neigungen am *bacchanaliorum dies* zu befeuern - mit einem Bacchanal-Stück.

Im Genre des Bacchanals hatte sich nach Meinung der meisten *auctoritates* auch der Ur-Orpheus versucht. Unter den Renaissance-Schriftstellern war schon Francesco Filelfo (1398-1481) die weitgehende Einmütigkeit der Überlieferung in diesem Punkt aufgefallen: "Liberalia ab eodem Orpheo scripta omnes prope consentiunt", ließ er einen Redner seiner *Convivia mediolanensia* (1443)[34]

33 "Was konnte zwischen so ausgedehnten Tagesetappen schon mit Bedacht gesagt werden? Die zurückgelegte Wegstrecke [d. h. die aus ihr resultierende Müdigkeit] war dort mein einziger Zensor, wo mich weder Angst vor einem Richter hemmte, noch gesetzmäßige Usancen behelligten, wo mich weder die Gunst eines Freundes forderte, noch ein fachkundiger Leser verbesserte, wo es angesichts eines Publikums, das nicht imstande war, das Geschnatter einer Gans vom Gesang eines Schwans zu unterscheiden, völlig einerlei war, ob man heiser stöhnte oder sang. Oft mischte als einziges Instrument eine häßlich tönende Harfe meiner Stimme barbarische Klänge bei, so daß ich unter jenen nicht als Musikus auftrat, sondern als 'Mausikus', als Lieder zernagendes Tier. Ich sang nicht etwa, sondern krächzte, damit meine Zuhörer, die, im Kreis um mich versammelt, fleißig eherne Becher leerten und einander unablässig zuprosteten, in ein bacchisches Rasen geraten konnten, das selbst Bacchus verrückt erschienen wäre. Was kann nun da wohl kunstvoll gesagt werden, wo einer kaum für gesund gehalten wird, wenn er nicht in den allgemeinen Wahnsinn einstimmt; wo man sich vielmehr glücklich schätzen muß, wenn es einem vergönnt ist, nach einem Trinkgelage noch zu leben, das den thyrsosgeschmückten Teilnehmer nicht etwa inspiriert entläßt, sondern ohne Verstand? Obwohl ich für meinen Teil ja das Gefühl habe, daß für eine rohe Seele selbst nüchterne Phasen trunken sind, da sie sich in ihrer Dumpfheit nicht zu entfalten weiß."

34 Ein Hinweis in Borinski 1914, S. 285, führte uns auf die Spur dieses Werkes. Zu Filelfo vgl. Calderini 1915, S. 390. Dort auch Verweise auf zwei Florentiner *Codices* aus dem 15. Jhd., *Laur.* 53,5 und 53,6. Beide Handschriften bieten nahezu identische Texte, nur der zweite, weniger

verkünden, der sich in der Folge bemühen durfte, zwischen edlen "Liberalia", griechisch "Διονυσιακά"[35], und schändlichen Bacchanalia zu unterscheiden (f. 52v). Augustinus, mit dem sich Filelfo durch den Mund seines Redners offenbar auseindersetzte, kannte eine solche Differenzierung nicht:

> eius [*sc.* Liberi] velut dei nomine per immundos daemones Bacchanalia sacra vel potius sacrilegia sunt instituta, de quorum rabiosa turpitudine post tammultos annos sic senatus erubuit, ut in urbe Roma esse prohiberet. (*De civitate Dei* XVIII 13[36])

Für Poliziano waren Dionysische Spiele und *Bacchanalia* ebenfalls eins[37]. Als "novus Orpheus" schickte er sein *alter ego* in den Tod. Auch dafür bot ihm die Tradition eine Vorlage. Bei Laktanz (oder Boccaccio, der den fraglichen Passus elegant übersetzte) hatte er lesen können, daß der Sänger just bei der Zelebrierung der Mysterien den Tod fand, die er selbst gestiftet hatte:

> Sacra Liberi patris primus Orpheus induxit in Graecia primusque celebravit in monte Boeotiae Thebis ubi Liber natus est proximo; qui cum frequenter citharae cantu personaret, Cithaeron appellatus est. Ea sacra etiam nunc Orphica nominantur in quibus ipse postea dilaceratus et carptus est. (*Div. Inst.* I 22,15f.[38])

---

prächtige, aber auch sämtliche griechische Einsprengsel, weshalb wir ihn hier zur Grundlage nehmen.

35 Filelfos Quelle für diese Gleichsetzung war Pomponius Festus' Werk *De verborum significatu*, in dem es heißt: "Liberalia Liberi festa, quae apud Graecos dicuntur Διονύσια." (*ed.* THEWREWK DE PONOR, S. 83).

36 "Die heiligen, vielmehr gottlosen *Bacchanalia* wurden durch das Wirken unreiner Dämonen im Namen des Liber, d. h. gleichsam im Namen eines Gottes, eingeführt. Ihrer unsittlichen Tollheit schämte sich der Senat nach vielen, vielen Jahren so sehr, daß er verbot, sie in Rom abzuhalten." Mit den Elementen eines kultischen Bacchanals, wie es Augustinus in *De civitate Dei* VI 9 und VII 21 beschreibt, hat die *Fabula* zugegebenermaßen nur die "mulieres adtributa*e* Libero" und den "vinum propter libidinem concitandam" gemein.

37 Im Persius-Kommentar des Jahres 1484 sollte er schreiben: "[...] fest*a* Liberi patris, quae Dionysia illi [*sc.* Athenienses], nostri Bacchanalia seu Liberalia vocitarunt" (*ed.* CESARINI MARTINELLI 1985, S. 5). Außer auf Pomponius Festus - der den in Anm. 35 zitierten Worten übrigens einen gut zum *Orfeo* passenden Stabreimvers des Naevius hatte folgen lassen: "Libera lingua loquemur ludis Liberalibus" - stützte sich Angelo wohl auf die Schilderung des *Bacchus*festes in Vergils *Georgica* (II 380ff.) samt den sie glossierenden Ausführungen des Servius ("'veteres ludi' *Dionysia*"; *In Verg. Georg.* II 381).

38 = *Test.* 99 KERN. Vgl. Boccaccio, *Esposizioni sopra la Comedia* IV I 324: "Orfeo fu il primo il quale introdusse in Grecia i sacrifici di Libero padre, cioè di Baco, e fu il primo che quegli celebrò sopra un monte di Boezia, vicino a Tebe, dove Baco nacque: il qual monte è chiamato Citerone per la frequenzia del canto della cetera, il quale in quello faceva Orfeo. E sono quegli sacrifici ancora chiamati 'orfici', ne' quali Orfeo fu poi morto ed isbranato."

Den hier erwähnten *Mons Cithaeron* zeigt das Bühnenbild der *Fabula*: "Questo monte gira intorno", läßt Poliziano den Chor der Bacchantinnen ausrufen (v. 321).

* * *

Der platonische Sokrates verurteilte im *Staat* das Abzielen der Dichter auf "Pathos", auf niedere, irrationale Elemente der Seele:

> [Sokrates:] "Indessen haben wir noch nicht die größte Anklage gegen die Dichtung vorgebracht! Daß sie die Kraft hat, auch vortreffliche Menschen zu schädigen - mit wenigen Ausnahmen -, das ist wohl furchtbar."
> [Glaukon:] "Ganz gewiß, vorausgesetzt, sie kann dies!"
> [Sokrates:] "Höre und überlege! Wenn die Besten von uns einen Homer hören oder einen andern tragischen Dichter, der einen Helden darstellt, wie er in tiefem Leid steckt und eine schmerzerfüllte gewaltige Rede hält, oder wenn er Helden singen und sich die Brust zerschlagen läßt, dann freuen wir uns, wie du weißt, geben uns ganz hin und folgen voll Teilnahme, loben sogar als guten Dichter den, der uns am stärksten erregt." (*Staat* X 60c-d[39])

Ähnliche Wirkungen konstatierte Sokrates für Darbietungen, die zum Lachen verleiten, insbesondere Komödien, sowie für die Zurschaustellung von Leidenschaften jedweder Art, namentlich der sexuellen (606c-d).
Ausgiebiges Klagen eines Helden, komische Elemente neben Grausamkeiten, Sprengung der Sexualmoral: Auf diese Mischung setzte Poliziano im *Orfeo*, ganz im Vertrauen auf die von Sokrates beklagten Konsequenzen. Er wollte zur Aufführung bringen, was "der unwissenden Menge schön erscheint" (602b). Exzesse verschiedenster Art, "aliqua ludicra et turpia"[40], hatten schließlich schon in archaischer Zeit italische Bauern auf Bacchus-Festen verzückt.
Die Darbietung des Ur-*Orfeo* war offensichtlich ein voller Erfolg. Am 21. April 1480 wurde Poliziano in Mantua feierlich geehrt - unter anderem erhielt er einen Freitisch auf Lebenszeit[41].

---

[39] Übersetzung: K. Vretska.
[40] Vgl. Servius, *In Verg. Georg.* II 387.
[41] Vgl. PICOTTI 1914, S. 329 und TISSONI BENVENUTI 1981, S. 376.

4.4. Der *Orfeo* als Maschine wider die Melancholie

Wenn Poliziano als "novus Orpheus" den Hof von Mantua verzauberte, dann ist daraus wohl zu folgern, daß er sich auch in die Hauptgestalt der *Fabula* projizieren wollte. Wie ist dann aber Orfeos Hinwendung zur Homosexualität, eines der wenigen nicht obligatorischen Elemente des Mythos, zu werten? - Natürlich nicht als *Coming out* des Humanisten, sondern als Teil eines allegorischen Gebäudes, einer Konstruktion, deren Existenz, so glauben wir, den ausgelassenen Mantuanern planmäßig entgehen sollte. Ihr Karnevalsvergnügen sollte völlig unbeschwert von gedanklicher Anstrengung sein.

Zu seinem Doppelspiel - Publikumsverzückung einerseits, verdeckte Allegorie andererseits - ließ sich Poliziano unseres Erachtens von einem Text Ficinos inspirieren. Am Anfang der *Epitome* zu Platons Gorgias, die zwar erst 1484 gedruckt wurde, aber nach Paul Oskar Kristeller[42] spätestens 1469 beendet und seitdem dem engeren Umkreis des Philosophen (einschließlich Polizianos[43]) zugänglich war, diskutierte Marsilio in einem Atemzug mit der Sophistenkritik und augenscheinlichen Rhetorikfeindlichkeit Platons den Bann, den der Philosoph *sub specie Socratis* in Buch X des *Staates* über die Dichter verhängt hatte. Aus Platons Schriften glaubte Ficino folgern zu können, daß von einer generellen Verurteilung nur bei den Sophisten die Rede sein könne, nicht aber bei den Rednern und den Poeten. Betroffen seien hier jeweils nur die "populares"; die "populares poetae" deshalb, da sie mit dem Köder geballten Vergnügens häufig die Gefühlswelt ihrer Zuhörer durcheinanderbrächten ("affectum [...] sub concinnae voluptatis esca in dissonas perturbationes saepe praecipitant"). Von besonderem Interesse ist dabei, daß Ficino die Vertreibung "volksnaher" Dichter nicht allein mit deren Verdorbenheit begründet, sondern auch mit der fehlenden Interpretationsfähigkeit ihrer Zielgruppe:

---

[42] Vgl. KRISTELLER 1937, I, S. CXLVII-CL.

[43] Angelo interessierte sich schon Mitte der siebziger Jahre lebhaft für die Schriften Ficinos und forderte deren Verzeichnis an. Als Motivation für Angelos Begehren vermutete Marsilio "ut mea apud te habeas omnia", und fuhr fort: "Quoniam amicorum omnia communia sint, [...] accipe quod petieras" (*Opera*, S. 619). Damit nicht genug: In der jahrelangen Revision seiner Übersetzung zählte Ficino ganz besonders auf Poliziano (vgl. HANKINS 1990, I, S. 311). Insgesamt erscheint es uns angesichts des regen Austausches zwischen den beiden Humanisten plausibel, daß Angelo auch die *Epitomen* zu den einzelnen Dialogen, die Ficino jeweils im Anschluß an deren Übersetzungen angefertigt hatte, schon vor Planung des *Orfeo* kannte.

> Quapropter Plato humanorum medicus animorum nos a sophistis quidem omnino, ab oratoribus quoque atque poetis quodammodo procul abducit, profecto sophistas et undique et omnes exterminat, poetas autem neque omnes, sed illos qui vel turpia de diis [*ed.* diis et] fingunt vel perturbationibus animos acrius imitantur et referunt, neque undique, sed ex urbe, id est, ex iuvenum *ignorantum*que turba, qui in perturbationes admodum sunt proclives, *et allegoricum poetarum non penetrant sensum.* (*Opera*, S. 1315[44])

Beflügelt durch diese Ausführungen, gab sich Poliziano, vermuten wir, im *Orfeo* als *popularis poeta* (die Sprachwahl bezeugt es) und baute insgeheim auf die fehlende Disposition der *ignorantum turba* am Hof der Gonzaga zur allegorischen Aufnahme des ihr präsentierten Stückes.

Die Geschichte Orfeos, wie sie Poliziano vorstellt, ist die eines Sängers, der großes irdisches Glück genießt, es ohne sein Zutun verliert und es mit Hilfe seiner Kunst wiederzugewinnen sucht. Für einen Augenblick scheint es ihm gelungen zu sein, dann jedoch büßt er es ein weiteres Mal, diesmal definitiv, ein. Unfähig, sich mit dem Verlust abzufinden, sucht er neues Glück auf Abwegen, wofür er mit dem Tod bestraft wird. Eine Geschichte mit stoischer Moral: Das gewaltsame Ende Orfeos wäre nicht eingetreten, hätte der Sänger die Kraft gefunden, seinen Schmerz (und seine *ambitio*[45]) zu überwinden.

---

[44] "Deshalb führt uns Platon, der Arzt der menschlichen Seelen, von den Sophisten gänzlich weg, von Rednern und Dichtern aber nur in bestimmten Fällen. In der Tat nämlich grenzt er die Sophisten von jedem Ort aus, und zwar alle, die Dichter aber nicht insgesamt, sondern nur die, die entweder Schändliches über Götter schreiben oder in der Darstellung von Leidenschaften menschliche Stimmungen allzu heftig nachahmen, und nicht von allen Plätzen, sondern nur aus der Stadt, d. h. aus der Masse der jungen Menschen und der Ungebildeten, die besonders empfänglich für Gemütsregungen sind und die allegorische Bedeutungsgebung von Seiten der Dichter nicht nachzuvollziehen vermögen."
In der Hauptquelle des Passus, *Staat* 378d, fehlt der Hinweis auf die *ignorantes*: "Erzählungen wie die Fesselung der Hera durch ihren Sohn, der Sturz des Hephaistos durch den Vater, als er seiner mißhandelten Mutter helfen wollte, Götterkämpfe, wie sie Homer gedichtet hat, sind in unserem Staate nicht zuzulassen, *ob sie nun nur sinnbildlich gemeint sind oder wörtlich. Denn der junge Mensch kann nicht beurteilen, was Sinnbild ist und was nicht*, sondern was er in diesem Alter als Glaube erfaßt, das pflegt unauslöschbar und unverändert zu bleiben." (Übersetzung: K. Vretska).

[45] *Ambitio* ist in der *Fabula* nicht nur Ursache des ersten, sondern auch des zweiten Verlusts Euridices. Aristeos "troppo grande ardire" (v. 114) geht über auf den sich umdrehenden Orfeo: "O mie furore", klagt dieser nach dem neuerlichen Entzug der Geliebten (v. 252). Beide Figuren werden somit vergleichbar. Die Gefahren der *ambitio* skizzierte der Stoiker Agnolo Pandolfini in Albertis *Profugiorum libri*: "Ed eccovi come a colui, omo fortunatissimo, diletta la casa, la villa, gli ornamenti; stima l'amplitudine, la dignità, el potere in sue voglie e sentenze più che altri; agradagli la moglie; gode vedersi fatto padre; gloriasi in ogni buona indole e speranza de' suoi nati. Oh inezia degli uomini! Oh ragione mal compensata! Questi sono, o mortali, questi a voi sono e' veneni dell'animo. Quinci insurge quello che corrumpe a' nostri petti la vera e degna virilità; onde poi effeminati non tolleriamo noi stessi e inculpiamo la innocenza altrui de' nostri errori. Fu *el*

Inwieweit läßt sich nun Poliziano mit diesem Orfeo identifizieren? - Nun, er verlor nach triumphalem Beginn seiner Karriere infolge eines von ihm nicht verschuldeten Ereignisses, der *Congiura de' Pazzi*, sein irdisches, florentinisches Glück -"Euridice" -, versuchte insistent, es wiederzuerlangen, schien es zu einem bestimmten Zeitpunkt (wann genau, werden wir in Kürze erörtern) zurückgewonnen zu haben, um es dann erneut einzubüßen; pervertierte sein Streben dann gleichsam, indem er sich aus seiner angestammten Wirkungsstätte entfernte, um einen "barbarischen" Hof aufzusuchen, und tat schließlich so, als lasse er sich für diesen Fehltritt bestrafen, indem er als "novus Orpheus" in feierlicher "Amtshandlung" sein *alter ego* liquidierte.
Orfeo durfte nur kurz glauben, Euridice wiedergewonnen zu haben. Und Poliziano? Auch er nicht lange. Nur für etwa fünf Tage. Wiederzukehren schien die alte Glanzzeit am 1. Dezember 1479. An jenem Tag setzte Poliziano folgende Glosse unter eine Reihe von Pausanias-Exzerpten:

> Ἐπελεξάμην τουτονὶ τὸν Παυσανίαν ἔτει ἀπὸ Χπιστοῦ γεννήσεος αῳ̃ υῳ̃ ξῳ̃ θῳ̃ δεκεμβρίου πρώτῃ ἡμέρᾳ ἐν Φλωρεντίᾳ, μόγις ποτὲ τῆς ἐπιθυμημένης [*sic*] ἐλευθερίας τυχὼν κἀν τῷ ἁγίου Παύλου ναῷ οἰκῶν Ἄγγελος ὁ Πολιτιανός.[46]

Das von Poliziano genannte Datum ist der 1. Dezember 1469. Es kann, wie die Entdeckerin der Glosse, Lucia Cesarini Martinelli[47], erklärt, unmöglich zutreffen, da Angelo die *Prioria di San Paolo*, in der er nach eigenem Bekunden wohnte, als er die Auszüge anfertigte, erst 1477 erhielt. Niemand weiß dies besser als Mario

---

troppo amare quella e quell'altra cosa, fu el troppo ricevere a te questa e quest'altra voluttà, seme e igniculo di tanta e sì importuna fiamma qual t'incende ad ira e a dolerti d'avere interlassato e perduto quello che tanto ti contentava. [...] Dico, Niccola, e dico a te, Battista: Oh perniziosissima peste a' mortali *el troppo amore*! Scrive Plinio che Publio Catineio Filotimo, lasciato erede in tutte le fortune di colui a cui e' fu servo in vita e molto amato, per troppo desiderio del padrone suo si gittò in mezzo del fuoco dove s'ardea e onorava el morto. Fu cosa questa d'animo impotente e furioso. Ma quali siano e' furori che tuttora traportino que' miseri mortali in quali arde *troppo amore*, altrove ne disputeremo" (*ed.* GRAYSON, S. 141ff.).
Die Verbindung dieser Worte zum *Orfeo* ist evident. In Euridices Mund wiederholt sich Pandolfinis Hervorhebung der verderblichen Effekte übermäßiger Liebe: "Oimé, che *'l troppo amore* / n'ha disfatti ambendua" (v. 245f.), ruft sie angesichts des neuerlichen Verlusts ihres Gatten aus.

46 "Ich exzerpierte diese Pausanias-Texte in Florenz am ersten Dezember des Jahres 1469 nach Christi Geburt, kaum daß ich die ersehnte Freiheit wiedererlangt hatte. Ort: meine Wohnung, die *Prioria di San Paolo*. Angelo Poliziano."

47 CESARINI MARTINELLI 1982, S. 191f.

Martelli, und so verwundert es sehr, daß er Polizianos Angabe verteidigt[48]. Cesarini Martinelli schließt aufgrund des Wasserzeichens des die Subskription enthaltenden Faszikels aus, daß 1469 fälschlich für 1489 stehen könnte. Somit verbliebe angesichts der Lebensdaten Polizianos augenscheinlich nur das Jahr 1479. Der Fehler des Humanisten hätte darin bestanden, statt des griechischen Symbols für 70 (ο') das ihm im Alphabet vorausgehende Zeichen für 60 (ξ') gewählt zu haben. Ein Einzelfall in seinem Œuvre? - Cesarini Martinelli gibt die Antwort. Sie teilt mit, daß Paul Oskar Kristeller auch in anderen Subskriptionen Polizianos falsche griechische Jahrzehntangaben entdeckt habe, die statt offenkundig richtigem α' υ' π' β' (1482) viermal α' υ' ο' β' (1472) aufweisen, mit ο' (70) anstelle von π' (80). Merkwürdigerweise entgeht der Philologin die vollendete Analogie zwischen diesem Fehler und dem der Pausanias-Glosse, eine Analogie, die im Verein mit der Erwähnung der *Prioria di San Paolo* definitiv ausschließen sollte, daß Poliziano eine andere Jahreszahl als 1479 angeben wollte. Cesarini Martinelli indes meint, das fehlerhafte vorletzte Zahlensymbol stelle auch die Richtigkeit des letzten in Frage. Besteht Anlaß zu dieser Einschätzung? - Poliziano könnte die "finale Neun" versehentlich statt einer Acht geschrieben haben, etwa dann, wenn er bei der Zählung das Digamma, das einmal an sechster Stelle des griechischen Alphabets stand und später nur noch als Zahlensymbol (*sc.* für sechs) erhalten blieb, beim Durchzählen des Alphabets übergangen hätte. Eine Verwechslung mit der anderen im arabischen System benachbarten Ziffer, Null, wäre dagegen ausgeschlossen, denn die griechische Numerik hat kein Zeichen dafür: Die Null ginge im Zeichen für 'zehn' auf, das freilich dann die dritte Stelle der Datumsangabe okkupieren müßte - was nicht der Fall ist, denn dort thront ja das ξ, Symbol für Sechzig.

Will man im Rahmen des Vorstellbaren bleiben, bleibt also nur die Frage: 1479 oder 1478?[49] Sie läßt sich mit Hilfe des Glossentextes zweifelsfrei entscheiden, obwohl Cesarini Martinelli alles unternimmt, um dies zu verhindern. Was mag mag sie wohl dazu bewogen haben, die Worte "μόγις ποτὲ τῆς ἐπιθυμημένης [*sic*] ἐλευθερίας τυχών" zunächst richtig zu übersetzen ("appena ritrovata la

[48] Vgl. MARTELLI 1988, S. 35.

[49] Gewiß, auch 1477 wäre theoretisch möglich, da Poliziano das Priorat im Oktober jenes Jahres erhielt, doch würden zumindest wir uns in diesem Fall zu fragen beginnen, warum Angelo nicht gleich die Symbole für 1569 (oder, warum nicht, 2569?) niederschrieb.

desiderata libertà"), um sie dann zu "appena avuto un po' di tempo libero" zu bagatellisieren, nein, zu entstellen? Ἐλευθερία ist etwas ganz anderes als σχολή! Die Freiheit, die Poliziano meint, begann gewiß nicht im Dezember 1478. Wie hätte er sonst am 18. Tag jenes Monats im niedergeschlagensten seiner Briefe (an Lorenzos Mutter, Lucrezia Tornabuoni) den tristen Alltag von Cafaggiolo in einer Weise schildern können, als verspüre er schon lange keinen Funken Hoffnung mehr? Nein, der 1. Dezember 1479 bleibt das einzig mögliche Datum.

Der Temporalsatz "Kaum daß ich die ersehnte Freiheit wiedererlangte" enthält eine Aussage von existenziellem Gewicht, hinter der eine tiefgreifende Wende zum Besseren stehen muß. Unsere Vermutung lautet: Lorenzo sagte Poliziano am 1. Dezember 1479 (oder tags zuvor) den Lehrstuhl für Rhetorik und Poetik zu, den er am 29. Mai 1480 schließlich erhalten sollte. Zuvor kam es allerdings zu jenem Bruch, der zum Auslöser des *Orfeo*-Coups wurde.

Seit dem 6. Dezember 1479 hatte Poliziano Anlaß, sein Schicksal mit dem des Orpheus zu vergleichen, denn sein Glück war ein zweites Mal zerbrochen. Dafür, daß er die Parallele zog, spricht schon die Tatsache, daß er die Stadt verließ. Damit nämlich setzte er exakt das um, was Petrarca in *Epyst.* III 15 dem "musicus" Florian von Rimini, einem "Orpheus alter" (v. 5) seiner Zeit, "evo non arte secundus"[50], empfohlen hatte: Weil Florian, umgeben von "surda canenti / monstra" (v. 6f.), wie sie einer "etas / sera" (v. 9f.) leider eigneten, nicht wie sein antiker Vorläufer zu den "semideos" (v. 4) gezählt werde, solle er, riet Petrarca, seine Stadt verlassen...

Itala tellure daturum
Ingenii documenta sui, tum currere quercus
Saxaque mota sono blandosque videbimus ursos. (vv. 33-35[51])

Anders als sein *Trecento*-Vorgänger, den Liebe letztendlich zurückhielt[52], lieferte Poliziano tatsächlich "Itala tellure" den Nachweis seines Talents. Zunächst u. a. in Venedig und Verona, schließlich in Mantua, wo er die höfischen "Bären" vor Freude tanzen ließ[53].

---

[50] *Epyst.* III 16,2.
[51] "...um auf Italischem Boden seine Begabung unter Beweis zu stellen. Dann werden wir Eichen laufen, Felsen sich dem Klang nach bewegen sehen und Bären als sanfte Wesen erleben."
[52] Vgl. *Epystola* III 16.
[53] Vielleicht ermunterte Poliziano bei der Planung des *Orfeo*-Projekts auch die 32. Rede des Dion Chrysostomos. Der spätantike Redner geißelt darin die theaterbegeisterten Bürger der Stadt Alexandria als Nachfahren der Tiere, die Orpheus gelauscht hätten. Vögel und Schafe, die sich

In der *Lettera apologetica* vom 19. März 1480 sollte sich Poliziano als Opfer bösartiger Verleumdungen darstellen; seine *calumniatores*, sollte er Lorenzo schreiben, hätten ihn gezwungen, Florenz zu verlassen. Die Argumentation des Humanisten läßt den Schluß zu, daß er außer Petrarcas Epistel auch ein Werk des heutzutage wenig beachteten Maffeo Vegio (1406-1458) als literarische Anleitung für seinen Weggang nach Oberitalien heranzog. In Vegios Dialog *Veritas exulans*, 1444 in Florenz entstanden, schildert Alithia, die gottgesandte Wahrheit, ihrem Freund - er trägt den sprechenden Namen Philalethes - die schlimmen Leiden, die sie auf ihrer Erdenmission habe erfahren müssen. Namentlich die folgenden Ausschnitte aus ihrer Rede scheinen auf Poliziano gewirkt zu haben:

> [Kontext: Überall geschmäht und angegriffen, zuletzt auch an Fürstenhöfen (!), wendet sich die Wahrheit von den Menschen ab.] Sed quas non inveni cunctis etiam hominibus mitiores feras et volucres? quid referam, quanto me studio et amore prosecuti sunt inprimis canes, tum cervi et vultures ceteraeque aves etiam immaniores! quam conglobati catervatim omnes assistentesque mihi certabant nunc haec plaudere alis, conqueri dulciter et condolere, purgare rostris vulnerum faciem; nunc illi pedibus caudaque blandiri, lingere vulnera, plagasque mulcere, donec quae supererat adhuc scintilla vitae me calescere, redireque sensim in veterem flammam atque restitui coepit. Quid, cum iam valentior facta inde secessissem, quid narrabo, quantam non canum modo et alitum, sed luporum etiam, ursorum, tigrium, leonum omnisque generis ferarum experta sim mansuetudinem, propeque dixerim humanitatem? Nam post longa quae sustinueram mala, cum ex urbibus omnino statuissem[54] migrare in abdita loca, perrexi in sylvas et nemora, tanquam securius in refugium vitae meae. Nec vero me fefellit opinio. Nam quanta me prius homines affecerant iniuria, tanto postea me honore sylvestres ferae atque alites, a quibus tam amice suscepta sum, tam sedulo semper officiose comitatu, ut quod de hominibus ante crediderim,

dem Gesang des Thrakers hingegeben hätten, seien - berichtet Dion unter Verweis auf einen phrygischen Informanten - auf Bitten Kalliopes von Zeus in Menschen verwandelt worden, genauer, in einen makedonischen Stamm. Dieser sei später mit Alexander nach Ägypten gekommen und habe das neugegründete Alexandria bevölkert (§63-66). Vor diesem ätiologischen Mythos hatte der Redner den Theaterfanatikern Dinge angelastet, die an die eingangs der Analyse zitierten Worte Fortunats erinnern. Während es in den Arenen anderer Städte gesittet zugehe, hielt er den Alexandrinern vor (§54ff.), gerieten sie in völlige Verzückung und sprängen wilder umher als die Tänzer auf der Bühne selbst. Andere Völker würden erst durch Alkoholgenuß zum Singen verleitet, bei ihnen sei es umgekehrt: "Gesang ist der Auslöser von Trunkenheit und Wahnsinn".

[54] Vgl. den bereits zitierten Auszug aus der *Lettera apologetica*, "*statui* mihi ergo ab istorum oculis paulisper concedendum".

ipsae humanos mores mutata utrinque natura sibi vindicasse. (*ed.* DE LA BIGNE, S. 758)[55]

Die Einbeziehung dieses Textes in Polizianos Handeln wird dadurch erheblich wahrscheinlicher, daß auch der "novus Orpheus" Venantius Fortunatus von seiner freundlichen Aufnahme in der "Barbarei" berichtet hatte. Es scheint also, als habe Angelo seine "peregrinatiuncula"[56] nach Oberitalien mit Fortunat und Vegio als Reise in unzivilisierte Gegenden konzipiert[57]. Der rhetorische Kraftakt gegen die Städte des Nordens war, wie wir sehen werden, ganz auf Lorenzo abgestimmt, die Etappen des Unternehmens *Orfeo* minutiös geplant. Das muß nicht heißen, daß Poliziano die *Fabula* bei seinem Weggang aus Florenz bereits ausgearbeitet hatte[58], durchaus aber, daß die ostendiert selbstkritische Sicht seines Weggangs aus Florenz (allegorisch getarnt als homosexuelle Verirrung) von vorneherein als Etappe seines Coups geplant war: Das verdeckte Reuebekenntnis sollte den Boden für die eigene Rückkehr bereiten.

Dem Medici gedachte Poliziano die *Fabula di Orpheo* als Kernstück einer fingierten Selbsttherapie zu präsentieren, die seine endgültige Läuterung vom jugendlichen Hitzkopf zum stoischen Weisen vorspiegeln wollte. Das Unternehmen sollte eine verfeinerte Replik dessen sein, was Angelo zuvor mit der

---

55 "Aber welchen Landtieren und Vögeln begegnete ich, die nicht sanfter als alle Menschen gewesen wären? Wie soll ich in Worte fassen, mit welch tätiger Liebe sich zuerst die Hunde meiner annahmen, dann aber auch die Hirsche sowie Geier und andere, noch ungeheuerlichere Vögel! Wie sie zusammengeschart darum wetteiferten, mir zu helfen! Diese schlugen mit den Flügeln, bekundeten voll Zuneigung ihr Mitleid, reinigten mit den Schnäbeln meine Verletzungen; jene kosten mich mit den Füßen und dem Schweif und leckten sanft die Wunden, bis der Lebensfunke, der mir geblieben war, mich wieder zu wärmen begann, und allmählich wieder zur Flamme wurde. Wie soll ich erzählen, welches Maß an Milde - fast hätte ich gesagt: Menschlichkeit - ich von Hunden und Vögeln, ja sogar von Wölfen, Bären, Tigern, Löwen und wilden Tieren jeder Art selbst dann noch erfahren habe, als ich, schon wieder einigermaßen bei Kräften, aus ihrer Obhut geschieden war!
Lange Zeit hatte ich Schlimmes erdulden müssen. Als ich mich dann entschloß, die Städte endgültig zugunsten verborgener Orte zu verlassen, begab ich mich in Wälder und Haine, im Glauben, dies seien Plätze, an denen mein Leben sicherer sei. Meine Meinung trog nicht. Denn was mir die Menschen zuvor an Unrecht zugefügt hatten, das gaben mir die Tiere und Vögel des Waldes an Ehrerbietungen zurück. So freundschaftlich wurde ich von ihnen aufgenommen, so sorgsam allzeit umhegt, daß sie selbst - was ich zuvor nur von Menschen geglaubt hätte - Anspruch auf menschliche Sitten angemeldet zu haben schienen. Auf beiden Seiten war die Natur auf den Kopf gestellt."

56 Vgl. *Lettera apologetica, ed.* PICOTTI, S. 96.

57 Vor dem Hintergrund der Worte Vegios erscheint die Anrede "*humanissimo* messer Carlo mio", mit der Poliziano den "animalischen Mantuaner" Carlo Canale bedachte, besonders schillernd.

58 Offenbar nicht zur Gänze, denn einige (freilich marginale und leicht integrierbare) Elemente scheint der *Orfeo* dem venezianischen Karneval zu verdanken; vgl. BRANCA 1983, S. 55ff.

Epiktet-Version versucht hatte. Ziel war die Wiedergewinnung des florentinischen Glücks, "Euridices". Mit ihrem neuerlichen Verlust war zumindest die ovidische Fabel noch nicht beendet. Sie läßt Orpheus zwar grausam sterben, bringt ihn und seine Gemahlin aber im Elysium wieder zusammen:

> Umbra subit terras et, quae loca viderat ante,
> cuncta recognoscit quaerensque per arva piorum
> invenit Eurydicen cupidisque amplectitur ulnis;
> hic modo coniunctis spatiantur passibus ambo,
> nunc praecedentem sequitur, nunc praevius anteit
> Eurydicenque suam; iam tutus respicit Orpheus. (*Met.* XI 61ff.)[59]

Genau dies glückliche Ende wollte Poliziano erwirken. Im *Orfeo* liquidierte er sein *alter ego*, um - wie dieses - letztlich wieder sein früheres Glück genießen zu können, diesmal "tutus", auf einer völlig neuen, "überirdischen" Stufe, ohne Gefahr, es erneut zu verlieren.

Grundpfeiler der angeblichen Therapie zum Stoizismus war das dritte Buch eines volkssprachlichen Traktates von Leon Battista Alberti, überschrieben *Profugiorum ab aerumna libri III*, der sich Poliziano gewiß aufgrund seines Titels aufgedrängt hatte. Im letzten der Bücher gibt der greise Stoiker Agnolo Pandolfini unglücklichen Menschen einen Leitfaden an die Hand, mit dessen Hilfe "qualunque fusse in noi insita e obdurata grave maninconia" (*ed.* GRAYSON, S. 159) schrittweise abgebaut werden könne. Überzeugt davon, daß Einsamkeit das Unglück eines Trauernden nur noch steigere, riet Pandolfini dazu, in besonders schweren Fällen Kummer möglichst umgehend durch Genuß von Wein, sexuelle Vergnügungen, musikalische Aktivitäten oder auch "el convivare" zu vertreiben:

> A me non in tutto dispiacerebbe se qualche giuoco alquanto lascivo piacesse a chi e' bisognasse per dimenticarsi la sua mala sanità d'animo (S. 178f.).

[59] "Orpheus' Schatten steigt zur Unterwelt hinab und erkennt all die Orte wieder, die er schon einmal gesehen hat. In den Gefilden der Seligen sucht und findet er Eurydice; voll Sehnsucht schließt er sie in die Arme. Hier wandeln beide bald mit vereinten Schritten nebeneinander, bald geht sie voraus, und er folgt ihr, bald schreitet Orpheus voran und blickt sich - jetzt ohne Gefahr - nach seiner Eurydice um." (Übersetzung: M. v. Albrecht).
Auch Vergil zeigt Orpheus als Bewohner der "loc*i* laet*i* et amoena virecta / fortunatorum nemorum sedisque beat*ae*" (*Aeneis* VI 638f). Von einem Wiedersehen mit Eurydike ist in seinem Epos allerdings nicht die Rede.

Wenig später schlägt Albertis Stoiker vor, sich zu therapeutischen Zwecken mit Freunden ins Theater, in Kirchen "e dove siano feste e giuochi privati e pubblici" (S. 181) zu begeben. "Animi causa", wegen seiner schlechten Gemütsverfassung, zog Poliziano nach eigenem Bekunden durch Oberitalien[60]: ein schöner und diskreter Beleg dafür, daß er Pandolfinis Rat befolgte[61].

Der *Orfeo* sollte als Etappe auf dem Weg zur stoischen Perfektion gelten können, als notwendiges, aber zu überwindendes Stadium. Von daher erklärt sich, daß der Humanist Scham gegenüber der Frucht seines damals ach so getrübten Geistes bekundete, als er einige Zeit nach seiner Rückkehr nach Florenz von Carlo Canale um sein Placet für eine neuerliche Aufführung der *Fabula* gebeten wurde, und behauptete, die Freigabe des Stückes verstoße gegen sein "ragionevole instituto" (das Substantiv ist nicht zufällig eine typische Vokabel der *Profugiorum libri* und des *Theogenius*). Als wollte er nicht ein einziges aufrichtiges Wort äußern, fügte er hinzu, daß er sein Werk den Mantuanern aufgrund ihres Ansehens gleichwohl überlassen wolle. Selbst indes, und darauf kommt es hier an, begab er sich diesmal nicht mehr zur Aufführung, sondern schickte Baccio Ugolini, dem er auch die Hauptrolle überließ. Damit befolgte er, wie um seine Wandlung zum *vir fortis* zu betonen, mit höchster Konsequenz eine Vorgabe Pandolfinis aus dem in doktrinärer Hinsicht strengeren Anfangsteil der *Profugiorum libri*:

> Oggi siede el popolo allo spettacolo, e io voglio essercitarmi in curar nulla questa voluttà; rinchiuderommi tra' miei libri e starommi solo. Se così deliberasti fare, niuna suasione d'altrui, nulla cosa potrà avvenirti in mente che ti distolga dal tuo *instituto*. (S. 129)

Pandolfini, der vollendete Stoiker aus Albertis Dialog, ist ein *vecchio venerando* von neunzig Jahren[62]. Poliziano hinderte dies nicht, so zu tun, als habe er trotz des enormen biologischen Altersunterschieds die Reife des Greises bereits erreicht. Orpheus war als *iuvenis* gestorben: So verkündeten es Vergil und Statius, und Poliziano unterstrich es im *Commento*[63]. Als der Humanist, *novus Orpheus* wie Fortunat, sein *alter ego* in den Bühnentod schickte, zog er einen Schlußstrich unter die eigene *iuventus*. Der Orfeo der *Fabula* muß deshalb sterben, weil er den

---

60 *Lettera apologetica, ed.* PICOTTI, S. 99.

61 Überflüssig zu erwähnen, daß Pandolfinis Therapiekonzept einen rigiden Stoiker wie Epiktet hellauf empört hätte - so er denn kein Schwätzer war.

62 Vgl. *Profugiorum libri, ed.* GRAYSON, S. 111.

63 *Commento*, S. 536 (zu Statius, *Silvae* II 7,99).

Schritt, der laut Petrarca einen *senex* definiert, die Loslösung von den Leidenschaften, nicht zu vollziehen vermag.
Petrarca bekundet in *Sen.* VIII 2, *De senectute propria et eius bonis*, entgegen der gängigen Meinung das Alter der Jugend vorzuziehen, "unde evasisse salva puppe me gaudeo et divinum munus agnosco". Diese sei zwar behender, robuster, drängender...

> sed neque constantior neque consultior, in quo vulgus ipse mecum sentit, neque, in quo valde dissentit, animosior. Cuius rei ratio, si queritur, presto est: iuvenis enim uxorem ducere, filios gignere, opes, amicitias, potentiam, famam querere, voluptatibus frui, honoribus insigniri, diu vivere cogitat, que profecto metum mortis animo afferunt, providenti ad tam multa, tam varia tempore opus esse, quod mors interveniens ablatura sit. Seni hec omnia retro sunt (*Opera*, S. 920[64])

Sich zur *senectus* zu bekennen, war für Poliziano gewiß ein gewagtes Manöver, doch zumindest nach Petrarca kein unmögliches: Die *Senilis* VIII 1, *De etatis parte dubia*, knüpft den Beginn der *senectus* nicht an ein bestimmtes Alter, sondern an die Erfahrungen des Einzelnen:

> Cur tam varie terminos statuerunt docti homines, nisi quod quisque in alio quod in se expertus est iudicat? Quid scis autem an tibi validior sit natura? Certe hactenus preter illum adolescentie florem perditum et iuventutis agilitatem[65], que prima pereunt, in nobis insignem nullam mutationem sentis. Expecta igitur, donec non scriptorum maximeque discordium, sed experientie tuoque rem diffinias iudicio. Cum te senem senseris, tunc ne prius profitebaris senectutem. (*Opera*, S. 916[66])

---

64 "... aber weder beständiger noch verständiger - darin stimmt selbst das gemeine Volk mit mir überein - noch - darin ganz und gar nicht - beherzter. Falls jemand nach dem Grund für Letzteres fragt, hier ist er: Der junge Mann ist ständig beschäftigt: Er heiratet, zeugt Kinder, strebt nach Reichtum, Freundschaften, Macht und Ruhm, will Freuden genießen, mit Ehren geschmückt werden und lange leben. Alles Dinge, die fürwahr das Gemüt mit der Furcht vor dem Tod belasten, da der, der soviel Verschiedenes bedenken muß, Zeit braucht, die ihm der Tod wegnehmen kann, wenn er ihm dazwischenfährt. Ein alter Mann hat diese Sorgen hinter sich."

65 "Adolescentie florem [...] et iuventutis agilitatem" verloren zu haben, stimmt Petrarca nicht traurig. Anders Orfeo. Statt sich von der *iuventus* zu lösen, sucht er sie unter Knaben: "Fior novelli [...] leggiadretti e snelli" (v. 269f.), nennt er sie. Nicht auszuschließen, daß Poliziano den die Verse dominierenden ovidischen Elementen (*Met.* X 83ff., "Fuit auctor amorem / in teneros transferre mares, citraque iuventam / aetatis breve ver et primos carpere flores") Petrarcas Worte untermischte. Zumindest für "snelli" könnte "iuventutis *agilitatem*" als Auslöser in Frage kommen.

66 "Warum legten die Gelehrten so verschiedene Grenzen für das Alter fest, wenn nicht deshalb, weil jeder auf den anderen überträgt, was er am eigenen Leib erfahren hat? Woher aber will man

Petrarca selbst äußert in *Sen.* VIII 2, daß er lieber in jüngeren Jahren alt geworden wäre, um dann eine regelrechte Hymne auf die *senectus* anzustimmen:

> O veneranda ante alios senectus [...]; liber tandem meique iuris esse incipio. Sera quidem fatear, at quo serior eo gratior libertas. Hec perdita mestam michi iuventutem fecit, hec reddita senectutem letam facit. Rarum spectaculum sed verum: quam omnes passim, sed ante alios Virgilius totiens tristem vocat, eam michi obtigisse letissimam. (*Opera*, S. 922[67])

"Liber tandem *su*ique iuris" zu sein, das war auch Polizianos Wunsch, und zwar jenseits aller Rhetorik. Die Glosse vom 1. Dezember 1479 spricht Klartext. Nichts ersehnte Angelo mehr, als die Freiheit seiner *adolescentia* wiederzugewinnen, die er einst infolge der *Congiura de' Pazzi* verloren hatte, um gleich Petrarca - dem stilisierten Francesco der "ideal autobiografía" (F. Rico) - in eine finstere *iuventus* zu stürzen.

* * *

Wie aber konnte es Poliziano aus der Ferne bewerkstelligen, dem Medici einen Reifeprozeß zum unerschütterlichen *vir fortis* vorzuspiegeln? - Indem er auf Mittlerdienste Baccio Ugolinis setzte, des Mannes, dem er nach eigenem Bekunden auch die *Lettera apologetica* anvertraut hatte[68].

Die Idee, durch eine klärende Epistel und einen eloquenten Boten Verdachtsmomente gegen die eigene Person auszuräumen, übernahm Poliziano

---

wissen, ob man eine stärkere Natur als andere hat? Gewiß, außer dem Verlust der Jugendblüte und jugendlichen Behendigkeit wirst du bis jetzt an uns keinerlei Veränderung feststellen können. Warte also solange, bis auch du nicht aufgrund des Urteils einander heftig widersprechender Autoren, sondern durch dein eigenes, auf Erfahrung beruhendes, bestimmst, wann du dich als alter Mann fühlst. Dann, und nicht eher, wirst du dich zum Alter bekennen."

[67] "O vor allen anderen ehrwürdiges Alter [...]! Endlich beginne ich frei und unabhängig zu sein. Spät kommt sie zurück, die Freiheit, ich gestehe es ein, doch je später, desto willkommener. Ihr Verlust verfinsterte mir die Blüte meiner Jahre, ihre Rückkehr erfüllt mir das Alter mit Freude. Seltenes, doch wahres Schauspiel: Das, was alle durchwegs, doch mehr als die anderen Vergil sooft traurig nennt, hat sich in meinem Fall als in höchstem Maße freudvoll herausgestellt."

[68] Vgl. *Lettera apologetica, ed.* PICOTTI, S. 100. - Schon 1459 hatte Baccio Mantua abschätzig als "secho et casto exilio" bezeichnet. Im Sommer 1479, als er einmal mehr dort weilte, bat er Lorenzo dringend, von dort abberufen zu werden, was dann auch geschah (vgl. PICOTTI 1914, S. 331f.). Es fällt nicht schwer, sich vorzustellen, daß er nur unwillig an den ungeliebten Ort zurückkehrte. Geringschätzung der Mantuaner und Enttäuschung über Lorenzo mögen ihn zum Komplizen Polizianos gemacht haben.

von Petrarca, wie ein Blick auf die *Familiares* IX 6, ohne Titel, und IX 7, *De suspitione*, nahelegt. In beiden Briefen versucht Petrarca, einen Freund, Luca da Piacenza, dazu zu gewinnen, einen Bischof von seiner, Francescos, vielfach angezweifelten Lauterkeit zu überzeugen:

> Tu michi ante alios testis es, cum quo sepe familiaribus sermonibus diem traho, quid michi semper de illius animo ac moribus visum sit, si submotis assentatoribus, comuni pontificum principumque pernicie, ipse sibi et nature proprie relinquatur. Ideo tibi potissimum hoc onus, quod fideliter subibis, imposui, ut ingentem sibi quam ira ac dolore dictantibus scripsi, epystolam representes, que si generi, si statui atque etati debitum animum legentis invenerit, et suspitionem male radicatam extirpabit et ne unquam renascatur, efficiet. Hanc tu, queso, vive vocis ope prosequere et vale. (IX 6, §§3-4[69])

Der Auftrag an Luca spricht nicht nur von einer langen *lettera apologetica*, sondern nimmt auch ein Element des entsprechenden Schreibens Polizianos vorweg, die Verteidigung der argwöhnischen Person in deren Abwesenheit[70]. Die Aufgabe des Mittlers umriß Petrarca genau:

> In hoc [*sc.* der Austreibung des Verdachts] igitur acumen tuum ut exerceas velim. Ille quid ad literas meas respondeat, audiemus; non omnia tamen expediet lingua vel calamus; multa enim oris habitus fronsque ipsa gestus color accentus pes manus oculi supercilium loquentur, sed absenti nichil; hic tu animum adverte, qui presens es, neu me sinas errare. Certe ego quod meum fuit prestitisse videor: amicitie venenum suspitio est; hanc extirpare radicitus digito veritatis nisus sum. An ipse autem vero aurem pandat an obstruat, suum erit; tuum vero id unum ut acriter quam in partem vergat, inspicias, meque sui consilii certiorem facias. [...] Cepi ego per literas obliquam eius opinionem ad rectum revocare; si flectitur insistam, sin obduruit

69 "Du als derjenige, mit dem ich oft in vertraulichen Gesprächen den Tag verbringe, bist mir vor allen anderen Zeuge dafür, welch hohe Meinung ich stets von Geist und Gesittung jenes Mannes habe, wenn er nur sich selbst und seinem Naturell überlassen wäre, abseits der Schmeichler, die Päpsten und weltlichen Herrschern gleichermaßen verderblich sind. Daher habe ich gerade Dir das Amt aufgebürdet (das Du getreulich übernehmen wirst), ihm eine umfangreiche Epistel auszuhändigen, die ich unter dem Diktat von Zorn und Schmerz geschrieben habe. Wenn sie ihren Empfänger in der Verfassung antreffen wird, die seiner Abstammung, Rang und Alter angemessen ist, wird sie die schlecht verwurzelte Pflanze seines Argwohns sowohl ausreißen als auch bewirken, daß sie nie wieder aufkeimt. Unterstütze mein Schreiben mit dem Gewicht Deiner Stimme und leb wohl."

70 "Qui meus semper de te sermo apud omnes extiterit, quas etiam pro te nonnunquam dimicationes subierim, cum multis aliis tum in primis Nicolao Caesaris filio Baccioque Ugolino, utrique tibi deditissimo homini, notissimum est." (*Lettera apologetica*, *ed. cit.*, S. 99).

> desistam: frustra enim retentabitur. Nemo facile cogitur ad credendum et sepe crescit excusatione suspitio. Vale. (IX 7, §2ff.[71])

Baccio sollte mehr tun als Luca da Piacenza: Er sollte das Bild, das sich Lorenzo von Poliziano machte, günstig beeinflussen. Die Aufgabe des Boten bestand, spekulieren wir, darin, den *Orfeo* als vollendete *imitatio* des Verfahrens darzustellen, das Agnolo Pandolfini am Ende der *Profugiorum libri* als seinen Weg bezeichnet hatte, sich von Betrübnissen zu befreien, die ihm "alcuni invidi, procaci e temulenti" bereiteten (S. 182):

> Cosa niuna tanto mi disdice da mia vessazione d'animo, né tanto mi contiene in quiete e tranquillità di mente, quanto occupare e' miei pensieri in qualche degna faccenda e adoperarmi in qualche ardua e rara pervestigazione.

Pandolfinis letztes Beispiel einer solchen "pervestigazione" lautet:

> soglio, massime la notte, quando e' miei stimoli d'animo mi tengono sollecito e desto, per distormi da mie acerbe cure e triste sollicitudini, soglio fra me investigare e construere in mente qualche inaudita macchina da muovere e portare, da fermare e statuire cose grandissime e inestimabili. E qualche volta m'avvenne che non solo me acquetai in mie agitazioni d'animo, ma e ancora giunsi cose rare e degnissime di memoria. (S. 181).

Agnolo Poliziano habe mit der "inaudita macchina" des *Orfeo*, jener Mischung aus stoischer Selbsttherapie und heimlicher *beffa* des "barbarischen" Hofs von Mantua, "cose rare e degnissime di memoria" bewirkt und sich damit als würdiger Erbe seines Namensvetters Agnolo Pandolfini erwiesen[72]; ja, mit 25 Jahren habe

---

[71] "Ich möchte also, daß Du Deinen ganzen Scharfsinn spielen läßt, um den Verdacht auszutreiben. Was er dann auf meinen Brief antwortet, werden wir hören. Nicht alles werden Zunge und Feder erwirken, vieles werden auch Miene, Stirn, Gestik, Tonfall, Vortrag, Füße, Hände, Augen und Brauen sagen, freilich nicht einem Abwesenden. Darauf richte Du Dein Augenmerk, der Du vor Ort bist, und laß mein Anliegen nicht fehlgehen. Ich bin überzeugt davon, meinen Teil geleistet zu haben. Argwohn ist Gift für jede Freundschaft. Ihm mit dem Finger der Wahrheit die Wurzeln auszureißen, habe ich versucht. Ob er sein Ohr öffnet oder verschließt, wird letztlich bei ihm liegen. Dir fällt einzig die Aufgabe zu, gewissenhaft zu überprüfen, zu welcher Ansicht er neigt, und mich über seinen Ratschluß zu unterrichten. [...] Mit meinem Brief habe ich den Versuch gestartet, ihn dazu zu bringen, sein schlechtes Bild von mir zurechtzurücken. Spricht er darauf an, werde ich in meiner Bemühung fortfahren, ist er hart gegen mich geworden, davon ablassen, denn jeder weitere Versuch wäre dann vergeblich. Niemand läßt sich leicht dazu bewegen, etwas zu glauben, und oft wächst der Argwohn, wenn sich der verteidigt, den er trifft."

[72] Pandolfinis Maschinen waren zwar nicht literarischer Natur, doch hatte ein anderer Redner der *Profugiorum libri*, Niccola Vieri, kurz zuvor (S. 161f.) auch die Reden des Stoikers als originelle

er die Reife des neunzigjährigen Redners aus Albertis Dialog erreicht. So etwa könnte Baccios Botschaft an den Medici begonnen haben. Seinem Auftrag entsprechend könnte er dann die Frage nachgeschoben haben, ob sich Poliziano durch jene rhetorisch-poetische Meisterleistung nicht endgültig den Lehrstuhl für Rhetorik und Poetik verdient habe, der ihm einst in Aussicht gestellt worden sei. Schlußstein unserer Hypothese: Lorenzo ließ sich beeindrucken.

Gerade in seiner Natur als *fabula satyrica* konnte der *Orfeo* ein durch seine Neuheit bestechendes Werk sein. Horaz sah das Ziel des Satyros darin, nicht nur "inlecebris", sondern auch "grata novitate"[73] ein trunkenes Publikum zu fesseln. Die Absicht Polizianos, an die beinahe untergegangene griechisch-lateinische Gattung anzuknüpfen, wird besonders daraus ersichtlich, daß er Horaz' Selbstanleitung zur Komposition eines wirkungsvollen Satyros aufgriff: Aus Bekanntem eine neue Dichtung schaffen zu wollen, die durch ihre Reihung und Verknüpfung glänze und ihm Ehre eintrage, hatte der Venusiner angekündigt[74]. Nicht er, sondern Angelo verwirklichte diese Maßgabe: durch die Verbindung der vergilischen und der ovidischen Orpheusepisode mit einer Hirtenszene à la Calpurnius.

* * *

Mit Agnolo Pandolfini hatte Alberti Poliziano einen vorbildlichen Stoiker präsentiert, mit Momus eine Gestalt, die im irdischen Exil die Kunst der Verstellung erlernte und sich als "architectum omnis malitie"[75] die Rückkehr in den Götterhimmel erkämpfte. In Leon Battistas frühem Traktat *De commodis litterarum atque incommodis* ist fast durchgehend die Spannung zwischen einem sittlich vorbildlichen, aber armseligen, und einem prachtvoll-verlogenen Literatendasein spürbar. Am Ende des Werkes obsiegt die stoische *virtus*. Sie

---

Konstruktionen aus Bausteinen der Tradition gepriesen. Die Übertragung der architektonischen Metaphorik auf den rhetorischen Sektor war also bereits in Albertis Dialog vollzogen worden, das Rezeptionsfundament für Poliziano gelegt. - Zur Aktualität der Alberti-Stelle für die intertextuelle Theorie vgl. CARDINI 1990, S. 4f.

[73] *Ars Poetica* 223.

[74] ex noto fictum carmen sequar, ut sibi quivis
sperет idem, sudet multum frustraque laboret
ausus idem: tantum series iuncturaque pollet,
tantum de medio sumptis accedit honoris. (*ibid.*, vv. 240-43)

[75] *Ed.* CONSOLO, S. 68. Interessanterweise verdankt Momus sein Comeback nicht zuletzt dem Einsatz einer "commentitia fabula" (S. 66), mit der er ein törichtes Publikum für sich einnahm.

verheiße "maxima laus et gloria" (VI 14) und stelle dem Schriftsteller ein göttliches Ziel vor Augen: "ut quietem animi, laudem, dignitatem et felicitatem adipiscaris" (VI 12).

"Qui in fide non deficit, opes non facit, qui non decipit, lucra non capit" (IV 29), lautet ein Diktum, das der Traktat an früherer Stelle zitiert. Alberti will es zunächst nicht auf Literaten angewandt wissen, im Verlauf des Werkes aber bestätigt er es auch für sie. Von tausend Schriftstellern, rechnet er resigniert vor, könne "vix unum" reich werden, und dieser müsse verschlagen und verlogen sein (IV 52).

Poliziano tat sein Bestes, um diesem Anforderungsprofil zu genügen. Er ergriff den Ruhm verheißenden "militaris pugiunculus"[76] der stoischen Lehre für rhetorische Gefechte. Ein zu verdammender Mißbrauch? - "Unverschämt geistreich" könnte man die Strategie des Humanisten nennen. Sie bot wohl den einzigen Weg für einen hochbegabten, nahezu krankhaft selbstbewußten Gelehrten, gegen die Grenzen zu rebellieren, an die er nach glanzvollen Anfängen gestoßen war.

Immerhin hatte keines seiner Opfer Anlaß, sich als solches zu fühlen. Die Mantuaner waren über den *Orfeo* nachweislich hocherfreut, und Lorenzo, selbst getäuscht, dürfte sich über die Täuschung der "Barbaren" am Hof der Gonzaga köstlich amüsiert haben.

* * *

Fast fünfzehn Jahrhunderte vor Poliziano hatte der ans Schwarze Meer verbannte Ovid der dort ansässigen Bevölkerung ein Werk in deren barbarischem Idiom kredenzt und dabei nach eigener Auskunft vor Ort einen großen Erfolg erzielt[77]. Seine Sprachwahl gründete auf einer Erkenntnis, die Poliziano mit einiger Übertreibung auf die eigene Situation am Hof zu Mantua übertragen konnte:

> barbarus his ego sum, qui non intelligor ulli,
> et rident stolidi verba Latina Getae. (*Trist.* V 10,37f.[78])

[76] Eine der Übersetzungen, die Poliziano im Widmungsbrief der Epiktet-Version an Lorenzo für das Wort *Enchiridion* bot.

[77] Vgl. *Ex Ponto*, IV 13,17ff., bzw. Sicco Polenton, *Scriptorum illustrium libri*, *ed.* ULLMAN, S. 71.

[78] "Ein Barbar, das bin ich für sie, von keinem werd' ich verstanden: Die dummen Geten verlachen lateinische Worte."

Da Ovid weiterhin behauptete, daß am Ort seines Exils selbst Homer zum volkssprachlichen Dichter geworden wäre[79], hatte der "Ausonius Homerus"[80] womöglich noch eine zusätzliche Motivation für die Wahl des *Volgare*. Inhaltlich freilich liegen Welten zwischen Ovids getischem Panegyrikus auf Kaiser Tiberius, der den Imperator im übrigen nicht gnädig zu stimmen vermochte, und der *Fabula di Orpheo*.

Die Anpassung an Niveau und Gusto eines höfischen Publikums - Grundlage von Polizianos Erfolg in Mantua - hatte der exilierte Dante in der Residenz Cangrandes della Scala nicht vollziehen wollen, weswegen er, wie Petrarca (*Rerum memorandarum libri* II 83[81]) versichert, nach triumphalem Empfang in der Gunst der Veroneser rasch hinter gewisse "histriones" und "nebulones" zurückfiel, die sie "obscenis verbis ac gestibus" ergötzten. Der Dichter der *Commedia* nahm es der Anekdote zufolge mit elitärer Gelassenheit: Die Erfolge der dreisten Schauspieler seien durch ihre Seelenverwandtschaft mit der breiten Masse der Bürger bedingt, ihm hingegen seien nur wenige ähnlich.

Gerade der Vergleich mit Dante zeigt Polizianos Raffinesse: Er sollte den Graben zum Volk überbrücken, seine Sonderstellung aber nur scheinbar preisgeben.

4.5. Petrarcas Episteln und weitere Modelle der *Lettera a Carlo Canale*

ANGELO POLIZIANO A MESSER CARLO CANALE SUO SALUTE

Solevano i Lacedemonii, humanissimo messer Carlo mio, quando alcuno loro figliuolo nasceva o di qualche membro impedito o delle forze debile, quello exponere subitamente, né permettere che in vita fussi riservato, giudicando tale stirpa indegna di Lacedemonia. Cosí desideravo ancora io che la fabula di Orpheo, la quale a requisizione del nostro reverendissimo Cardinale Mantuano, in tempo di dua giorni, intra continui tumulti, in stilo vulgare perché dagli spectatori meglio fusse intesa havevo composta, fussi di subito, non altrimenti che esso Orpheo, lacerata: cognoscendo questa mia figliuola essere di

79 "Si quis in hac ipsum terra posuisset Homerum, / esset, crede mihi, factus et ille Getes" (*Ex Ponto* IV 2,21f.).

80 Selbstbezeichnung Polizianos in *Sylva in Scabiem* 278.

81 In Kurzform findet sich die Episode auch bei Sicco Polenton, *Scriptorum illustrium libri, ed.* ULLMAN, S. 129.

qualità da far piú tosto al suo padre vergogna che honore, e piú tosto apta a dargli maninconia che allegrezza. Ma vedendo che e voi e alcuni altri troppo di me amanti, contro alla mia volontà in vita la ritenete, conviene ancora a me havere più rispetto allo amor paterno e alla voluntà vostra che al mio ragionevole instituto. Havete però una giusta excusatione della voluntà vostra, perché essendo cosí nata sotto lo auspizio di sí clemente Signore, merita essere exempta da la comun legge. Viva adunque, poi che a voi cosí piace; ma bene vi protesto che tale pietà è una expressa crudelità, e di questo mio iudizio desidero ne sia questa epistola testimonio. E voi che sapete la necessità della mia obedienza e l'angustia del tempo, vi priego che con la vostra autorità resistiate a qualunche volessi la imperfezione di tale figliuola al padre attribuire. VALE.

Auf ausdrücklichen Wunsch Polizianos[82] begleitet dieser Brief an Carlo Canale die *Fabula di Orpheo*. Er entschuldigt die angebliche Schwäche des Werkes mit an Statius geschulter Rhetorik. Antonia Tissoni Benvenuti, die die Nähe der *Lettera* zur Widmungsepistel des ersten Buches der *Silvae* dokumentiert hat[83], nimmt Polizianos Bekundungen wörtlich, obwohl seiner Antrittsrede am Florentiner *Studio* - unseres Erachtens in zeitlicher Nähe zum Brief an Canale entstanden - zweifelsfrei zu entnehmen ist, daß es sich in seinen Augen bei den *Silvae* nur um vorgetäuscht irrationale Werke handelte. "Frutto genuino del 'subitus calor'"[84], entstanden "in tempo di dua giorni", war die *Fabula* gewiß nicht; vielmehr, wie die bisherige Analyse gezeigt haben dürfte, zentraler Bestandteil eines detailliert geplanten rhetorisch-poetischen Projekts.

Die *Lettera a Carlo Canale* entstand zu einer Zeit, da der *Orfeo* vom Mantuaner Publikum bereits begeistert aufgenommen worden war. Sie begleitete ursprünglich die revidierte Fassung der *Fabula*, so wie einst der Brief des Statius an Stella einer revidierten Form der *Silvae* präludierte. Beim Versuch, die Chronologie der beiden Versionen des *Orfeo* zu rekonstruieren, werden uns bislang unerkannte Quellen der *Lettera* wertvolle Dienste leisten, namentlich einige Episteln Francesco Petrarcas.

Tissoni Benvenuti irrte, als sie behauptete, Briefe wie der an Carlo Canale seien in der italienischen Literatur vor Poliziano unüblich oder gar inexistent[85]. Ein Blick

---

82 Poliziano legte das Schreiben auch der Urfassung der *Fabula* bei, wie deren Manuskripte R und C beweisen; vgl. *ed.* TISSONI BENVENUTI 1986, S. 136.

83 *Ibid.*, S. 1-10.

84 *Ibid.*, S. 10.

85 *Ibid.*, S. 5.

auf *Fam.* XXII 3, das Schreiben, mit dem Petrarca Barbato da Sulmona die (metrischen) *Epystole* widmete, belehrt eines Besseren, und zwar vom ersten Satz an:

> Diu multumque dubius fui, Barbate carissime, an epystolas metricas olim tibi inscriptas aliquando mitterem an vero supprimerem et penitus abderem (§1[86])

Diese Eröffnung erinnert sehr an die Formel, mit der Statius seinen Widmungsbrief an Stella anheben ließ: "Diu multumque dubitavi, Stella, iuvenis optime [...], an hos libellos [...] congregatos ipse dimitterem". Zwar beginnt Ciceros *De inventione* mit einer ähnlichen Wendung, die sogar von Poliziano selbst im *Commento* (S. 27) als Vorbild für das Exordium des Statius zitiert wird; dennoch ist Petrarcas Verbindung zum römischen Hofdichter enger, da Ciceros Traktat einerseits natürlich keine Gedichtsammlung ist, und die *Familiaris* andererseits noch weitere Elemente mit dem Brief an Stella gemein hat. So findet die Äußerung des Statius, es sei ihm nicht mehr möglich gewesen, die Verbreitung seiner Gedichte zu verhindern ("Quid? Quod haec serum erat continere, cum vos certe, quorum honori data sunt, haberetis?"), ihre Entsprechung in folgenden Worten Petrarcas:

> Demum omnibus excussis, fame proprie quam vel tui - parce, oro - vel mei ipsius amantior, occultare ista firmaveram; et fecissem, nisi [...] ferme omnia in publicum exivissent iamque ad ipsius quam dixi fame custodiam pertineat ea domi amplius non esse, ut que penes amicos sparsa quidem et, ut auguror, incorrecta sunt, normam qua possibile fuerit, horum capiant ab exemplo. (§3[87])

---

86 "Lange und stark war ich im Zweifel, mein liebster Barbato, ob ich Dir die metrischen *Epystole*, die ich Dir einst widmete, irgendwann einmal schicken oder nicht vielmehr zurückhalten und vollends verbergen sollte."

87 "Nach Überprüfung aller Briefe, und weil mir mein Ruf mehr am Herzen lag als Du - verzeih mir, bitte - oder ich selbst, hatte ich letztlich beschlossen, sie zu verbergen; und ich hätte es getan, wenn sie damals nicht schon nahezu sämtlich an die Öffentlichkeit gelangt wären und es zum Schutz meines Rufs mittlerweile nicht vielmehr nötig wäre, sie nicht länger bei mir zuhause zu behalten: So nämlich könnten die Abschriften meiner Briefe, die unter den Freunden verstreut sind und, wie ich vermute, noch der Verbesserung harren, eine Richtschnur in Form der revidierten Fassung erhalten."
Weitere Stellen aus Briefen Petrarcas, die eine Kenntnis des Widmungsbriefes der *Silvae* vorauszusetzen scheinen:
a) *Fam.* XIII 6, §8: Dort äußert sich Petrarca zur nicht mehr vermeidbaren Freigabe *en bloc* von Schriften, die einzeln bereits zirkulieren: "etsi [...] delere illas valde velim, non potero; in publicum

In zahlreichen Briefen betont Petrarca die Zäsur, die seine *iuventus* von seiner *senectus* trenne[88]. In Werken, die er - tatsächlich oder vorgeblich - vor Vollendung des 40. Lebensjahres geschrieben hatte, wollte er "später" den Geist eines überwundenen Einst erkennen, und wenn jemand das eine oder andere von ihnen anforderte, begleitete er dessen Freigabe mit affektiertem Widerwillen. Markantes Beispiel für diesen Mechanismus ist die *Senilis* XIII 10 an Pandolfo Malatesta. Sie bildet vielleicht die stabilste Brücke zwischen dem Brief des Statius an Stella und der *Lettera a Carlo Canale*, insbesondere aufgrund des folgenden Abschnitts:

> Nugellas meas vulgares que utinam tuis manibus tuis oculis tuoque iuditio digne essent, per hunc nuntium tuum ad te familiariter venientes videbis non patienter modo, sed lete non dubito cupideque, atque aliqua vel extrema bibliothece tue parte dignabere.
> Multa ibi comperies excusationis egentia, sed benigni censoris iuditium subitura veniam non desperant. Ante omnia opusculi varietatem vagus furor amantium, de quo statim in principio agitur, ruditatem stili etas excuset: nam que leges magna ex parte adolescens scripsi. Si excusatio ista non sufficit, excuset tue petitionis auctoritas cui negare nil valeo.[89]
> Invitus, fateor, hac etate vulgares [*ed.* vulgari] iuveniles ineptias cerno, quas omnibus mihi quoque, si liceat, ignotas velim. Etsi enim stilo quolibet ingenium illius etatis emineat, ipsa tamen res senilem dedecet gravitatem. Sed quid possum? omnia iam in vulgus effusa sunt leguntur que libentius quam que serio postmodum validioribus animis scripsi. Quomodo igitur negarem tibi, sic de me merito tali viro tamque anxie flagitanti, quae me invito vulgus habet et lacerat?[90]

---

egresse mei iuris esse desierunt" (es geht um Episteln an Cola di Rienzo, deren Francesco sich mittlerweile schämt).

b) *Fam.* XX 6, §1 - "scribendi calor, qui ut vehementissimus sic delicatissimus esse solet minimisque tepescere" - sowie vor allem *Sen.* XIV 8 - Petrarca bestreitet, seine Schrift *De sui ipsius et multorum ignorantia* "subito in furorem versus" verfaßt zu haben - greifen Statius' Behauptung auf, die *Sylvae* seien "subito calore" entstanden.

c) *Fam.* XV 5, §4f., erinnert an die Formel "diu multumque dubitavi" und die behauptete Abfassung der einzelnen *Silvae* in jeweils nur ein bis zwei Tagen: "Facile [nostri temporis Galieni] sibi persuadebunt me in respondendo *diu multumque* desudasse [..] tu michi pro parte conscius es [...] me in illa epystola *nonnisi unum diem eumque non integrum et unius noctis partem ultimam* consumpsisse".

88 Er tat dies namentlich im *Secretum* und in den Eröffnungs- bzw. Widmungstexten jener Werke (*Canzoniere*, *Familiares*, *Epystole*), deren Korpus RICO 1974 die "ideal autobiografía" des Humanisten genannt hat.

89 Von "Nugellas meas" bis "nil valeo" entspricht der Text mit geringen Abweichungen einem Abschnitt der *Varia* 9, ebenfalls an Pandolfo Malatesta.

90 "Meine volkssprachlichen Bagatellen - wären sie doch Deiner Hände, Deiner Augen und Deines Urteils würdig! - siehst Du nicht nur geduldig, sondern zweifellos freudig und begierig durch

Poliziano, der sich ja *post Fabulam* ebenfalls als stoischer *senex* gab, verschärfte die Vorgabe Petrarcas noch, als er von seinem Werk als "figlia" schrieb, die er am liebsten "di subito lacerata" gesehen hätte[91]. In der *Lettera a Carlo Canale* übernimmt er ansonsten die Technik Petrarcas: Er stellt der Zeit der Komposition und ersten Darbietung des *Orfeo* das Jetzt der neuerlichen Anforderung desselben durch die Mantuaner entgegen.

Ein inhaltliches Element der soeben zitierten *Senilis* legt nahe, daß die Revision der *Fabula* schon zur Zeit ihrer Abfassung einkalkuliert wurde: Wir meinen die Bemerkung Petrarcas, daß sein in der *iuventus* geschriebenes Stück gleich zu Beginn von einem "vagus[92] furor amantium" handele. Poliziano machte sich diese Vorgabe offenbar zu eigen: Der Furor Aristeos, "sí sfrenato ardore", "troppo grande ardire"[93], prägt den Anfangsteil des *Orfeo.*

Im *Commento* weist Angelo zwar mit keinem Wort auf Ähnlichkeiten zwischen Statius und Petrarca hin, gesehen aber hatte er sie gleichwohl. Ja, sie beeindruckten ihn so sehr, daß er auch andere typische Elemente der Episteln seines Vorläufers in den Brief an Canale übernahm. Sie sollen im folgenden aufgezählt und kommentiert werden.

---

diesen Deinen Boten freundschaftlich zu Dir kommen und wirst sie irgendeines Winkels Deiner Bibliothek, und sei es des hintersten, für wert befinden. Auf viele Dinge wirst Du darin stoßen, die der Entschuldigung bedürfen, doch da sie dem Urteil eines gütigen Kritikers unterzogen werden, geben sie die Hoffnung auf Verzeihung nicht auf. Die Wechselhaftigkeit des Werkes entschuldigt der unstete Wahn der Liebenden, von dem gleich zu Beginn die Rede ist, die Roheit des Stils mein damaliges Alter, denn, was Du liest, schrieb ich zum Großteil als Heranwachsender. Falls diese Entschuldigung nicht ausreicht, möge die Autorität Deiner Forderung, der ich nichts entgegenzusetzen vermag, an ihre Stelle treten. Zugegebenermaßen sichte ich in meinem jetzigen Alter nur ungern meine belanglosen volkssprachlichen Jugendwerke, von denen ich, wenn es möglich wäre, wünschte, sie wären allen unbekannt. Denn wenn darin auch durch eine gewisse Art zu schreiben die Natur jenes Lebensabschnitts zu Tage tritt, ziemt sich doch ihr Gegenstand nicht dem Ernst eines alten Mannes. Aber was kann ich schon tun? Allesamt haben sie sich schon unter dem Volk verbreitet und werden lieber gelesen als alles, was ich späterhin mit größeren Geisteskräften ernsthaft niederschrieb. Wie also könnte ich Dir, einem so sehr um mich verdienten und mich so heftig bestürmenden Manne, verweigern, was das gemeine Volk wider meinen Willen besitzt und zerrüttet?"

In der früheren Version der *Varia* folgen auf "nil valeo" Hinweise auf die *auctoritas* des Empfängers, der man nichts abstreiten könne (diesmal unterstrichen mit einem Distichon des Ausonius), die aus Zeitnot mangelhafte Überarbeitung einer mit dem Brief übersandten Schrift etc.

[91] Vgl. folgenden Satz aus dem *Congedo* Fiammettas an "ihr" Werk: "Io non so bene qual parte di te nuova offesa possa ricevere, sí per tutto dalle percosse della fortuna ti veggio *essere lacerato.*" (Boccaccio, *Elegia di Madonna Fiammetta, ed.* DELCORNO, S. 241).

[92] *Varia* 9: "instabilis".

[93] *Orfeo*, Urform, v. 3 und v. 114.

a) Der unerträgliche Nachdruck, mit dem die "Freunde" ihre literarischen Wünsche vortragen ("Ma vedendo che e Voi e alcuni altri troppo di me amanti...")

In *Fam.* V 16 klagt Petrarca über "sotiorum preceps favor" (§1), in *Epyst.* I 1 seufzt er: "Ardens / Turba premit comitum" (v. 65f.); die Menge sei förmlich verrückt nach seinen *nuge*, für die er sich schäme und um Verzeihung bitte. Aus der Vielzahl der Anhänger ragt der Bewidmete der metrischen Briefsammlung, Barbato da Sulmona, heraus, dessen liebevolle Aufdringlichkeit Francesco unter anderem in *Sen.* II 1 beschreibt, wo er kundtut, nach langem Widerstand dem Drängen des Freundes nachgegeben und ihm 34 Verse der *Africa* übersandt zu haben, "lime adhuc et temporis indigentes": das gleiche rhetorische Spiel wie bei Statius und Poliziano! Hinzu kommt, daß Barbato die betreffenden Verse bereits kannte - ganz wie die Mantuaner zur Zeit der Abfassung der *Lettera a Carlo Canale* jene des *Orfeo*.
In der letzten der *Familiares*, XXIV 13, an Ludwig van Kempen, genannt Sokrates, wirft Petrarca seinen Freunden vor, auch die schlechtesten unter seinen Briefen weithin bekannt gemacht zu haben: "Nimis michi faciles, nimis in me proni estis, nimis tribuitis, nimis urgetis, nimis amando me premitis" (§8)[94].

b) Das übertriebene Wohlwollen, das sich angeblich in den Urteilen der Verehrer manifestiert

Das Zurückführen positiver Einschätzungen der eigenen Person bzw. eigener Werke auf "Liebesblindheit" auf Seiten der Bewertenden ist ein rhetorisches Verfahren, das Petrarca derart häufig bemüht[95], daß es schließlich völlig abgenutzt erscheint.
In der *Familiaris* XIX 11 an Benintendi, Kanzler der Veneter, wird das Sprichwort "amantium ceca esse iuditia"[96] mit der Sentenz "oratorem posse omnia"

---

94 Ohne den "fervor amicorum", betont Petrarca auch in der *Senilis* VI 5 an Philipp von Cabassoles, wären viele seiner Schriften nicht freigegeben worden.
95 Vgl. u. a. *Fam.* X 6, *Sen.* VI 9 (angesichts einer euphorischen Beurteilung des *De vita solitaria*); ferner, sämtlich an den päpstlichen Sekretär Francesco Bruni gerichtet, die *Fam.* XXIII 20 sowie die *Seniles* II 2, VI 3 und IX 2.
96 Zitiert auch in den *Familiares* VII 14 (§2), XI 11 (§1) und XVII 9 (§1; dort auf "res meae" bezogen).

verknüpft, die Petrarca freilich ebenfalls auf seinen Korrespondenten bezieht. Der nämlich habe ihn durch seine gewandte Lobrede fast soweit gebracht, an sich selbst Gefallen zu finden, "nisi quod, me cogi sentiens, in arcem rationis evaseram meque ipsum identidem percontabar an vera essent que de me [...] dicerentur". Gerade dies nun sollte der gleichermaßen bedrängte Poliziano nicht tun: Er erklärt den Mantuanern, ihren Willen höher achten zu müssen als sein "ragionevole instituto". Gegen Ende der Epistel teilt Petrarca Benintendi mit, seinen Antwortbrief einem Boten mitgeben zu wollen, der ihm, dem Kanzler, unter anderem kundtun werde, mit welchen Gegenleistungen er, Francesco, für seine *nuge* rechne. Die Beschreibung des Boten, "qui vir musica suavitate mulcere aures et digito potens est ingenium excitare" (§10), paßt hervorragend auf Baccio Ugolini, wie ein Blick auf die bereits erwähnte, späte Epistel Polizianos beweist. Der ausgiebige Preis von Scharfsinn und Eloquenz des Künstlers und Diplomaten mündet dort in die rhetorische Frage:

> quid postremo carminibus illis, sive quae ad citharam canit extempore, sive quae per otium componit, dulcius, mundius, limatius, venustius? (*Epyst.* VI 5[97])

Es war wohl die *Familiaris* an Benintendi, die Poliziano dazu anregte, Baccio mit der revidierten Fassung des *Orfeo* im Gepäck nach Mantua zu schicken. Nicht zuletzt Petrarcas Epistel dürfte es zuzuschreiben sein, daß das Stück in seiner revidierten Fassung eine Ode enthielt, die ausdrücklich für die allseits gefeierte Stimme Ugolinis und sein Bravourinstrument, die Laute, komponiert worden war.

c) Die Betonung der *deformitas* des eigenen literarischen Erzeugnisses

In der *Varia* 57 an Giovanni Barrili nennt Petrarca einen vielsagenden Grund, der ihn ermutigt habe, etwa hundert noch unfertige Verse dem abreisenden Boten seines Korrespondenten mitzugeben: "precipue quia hunc ipsum incultioris carminis horrorem amoris indicem fore, Virgilio admonente[98], didiceram". Francesco selbst folgt der Einschätzung Maros auch bei der Beurteilung eines "tumultartig" entstandenen Schreibens, dessen Empfänger er war - eines Textes

---

97 "Was schließlich gibt es Angenehmeres, Reineres, Feineres, Schöneres als seine Lieder, sei es, daß er sie aus dem Stegreif zur Laute singt, sei es, daß er sie mit Muße komponiert?"
98 *Verba Vergilii non inveni.*

mithin, der unter Umständen geschrieben wurde, wie sie Statius für die *Silvae* und vor allem Poliziano für den *Orfeo* proklamieren:

> Tumultuariam[99] et festinatam epystolam tuam legi, que non minus ideo grata oculis meis atque animo, sed prope gratior fuit; talis illa michi qualis amanti cupido incomptior amica. (*Fam.* XVIII 7, §1[100])

Das Motiv wird in der *Fam.* VII 14 γ[101] an Bruno da Firenze mit der *cecus amor*-Thematik kombiniert. Die Epistel enthält die reizvolle Anekdote eines Mannes,

> qui monocule mulieris amore correptus, a parentibus tandem morbo consulentibus in alias oras missus, et post aliquot annos amore deposito in patriam reversus, forte illi quam vehementer amaverat, obvius fuit ac repente ceu tristi et insolito concitus spectaculo, quesivit quonam illa casu oculum amisisset. Illa autem inquit: "Minime oculum amisi, sed tu oculos, quos perdideras, invenisti." (§2[102])

Die *Fabula di Orpheo*, die Poliziano in der *Lettera a Carlo Canale* als mißgebildete "figlia" seines Geistes bezeichnet, wird gleichsam zur Braut der Mantuaner, getreu dem Motto "deformis virguncula se formosam sponso visam gaudet"[103].

Bruno, so Petrarca weiter, solle, so er nicht gern getäuscht werden wolle - "quod in sapiente non suspicor" (§3) -, den Worten seines Informanten keine Beachtung schenken, da dieser ein maßloser Bewunderer seiner, Francescos, sei. In Wahrheit

---

[99] Vgl. Poliziano, *Oratio super Fabio Quintiliano et Statii Sylvis, ed.* GARIN, S. 874: "Itaque dum se 'diu multumque dubitasse' ait, an eos libellos de integro collectos emitteret, facile ad id viam sternit quo sibi perveniendum destinaverat, ut *tumultuaria* scilicet esse illos [...] persuaderet."

[100] "Ich habe Deinen wirren, eilig verfaßten Brief gelesen, der deshalb meinen Augen und meinem Gemüt nicht minder angenehm, sondern fast sogar noch angenehmer war. Er wirkte auf mich wie die kaum geschminkte Freundin auf den begierigen Liebhaber."

[101] Unsere Wahl der nicht kanonischen Fassung γ hängt damit zusammen, daß diese auf die eigentliche Epistel ein *Carmen* folgen läßt, das Poliziano, wie die weitere Analyse zeigen wird, wahrscheinlich kannte.

[102] "... der, in Liebe zu einer einäugigen Frau entbrannt, von seinen Eltern zwecks Linderung dieser Krankheit in andere Gefilde geschickt wurde. Einige Jahre später - er hatte seine Passion überwunden und war wieder in die Heimat zurückgekehrt - begegnete ihm zufällig seine einstige Geliebte. Und als ob ihn plötzlich ein trauriges und ungewöhnliches Schauspiel bewege, fragte er sie, durch welchen Unglücksfall sie ein Auge verloren habe. Sie aber sagte: "Ich habe überhaupt kein Auge verloren, du vielmehr hast die Augen wiedergefunden, die du verloren hattest."

[103] Aus *Senilis* X 2 (an Francesco Bruni).

zählte der Humanist natürlich auf solche "Dummheit"[104], so wie Poliziano auf die *simplicitas* seiner Verehrer am Hofe der Gonzaga.
An das einstige Haupt des Mantuaner Hofs, Markgraf Guido, ist *Fam.* III 11 gerichtet. Der ferne Vorgänger des Markgrafen Federico hatte Petrarca mit Gefälligkeiten überhäuft, die dieser, sichtlich geschmeichelt, als unverdient und nur mit der Macht der Liebe zu erklären abtut. Erneut finden wir die These, daß das Erscheinungsbild mehr vermöge als die Wahrheit, erneut wird sie illustriert am Beispiel der häßlichen Frau, die ihrem Mann gleichwohl gefällt. Nicht unerheblich vielleicht, daß die Epistel mit dem Kanzler von Mantua, Giovanni d'Arezzo, einen Mittler zwischen Herzog und Dichter vorstellt. Die gleiche Rolle sollte in Polizianos Coup Carlo Canale zukommen.
Die *Deformitas*-Texte Petrarcas schufen den Boden, auf dem Poliziano die Anekdote der mißgebildeten Kinder aus Plutarch, *Lykurg* 16,2, plazieren konnte. Angeregt wurde er dazu vermutlich auch durch Worte, mit denen sein Freund Lorenzo Lippi 1474 den Widmungsbrief seines *Liber proverbiorum* an Lorenzo de' Medici beschloß:

> Accipe igitur, generosissime et doctissime Laurenti, centum proverbia; totidem colligere in animo erat. Sed Angelus Politianus mihi suasit, dum esses in hoc Pisano secessu, nullis rei publicae curis distentus, ad te haec proverbia mitterem. Haec Angeli festinatio non permisit me formare et perficere hos recentes foetus, sed abortivum facere compulit. Tu pro tua humanitate hos rudes et informes foetus non dedignaberis, cum ab homine tibi deditissimo proficiscantur.[105]

Poliziano trägt laut Lippi die Schuld daran, daß sein Werk Lorenzo mißgebildet und roh erreiche. Auch von Lippi aus läßt sich eine Brücke zu Statius schlagen: Beide entschuldigen, wie später Poliziano, die Hast, die aus ihren Werken spreche.

---

[104] "Errori tuo gratulor", bekennt er z. B. gegenüber Barbato da Sulmona, der ihm den Titel "König der Dichter" verliehen hatte (*Var.* 22).
[105] Lippi, *ed.* MÜLLNER 1901, S. 3. Aufgenommen wurde die Korrektur "esses" für "essem", auf deren Notwendigkeit TIMPANARO 1985, S. 400, aufmerksam machte. Übersetzung: "Nimm denn, gütigster, hochgelehrter Lorenzo, meine hundert Sprichwörter entgegen. Noch einmal so viele zu sammeln, hatte ich mir vorgenommen. Aber Angelo Poliziano riet mir, dir diese Sprichwörter zu schicken, solange Du, durch keine Staatsgeschäfte in Atem gehalten, in der Abgeschiedenheit des Pisaner Landes weilst. Sein Drängen erlaubte mir nicht, meinen jungen Föten eine vollendete Form angedeihen zu lassen, zwang mich vielmehr zur Abtreibung. Gleichwohl wirst Du, großherzig wie Du bist, diese unreifen und unförmigen Geschöpfe nicht zurückweisen, zumal sie von einem Dir besonders ergebenen Manne stammen."

Für die lexikalische Gestaltung der Passage "di qualche membro impedito o delle forze debile" dürfte Angelo dann wieder auf Episteln Petrarcas zurückgegriffen haben. Einen Teil des Materials wird ihm dabei ein Text geliefert haben, den Francesco seinerseits nur zitierte:

> "Tam multa" inquit [Augustinus[106]], "faciebam in corpore in ipsis cuntationis estibus, que aliquando volunt homines et non valent, si aut ipsa *membra* non habeant aut ea vel colligata vinculis vel *resoluta languore* vel *quoquo modo impedita* sint [...]." (*Fam.* XVII 10, §15[107])

Die erste Hälfte von Polizianos Formel resemantisiert zudem ein Syntagma aus einer der beiden Episteln, in denen Petrarca dem exilierten Severo Apenninicola Trost spendete:

> Quid autem prohibet, illorum more qui *uno aut altero membro perdito*, ne per reliquum corpus infecte partis contagia dilabantur, proxima circumliniunt, vulneris quoque tui oras ambire et ne in totum animum dolor serpat, conquisitis propere fomentis occurrere? (*Fam.* II 4, §4f.[108])

Schließlich hat der Passus der *Lettera* auch albertianische Züge. Stoiker Pandolfini hatte in den *Profugiorum libri* verkündet:

> Quattro cose connumerano e' fisici esterminare e prosternere in noi *le forze* della natura: il dolore, le vigilie, il fetore, le cure dell'animo. E non so come, *indebolite le membra*, l'animo sia men libero e men suo. (*ed.* GRAYSON, S. 125)

Die Anklänge an diesen Abschnitt sollen offenbar gemeinsam mit der expliziten Formulierung "intra continui tumulti" unterstreichen, daß die Umstände, in denen

---

106 *Confessiones* VIII 8 (Martelli).

107 "'So viele Bewegungen', sagt Augustinus, 'machte ich mit meinem Körper, als ich mich mit meinen Zweifeln quälte, wie sie bisweilen Menschen erfolglos zu machen wünschen, wenn sie entweder die Gliedmaßen selbst nicht haben, oder wenn diese in Fesseln, entkräftet oder wie auch immer beeinträchtigt sind [...]'."

108 "Was verbietet denn, nach Art derer, die nach dem Verlust des einen oder anderen Gliedes die angrenzenden Zonen mit Salbe bestreichen, damit sich die Infektion nicht auf den übrigen Körper ausbreitet, auch die Ränder Deiner Wunde zu umkreisen und mit Hilfe eilends zusammengestellter Heilmittel zu verhindern, daß der Schmerz das ganze Gemüt erfaßt?"
Nicht jedes Echo in der *Lettera a Carlo Canale* bedarf eines spektakulären inhaltlichen Bezugs. Ihr Auftakt, "Solevano i Lacedemonii", ist z. B. in eher schlichter *variatio* nach dem Exordium der *Varia* 56, "Solebant Romani consules", gestaltet.

der Ur-*Orfeo* entstand, stoischer *compostezza* abträglich gewesen seien[109]. Im Rezeptionsvorgang geht die Charakterisierung vom schöpferischen Subjekt auf dessen Werk über.
Jenseits der *Deformitas*-Bekundungen Polizianos bleibt festzuhalten: Tatsächlich "mißgestaltet" - und zwar, wie noch zu zeigen sein wird, vorsätzlich - war der *Orfeo* erst *nach* den Eingriffen, die die *Forma teatrale* 1 von der Urfassung des Stücks abheben.

d) *"L'*angustia del tempo*"*

Die Formel der *Lettera a Carlo Canale* findet sich, zum Teil leicht variiert[110], in einer ganzen Reihe von *Familiares*: III 12 (§9); XX 6 (§7); XI 9 (§2); XI 4 (§1); XXI 12 (Titel und §9). In den ersten drei Fällen dient sie dazu, Kürze oder *ruditas* des jeweiligen Briefs oder gewisser beigelegter Schriften zu entschuldigen. In der dritten und vierten der genannten Episteln begleitet sie Briefe, von denen behauptet wird, sie seien auf Reisen und unter Druck entstanden[111]. Von Versen Petrarcas, die "raptim et extemporali impetu", "ardore magis animi quam studio aut ratione artis adiutus [...] raptim et ex tempore" etc. verfaßt worden seien, sprechen ferner die *Familiares* VIII 6 (an einen Bischof; §5) und XI 3 (an den *Mantuaner* Kanzler Giovanni d'Arezzo; §16), die *Varia* 57 sowie die *Senilis* XV 15. In den drei letztgenannten Briefen ist die eilige Ausführung der Ungeduld der Auftraggeber oder aber dem (unstoischen) *fervor* des jungen Petrarca zuzuschreiben.

[109] Vgl. nochmals einen Auszug aus dem *Congedo* der *Elegia di Madonna Fiammetta*: "E se forse alcuna donna delle tue parole rozzamente composte si maraviglia, di' che quelle ne mandi via, però che li parlari ornati richieggono gli animi chiari e li tempi sereni e tranquilli." (Boccaccio, *Fiammetta*, S. 241).
[110] ... in "angust*um* temp*us*" bzw. "temporum angusti*e*".
[111] Geschrieben "occupato ingenio [...] inter urbanas curas et virgulta silvestria", sei *Fam*. XI 4 Zeugnis einer "fatigat*a* [...] et graviter affect*a* men*s*" (§2). die sich nach Vaucluse zurücksehne. *Fam*. XI 9, "ex itinere", enthält den Satz: "In transitu Alpium tibi hec scribo; ne literas alpinas angustoque loco ac tempori conformem epystoli mireris." (§2) - Vgl. die Entschuldigungen in der *Praefatio* Fortunats!

e) "*La* necessità della mia obedienza"

Fam. XXII 3, die Epistel Petrarcas, die dem statianischen Modell am nächsten kommt, enthält den Satz: "Nec vero quia promiserim do, sed quia sic oportet; non hic bone fidei sed *necessitati pareo.*" Ihr lassen sich hinzugesellen: die soeben erwähnte *Senilis* XV 15 an Philipp Cabassoles, Kardinal von Sabina - sie beginnt mit den Worten "Rogas rogando iubes" - sowie ein Brief an den Bischof Giovanni Tricastrino (*Fam.* VII 4). Ihm, der Petrarca ersucht hatte, Cicero-Bände zu ordnen und zu annotieren, wartet der Humanist mit dem Zitat eines anonymen Distichons auf:

Est orare ducum species violenta iubendi,
Et quasi nudato supplicat ense potens. (§3[112])

Die beiden letzten Auszüge stammen aus Briefen, deren Empfänger ähnliche Ämter bekleideten wie Kardinal Gonzaga. Das zuletzt zitierte Distichon erscheint auch in der *Familiaris* XVI 12 (§8), die unter anderem dadurch auffällt, daß sie Anweisungen zu einem Doppelspiel zwischen innerer Distanzierung vom und äußerlichem Eingehen auf das *vulgus* enthält, wie es Poliziano in Mantua praktizierte[113]. Die Epistel erinnert an den römischen Ritter Decimus Laberius, der von Caesar gezwungen wurde, als Mime aufzutreten, und dadurch seine Standeszugehörigkeit verlor. Folgender Zweizeiler des Schauspielers wider Willen wird zitiert:

Etenim ipsi denegare cui nil potuerunt dii,
Hominem me denegare quis possit pati? (§7[114])

Petrarca selbst wurde zwar nicht um eine theatralische Darbietung gebeten; derjenige, der nach ihm verlangte, war dafür aber erneut ein "ecclesiasticus" wie der offizielle Auftraggeber des *Orfeo*. Francesco fügt sich nach eigenen Worten "necessitatis imperio".

---

112 "Bitten ist eine gewaltsame Art von Herrschern zu befehlen. Gleichsam mit gezücktem Schwert bittet der Mächtige."

113 "*I*nter populi manus versor, mea sors vetus; sed noli, oro, diffidere: confricatione clarior fiam. Quid faciam videt vulgus interdum; quid cogitem, non videt; ita meliore mei parte, imo pene totus illum lateo." (§5).

114 "Wer könnte zulassen, daß ich, ein Mensch, dem etwas verweigerte, dem nicht einmal die Götter etwas verweigern könnten?"

Ein anderer Ausspruch, in dem Laberius die Notwendigkeit seines Auftretens auf Caesars Zureden, "Viri excellentis [...] / Summissa blandiloquens oratio" zurückführt, fand Eingang in *Fam.* XVII 10 (§9). Darin sinnt Petrarca darüber nach, warum auch ihn Worte von namhafter Seite zu zwingen vermöchten, die Alpen zu überqueren und sein verhaßtes Babylon, die Papstresidenz Avignon, aufzusuchen. Poliziano gab nicht nur an, daß der *Orfeo* ein Auftragswerk für einen hohen Würdenträger sei; auch er durchmaß einen Gebirgszug, um letztlich in eine Stadt zu gelangen, die er nicht für die Krone der Zivilisation hielt.

f) "*Ma* bene vi protesto che tale pietà è una expressa crudelità"

Angesichts der lexikalischen Ähnlichkeiten zwischen diesem Syntagma der *Lettera a Carlo Canale* und unserem nächsten Passus muß man Poliziano ein Spiel mit Signifikanten unterstellen, will man nicht von zufälligen Parallelen sprechen. Ausgangstext scheint eine Epistel zu sein, in dem Petrarca einen Freund, Neri Morandi da Forlí, zur Genesung von einer schweren Krankheit beglückwünscht:

> Deo gratias, qui minatur crebrius quam ferit tonatque sepius quam fulminat [...]. Nullius unquam patris *pietas* tanta fuit, que Patris Eterni collata *clementie*, non severitas, imo vero *crudelitas* videretur. (*Fam.* XII 10[115])

Poliziano übernimmt nicht nur die Begriffe "pietas" und "crudelitas", sondern spielt zusätzlich auf "clementia" an, eine Eigenschaft, die er freilich nicht dem "Ewigen Vater", sondern Kardinal Gonzaga attestiert: Die *Lettera a Carlo Canale* preist ihn als "sí *clemente Signore*". Vielleicht veranlaßte Angelo die Anrede "Pater clementissime" aus *Senilis* XI 1 zu dieser Übertragung: Auch sie galt einem Mann der Kirche, Papst Urban V. Der Oberhirte verdankte das Attribut der Tatsache, eine Schrift Petrarcas "gratanter ac benigne"[116] entgegengenommen zu haben. Aus dem gleichen Grund wurde Kardinal Gonzaga von Seiten Polizianos "Anerkennung" zuteil.

---

[115] "Gott, der häufiger droht, als daß er zusticht, und öfter donnert, als er blitzt, sei Dank [...]. Keines Vaters Güte war je so groß, daß sie, verglichen mit der Milde des Ewigen Vaters, nicht als Strenge, ja sogar als Grausamkeit angesehen würde."

[116] Der Papst selbst hatte Petrarca zufolge diese Adverbien gebraucht.

Petrarca ist gleichwohl nicht der einzige Materialgeber der Formulierung. Ihm gesellt sich Boccaccio als Autor der *Elegia di Madonna Fiammetta* hinzu.
Als Fiammetta davon erfährt, daß ihr Geliebter sie betrogen hat, verliert sie die Besinnung. Von wohlmeinenden Frauen aus der Ohnmacht erweckt, ruft sie aus:

> Oimè! con quanta *pietà crudelissimo* uficio operavate voi, *contrario alla mia volontà*! Credendomi servire, diservita m'avete; e l'anima, disposta a lasciare il più misero corpo che viva, sì com'io veggio, meco a forza *ritenuta* avete. Oimè! che egli è assai che niuna cosa da me né da altrui con pari affezione fu disiata, come da me quella che voi avete negato. Io, già disciolta da queste tribulazioni, vicina era al mio disio, e voi me n'avete tolta. (*ed.* DELCORNO, S. 131)

Die Vorbildfunktion dieser Klage für Poliziano zeigt eindrucksvoll auch ein anderer Passus des Briefs an Canale, "Ma vedendo che e voi e alcuni altri troppo di me amanti, *contro alla mia volontà* in vita la *ritenete* [...]". - Fiammetta bleibt ebenso am Leben wie der *Orfeo*. In anderem Sinne als sie wollte auch Poliziano auf der Höhe des Briefes als "disciolto da*lle* tribulazioni" gelten, als frei von Wirrungen, deren schöpferisches Resultat ihm mittlerweile - so jedenfalls gab er vor - "piu tosto [...] maninconia che allegrezza"[117] bereitete.
Ihre Elegie verabschiedete Fiammetta mit den Worten:

> Vivi adunque: nullo ti può di questo privare, e essemplo etterno alli felici e a' miseri dimora delle angoscie della tua donna. (*ed. cit.*, S. 189)

"Viva adunque", gestand auch Poliziano seinem Werk zu, um wenig später den rhetorischen Einwand anzuschließen, der die Überschrift dieses Paragraphen bildet.

g) "*D*i qualità da far più tosto al suo padre vergogna che honore"

Der Ausdruck hat einen Vorläufer in "intelliges me ex his [sc. curis] *pudorem potius* captare *quam gloriam*" aus *Fam.* XXI 12. Das Syntagma findet sich zwar weit im Inneren der langen Epistel (§27), doch sprechen zwei Faktoren für eine Berücksichtigung des Briefes: zum einen die bereits konstatierte doppelte

---

[117] Die Worte "maninconia" und "allegrezza" haben ebenfalls zahlreiche Okkurrenzen in der *Fiammetta*.

Okkurrenz der Formel "temporum / temporis angustie" (Titel und §9), zum anderen das unmittelbare Umfeld der angegebenen Stelle, wo Petrarca als letzte der "cure", deren er sich schäme, das eilige Abfassen von Schriften zu nächtlicher Stunde nennt, die ein Beobachter wie Poliziano ohne Schwierigkeiten als Ausgeburten eines *poeticus furor* werten konnte, eines irrationalen Schöpfungsakts wie dem, dem er selbst die Entstehung des *Orfeo* zuzuschreiben im Begriff war[118].

h) "*In* stilo vulgare perché dagli spectatori meglio fusse intesa"

Offensichtlich in den Begleitbrief der *Fabula* eingeflossen sind einige Elemente der *Fam.* XIV 2 an Ludwig van Kempen, der ähnlich Carlo Canale als Vermittler zwischen Petrarca und einem Kardinal, in seinem Fall Elie Talleyrand, fungiert. Letzterer, ein großer Kenner des juristischen Jargons, verlangt ständig nach Schriften des Humanisten, mit denen er seine Reden vor Gericht schmücken möchte. Dabei pflegt er den Wunsch anzuschließen, der Stil jener Schriften möge klar sein. Klar - versteht Petrarca nur zu gut - wie die Klauseln der Advokaten, d. h. plan, stereotyp und ohne jeden poetischen Wert. Überflüssig zu erwähnen, daß in Francescos Augen die *claritas* eines Texts gerade mit dessen Erhabenheit wächst. Den Kardinal davon zu überzeugen, erscheint indes unmöglich, so daß sich Petrarca schließlich dessen Forderungen beugt. Als er sich an Sokrates wendet, dem die Aufgabe zufällt, Talleyrand einen langen Brief zu überbringen (die spätere *Fam.* XIV 1) offenbart er ihm die Perplexität, die ihm beim Gedanken an jenen Mann befalle, weise auf allerlei Gebieten und ihm ein großzügiger Förderer, aber wahrhaft unbelehrbar in stilistischen Dingen:

> Is, inquam, sic natura ornatus et studio excultus, sic rebus intelligendis aptissimus atque promptissimus, in solis verbis est segnior, omnemque non suum, hoc est non civilem, ceu barbaricum stilum horret, sepe illud ingeminans: "Fac ut te intelligam, sicut textum legis intelligo". Cui ego respondeo textum legis, in quo ipse puer studui, non omnibus facilem ut sibi, sed multis certe difficiliorem his que sibi difficillima videantur; expertis nempe facilia omnia, difficilia inexpertis. "Fac" inquit, "*ut te sine labore omnes intelligant*"; cui illud obicio, vile

[118] Petrarcas Worte lauten: "Sepe etiam nocte media experrectus, sopito lumine, ante omnia pulvinari herentem calamum *arripui* et *ne concepta defluerent*, inter tenebras scripsi, quod reversa luce vix legerem" (§26).

> penitus et abiectum esse quod sine ulla mentis agitatione percipitur. [...] Ad extremum quidem autoritate viri pergravor luctatusque diu succumbo et sepe *rationem meam subiciens voluntati sue*, ut sibi placeam michi displiceo (*Fam.* XIV 2, §5f.[119])

Es läßt sich schwerlich bestreiten, daß sich die kursiv gesetzten Teilstücke des zitierten Auszugs in den Wendungen "perché dagli spectatori meglio fusse intesa" und "conviene ancora a me havere più rispetto [...] alla voluntà vostra che al mio ragionevole instituto" widerspiegeln.

Der mit Abstand wichtigste Vorläufer der Formel "che [...] in stilo vulgare havevo composta" findet sich in einer *Familiaris*, die im Kapitel 4.5.2 ausführlich vorgestellt werden wird. Mit *Sen.* VIII 3 und *Fam.* III 4 knüpfen zwei weitere Episteln Petrarcas eine Verbindung zwischen der Wahl eines "vulgären" Stils bzw. des *Volgare* selbst und dem Kriterium größerer Verständlichkeit[120]. Alberti tat ähnliches im Widmungsbrief des *Theogenius*, als er Lionello d'Este schrieb:

> Tanto t'affermo, io scrissi questi libretti non ad altri che a me per consolare me stessi in mie avverse fortune. E parsemi da scrivere *in modo ch'io fussi inteso da' miei non litteratissimi cittadini*. Certo conobbi a me questa opera giovò, e sollevommi afflitto. E vedoli pur richiesti da molti più che se io gli avessi scritti latini. (*ed.* GRAYSON, S. 55)

---

119 "Dieser Mann, sage ich, von der Natur so reich beschenkt, so verfeinert durch seine Studien, so zielsicher und rasch im Erfassen von Sachverhalten, ist einzig im sprachlichen Ausdruck nicht sonderlich gewandt, und schreckt vor jeder Stilart, die nicht die seine, nicht der Jargon des Rechts ist, wie vor einer barbarischen Redeweise zurück. Oft sagt er: "Mach', daß ich dich so verstehe, wie ich den Text des Gesetzes verstehe." Ich erwidere ihm, daß der Text des Gesetzes, den ich selbst als Knabe studierte, nicht für alle so leicht sei wie für ihn, sondern für viele im Gegenteil gewiß schwieriger sei als das, was ihm besonders schwierig erscheine. Für die jeweiligen Fachleute nämlich sei alles einfach, für die jeweils Unkundigen hingegen alles schwierig. "Mach'", sagt er, " daß dich alle mühelos verstehen". Ich halte entgegen, daß völlig nichtig und unwürdig sei, was ohne jede Geistesanstrengung begriffen werden könne. [...] Schließlich aber unterliege ich nach langem Ringen der Autorität jenes Mannes, und indem ich meine Vernunft seinem Willen unterordne, mißfalle ich mir oft, um ihm zu gefallen."

120 In *Sen.* VIII 3 dient der Satz "sermo michi vulgaris, ut intelligar de re ipsa" als Argument für den Gebrauch der Termini *fatum* und *fortuna*, die, so Petrarca, von einigen als heidnisch abgelehnt würden. In *Fam.* III 4, einer Notiz für Stefano Colonna den Jüngeren, erwähnt Petrarca einen Brief, den er mit Rücksicht auf die mangelnde Bildung der anvisierten Adressaten in der Volkssprache verfaßt habe: "De universo rerum tuarum statu quid sentirem, breve quiddam tibi, bellacissime vir, materno pridem sermone conscripseram, ut posset militibus etiam tuis innotescere, tecum in partem laboris et glorie profecturis." (§1).

Der Passus enthält nicht nur ein weiteres Modell der Formel "perché dagli spectatori meglio fusse intesa"[121], sondern auch ein Bekenntnis der therapeutischen Bedeutung des *Theogenius*. Da den Mantuanern die Selbsttherapie Polizianos, die dieser Lorenzo als wesentliches Element des *Orfeo* verkaufte, gänzlich entging, und Angelo genau dies beabsichtigte, mutet das Adverb "meglio", das er dem Verb *intendere* beifügte, hochgradig ironisch an.
In keiner der bisher betrachteten Quellen erscheint der Terminus "stilo". Ihn entnahm Poliziano vielleicht der *Familiaris* XIII 5, *De successibus suis in romana curia, et de tribus stilis*. Darin zeichnet Petrarca ein plastisches Bild der Verfallserscheinungen an der nach Avignon verlegten Kurie, die gerade auch das Bildungsniveau der Geistlichen bedenklich tangierten. Er selbst, von zwei Kirchenfürsten "certatim" dorthin gerufen und aus Liebe - keineswegs aus Begierde, die die *ratio* bei anderen Zeitgenossen außer Kraft zu setzen pflege - auch dorthin gegangen, sei während seines Aufenthalts in abstoßender Weise von der "obstinata acies" seiner "Freunde" belästigt worden, die ihm, einem Verächter des Goldes, um jeden Preis hätten Reichtum zuschanzen wollen. Schließlich habe man sein Redetalent entdeckt und erwogen, seine Dienste für die Abfassung offizieller Schriften in Anspruch zu nehmen. Einziges Problem: Sein Stil sei für die Kurie zu erhaben: "Unum obstare dicebatur quod michi altior stilus esset quam romane sedis humilitas postularet" (§12). Er habe zunächst seine bescheidene Kunst für "yronicis verbis" verspottet gewähnt, doch der Papst und das versammelte Kollegium hätten ihm auf neuerliche Anfrage ebenso arglos wie glaubhaft versichert: "unum a me requiri, ut humiliare ingenium - utor enim verbis illorum - et inclinare stilum assuescerem" (§13). Als er dann den Auftrag erhalten habe, zur Probe ein besonders leicht verständliches Stück zu schreiben, habe er die Chance gewittert, sich aus der Umklammerung der ungebildeten Prasser zu befreien. Beflügelt von Apoll und den Musen, habe er ein Opus verfaßt, das ihm selbst in perfektem Einklang mit dem geforderten Kriterium - "apertissimum" - erschienen sei, den Geistlichen am Hofe hingegen "non satis intelligibile" (§15). Seine Rechnung sei aufgegangen: Man habe ihn für ungeeignet erklärt und gehen lassen.
Der Brief schließt mit einer Abhandlung über die drei von Cicero geschiedenen Stile - *humilis, mediocris, sublimis*. Petrarca äußert, bereits froh zu sein, wenn er

121 NB: Auch die Mantuaner waren "non litteratissimi"!

gelegentlich das mittlere Niveau erreiche, sei doch heute das meiste nicht einmal würdig, zur niederen Kategorie gezählt zu werden. Sie möglichst deutlich zu unterbieten, habe man in Avignon von ihm verlangt.

Der satirische Brief Petrarcas - "Flebilem ridiculamque rem audies", lautet sein Incipit[122] - war voller Potential für Polizianos Satyros, als "τραγῳδία παίζουσα"[123] ebenfalls *flebilis* und *ridiculus* zugleich. Der Autor der *Fabula* löste sein Problem mit dem Mantuaner Hof, der einmal mehr als Pendant der Kurie zu Avignon erscheint, indes auf andere Weise: durch ein Stück, das sein ungebildetes Publikum durchaus zu verstehen glaubte. Während er seinen Stil auf ein *volgare* mit eingestreuten vulgären Elementen erniedrigte, brachte er das Kunststück fertig, zugleich ein typisches Produkt des mittleren Stils zu schaffen, eine Tragödie mit Zügen einer Komödie. Somit genügte er sowohl den Ansprüchen seines Publikums ("babylonisch" wie das Petrarcas) als auch den poetischen Ambitionen seines Vorläufers.

4.5.1. Florentiner Morde und ihre Auswirkungen

Die einzige Wendung der *Lettera a Carlo Canale*, die zuvor ausschließlich Statius eignete, ist das Syntagma "in tempo di dua giorni", abgeleitet aus "Nullum enim ex illis [*sc.* libellis] *biduo* longius tractum, quaedam et in singulis diebus effusa". In der *Lettera* bildet es den ersten Teil eines Binoms, das durch "intra continui tumulti" vervollständigt wird. Der Herkunft dieser zweiten Hälfte sei nun auf den Grund gegangen.

Begeben wir uns hierzu ans Ende einer langen *Familiaris*, die in einer späteren Version von Petrarca verändert und sodann in drei Episteln aufgeteilt wurde, die *Familiares* VIII 7-9. Der Text der gesamten *Fam.* VIII 8 kam dabei hinzu. Die frühere Fassung γ hat demgegenüber einen längeren Schluß. Ihm folgt ein Postskriptum, das folgenden Satz enthält: "Hec, frater, ut facile perpendi potest, scripsi *inter molestias et tumultus animi varios, et cum multa festinantia.*" (§1) Auch Statius hatte behauptet, seine *Silvae* nicht nur "subito calore", sondern auch "quadam *festinandi* voluptate" verfaßt zu haben. Vom Verb *festinare*, das beide

---

[122] Vgl. auch §24 der Epistel: "Hoc tibi, amice, non ignotum volui, ut statum rerum presentium *et miseraris et rideas*".

[123] Vgl. Anm. 4.

Vorläufer gemein haben, bleibt keine Spur im Brief an Canale. Poliziano kombiniert stattdessen die Angabe der Dauer aus dem Widmungsbrief des Statius mit der Beschreibung des Gemütszustands, die er bei Petrarca fand. Sind die "continui tumulti" der *Lettera* aber die der Vorbereitungen des Karnevals, wie Carrai[124] vorschlägt? Möglicherweise sollte Canale dies glauben, der Hauptgrund für die Wahl des Ausdrucks jedoch war ein anderer: Poliziano baute die Formel in sein Schreiben ein, weil die Epistel Petrarcas eine analoge Situation zu derjenigen schildert, in der sein *Orfeo* entstand. Es ist daher angezeigt, Francescos Brief kurz zusammenzufassen. Wir konzentrieren uns dabei zunächst auf den Teil des Schreibens, aus dem nach der Revision die *Familiaris* VIII 9 hervorgehen sollte.
Die lange Ur-Epistel ist wie ihre Nachfolger an Ludwig van Kempen gerichtet, der nach Aussage des Schreibens einer der drei wichtigsten Freunde Petrarcas ist. Francesco zeigt sich ihm gegenüber in großer Sorge um das Schicksal der beiden anderen, Mainardo Accursio und Luca Cristiani. Alle vier hatten sie die große Pest des Jahres 1348 überlebt, doch danach unterbrach "ir*a* Dei" vereint mit "malignorum furor" (§1) ihre vollendete Freundschaft ("animus in quattuor unus erat"). Luca wird als enger Studienfreund beschrieben, wohingegen Mainardo, als einziger der vier "liberalium disciplinarum nescius" (§6), dennoch von den anderen wegen seines angenehmen Naturells geschätzt wird, vielmehr, wurde:

> Nimis felices visi sumus: invidit crudelissima fortuna et indignata est, quod nos nondum totos, tantorum comitum perditione, prostrasset (§7[125])

Mainardo wurde auf dem Weg nach Florenz von erbarmungslosen Räubern ermordet, nachdem er bereits einen Wald auf dem Territorium der Stadt erreicht hatte[126]; Luca, der nach Rom unterwegs war und den Freund bis zum Arno begleiten wollte, wurde beim Überfall schwer verletzt. Seit jenem Tag gibt es keine gesicherten Notizen mehr über ihn. Petrarca erscheint dieser Zustand schlimmer als eine düstere Gewißheit. Schließlich jedoch gewinnen ermutigende Nachrichten die Oberhand.

---

[124] CARRAI 1990, S. 10.
[125] "Allzu glücklich schienen wir: Haßerfüllt empörte sich die grausame Fortuna darüber, uns noch nicht alle - trotz des Todes so vieler Gefährten - niedergestreckt zu haben."
[126] Petrarca nimmt dies zum Anlaß für eine heftige Invektive gegen die Florentiner voller *strazio*-Vokabular, die *Fam.* VIII 10, auch sie laut Unterzeile "festinanter et concusso animo" (§33) geschrieben.

Nach der brutalen Ermordung Mainardos rebellierte Petrarca zufolge die aus der Umgebung herbeigeeilte Volksmenge gegen "quidam falso et indigno nobilitatis nomine superbi", denen sie unterstellte, die Räuber zu decken. "Audiisti enim, ut arbitror", zitiert Petrarca einen florentinischen Kaufmann, "illius boni viri mortem, pro cuius ultione populus florentinus ad arma consurgens, multa iam in illis montibus castra combussit." (§e).

Francescos Brief schildert Ereignisse, die frappante Ähnlichkeiten zu den Vorkommnissen um die *Congiura de' Pazzi* aufweisen. Mainardo, den den *litterae* nicht zugeneigten, aber dennoch engen Freund, der auf florentinischem Boden einen grausamen Tod erlitt, konnte Poliziano leicht durch Giuliano de' Medici ersetzen. Luca, der das gleiche Verbrechen verletzt überlebte, von dem Petrarca aber dann nichts Sicheres mehr hörte, war, mit leichten Modifikationen, als Pendant zu Lorenzo einzustufen. Der Magnifico war zum einen in der Verschwörung des Jahres 1478 verwundet worden, zum anderen hatte Poliziano im Winter 1479/80 über Monate keine Nachricht über Aufenthalt und Wohlergehen seines Herrn, weshalb auch für ihn galt, was Petrarca von sich erklärte:

> pessime michi esse, alternantibus his curarum fluctibus et fragilem spei cimbam hac illac estu reciprocante iactantibus. (§26[127])

Es ist dies nichts als eine Präzisierung der "tumultus animi varios" aus dem Postskriptum der Epistel.

Mit dem Petrarca des Jahres 1349 einte Poliziano nach der Pazzi-Verschwörung eine tiefe Schaffenskrise. Francesco läßt sich die seine von einem fiktiven Widerredner bewußt machen:

> "Tu qui solamen auxiliumque aliis laturus videbaris, qui de te nobis nil mediocre promiseras, qui malorum usu obduxisse iam callum adversus omnes fortune tribulos omnemque duritiem seu magis in silicem obriguisse debueras, ecce quam molliter sarcinas tuas fers, ecce quam crebris eiulatibus aures nostras percutis. Ubi nunc maxime professioni tue debita celsitudo animi? ubi verba magnifica, que si ad ingenii laudem non ad vite consilium referantur, quid nisi sonitus inanis et curiosarum delinimenta sunt aurium? Prestolabamur ex te carmen heroicum, elegos legimus; historias virorum illustrorum sperabamus,

---

[127] "Es geht mir sehr schlecht in den veränderlichen Wellen der Sorgen, die mit wechselndem Fluten den zerbrechlichen Nachen der Hoffnung hin und her werfen."

> unam cernimus proprii doloris historiam; quas putabamus epystolas, sunt lamenta; ubi artificiosas iuncturas verborum nova incude percussorum et dulciter intermicantes colores rethoricos querebamus, nil nisi dolentis interiectiones atque indignantis accentus et lituras aspicimus lacrimarum. [...]" (*Fam.* VIII 7, §§4-5[128])

Wer dächte bei der Lektüre dieser Zeilen nicht an das Schicksal der *Stanze*? Wer nicht an Orfeo, der nach dem Erhalt der "crudel novella" (v. 141) vom Tod Eurydikes verkündet: "Dunque piangiamo, o sconsolata lira, / ché piú non si convien l'usato canto." (v. 149f.[129])?

Der *Fam.* VII 14 ist in der Fassung γ ein *Carmen* beigegeben, das nach Auskunft des Briefs unter ähnlich dramatischen Umständen entstand[130] wie die *Fam.* VIII 7+9 γ oder der *Orfeo* laut *Lettera a Carlo Canale*. Darin zeichnet Petrarca ein düsteres Bild seiner selbst auf der Suche nach poetischer Inspiration. Aufmerksamkeit erwecken sollte vor allem v. 18f.: "Heroas canere instituteram; conatibus obstant / Sidera magnificis". Einiges daraus floß in die ungleich längere Klage ein, zu der Poliziano in den vv. 245ff. der *Sylva in Scabiem* anhebt, als er in jammernder Pose auf seine glanzvolle *adolescentia* zurückblickt:

> Ille ego sum, o socii, quanquam ora animosque priores
> *Fortuna* eripuit, qui quondam *heroa canendo*
> proelia et exhaustos Rhoeteo in Marte labores,

---

128 "'Du, der du anderen Trost und Hilfe zu bringen schienst, der du uns nichts Mittelmäßiges von dir erwarten ließest, der du durch deine Vertrautheit mit allerlei Übeln bereits eine Hornhaut gegen sämtliche Wirrungen und Härten des Schicksals gebildet haben, ja, zu Stein erstarrt sein mußtest, oh, wie weichlich trägst du deine Lasten, wie häufig vernehmen unsere Ohren dein Jammern! Wo ist nun jene Erhabenheit des Geistes, die namentlich deinem Beruf angemessen ist? Wo sind die großartigen Worte, die nichts als eitler Schall und Labsal neugieriger Ohren sind, wenn sie nur dazu taugen, das Lob des eigenen Talents zu mehren, nicht aber das Leben zu meistern? Heroischen Sang erwarteten wir uns von dir - und lesen Elegien. Ein Geschichtswerk über berühmte Männer erhofften wir uns - und sehen nichts als eine Geschichte deines Leidens. Was wir für Episteln hielten, sind Klagen. Wo wir kunstvolle Verbindungen neu geprägter Wörter und angenehm blinkende rhetorische Farben zu suchen pflegten, erblicken wir nichts als Ausrufe eines Gepeinigten, Aufwallungen eines Empörten, Tränenflecken. [...]'"

129 Eines der lexikalischen Vorbilder für diese Verse des *Orfeo* scheint ein Passus aus Boccaccios *Fiammetta* zu sein, in dem - vollendete Analogie der Situation - die Namensgeberin des Stücks das plötzliche Ende ihres Liebesglücks beweint: "*E* io, [...] dolendomi della partita del caro amante, *isconsolata* rimasi *piagnendo*" (*ed.* DELCORNO, S. 65 = Schlußwort des zweiten Kapitels). Weitere Ergänzung zum reichen Kommentar Tissoni Benvenutis: "Fanne di questo Giove intera fede" (*Orfeo* 285) resemantisiert Elemente aus Fiammettas Satz "La *fede* a' miei orecchi promessa [...] fermi *Giove* in cielo [...], e in terra [...] la *faccia intera*" (*Fiammetta*, S. 63); für "intera fede" vgl. auch *ibid.*, S. 170, sowie *Corbaccio, ed.* PADOAN, S. 456.

130 "Accipite igitur et qualecunque est, boni consulite *carmen breve, quod in lacrimosa nimis materia occupato nunc animo vix violenter extorsi*, non tam ut id responsum esset quam ne nichil. Vale." (§4).

ibam altum spirans; quique olim immania bella
Cosmiadae etruscis *aggressus* credere Musis,
cantabam [...][131]

4.5.2. Der Weg zur *Forma teatrale* 1

Am 15. Februar 1480 gelangte die *Fabula di Orpheo* in Mantua zur Aufführung. Genau einen Monat später kehrte Lorenzo de' Medici von seiner diplomatischen Mission nach Neapel zurück, die für ihn und für Florenz glücklich verlaufen war. Vier Tage darauf, am 19. März 1480, verfaßte Poliziano die *Lettera apologetica*, die er dem Medici umgehend von Baccio Ugolini überbringen ließ.

Nach wunschgemäß überwundener Krise bedurfte Poliziano nur noch eines Anlasses, um die traurige Urfassung des *Orfeo* in jener Weise zu retouchieren, die er sich - wie wir oben vermuteten und gleich vollends sehen werden - stets vorbehalten hatte. Die Gelegenheit bot sich mit dem Schreiben Carlo Canales. Regte sich der Mantuaner Höfling, weil Poliziano bei seinem Weggang aus Mantua die Möglichkeit einer öffentlichen Aufführung der *Fabula* am Ende des Trauerjahrs angedeutet hatte? Wurde er von einer dort ansässigen Person zu seinem Schreiben ermuntert, Giampietro Arrivabene etwa, der, von Poliziano einst als Helfer in härtesten Zeiten gefeiert[132], möglicherweise der einzige Mitwisser des Coups neben Baccio Ugolini war? Wir glauben jedenfalls nicht, daß Canale ganz ohne den Antrieb Dritter zur Feder griff.

Poliziano schickte dem Höfling die Epistel, die nach wie vor Gegenstand unserer Betrachtung ist, und eine Version des *Orfeo*, die an mehreren Stellen merklich von der Urfassung abwich, besonders aber durch die Einfügung einer Ode auf Kardinal Gonzaga, den offiziellen Auftraggeber der ersten Version des Werkes.

In unseren Augen war es die Lektüre der *Familiaris* IX 13, die Poliziano die strategischen Vorgaben zum Einbau der lateinischen Dichtung lieferte. Auch diese Epistel ist in zwei verschiedenen Versionen auf uns gekommen. Die Differenzen

---

[131] "Ich bin es, Gefährten, (obwohl Fortuna mir mein früheres Antlitz und meine frühere Tatkraft raubte), der einst hoch hinaus wollte, als er heldenhafte Kämpfe besang und die Taten auf dem Schlachtfeld von Troja; der es einst in Angriff nahm, die außerordentlichen Gefechte des Cosimo-Enkels den toskanischen Musen anzuvertrauen, und [von Iulo-Giuliano] sang [...]."

[132] Vgl. PICOTTI 1915, S. 81. In einem griechischen Epigramm (XXV, *ed.* DEL LUNGO, S. 195) pries Poliziano 1480 die *rhetorischen* Fähigkeiten des Mantuaners: Arrivabene, behauptete er, hätte Odysseus dazu bewegen können, von der Lotos-Frucht zu kosten.

sind indes unerheblich. Für unsere Analyse ziehen wir die *redazione gamma* heran. Poliziano transferierte nur ein winziges Mosaiksteinchen des Briefes in die *Lettera a Carlo Canale*, die Worte "vulgari sermone conscripte", die zusammen mit den bereits vorgestellten verwandten Textstellen in den Ausdruck "in stilo vulgare [...] composta" (§44) einfließen sollten. Angesichts des Inhalts der Epistel erscheint uns die bescheidene Dimension der Anleihe indes unerheblich.
Der Empfänger der *Familiaris* läßt sich diesmal weder Carlo Canale noch dem Kardinal Gonzaga zuordnen, er ist vielmehr Poliziano selbst in Beruf und Berühmtheit vergleichbar: Philippe von Vitry, der Autor der *Ars nova*. Lesen wir zur Bestätigung den vollständigen Titel der Epistel:

> Philippo de Vitriaco clarissimo musico, increpatur mollities eorum, qui gloriosam absentiam dominorum vel amicorum ceu triste aliquid lamentantur.[133]

Der hochberühmte Künstler, "poeta nunc unicus Galliarum" (§28), hat ein Lamento geschrieben, das in Petrarcas Hände geraten ist. Darin beklagt er die Abwesenheit seines Dienstherrn Guy de Boulogne, seines Zeichens Bischof von Porto und päpstlicher Legat. In letzterer Eigenschaft befindet sich Guy gerade auf einer "peregrinati*o* sanctissim*a*" (§7) durch Italien: genauer, auf einer höchst delikaten Friedensmission, die ihn zum Zeitpunkt von Petrarcas Brief in Padua sieht, wo Francesco ihn getroffen hat. Laut *Familiaris* wird der Bischof in allen Städten der Appenninenhalbinsel, die er besucht, triumphal als "pacis et quietis auct*or* atque sospirat*or* reipublice" (§16) empfangen. Philippe ist ganz anderer Meinung über die Reise seines Herrn. Er verflucht sie als "exilium et prorsus perditum tempus" (§13). Petrarca bekennt, die klagenden Worte des Künstlers ungläubig gelesen zu haben. Er habe ihn einst als einen durch nichts aus der Fassung zu bringenden Menschen kennen und schätzen gelernt und "virtutis solamen" und "presidium literarum" als Quellen solch vorbildlicher Standhaftigkeit vermutet. Jetzt hingegen scheine Philipp "in tanta bonarum artium copia tantaque virtutum suppellectili" (§4) jedes mannhafte Benehmen abzugehen. Statt diejenigen zu kritisieren, die ihre Heimat verließen, weil sie einen "it*er* magnific*um*" über "inertes moras" (§20) stellten, solle er sich die Beispiele tugendhafter Männer ins Gedächtnis rufen, die ihren Ruhm in fremden Ländern

---

[133] "An den hochberühmten Musiker Philipp von Vitry. Das Schreiben schilt die Weichheit derer, die die ruhmreiche Abwesenheit ihrer Herren oder Freunde wie etwas Trauriges beklagen."

erwarben - Scipio, Alexander, Caesar -, und seinerseits die engen Mauern von Paris verlassen. Apuleius habe gar eine Art direkter Proportionalität zwischen der Anzahl an *peregrinationes* und dem Reichtum an Tugend und Ruhm ausgemacht, wozu er durch keine Geringeren als die größten Dichter, Homer und Vergil, angeregt worden sei, die ihre Helden immense Wegstrecken bewältigen ließen. Wie könne sich Philippe da angesichts der Reise seines Herrn so "molliter", ja "muliebriter" (§6) gebärden?
Nachdem Petrarca die Etappen von Guys Mission, die ihrem Ziel Rom noch fern ist, skizziert hat, fährt er fort:

> Habet [...] exul tuus magnam gaudendi materiam: multa et magna et memorabilia vidisse, et ubique preclarissimum nomen suum illa que minuere famam solet, auxisse presentia; habet et quo letetur Italia, que inter presentis evi nubila hoc velut benigno quodam sidere serenata est; [...] Crede enim michi, mirabere ubi eum reducem audies de rebus italicis predicantem. Itaque ut iantandem aliquando concludam, si desiderium tanti patris egre fers, si solitudinem tuam et situ nimio contractam animi rubiginem lamentaris, possum humanis passionibus veniam dare; si vero vel nos illi vel illum nobis invides, prorsus satyrico dente mordendus es, quem torqueat aliena letitia.
> Proinde quicquid est, breve est; estas te proxima victorem faciet, redditura tibi dominum quem nobis eripiet; imaginem tamen illius nulla dies de nostris precordiis extirpabit. (§42f.[134])

Petrarca schließt seine Verheißung mit den Worten:

> In plausus illud tuum omnipotens vertes eloquium, pudebitque inutilium querelarum, quarum nulla erat excusatio nisi quia *vulgari sermone conscripte* sunt, ut intelligi detur non te in illis tuam sed vulgi secutum esse sententiam, cuius cecum depressumque iudicium semper

[134] "Guy, den Du einen 'Verbannten' nennst, hat großen Anlaß zur Freude: Er hat viele, große und denkwürdige Dinge gesehen und überall das Ansehen seines hochberühmten Namens durch seine persönliche Anwesenheit noch gesteigert, die bei andern gemeinhin den Ruf schmälert. Auch Italien hat Grund, sich zu freuen, denn in einer düsteren Zeit hat er es wie ein gütiger Stern erhellt. [...] Glaube mir, Du wirst ihn bewundern, sobald Du ihn nach seiner Rückkehr von den italienischen Ereignissen erzählen hören wirst. Um endlich zum Schluß zu kommen: Wenn dich die Sehnsucht nach Deinem berühmten Herrn verzehrt, wenn Du Deine Einsamkeit und den Rost beklagst, den Du durch allzu festes Verharren an ein und demselben Ort angesetzt hast, kann ich Deinen menschlichen Regungen verzeihen; mißgönnst Du aber uns ihm oder ihn uns, so soll Dich der satirische Zahn kräftig beißen, da Dich die Freude anderer peinigt.
Aber alles auf dieser Welt ist von kurzer Dauer: Der nächste Sommer wird Dich zum Sieger machen, indem er Dir den Herrn zurückgibt, den er uns rauben wird. Sein Bild freilich wird kein Tag jemals aus unseren Herzen reißen."

fuit. Tu vive et vale, nostri memor. Salutat te Marcus medicus compatriota Virgilii.

Patavi, XV Kal. Martias (§44[135])

Philippes Situation entspricht der Polizianos vor dem Weggang aus Florenz. Was dem "musicus" im Falle des Eintretens der ihm verheißenen Schicksalswende empfohlen wurde, registrierte Angelo genau: *Vertere eloquium in plausus* - dies sollte das Verfahren sein, das ihn bei der Revision des traurigen Ur-*Orfeo* leiten würde, sofern sein Unternehmen glücklich enden sollte[136]. Von der *Forma teatrale* 1 aus betrachtet bedeutet dies: Die Einfügung der Jubelverse auf Kardinal Gonzaga erfolgte auf Polizianos Initiative[137].

Mehrere Gründe lassen zwingend erscheinen, daß Poliziano die *Familiaris* IX 13 bereits im Zuge der Planung seines "Exils" las:

- Die Empfehlung zum Aufbruch aus der gewohnten Umgebung.
- Die Volkssprachlichkeit von Philipps "querelae".
- Der Adressat der *Familiaris* selbst: Poliziano dürfte zuallererst unter Dichtern und Sängern nach Pendants seiner selbst gesucht haben. Philippe ist neben Florian von Rimini der einzige "musicus", der Briefe Petrarcas empfängt, und die an seinen Kollegen gerichtete *Epystola* III 15 hatte eine schwer zu leugnende Bedeutung für die Planung des *Orfeo*-Coups.

---

[135] Je nachdem, wie man "eloquium" auffaßt, als 'Rede' (wie offenbar, aber keineswegs unbedingt Poliziano) oder aber (was eigentlich näher liegt) als 'Redegabe', ergeben sich für den Anfang des Zitats zwei verschiedene Übersetzungen: "In einen Jubelsang wirst Du dann Deine allmächtige Rede verwandeln" bzw. "Auf Jubel wirst Du dann Deine allmächtige Redegabe umstellen". Weiter geht es jeweils mit: "... und Dich Deiner unnützen Klagen schämen, für die es keine Entschuldigung gab außer der, daß sie in der Volkssprache verfaßt sind, wie um zu verstehen zu geben, daß Du in ihnen nicht Deiner Meinung, sondern der des gemeinen Volkes gefolgt bist, dessen Urteil noch immer blind und niedrig war. Leb wohl und denk an mich. Es grüßt Dich der Arzt Marco, ein Mann aus der Stadt Vergils. Padua, den 15. Februar."

[136] Petrarcas Vorhersage an Philippe von Vitry wies Poliziano auch in anderer Hinsicht den Weg: Die Bekundungen der Scham über den Ur-*Orfeo*, die die *Lettera a Carlo Canale* prägen, kommen nicht von ungefähr.

[137] Wie DOGLIO 1977, S. 169f., betont, wurde nach oder, besser, infolge der revidierten *Fabula di Orpheo* der *plausus* zum Hauptinhalt des höfischen Theaters: Die "*actio*" im Sinne einer "metamorfosi nel senso di *dramma*" sei der "celebrazione sacrale" oder gar "apoteosi" von Herrscherhäusern gewichen.

Kuriosum am Rande: Das Datum der Darbietung des Ur-*Orfeo* (Rezitation - *solo* oder mit verteilten Rollen - oder schon szenische Aufführung?) war ebenso ein 15. Februar wie der Tag, an dem Petrarca seinen Brief an Philipp als Reaktion auf dessen Lamento verfaßte.

Eine präzise Datierung für die Komposition des Ur-*Orfeo* vermögen wir nicht anzubieten: Vereinzelte norditalienische Elemente, die typisch venezianische Karnevalsfigur des Pastore Schiavone etc. sprechen dafür, daß sie erst außerhalb von Florenz beendet wurde. In jedem Fall halten wir eine Niederschrift binnen zweier Tage, geschweige denn unmittelbar vor dem 15. Februar 1480, für ausgeschlossen.

Das Datum der *öffentlichen* Aufführung des *zum Plausus umgearbeiten Orfeo*, d. h. der *Forma teatrale* I, setzen wir zwischen dem 12. Oktober 1480 und dem 6. November 1481 an, d. h. zwischen dem Ende des Trauerjahrs für Margherita di Gonzaga und dem Vorabend des Todes der Mutter des Marchese, Barbara von Brandenburg. Zur *riproposta* des Spektakels kam es dabei angesichts des *Orfeo*-Fiebers der Mantuaner vielleicht schon zu Beginn der angegebenen Zeitspanne, noch wahrscheinlicher aber im folgenden Karneval. Notizen über Mantua-Aufenthalte Baccio Ugolinis - er übernahm nunmehr den Part des Orfeo - könnten, so vorhanden, die Datierungsmarge weiter eingrenzen helfen.

Im Gegensatz zu Antonia Tissoni Benvenuti haben wir oben die Meinung vertreten, daß Poliziano nicht nur die Komposition, sondern auch die Integration der lateinischen Ode auf Kardinal Gonzaga zuzuschreiben ist. Unabhängig von der oben skizzierten Theorie einer Vorbildwirkung der *Fam.* IX 13 genügt es, den Anfang des Gedichts zu betrachten, um zu dieser Einsicht zu gelangen. Man muß schon vorsätzlich den Blick abwenden, um nicht zu registrieren, daß die Strophen auf die Figur Orfeos maßgeschneidert sind:

O meos longum modulata lusus
quos amor primam docuit iuventam,
flecte nunc mecum numeros novumque
dic, lyra, carmen:

non quod hirsutos agat huc leones;
sed quod et frontem domini serenet,
et levet curas, penitusque doctas
mulceat aures.[138]

[138] "O Laute, die Du lange Zeit die spielerischen Gesänge begleitet hast, die Amor mich im frühen Mannesalter lehrte, bilde mit mir nun neue Verse, laß ein neues Lied erklingen: nicht eins, das struppige Löwen hierherlockt, sondern eins, das die Stirn des Kardinals erheitert, ihm die Sorgen nimmt und sein gelehrtes Ohr ganz und gar sanft stimmt."

Vers 5 der Ode bezieht sich ohne jeden Zweifel auf Orfeo in seiner Eigenschaft als Beschwichtiger wilder Tiere. Im übrigen lohnt es sich, die Regieanweisung zu lesen, die dem Gedicht in *Ft* 1 vorangeht:

> Orpheo cantando sopra il monte in su la lyra e' seguenti versi latini, li quali a proposito di messer Baccio Ugolino, actore de dicta persona d'Orpheo, sono in honore del Cardinale Mantuano, fu interrotto da uno pastore nunciatore della morte de Euridice.

Diese Worte können zwar nicht unmittelbar von Poliziano stammen, da diesem an einer Unterbrechung der Ode nicht gelegen sein konnte, und das Tempus "*fu* interrotto" auf Aufzeichnungen eines Zeugen der Aufführung hindeutet. Dennoch besteht keinerlei Anlaß, an ihrer Richtigkeit zu zweifeln. Eindeutig stellen sie fest, daß die Ode auf den Kardinal speziell für Baccio als dem Hauptdarsteller der "öffentlichen Fassung" komponiert wurde. Der Zweck der Erläuterung lag wahrscheinlich darin, die Präsenz des ausgedehnten lateinischen Fremdkörpers in der *Fabula* zu erklären. So sehr den Mantuaner *cortigiani* der Inhalt der Ode gefallen mußte, sie scheinen sich doch stärker an deren nachteiliger Wirkung auf das Gesamtgefüge der *Fabula* gestört zu haben. Der Plan Polizianos, den Charakter des Stücks durch die Rezitation der Ode einschneidend zu verändern, konnte also offensichtlich nur eingeschränkt verwirklicht werden. Es ist anzunehmen, daß sich der Vortrag sämtlicher Strophen des Gedichts, wie sie Handschriften und Bologneser Druck überliefern, schon insofern erübrigte, als sich die Ode nach Baccios Ankunft in Windeseile am Hof verbreitet haben dürfte[139].

---

139 Hegte Poliziano bei der Einfügung der Ode noch andere Hintergedanken als die Umwandlung der *Fabula* in ein Jubelstück? - Im Berg, auf dem Orfeo in *Ft* 1 sein Preislied anstimmt, "verschmelzen" der Mons Cithaeron und jener Hügel, auf dem neben Ovids *Metamorphosen* (X 86) auch ein antikes Bild, das Philostrat der Jüngere beschreibt (VI), den Sänger seine Kunst vor einem gebannt lauschenden Publikum aus Bäumen und Tieren entfalten läßt. Auf dem Gemälde bilden die Bäume laut Philostrat ein "Theater" (§2), in dem die Tiere Platz genommen haben. Tiere zu Höflingen? - Eine animalische Konzeption der Mantuaner wäre im Falle der Rezeption der *Veritas exulans* Maffeo Vegios, wie wir sie in 4.4. vermuteten, nicht weiter überraschend.
Zwar unterscheidet Orfeo die Gesänge, mit denen er "hirsutos [...] leones" (v. 5) anlockte, ausdrücklich von der Ode, die den Kardinal ergötzen soll, doch könnte man gerade in der ostentativen Abgrenzung ein Indiz dafür sehen, daß Poliziano insgeheim durchaus Ähnlichkeiten zwischen den verschiedenen Zuhörern des Sängers sah. Die Untertöne der *Lettera a Carlo Canale* erhärten diesen Verdacht.

Stets anders als Tissoni Benvenuti[140] sehen wir auch die beiden anderen in ihrer Edition gesondert numerierten Makrovarianten der *Forma teatrale* 1 als persönliche Erweiterungen Polizianos an:
- Die Minos-Oktave (nach v. 189) fällt nach unserem Dafürhalten keineswegs stilistisch aus dem Rahmen der sie umgebenden Teile der Höllenszene. Die ihr eigene latinisierende Konstruktion "sono entrati / [...] la irremeabil porta", die Tissoni Benvenuti als keineswegs authentisch inkriminiert, könnte Poliziano - so es einer solchen Erklärung bedarf - in Anlehnung an eine der Episteln gewählt haben, die er bei der Gestaltung der *Lettera a Carlo Canale* berücksichtigte: *Fam.* VIII 10, Petrarcas Invektive gegen die Florentiner anläßlich der Ermordung seines Freundes Mainardo Accursio. Als Kontaktpunkt käme §25 des Schreibens in Frage:

> Verum ego, predulcis amici lacrimabili iactura supra quam dici posset amarissime cruciatus, multa vobiscum, viri illustres, familiariter collocutus sum. Heu frustra, heu sero! sentio enim damnum meum non posse restitui. Non si mille linguis adamantinis in sempiternum loquar aut Orpheo dulcius flebilibus ad lyram querimoniis saxa permulceram, unquam michi redibit amicus meus; *irremeabile* iter *ingressus est.*[141]

Die Präsenz des Orpheus erhöht die Wahrscheinlichkeit, daß der Passus Quelle der Minos-Oktave war.
- Der Cento aus Ovid-Versen (nach v. 244), augenscheinlich völlig fehl am Platz, feiert insgeheim den rhetorischen Erfolg des *Orfeo*-Coups. Warum und wie, wird aber erst im neunten Kapitel der vorliegenden Studie offengelegt werden können[142].

---

[140] TISSONI BENVENUTI 1986, S. 41-52.

[141] "Ich aber, den der tränenreiche Verlust meines allerliebsten Freundes über alle Maßen peinigte, habe mit Euch, Herren der Stadt, vieles vertraulich beredet. Weh, vergeblich, weh, zu spät! Ich fühle es: Der Schaden, den ich erlitt, ist nicht wiedergutzumachen. Nicht einmal, wenn ich mit tausend diamantenen Zungen auf ewig spräche oder lieblicher als Orpheus mit weinerlichen Klagen zur Leier die Felsen erweichte, käme mein Freund zurück: Einen Weg ohne Wiederkehr hat er beschritten."

[142] Grundsätzlich darf man wohl bezweifeln, daß die Bologneser Edition Alessandro Sartis so wenig mit Poliziano abgestimmt war, daß vollkommen Unauthentisches darin hätte eingehen können.

4.6. Zusammenfassung unserer *Orfeo*-Rekonstruktion

Im *Orfeo*-Coup instrumentalisierte Poliziano die Mantuaner und Lorenzo de' Medici gleichermaßen. Jene ließ er sich an einem Karnevalsspektakel ergötzen, das genau auf die Bedürfnisse eines barbarischen Publikums zugeschnitten war, um diesem dann plangemäß die andere, autobiographische Dimension des Stückes zu eröffnen, die es als raffiniert verschleiertes Reuebekenntnis eines neuen, stoischen Angelo auswies.
Gleichermaßen beeindruckt von der rhetorisch-poetischen Leistung und vom scheinbaren Reifeprozeß seines einstigen Schützlings, entschied sich Lorenzo, Poliziano den Lehrstuhl für Rhetorik und Poetik zuzusprechen, den er ihm offenbar kurz vor der Krise des Dezember 1479 in Aussicht gestellt hatte. Die Strategie des Humanisten ging auf.
Poliziano war seit einiger Zeit wieder in Florenz, als die Mantuaner "ihr" Stück für eine große öffentliche Aufführung anforderten, die aufgrund eines Trauerjahrs im Karneval 1480 nicht möglich gewesen war. Er übersandte es ihnen in einer Version, der er, einer Anregung Petrarcas folgend, Züge eines Jubelstücks verliehen hatte. Das Substrat des beigefügten, oberflächlich schmeichlerischen Briefs an Carlo Canale offenbart Polizianos wahre, verächtliche Einstellung zu den Mantuanern und "ihrem" Kardinal.

5. Lektüre der *Sylva in Scabiem*

5.1. Vorbilder und Vorform

Die *Sylva in Scabiem* ist ein performatives Bravourstück. Poliziano zeigt sich in ihr von einer abscheulichen Krätze befallen. Die sprachlichen Auswüchse der Dichtung gleichen den Wucherungen auf der Haut des *patiens*. Am Ende des Werkes wird Lorenzo de' Medici, aufgrund seines Namens zum *medicus* prädestiniert, um Heilung ersucht. Ihm und den Florentiner "socii" (v. 245) ruft Poliziano seine Meriten aus vergangener Zeit - erwachsen aus der Dichtung der *Stanze*, der Übersetzung Homers, der Erziehung Pierinos etc. - in Erinnerung.
Über Jahrhunderte war die *Sylva* unbekannt, bis Paul Oskar Kristeller sie 1952 in einem Zibaldone des *Fondo Palatino* (*Pal.* 555) der Biblioteca Governativa di Parma entdeckte. Alessandro Perosa legte dann 1954 eine vielgerühmte Edition des Werkes vor[1]. Wie spätere Interpreten (Bigi[2], De Robertis[3], Bettinzoli[4], Adam[5], Carrai[6]) wertete er die *Sylva* als bloßen *ludus*, die geschilderte Krankheit als fiktiv. Paolo Orvieto rückte Ende der achtziger Jahre in einem bahnbrechenden Aufsatz[7] entscheidend von dieser Sichtweise ab: Er insistierte auf der autobiographischen Bedingtheit der *Sylva* und lieferte einen neuartigen Schlüssel zu ihrem Verständnis. Seiner Ansicht wollte sich Poliziano zum Opfer einer *metaphorischen* Krätze stilisieren, als deren Anstifterin Clarice Orsini zu gelten habe; Clarice, die Gattin Lorenzos, mit der zusammenzuleben Angelo nach der *Congiura de' Pazzi* gezwungen war - zunächst in Pistoia, dann (ab November 1478) in Cafaggiolo -, und die ihn schließlich im Mai 1479 aus ihrem Umkreis verjagte.
Die Komposition der *Sylva* siedelt Orvieto zwischen der Verschwörung (26. April 1478) und dem Frühjahr 1480 an - mit einer auf den ersten Blick überraschenden Präferenz für den zweiten Teil dieser Spanne, denn das Jahr nach der *Congiura*, genauer: die Zeit des "Exils" mit Clarice, scheint sich zunächst als einzig plausible Abfassungsperiode anzubieten. Nach der Vertreibung von dort, sollte man

---

[1] Poliziano, *Sylva in Scabiem*, *ed.* PEROSA 1954.
[2] BIGI 1967, S. 151-63.
[3] DE ROBERTIS 1974.
[4] BETTINZOLI 1986.
[5] ADAM 1988, S. 104-107.
[6] CARRAI 1988, S. 281.
[7] ORVIETO 1989, S. 1-64 (frühere Version in: *Interpres* VIII, 1988, S. 199-269).

meinen, wären sowohl der flehentliche Schlußappell an Lorenzo als auch die Fixierung auf Clarice als Feindin ohne Sinn. Orvieto begründet seine Präferenz u. a. damit, daß zahlreiche Lexeme der *Sylva* als Lemmata in den Materialien zu den *Silvae* des Statius auftauchen, die Polizianos erstem Kurs am Florentiner *Studio* (1480/81) zugrundelagen. Wie Funktion und Datierung der *Sylva* zur Deckung kommen können, läßt er jedoch im Unklaren. Diese Lücke werden wir zu schließen versuchen. Auf den folgenden Seiten soll ferner gezeigt werden, warum Poliziano über *scabies* schrieb und ob die Krankheit notwendigerweise mit Clarice Orsini in Verbindung zu bringen ist.

Zunächst aber wollen wir die *Sylva in Scabiem* mit einer *De Scabie* betitelten Elegie vergleichen, die Perosa in den Anhang seiner Edition aufnahm[8]. Auch sie wird nur von einem einzigen Textzeugen überliefert, dem Kodex *Laurentianus Ashburnhamianus* 1703. Das Gedicht erscheint in einer Sektion des Manuskripts, die nach Angaben Perosas nur vage datierbar ist ("seconda metà del sec. XV"[9]), und bietet eine Vielzahl von Strukturelementen, die in der *Sylva* wiederbegegnen. Dazu gehören:

1. Ein an *scabies* (*De scabie* 10) erkrankter Patient, der Dichter ist und über eine Schaffenskrise klagt (*ibid.* 43f., *Sylva* 245ff.).
2. Ein hochberühmter Arzt, der in der Elegie als "care pater" (v. 1, v. 35) und "phisicorum maxime princeps" (v. 35) apostrophiert wird und zudem noch Freund der Dichtkunst ist (v. 58).
3. Die Unheilbarkeit der Krankheit (*De Scabie* 51, *Sylva* 27ff.) für alle Ärzte außer einem (*De Scabie* 59f., *Sylva* 294).
4. Die flehentliche Anrufung dieses einzig möglichen Retters.
5. Die Umschreibung der *scabies* mit semantisch verwandten Wörtern wie "lues" (*De Scabie* 11, 43; *Sylva* 1), "pestis" (*De Scabie* 6, 7; *Sylva* 20 etc.), "rabies" (*De Scabie* 10, 11; *Sylva* 8, 14 etc.).
6. Infernalische Elemente (*De Scabie*: "stigio lacu", v. 52; "Flegeton", v. 27, v. 50; "Pluto avernus", v. 21; "Amphitrionadem canem", v. 22; "cerbereum [...] virus", v. 56; *Sylva*: vv. 6-11, mit "tartareum [...] virus", "Oris cerberei spum*ae*", "phlegetonte*a* rip*a*", ferner v. 227f., "ego tot stygio portenta barathro / Corpore fixa gero").

[8] *Ed.* PEROSA 1954, S. 55-57.
[9] PEROSA 1954, S. 19.

7. Die Zerfleischung der Haut des Leidenden und seine daraus resultierende Unruhe (*De Scabie* 33-37; *Sylva in Scabiem* 53ff.); ferner seine Appetit- und Schlaflosigkeit (*De Scabie* 37-39; *Sylva* 44-52).

Die inhaltlichen Gemeinsamkeiten sind augenfällig und keineswegs, wie Perosa urteilt, "lievi somiglianze di motivi"[10]. Der Florentiner Gelehrte hält es für nicht zulässig, aus den Parallelen abzuleiten, "che uno dei due poeti abbia conosciuto l'altro". In der italienischen Literatur bis zum Ende des Quattrocento gibt es indes kein einziges weiteres Gedicht, in dem Krätze eine vergleichbar prominente Stellung einnähme. Es spricht also wenig dafür, daß die konstatierten Ähnlichkeiten zufällig sind, auch wenn sich einige von ihnen mit einem Blick auf antike und vor allem humanistische Krankheitsschilderungen - namentlich auf einige Gedichte von Giovanni Marrasio (1400/04-1452) und Maffeo Vegio (1407-1458) - als Topoi erklären lassen.

Marrasio[11] bittet im 30. seiner *Carmina* Gott um Linderung einer Sturzverletzung, die ihm Höllenqualen bereite[12] und seine Muse habe versiegen lassen. Wie *De Scabie* und *Sylva* endet schon seine Klage mit einer flehentlichen Invokation (vv. 245ff.). Im *Carmen* 31 berichtet er von der Erhörung des Gebets (Gott habe ihm einen fähigen Arzt gesandt), um im 32., das wie jenes aus der Ferne an Papst Nikolaus V. adressiert ist, von einem neuerlichen, schlimmeren Leiden zu handeln: einer Pesterkrankung, die in ein Wechselfieber übergegangen sei. Am Ende der Elegie bezeichnet er sich als genesen und bittet den Papst um ein baldiges Wiedersehen.

Nahm Marrasio die Konstellation Leidender/Retter vorweg, so lieferte Vegio in seinen acht Epigrammen *In febrem*[13] präzise Vorgaben für die späteren *Scabies*-

[10] *Ibidem.*

[11] Marrasio, *Angelinetum et Carmina varia, ed.* RESTA 1976.

[12] Vgl. *Carmina* 30, vv. 221-24. Für die anderen Topoi s. *Carm.* 32, vv. 79-114 (Appetitlosigkeit); *Carm.* 30, v. 151 und 32, v. 41f. (Schlaflosigkeit). Sichtbar rezipiert werden in *Sylva* die vv. 181ff. des *Carmen* 30:

> Ah volui quotiens ardentem extinguere febrem!
> Ustio poscit aquam, lingua crepata *fugit*.
> Interea exurit, *depasta* est pessima corpus
> *Febris*; parvum olei nostra lucerna tenet.
> *A*rida facta *cutis*

Zum Vergleich *Sylva* 13-17:

> *A*ret hiulc*a* si*tis*, putridum vesana cruorem,
> Est rabies, siccoque in gutture *febris* hanelat,
> Exesas *depasta* genas, suffectaque tabo
> Gliscit laxa *cutis*; rubor igneus excitat orbes
> Sanguineos, *fugiunt* oculi

[13] In: Vegio, *ed.* RAFFAELE 1909, S. 180f.

Darstellungen. Wichtig insbesondere für *De Scabie* waren dabei die Gedichte IV und VI-VIII:

IV

Febris iniqua, pios audes torquere poetas?
  Ergo audes? sanctis vatibus ergo noces?
Quaere quibus par propositum studiumque nocendi est;
  Quid vates, quid enim, promeruere pii?
Quaere: quid innocui, dic, quid nocuere poetae
  Omne quibus studium velle juvare suum est?
Cede, jubent divae, dicunt tibi, cede puellae,
  Bacchus et ipse jubet, Phoebus et ipse jubet.[14]

VI

Febris cruda, horrens, alto generata Baratro,
  Quoque pari nixu Mors generata fuit,
Compressitque Charon Stigiae te in margine ripae,
  Nataque sunt illo pignora bina patre,
Langor is est quem cum tristi Anxietate tulisti,
  Quos semper gremio desidiosa foves:
Digna soror, dignusque pater, sunt ipsa simulque
  Pignora cum digno coniuge digna tibi.[15]

VII

Febris acerba, furens, quae nec mortalibus ullis,
  Quae nec diis Caeli, diis Herebive places,
Et te mortales fugiunt, horrentque tremuntque,
  Et te arcet supero magnus ab axe Tonans,
Teque odit cohibetque inferni rector Averni,
  Dirarum Eumenidum quartaque, dixit, eris.

[14] "Ungerechte Febris, wagst du es, rechtschaffene Dichter zu quälen? Du wagst es? Du schadest heiligen Sängern? Such' dir doch solche Opfer aus, die wie du anderen zu schaden trachten! Was haben sich die frommen Dichter denn zu Schulden kommen lassen? Such dir doch andere Opfer! Welchen Schaden sollen denn die harmlosen Dichter angerichtet haben, die doch nur erfreuen wollen? 'Weiche!', rufen dir die göttlichen Jungfrauen [*sc.* die Musen] zu, 'weiche!', befehlen sie dir. Bacchus und Apoll selbst befehlen es dir."
Für die Personenkonstellationen des letzten Distichons vgl. Ovid, *Ars amatoria* III 347f., "O ita Phoebe, velis [*sc.* meinen dichterischen Erfolg]! ita vos, pia numina vatum, / Insignis cornu Bacche, novemque deae!".

[15] "Grausame, struppige Febris, vom tiefen Höllenschlund wurdest du zugleich mit Mors gezeugt. Charon vergewaltigte dich am Ufer des Styx, zwei Kinder empfingst du von ihm, die du immer träge in deinem Schoß wärmst: Mattigkeit und mürrische Beklemmung. Eine würdige Schwester hast du, einen würdigen Vater, und auch deine Kinder sind samt deinem Gatten deiner würdig."

Sed te etiam dirae sociam sprevere sorores:
Quam gnorunt pestem pertimuere tuam.[16]

VIII

Proposito instabam nostro, tristissima febris,
Armabamque meos in tua damna modos,
Territa Marte novo es (quem non terreret Apollo
Cumque suo modulans Callyopea choro?),
Teque alter, qui me doctus curavit Apollo,
Terruit. Hic cura terruit, ille lyra.
Quam petis ergo tibi pacem concedimus ultro,
Hac lege, ut numquam limina nostra petas.[17]

Die Elegie *De Scabie* rezipiert eindeutig das Epigramm IV, wie ein Vergleich von dessen Schluß (v. 7f.) mit *De scabie* 58ff., "Si *Phoebum* aut *Bacchum Pieridasque* colis, / Iam medicas huic, oro, manus (fera pessima *cedet*!) / Quam primum admoveas admoveasque fidem", beweist. Vegio wußte wie Poliziano[18], daß Febris antiken Quellen zufolge in Rom als Göttin verehrt wurde. Die Gedichte VI und VII zeichnen sie als rasendes Höllenmonster[19], vor dem sich Jupiter und sogar die Gottheiten der Unterwelt fürchten (vgl. *De Scabie* 6), während das letzte, VIII, sie durch einen Arzt besiegt zeigt, der ihr auf andere Weise als Maffeos Muse (auch sie angeblich nicht unwirksam) apollinisch zuleibe gerückt war.

Trotz der unstreitigen Vorbildwirkung der Gedichte Marrasios und Vegios ist unseres Erachtens zwingend von einer direkten philologischen Abhängigkeit zwischen *De Scabie* und *Sylva in Scabiem* auszugehen. Auch Orvieto hat sich in dieser Richtung geäußert. Für ihn stellt die Elegie "una 'copia' dell'originale

---

[16] "Bittere, rasende Febris, die du keinem der Sterblichen, keinem der Götter des Himmels und keinem der Götter der Hölle gefällst, die Sterblichen flüchten vor dir, erschaudern und zittern, der große Donnerer weist dich vom Himmelsgewölbe ab, es haßt dich der Herr der Unterwelt, drängt dich zurück und sagt, du seist die vierte der finsteren Eumeniden. Aber auch die finsteren Schwestern wollen dich nicht zur Gefährtin: Sie wissen um deinen Pesthauch und fürchten ihn sehr."

[17] "Ich verfolgte beharrlich mein Vorhaben, finsterste Febris, und schleuderte meine Verse wie Waffen auf dich, um dir zu schaden, da schreckte dich außer einem zweiten Mars - wen schreckte nicht Apollo, wenn er Kalliopes Lieder mit seinem Chor erklingen läßt? - auch noch ein zweiter Apoll, der mich mit seiner Kunst heilte. Dieser setzte dir mit der Medizin, jener mit der Leier zu. Den Frieden, um den du bittest, will ich dir gerne zugestehen, freilich unter der Auflage, daß du nie mehr mein Haus aufsuchst."

[18] Vgl. Poliziano, *Epicedion in Albieram* (in: DEL LUNGO, S. 238-48), vv. 123-28; für die Quellen s. PEROSA 1946, S. 86ff.

[19] Vgl. die "Mythen" von der höllischen Herkunft der *Febris* in Polizianos frühem *Epicedion in Albieram* (v. 89ff.) bzw. der *Scabies* in *De Scabie* 17-34.

polizianeo"[20] dar, "una prima ed estremamente autorevole decriptazione della *Sylva*"[21]. Das Manko dieser Annahme liegt darin, daß *De Scabie* der *Sylva* dichterisch weit unterlegen ist. Gerade in einer Epoche, in der literarisches Schaffen von der Idee der *aemulatio* geprägt war, erscheint die Hypothese einer vereinfachenden Nachschöpfung wenig plausibel. Wir gehen davon aus, daß die *Sylva in Scabiem* auf der Elegie *De Scabie* aufbaut. Ist die Elegie dann aber Poliziano selbst oder einem anderen Dichter zuzuschreiben? Für letztere Lösung scheint zunächst das Manuskript zu sprechen, in dem der Elegie ein von derselben Hand geschriebenes Gedicht auf Piero de' Medici vorangeht, das Lorenzos Vater (+ 1469) zu dessen Lebzeiten feiert. Freilich sagt dies nichts über den Zeitpunkt seiner Niederschrift. Ein solcher ist mit 1471 nur für die ff. 1r-85r der Handschrift überliefert, die das *Theotocon* füllt, eine Beschreibung florentinischer und römischer Marienheiligtümer von Fra Domenico da Corella, kopiert von Pietro Compagni. Auch diese Jahresangabe erlaubt indes keinerlei Schlüsse darauf, wann die übrigen Verse abgeschrieben wurden. Von mehreren anonymen Händen zu Papier gebracht, verteilen sie sich auf verschiedene Faszikel, die erst nachträglich mit dem *Theotocon* zum heutigen *Ashburnhamianus* zusammengefügt wurden. Der Kodex bietet mithin keine hinreichenden Indizien, um eine Verfasserschaft Polizianos für *De Scabie* auszuschließen. Auch zwingt er nicht dazu, die Entstehung der Elegie im Falle der Attribution in Angelos Jugend anzusiedeln.

Marrasio und Vegio hatten *physische* Krankheiten beschrieben, die Krätze der *Sylva* hingegen muß, wie Orvieto gezeigt hat, eine metaphorische sein, da Lorenzo de' Medici nur in übertragener Hinsicht *medicus* sein kann. Als weiteres, schwerwiegendes Indiz gegen die Annahme einer unabhängigen Entstehung beider *Scabies*-Dichtungen ist zu werten, daß dies in jedem Fall auch für *De Scabie* gilt. Auch die Elegie schildert keine wirkliche Krankheit, da der Arzt den Patienten laut v. 58 des Gedichts *aus Liebe zur Dichtkunst* heilen soll. Daraus folgt, daß der potentielle Retter auch in der Elegie ein Mäzen sein muß, und fast ebenso sicher, daß es sich bei ihm um einen Medici handelt. Perosa[22] nun leitet aus *De Scabie* 5 ab, daß der "Arzt" den Namen Giovanni trage. Wäre es Giovanni de' Medici (1421-1463), so schiede Poliziano als Autor der Elegie aus. Zweifel an Perosas Annahme sind freilich angezeigt. Lorenzos Onkel trat zwar als Dichtermäzen in

[20] ORVIETO 1989, S. 6.
[21] *Ibid.*, S. 35.
[22] PEROSA 1954, S. 19.

Erscheinung[23], "phisicorum maxim*us* princeps" (*De Scabie* 35) kann er aber schwerlich je gewesen sein, denn er starb ein Jahr vor seinem Vater, dem sicher ranghöheren Cosimo und war überdies jünger als Piero. Doch ganz abgesehen davon: Wird der *medicus* der Elegie überhaupt namentlich genannt? - Lesen wir zur Prüfung ihren Anfang:

Hei mihi, care pater, quantis mea vita periclis
  Urgetur, quantis conteriturque malis!
Quanque[24] immatura premimur, vir magne, iuventa,
  Quam subeunt durum sydera nostra gradum!
Ah nimium nimiumque premit mea membra, Iohannes,
  Pestis dira, patri res fugienda Iovi,
Pestis dira meos lacerat nunc unguibus artus
  Et macie extenuat, corpus et omne meat. (vv. 1-8[25])

Perosas Interpretation muß demjenigen als die einzig plausible erscheinen, der - wie der Florentiner Gelehrte - den Zusatz außer Acht läßt, der die Verse im *Ashburnhamianus* begleitet. Er lautet:

Quem tibi longa dies dederit, mox iste caveto;
  Postremo genius fiet, amice, tuus.[26]

Erst die Entschlüsselung dieses Distichons weist in unseren Augen den Weg zur richtigen Deutung der Elegie. Es stammt nicht vom Autor der Verse *De Scabie*, sondern von einer Person, die ihn als *amicus* anspricht, *ergo* mit ihm befreundet ist. Wir glauben, daß sie mit dem "Iohannes" der Elegie identisch ist, und daß dieser "Iohannes" nicht der Arzt selbst ist, sondern als weitere Person in einer Art *a parte* angesprochen wird. Diese Annahme ermöglicht es, eine ebenso spekulative wie reizvolle Hypothese aufzustellen, die eine Vermutung Perosas[27] variiert. Perosa nahm an, daß die *Sylva in Scabiem* einst Giovanni Pico übergeben

---

[23] Vgl. u. a. Naldo Naldi, *Elegiae* III 6, v. 18ff.

[24] Perosa liest irrtümlich "Quanquam".

[25] "Weh mir, lieber Vater, wieviele Gefahren bedrängen mein Leben, wieviele Übel zermürben es! Wie werde ich, o großer Mann, schon in unreifer Jugend bedrängt, wie hart trifft es mein Gestirn! Ach, zu sehr, zu sehr peinigt meine Glieder, Giovanni, eine finstere Pest, eine Krankheit, vor der selbst Jupiter fliehen muß, eine finstere Pest zerfleischt mir mit ihren Krallen die Glieder, dörrt sie aus und durchzieht meinen ganzen Körper."

[26] *Laur. Ashburnh.* 1703, f. 106r. Die I-Punkte sind z. T. nach rechts verschoben, so daß statt "genius" "genuis" erscheint und die Lektüre von "fiet" erschwert wird. Übersetzung: "Jener, den dir doch die [gemeinsam verbrachte] Zeit [zum Freund] gab, soll dir bald Beistand leisten. Letztendlich wird er dein Schutzgeist werden." Die Konjunktivform "dederit" erklärt sich aus dem kausalen Nebensinn des Relativsatzes.

[27] PEROSA 1954, S. 11f.

wurde, da der sie enthaltende Kodex aus Picos Umkreis stammt, und dem Werk darin fünf Trimeter vorangestellt sind, die den Grafen von Mirandola preisen. In einem Brief aus dem Jahre 1483 erinnerte Pico Poliziano an gewisse Liebesdichtungen, die er ihm bei seinem ersten Aufenthalt in Florenz (1479) geschenkt habe. Ausgehend davon schlug Perosa vor, daß die *Sylva in Scabiem* damals in einem Verstausch Angelos Gabe an den Freund gewesen sein könnte. Wir erlauben uns, einen Alternativvorschlag zu machen: Poliziano schrieb 1479 im "Exil" von Cafaggiolo zwar eine Dichtung *in Scabiem*, doch handelte es sich dabei nicht um die *Sylva*, sondern um die Elegie *De Scabie*. In ihr nahm er vor Giovanni Pico, dem "Iohannes" des Gedichts, die Pose eines Opfers der Scabies ein. Da die Elegie Scabies explizit als "dea dira" (v. 47) bezeichnet, verbot sich die Übergabe der Verse an Lorenzo, da die Identifikation der Göttin mit Clarice allzu nahe lag[28]. Die *Sylva in Scabiem* entstand nach unserem Dafürhalten erst später, in einer völlig anderen Situation. Bevor wir sie skizzieren, seien noch drei Indizien vorgestellt, die unseres Erachtens die Annahme stützen, daß Poliziano auch die Elegie verfaßte:

1. Laut Perosa deifizierte Poliziano in der *Sylva in Scabiem* die geschilderte Krankheit nicht und ging damit anders vor als 1473 im *Epicedion* auf Albiera degli Albizzi, in dem er Febris als Göttin hatte auftreten lassen:

> Il poeta, per dare alla morte di Albiera un movente sovrumano, creò la figura complessa della dea *Febris*; qui [sc. nella *Sylva in Scabiem*] egli ha rinunziato alla divinizzazione della *Scabies*, trascurando uno spunto che gli veniva offerto da un passo di Prudenzio (hamart. 157-8 *par furor illorum, quos tradit fama dicatis consecrasse deas Febrem Scabiemque sacellis*), ma non ha invece rinunziato al meccanismo di una causalità mitologica [...].[29]

[28] Unbedingt zu erwähnen ist in diesem Zusammenhang die Vermutung Frank-Rutger Hausmanns (geäußert im Gespräch mit dem Verfasser), daß Poliziano einen etymologischen Bezug zwischen dem Clarices Nachnamen, Orsini, und "orso", dem ausgestorbenen italienischen Wort für "Kratzer", hergestellt haben könnte. Laut GDLI ist das Wort in dieser Bedeutung zwar erst beim römischen Dichter Niccolò Zabaglia (1664-1750) belegt; einerseits aber gehört eine 'Kratzbürste' nicht unbedingt zu den bevorzugten literarischen Sujets, andererseits deutet eine spätlateinische Inschrift (CLI 13, Nr. 5703, Langres) mit "VRSAR" in offenbar ähnlicher Bedeutung darauf hin, daß die semantische Ausweitung von *ursus* (und Derivaten) auf borstige Geräte (zunächst wohl nur auf solche aus Bärenfell) schon im Vulgärlatein vorhanden war (Für den Beleg, samt ausdrücklichem Verweis auf it. *orso*, siehe *A Glossary of Later Latin to 600 A. D. compiled by* Alexander SOUTER, Oxford 1949, S. 450).

[29] *Ed.* PEROSA, S. 21.

Ein Blick auf die angegebenen Verse der *Hamartigenia* (samt Umfeld) läßt es jedoch kaum denkbar erscheinen, daß sie Poliziano entgingen:

> inproba mors, quid non mortalia pectora cogis?
> ipse suam (pudet heu!) contempto principe vitae
> perniciem veneratur homo, colit ipse cruentum
> carnificem gladiique aciem iugulandus adorat.
> in tantum miseris peccati nectare captis
> dulce mori est, tanta in tenebris de peste voluptas!
> qui mala principio genuit Deus esse putatur,
> quique bona infecit vitiis et candida nigris!
> par furor illorum, quos tradit fama dicatis
> consecrasse deas Febrem *Scabiem*que sacellis.
> *inventor* vitii non est Deus: *angelus* illud
> *degener* infami conceptum mente creavit,
> qui *prius augustum radiabat sidus et ingens*
> *ex nihilo splendor nutrito ardebat honore.* (vv. 149-62[30])

Alle Voraussetzungen für einen Aneignungsvorgang waren hier für Poliziano gegeben, so daß wir ihn postulieren wollen: *Angelo* Poliziano, Dichter in tiefer Schaffenskrise, der "prius augustum radiabat sidus"[31] und noch früher "ex nihilo" zu "splendor" und "honor" gekommen war - er, der Stern des Medici-Kreises, nunmehr "*angelus* degener", wurde zum "[re-]inventor" der Göttin Scabies[32]. Und zwar in der Elegie *De Scabie*. In der *Sylva* nahm er die Deifizierung dann aus taktischen Gründen zurück, ohne sie allerdings, wie wir im Abschnitt 5.6. sehen werden, vollends aufzugeben.

---

[30] "Ruchloser Tod, wozu zwingst du die Herzen der Sterblichen nicht? Der Mensch selbst - o Schande! - verachtet den Fürst des Lebens und verehrt den eigenen Untergang, er huldigt dem blutigen Schlächter und betet die Schwertspitze an, die ihn erstechen wird. So süß ist der Tod den Elenden, die sich vom Nektar der Sünde betören lassen, so groß ist die Lust, die ihnen, den Umnachteten, ihr Verderben beschert! Wer zu Anbeginn der Welt das Böse gebar, gilt als Gott, wer das Gute mit Lastern beschmutzte und das Weiße mit Schwarzem! Vergleichbar ist der Wahnsinn derer, von denen überliefert wird, sie hätten Febris und Scabies Tempel erbaut und sie darin als Göttinnen verehrt. Nicht Gott ist der Erfinder dieses Lasters: Ein gefallener Engel schuf jenen Gottesbegriff mit verrufener Absicht, ein Engel, der früher als erhabener Stern, als unermeßlich glänzendes, aus Ansehen gespeistes Licht aus dem Nichts hervorstrahlte."

[31] In einem Brief an Lorenzo vom 24. August 1478 (DEL LUNGO, S. 57f.) zitiert Poliziano unter Anspielung auf seine eigene Situation die ersten Worte eines Passus der *Aeneis* (IV 317-23), in dem Dido, den Weggang des Aeneas vor Augen, den Verlust ihrer "fama prior", "qua sola *sidera* adibam", beklagt (vgl. *ed.* Orvieto, S. 48). Die nachfolgende Frage der karthagischen Regentin an ihren Gast, "Cui me moribundam deseris, hospes?", richtete Angelo, ähnlich verzweifelt, indirekt an seinen langjährigen "Gastgeber" Lorenzo, wobei er die Doppelbedeutung von *hospes* ausnutzte (und *sc.* "moribundam" im Geiste zu "moribundum" umschmiedete).

[32] Nach bisheriger Forschungsmeinung setzte die Prudentius-Rezeption Polizianos erst im Jahre 1483 ein. Wir diskutieren (und revidieren) diese Sichtweise im Anhang dieses Kapitels.

2. Sowohl in der Elegie *De Scabie* als auch in der *Sylva in Scabiem* lassen sich Anklänge an ein Gedichtkorpus nachweisen, dem Poliziano in seinen Jahren als Professor am Florentiner *Studio* lebhaftes Interesse entgegenbringen sollte[33]: die Gesänge des spätantiken Dichters Paulinus von Nola auf Felix, den Schutzheiligen des kampanischen Städtchens. Uns ist nicht bekannt, daß das Korpus im Quattrocento massiv rezipiert worden wäre.
In der Elegie *De Scabie* greift der Humanist die Klage eines Delinquenten namens Theridius auf, dem man zur Strafe für seine Vergehen zunächst ein Schwert in eines seiner Augen gerammt hatte, um ihn dann am Galgen aufzuhängen. Nur weil der Henkersknecht vergaß, die Schlinge festzuzurren, ist der Tod des Verbrechers noch nicht eingetreten. Somit bietet sich ihm die Gelegenheit, das Schwert aus dem Auge zu ziehen und den Galgenstrick durchzuschneiden. Freilich zögert er, zur rettenden Tat zu schreiten, denn er fürchtet, das verletzte Auge vollends zu zerstören. In seiner Unschlüssigkeit wendet er sich an den heiligen Felix:

> ei mihi! quanta meos urgent peccata labores,
> qui tantam merui plagam Felici patrono
> vicinoque simul Felicis et insuper ipso
> natali miser excipere? (*Carmen* XXIII 201-04[34])

Die Nähe dieses Aufschreis zu *De Scabie* 1f. ist evident:

> *Hei mihi*, care pater, *quantis mea* vita periclis
> *Urgetur*, quantis conteriturque malis?[35]

In einem dramatischen Hilferuf bittet Theridius seinen Schutzpatron, als Arzt das Leiden seines "infelix alumnus" (v. 208) zu lindern:

> ergo veni, Felix animaeque perenne patronus,
> nunc pro corporeo medicus mihi curre periclo;
> curre, precor, sanctasque manus oppone minanti
> lapsum oculo (vv. 214-17[36])

[33] Vgl. unten das Kapitel 7.
[34] "Weh mir! Wieviele Sünden befördern mein Leiden, wie habe ich armer es nur verdient, eine solche Wunde zu empfangen, wo doch Felix mein Schutzherr und Nachbar ist! Und das alles an seinem Geburtstag!"
[35] "Weh mir, lieber Vater, wieviele Gefahren bedrängen mein Leben, wieviele Übel zermürben es?"
[36] "Drum komm, Felix, eile, Beschützer meiner Seele auf ewig, als Arzt herbei und befreie meinen Leib aus Todesgefahr. Eile doch und rette mit deinen heiligen Händen das Auge, das ich zu verlieren drohe."

Felix steht dem reuigen Sünder bei: Das Auge des Theridius zeigt nach Entfernung des Schwertes auf wundersame Weise keinerlei Spuren der schweren Verletzung mehr, sieht im Gegenteil besser denn je.
Die zuletzt zitierten Verse des Paulinus hallen im Schluß der Elegie wider. Die "sanctas manus" aus den Versen des Paulinus werden dort zwar durch vergilische "medicas manus"[37] ersetzt, der Appellcharakter der Vorlage indes bleibt bei aller Variation (zusätzlich "precor" > "oro", Imperativ > Konjunktiv) erhalten:

At tu, siqua pium tangunt incommoda pectus,
Si Phoebum aut Bacchum Pieridasque colis,
Iam medicas huic, oro, manus (fera pessima cedet!)
Quam primum admoveas admoveasque fidem. (*De Scabie* 57-60[38])

In den *Carmina* des Paulinus findet sich genau eine Episode, die der des Theridius vergleichbar ist. Klagender dort, im *Carmen* XX (v. 144ff.), ist ein Mann aus Avellino, der nach einem Sturz vom Pferd gelähmt ist. Er wird ins Haus des Felix gebracht, von dem er nach dringlichem Flehen ("festinus adesto, / ne mors praeveniat medicum festina morantem", v. 182f.) geheilt wird - ganz ohne Medikamente und schmerzhafte Operationen: Die Fürsprache des Heiligen bei Christus macht ihn gesund. Rückblickend sagt der Genesene:

non pretium statui medico aut fastidia lecti
tristia sustinui, neque per scalpella vel ignes
aut male mordaces *vario de gramine sucus*
saevior et morbis et vulneribus medicina
in corpus grassata meum est (vv. 257-61[39])

Just diesen Passus rezipiert Poliziano in *Sylva in Scabiem* 27f., "Non medicae fomenta manus, non tristia prosunt / pocula et epoti numeros*o e gramine succi*".

---

[37] *Georgica* III 455 (s. unten).
[38] "Doch du - wenn mein Ungemach dein rechtschaffenes Herz rührt, wenn du Phoebus oder Bacchus und die Musen ehrst - setze nun, ich flehe darum, Scabies schnellstmöglich mit deinen heilenden Händen zu (das widerwärtige Untier wird weichen!): Dann wirst du mein Vertrauen zurückgewinnen."
[39] "Ich brauchte keinen Arzt zu bezahlen noch traurige Tage im Bett zu verbringen, noch wurden meinem Körper Heilverfahren wie Operationen, Feuerbehandlungen oder die Verabreichung aggressiver Säfte aus verschiedenen Kräutern zugemutet, die schlimmer wüten als Krankheiten und Wunden."

3. Ein enges Band scheint das Finale der Elegie an einige der Verse zu knüpfen, mit denen der junge Angelo dem wenig älteren Lorenzo die Übersetzung des zweiten Buchs der *Ilias* gewidmet hatte:

Tu tantum lintea vati
Dirige; namque potes. Neque enim, te praeside, Phoebum
Thespiadumque choros non sacri numina Bacchi
Sollicitare velim: solus tu carmina nobis
Ismarium possis afferre aequantia plectrum;
Te duce, vel priscis ausim certare poetis. (vv. 46-51[40])

De Scabie 57-60, oben zitiert, liest sich wie das Negativ der euphorischen Äußerung. Die Sprechsituation der Elegie entspricht der der Dedikation: In beiden Texten wendet sich das Ich an einen Helfer, in beiden Texten wird von den Göttern nur mittelbar Beistand erwartet. Aus dem einen Text spricht das Vertrauen, um dessen Erneuerung der andere fleht.

5.2. *Sylva in Scabiem*: Zur Wiederbelebung eines Gedichttyps

Die "kombinatorische Dichte" der Elegie *De Scabie* ist relativ gering. Sie dürfte rasch entstanden sein. Nicht so die *Sylva in Scabiem*, ein Werk, das ein umfangreiches, sorgfältig ausgewähltes Quellenmaterial verarbeitet[41]. Die raffinierte Komposition hinderte Poliziano nicht daran, sie einer Gattung zuzuweisen, die sie nach der damals aktuellen Anschauung, begründet durch Domizio Calderinis Kommentar zu den *Silvae* des Statius, zur Furor-Dichtung erklärte. Die Kombination von *Sylva* und *Scabies* im Titel des Gedichts erhellt einen ersten Hintergedanken des rhetorischen Manövers: Offensichtlich wollte

[40] Text in DEL LUNGO, S. 434. Übersetzung: "Lenke du deinem Dichter nur die Segel, denn du vermagst es. Unter deinem Schutz möchte ich Phoebus, die Chöre der Musen und den heiligen Gott Bacchus tätig werden lassen. Nur du kannst uns Lieder eingeben, die es mit dem Ismarischen Gesang aufnehmen könnten. Unter deiner Führung würde ich es wagen, selbst mit den ehrwürdigen Dichtern der Antike in Wettstreit zu treten."

[41] Die *Sylva in Scabiem* ist keineswegs der beiläufige Zeitvertreib, als den sie PEROSA 1954, S. 12 ("ricordo non troppo impegnativo di un incontro tra giovani poeti") bzw. S. 52 ("il dotto passatempo del dottissimo letterato"), beurteilte. Schon vor Jahrzehnten kritisiert wurde er für diese Äußerungen von Juliana Hill Cotton ("The subject is too grim and *sentito* to be considered a youthful pastime"), der sich jüngst Orvieto, die amerikanische Philologin zitierend, anschloß (vgl. ORVIETO 1989, S. 2). Auch wir wenden uns strikt dagegen, in der *Sylva* "das Produkt eines jungen ehrgeizigen *Poeta doctus*" zu sehen, "der zeigen will, daß er jeden, auch den widerwärtigsten Stoff sprachlich bewältigen kann" (ADAM 1988, S. 107). Wozu all dieser Aufwand? Wozu die Anrufung des *medicus* Lorenzo, wenn sie jeglicher Substanz entbehrt?

Poliziano die platonische Auffassung des erhabenen *poeticus furor* parodieren, indem er vorgab, daß sein Werk einem *furor* "ὑπὸ νοσημάτων ἀνθρωπίνων"[42] entsprungen sei, einer Gemütserhitzung, die Sokrates ausdrücklich vom edlen Wahn der Dichter unterschieden hatte. Sollten sich die Absichten, die Poliziano bei der Wiederbelebung der Gattung *Sylva* leiteten, nicht in einer solchen Parodie erschöpft haben, so könnte er die Renaissance des Genus auch oder sogar vorrangig vor dem Hintergrund eines Altersbriefs Francesco Petrarcas betrieben haben, der *Senilis* XIV 8.

Der Empfänger der Epistel, Giovanni Boccaccio, muß nach einer einleitenden *excusatio silentii* erst einige Tiraden gegen Ärzte über sich ergehen lassen, die Francesco nach vielen erfolglosen Kuren nun zwar vielleicht noch einlassen, aber keinesfalls mehr ernstnehmen will; sodann erntet er mehr Tadel als Lob dafür, den Freund gegen Neider in Schutz genommen zu haben: Solche Hilfe, gewiß gut gemeint, sei nichts als eine ungebührliche Aufwertung unverschämter Kritiker. Für das Folgende lassen wir Petrarca den Vortritt:

> Proinde tibi persuade, quod primum in literis tuis erat, dixisse Laurentium nescio quem - virum, ut tu ais, doctum, sed profecto nature mearumque rerum penitus inscium - me audita illorum [*sc.* censorum] sententia quam de me tulerant, subito in furorem versum calamum arripuisse ac respondisse - pace sit dictum sua - procul a vero esse. Forsitan sic audivit, sed qui primus hoc dixit, aut erravit medius Fidius aut fefellit. Non in furorem sed in risum egit me meorum iudicum sententia. Utcunque enim vera illa, iudices ipsi erant ineptissimi, neque vero statim sed anno plene elapso calamum responsurus cepi, cum in Padi alveo ascendens et tedio affectus, quid aliud tunc agerem, non haberem; neque id ipsum unquam facturus aut cogitaturus, nisi me Donati nostri perpes indignatio et iuges querimonie acuissent. Obdurui, dilecte, contra invidie tales morsus ab adolescentia [...]. (*Opera*, S. 1039[43])

---

[42] *Phaedrus* 265a-b. Leonardo Bruni, der den Dialog übersetzte, übernahm die Unterscheidung in seine vielgelesene Epistel über Furor an Giovanni Marrasio. Der Brief ist kritisch ediert in: Marrasio, *ed.* RESTA, S. 144-48.

[43] "Was den ersten Punkt Deines Briefes betrifft, nämlich daß irgendein Lorenzo - ein, wie Du sagst, gelehrter Mann, aber fürwahr ohne jedes Wissen über mein Wesen und meine Angelegenheiten - behauptet habe, ich hätte in plötzlicher Wallung zur Feder gegriffen und meinen Kritikern geantwortet, kaum daß ich ihre Meinung über mich vernommen hätte, so laß Dich überzeugen, daß diese Behauptung von der Wahrheit weit entfernt ist. Dein Informant möge es mit Fassung tragen. Vielleicht hat er es so gehört, aber wer es zuerst behauptete, hat sich entweder - Gott sei mein Zeuge! - geirrt oder aber gelogen. Nicht in Wallung, sondern zum Lachen brachte mich das Urteil meiner Richter. Und wäre es noch so wahr, so wären die Richter selbst immer noch völlig ungeeignet, um über mich zu befinden. Nicht sofort, sondern erst nach Ablauf eines Jahres griff ich zur Feder, um ihnen entgegenzutreten. Es geschah eines Tages, als ich den Po hinauffuhr

Hier ist von einem Werk die Rede[44], das ein gewisser Laurentius einem Petrarca zuschreibt, der "subito in furorem versus" zur Feder gegriffen habe. Die Brücke zu Statius' Formulierung, "subito calore", war trotz des unterschiedlichen Status des ersten Elements - im ersten Fall Adverb, im zweiten Adjektiv - für Poliziano leicht zu schlagen. Petrarca behauptet, seine Schrift sei weder aus irgendeiner Erregung heraus noch *di getto* entstanden, sondern vielmehr aus Langeweile (während einer Schiffsreise auf dem Po) und über ein Jahr *nach* den Verleumdungen seiner Feinde, gegen die er im übrigen längst gefeit sei. Einzig, weil ihn ein Freund, Donato Albanzani, gedrängt habe, habe er auf die Anschuldigungen überhaupt reagiert.

Unterstellt man Poliziano, Lorenzo *privatim* zum Pendant von Petrarcas Laurentius erklärt zu haben, kann man für die *Sylva in Scabiem* von einer ähnlich verzögerten Entstehung ausgehen und sie statt auf die Zeit von Cafaggiolo auf die ersten Monate des Jahres 1480 datieren. Sie drängen sich deshalb auf, da sie die einzige Phase nach dem Mai 1479 sind, in der sich Poliziano von Lorenzo vor dessen Tod schmerzlich im Stich gelassen fühlte. Mit anderen Worten: Da Angelo die *Sylva* nur geschrieben haben kann, als er noch Grund hatte, seinen Gönner um existenzielle Hilfe zu ersuchen, und das Gedicht vollendet wurde, erscheint es plausibel, daß der Abschluß der Komposition der Rehabilitierung des Humanisten vorausging, die frühestens kurz vor dem 21. April[45], spätestens aber im Vorfeld des 29. Mai 1480[46] erfolgte. Als Abfassungsperiode bietet sich namentlich die Spanne ab dem Zeitpunkt an, da Poliziano vom glücklichen Ausgang der Mission Lorenzos erfahren hatte[47].

---

und vor lauter Langeweile nichts anderes zu tun hatte. Und ich hätte es überdies nie getan oder auch nur erwogen, es zu tun, wenn mich nicht die ständigen Unmutsäußerungen und dauernden Klagen meines Freundes Donato dazu angespitzt hätten. Denn schon von Jugend an, mein Lieber, bin ich unempfindlich gegen solcherlei Neidattacken."

[44] Es handelt sich um die Schrift *De sui ipsius et multorum ignorantia*, was freilich aus der *Senilis* selbst nicht hervorgeht.

[45] An jenem Tag erhielt Poliziano, wie in der Analyse des *Orfeo* bereits angedeutet, "litteras capellanie et continue commensalitatis cum litteris passus insertis, ut possit cum duabus personis et totidem equitaturis etc. per omnes passus etc. sine ulla solutione etc. ire, stare etc.". PICOTTI 1914, S. 329, sowie TISSONI BENVENUTI 1981, S. 376, zitieren dieses Dokument. Letztere ist geneigt, es als Genehmigung für Poliziano anzusehen, nach Florenz zurückzukehren: eine, wie wir meinen, attraktive Hypothese.

[46] Datum des "strumento notarile", das Polizianos Tätigkeit am *Studio* festlegte (vgl. TISSONI BENVENUTI 1986, S. 62).

[47] Lorenzo zog am 15. März 1480 in Florenz ein. Poliziano erfuhr davon am 19. März, doch kursierten (vgl. *ibid.*, S. 61) Nachrichten vom diplomatischen Erfolg des Medici in Oberitalien spätestens seit dem 16. Februar 1480 (Aschermittwoch, ein Tag nach der Darbietung des *Orfeo*).

In einem Epigramm, das aus dem Frühling des Jahres 1480 stammen muß[48], bat Naldo Naldi Poliziano flehentlich um Rückkehr nach Florenz. Tat er es als einer der "egregii comites" (v. 242), an die der Leidende der *Sylva* appellierte? Fühlte er sich vom Hilferuf aus *Sylva* 237f., "Vos, o, vos fidi quondam et mea turba sodales, / huc huc adventate, meos excindite luctus", angesprochen? Die Alternative, Naldis Verse als das Resultat eines Auftrags des Magnifico einzustufen, den dieser etwa nach der Lektüre der *Lettera apologetica* vergeben haben könnte, mutet weniger überzeugend an, wenngleich Naldo seine Distichen gewiß nicht schrieb, ohne sich zuvor der Rehabilitierungsabsichten Lorenzos versichert zu haben.

Für die zeitliche Nähe der *Sylva* zu Polizianos Verteidigungsbrief vom 19. März 1480 spricht ein beiden Texten gemeinsames, markantes Bild aus dem Feld der Medizin. Zum Vergleich beide Stellen, zunächst der Prosatext:

> et quid non iam sperare invidia ausit? quid non procedere maledicus iam possit? multi in Alexandri Magni aula fuisse detractores feruntur, qui omnes unanimi impetu amicissimum quemque regis infestis cornibus impetebant; quorum cum forte unus socios adhortaretur, ut primus quisque illum apud regem calumniaretur[49], eique non procedere calumniam responderent, quod scilicet inflictum crimen purgando mox curaretur: "tanto ergo" inquit "magis agite; nunquam enim ita calumniae *vulnus* ad sanum coit, ut non *cicatrix* remanserit". atque haec, ut arbitror, huiusmodi est *cicatrix* ut, *si iterum atque iterum exulceretur, in pernitiosam vomicam minimeque sanabilem evadat.* (*ed.* PICOTTI 1915, S. 99[50])

> Si tamen arentes *vulnus* conduxerit oras
> Spemque animo dederit sacrum expugnare veternum,
> Nulla fides: nostro subeunt in corpore obusto
> Continuo ardentes papulae recidivaque pestis

[48] Abgedruckt in PICOTTI 1915, S. 103. Naldi war nach der *Congiura de' Pazzi* selbst längere Zeit in Venedig gewesen, spätestens am 1. März 1480 aber wieder in Florenz; vgl. DELLA TORRE 1968 [1902], S. 675.

[49] *Ed.*: "adhortaretur, ut primum quemque apud regem calumniarentur". Dies ist grammatisch möglich, ergibt aber keinen rechten Sinn.

[50] "Was wagte Neid nicht schon zu erhoffen? Was kann eine böse Zunge nicht alles in Gang setzen? Viele Verleumder soll es im Palast Alexanders des Großen gegeben haben, die einmütig mit feindseligen Kriegssignalen auf einen engen Freund des Königs losstürmten. Als einer von ihnen seine Mitstreiter dazu aufforderte, jenen der Reihe nach beim König mit Anschuldigungen zu überhäufen, und diese ihm entgegneten, daß dem Opfer daraus keine Schmach erwachsen werde, da es sich vom erhobenen Vorwurf bald wieder reinwaschen werde, da sagte er: 'Treibt die Sache um so mehr voran. Niemals nämlich heilt die Wunde der Verunglimpfung so weit aus, daß nicht eine Narbe zurückbliebe.' Und zwar, wie ich meine, eine Narbe, die, wieder und wieder aufgerissen, zu einem verderblichen und gänzlich unheilbaren Geschwür wird."

Pullulat heredemque sibi moribunda *cicatrix*
Parturit. (*Sylva* 79-84[51])

Außer auf dieser punktuellen Gemeinsamkeit ist auch auf Orvietos Feststellung[52] zu insistieren, daß Poliziano sowohl in der *Lettera apologetica* als auch in der *Sylva* ausführlich auf seine persönlichen Verdienste zurückblickt. Wenn die Rückschau in der *Scabies*-Dichtung nur Ereignisse umfaßt, die vor der Zeit von Cafaggiolo liegen, so dürfte dies schlicht dem Schachzug zuzuschreiben sein, das Werk als Frucht jener Periode auszugeben. Die parallele Verwendung des Narbenbildes läßt im übrigen Schlüsse auf die metaphorische Dimension der Scabies in der *Sylva* zu. Da der Verteidigungsbrief von einem nicht heilen wollenden "calumniae vulnus" spricht, dürfte auch die Krätze nunmehr für Verleumdung allgemein stehen, zumal Clarice im Frühjahr 1480 für den Humanisten gewiß nicht mehr die wichtigste Gegnerin war. Nicht vergessen werden sollte in diesem Zusammenhang, daß sich auch Petrarca in der erwähnten *Senilis* gegen seine "censores" gewandt hatte[53].

---

[51] "Sollte eine Wunde dennoch ihre spröden Ränder zusammengeführt und dem Herzen Hoffnung gegeben haben, die 'heilige Trägheit' zu überwinden, so ist dem nicht zu trauen. Auf meinem verbrannten Körper bilden sich ständig neue brennende Pusteln, die Pestbeulen kehren massenhaft zurück, jede Narbe gebiert sich im Absterben eine Nachfolgerin."

[52] *Ed.* ORVIETO, *ad versus* 245-64.

[53] Die Rezeption einer weiteren *Senilis* erhärtet die Assoziation zwischen *Scabies* und mißgünstigen Gegnern Polizianos. Aus ihr erhellt, daß die Pellegenae ("Hautgeborene"), phantastische Insekten im Dienst der Scabies, deren peinigendes Wirken in *Sylva* 118-225 beschrieben wird, als Exekutoren der *invidia* zu verstehen sind. In *Sen.* V 3 erging sich Francesco in Wutausbrüchen gegen die Scholastiker, da sie jegliche Art von Poesie verurteilten. Nach diesem *sfogo* hielt er es für angebracht, sich für die allzu brüsken Töne bei seinem Adressaten, Giovanni Boccaccio, zu entschuldigen: "Scito me, amice, acri stomacho hec iratum loqui. Surgunt his diebus dialectici non ignari tantum sed insani, et *quasi formicarum nigra acies* nescio cuius cariose quercus e latebris *erumpunt*, omnia doctrine melioris arva vastantes. Hi Platonem atque Aristotelem damnant, Socratem ac Pythagoram rident. Hec, Deus bone, quibus hec ducibus quam ineptis agunt! Nolo ego nomen facere, quibus ipsa res nullum fecit, etsi furor ingens faciat; nolo inter maximos ponere, quos inter minimos vidi." (*Opera*, S. 880). Poliziano erinnerte sich dieser Stelle, als er in *Sylva* 186-96 (mit Vergil, *Aeneis* IV 402-07, als Hauptquelle) das Wimmeln der Pellegenae dem von Ameisen verglich:

vix, ubi flaventes iam surrigit area messes,
tam multae *erumpunt* caveis sudataque longum
formicae ancipiti populantur forcipe farra:
iamque attrita diu crebro pede gramina signans,
terrigena ingreditur legio, repetitaque genti
graniferae innumero describitur orbita passu;
instat *nigra cohors* operi: pars dura fatigat
agmina, pars tremulis adnutans cornibus ultro
itque reditque frequens; haec magnum versat acervum
praedatrix, haec immodico sub pectore sudat,

Setzt man Polizianos Täuschungsmanöver voraus, bleibt die Frage, was Angelo überhaupt dazu bewog. Es mag die Notwendigkeit gewesen sein, die *Orfeo*-Strategie nicht zu gefährden. Wollte Poliziano Lorenzo nämlich glauben machen, bei der Darbietung der *Fabula* eine definitive stoische Katharsis erfahren zu haben, oder hatte er es via Baccio Ugolini bereits getan, dann hätte er sich einen Bärendienst erwiesen, wenn er den Medici noch nach dem 15. Februar 1480 mit einem Lamento bedacht hätte, ohne ihm ergänzend mitzuteilen, daß es sich um ein Werk aus mittlerweile bewältigter Vergangenheit handle. Aus der Lektüre der *Senilis* XIV 8 hätte Poliziano, falls unsere Hypothese zutrifft, ein Verfahren entwickelt, das nicht nur dieser Bedingung genügte, sondern ihm zudem erlaubte, trotz vorgeblicher Leidenschaftslosigkeit einen pathetischen Rettungsappell an seinen langjährigen Mäzen zu lancieren.

* * *

Die Überlieferungsgeschichte legt nahe, daß das einzig erhaltene Exemplar der *Sylva in Scabiem* ins östliche Oberitalien gelangte[54]. Zu Pico, der nach unserer Vermutung in ihrer Vorläuferin angesprochen wurde? So muß es gewesen sein. Nicht allein die fünf Trimeter, die der *Sylva* im *Palatinus* 555 vorausgehen, bekräftigen seinen priviligierten Leser-Status. In der bereits erwähnten Epistel von 1483, die Poliziano an die Übergabe eigener Verse vier Jahre zuvor in Florenz erinnerte, bat der Graf um Gewährung dreier Schriften des Freundes: der *Stanze*, der Übersetzung der *Ilias* und der Version des *Enchiridion*[55]. Nur letztere sollte er erhalten. Auf den Gedanken, die beiden anderen Werke anzufordern, brachte ihn nahezu sicher der ausführliche Rückblick auf deren Entstehungsgeschichte in *Sylva* 245ff. Die zweite *Scabies*-Dichtung dürfte Pico durch die thematische Nähe zu ihrem elegischen Vorläufer aber auch generell an "Florenz 1479" erinnert haben. Falls des Grafen erstes Verweilen *all'ombra del Lauro* sich mit der Zeit der Übersetzung des *Enchiridion* überschnitt[56], weckte die *Sylva* demnach wohl auch den Wunsch nach dem stoischen Handbuch. Ob sie selbst erst 1483 zu Pico gelangte, muß dahingestellt bleiben.

---

astruit illa domi fruges atque horrea complet.

Petrarcas Beitrag zu diesem lexikalischen Feuerwerk ist ebenso bescheiden wie signifikativ.

[54] Zur Herkunft des Faszikels, in dem sich die *Sylva* befindet, vgl. PEROSA 1954, S. 10.

[55] Vgl. *ibid.*, S. 11f.

[56] Uns ist keine Monatsangabe für Picos ersten Aufenthalt in Florenz 1479 bekannt.

5.3. Die Abwandlung der *deprecatio senectutis* in den *Scabies*-Dichtungen Polizianos

Laut *Senilis* III 5 wurde Petrarcas Krätze im Alter derart lästig, daß sie ihn in eine tiefe Schaffenskrise stürzte. Folgt man der Elegie *De Scabie*, so zeigte die Krankheit bei ihrem Autor schon wesentlich früher vergleichbare Wirkungen:

> Quanque immatura premimur, vir magne, iuventa,
> Quam subeunt durum sydera nostra gradum! (v. 3f.[57])
> [...]
> Quin etiam Musas prohibet sacrumque Helicona
> Haec [scabies] colere atque ullum fingere pedem. (v. 41f.[58])

Ein Blick auf das erste *Carmen* der *Consolatio* des Boethius erschließt die Motivation des Adjektivs "immatura":

> Gloria felicis olim viridisque *iuventae*,
> solantur maesti nunc mea fata senis.
> Venit enim properata malis inopina senectus. (vv. 7-9[59])

Für den Klagenden der Elegie ist nicht die *iuventa*, sondern die *adolescentia* verflogen. Boethius hatte demgegenüber die *senectus* verwünscht und die *iuventa* verherrlicht. Die *Sylva*, wohl kurz nach dem *Orfeo* entstanden, in dem Poliziano seinen Übertritt in die *senectus* inszeniert hatte, läßt ihren *aeger iuvenis* auf seine glückliche *adolescentia* wie auf ein fernes Einst zurückblicken - in völlig neuer Ausführlichkeit:

> Ille ego sum, o socii, quanquam ora animosque priores
> Fortuna eripuit, qui *quondam* heroa canendo
> Proelia et exhaustos rhoeteo in Marte labores,
> *Ibam* altum spirans; quique *olim* immania bella
> Cosmiadae etruscis *aggressus* credere Musis,
> *Cantabam* patulo quantum sese aequore ferret
> Iulius armipotens, cum suspiratus amanti
> Ah nimium! nymphae, ferratos durus in hostes
> Ingrueret, sublime volans, claususque minaci
> Casside et undantem flammis thoraca coruscoque

[57] "Wie werde ich, o großer Mann, in unreifer Jugend bedrängt, wie hart trifft es mein Gestirn!"
[58] "Ja, die Krätze verbietet es sogar, die Musen und den heiligen Helikon zu ehren und irgendeinen Vers zu schmieden."
[59] "Die [Musen, die] einst der Ruhm beglückter und prangender Jugend [waren], / trübe trösten sie jetzt meines, des Greises Geschick. / Denn durchs Unglück gar rasch kam unerwartet das Welken / [...]." (Übersetzung: K. Büchner).

Umbonem Phoebo radiatus, iapige campum
Persultarit equo, ac tota cervice superstans,
Arma, viros victor subversaque quadrupedantum
Pectora pulvereis trifida trabe funderet arvis:
Altaque magnanimi vel bello exempla secutus
Fratris, olympiaco iuvenilia tempora ramo
Cinxit et aeternum peperit sibi Marte triumphum.
Haec *quondam* memorata mihi: nunc dira canenti
Pallida tartareis, metuendum, assibilat hydris
Eumenis, umbriferique allatrat ianitor antri.
Guttura triste sonant, numeri ferale gemiscunt;
Ipsa, meis stupefacta malis, lachrymabile carmen
Dat chelis et dominum delamentatur ademptum (vv. 245-67[60])

Perosa leitete aus diesen Versen ab, daß die *Sylva* nur zu einem Zeitpunkt entstanden sein könne, da Poliziano noch an die Fertigstellung der *Stanze* glaubte: Die Abfassung der *Sylva* wäre somit "da riportarsi agli inizi della composizione"[61] des volkssprachlichen Werkes. Wir teilen diese Ansicht nicht im mindesten. Es trifft zwar zu, daß viele der in den Hexametern erwähnten Teile der *Stanze* nicht in der 1494 veröffentlichten Fassung des Werkes erscheinen sollten; Poliziano hatte sie aber im Proömium der Dichtung angekündigt, und seine Entwürfe können sich weit über die Szene hinaus erstreckt haben, an der er das Opus letztlich mit einem notdürftigen Schluß versah. Die Imperfektformen deuten im übrigen klar auf einen längeren Zeitraum in der Vergangenheit hin: *cantabam*, 'ich war dabei, zu singen' etc. Vor allem aber sind die Adverbien *quondam* und *olim* nicht mit Perosas These vereinbar: "Olim aggressus" heißt 'vor langer Zeit in Angriff genommen', verweist also auf die Ferne des Beginns. Und selbst die Zeit der Arbeit an den *Stanze* liegt weit zurück: "quondam ... ibam altum spirans". Es besteht eine nicht zu

---

[60] "Ich bin es, Gefährten, (obwohl Fortuna mir das Antlitz und die Tatkraft früherer Zeiten raubte), der einst hoch hinaus wollte, als er heldenhafte Kämpfe und die Taten auf dem Schlachtfeld von Troja besang; der es einst in Angriff nahm, die außerordentlichen Gefechte des Cosimo-Enkels den toskanischen Musen anzuvertrauen, und sang, wie schnell der waffenstarke Iulo auf offenem Feld dahineilte, als er, von den (weh, zuvielen!) Seufzern der ihn liebenden Nymphe begleitet, fest entschlossen auf wehrhafte Feinde losstürzte in hehrem Flug; wie er, das Antlitz unter dem dräuenden Helm verborgen, beglänzt vom Sonnenlicht, das am wogenden Panzer und am Schild aufflammmte, mit seinem apulischen Roß umherpreschte; wie er, um Kopfeslänge aus dem Gewimmel ragend, Waffen, Gegner und Pferde mit dreifach gezacktem Stab in den Staub warf: Er folgte dem hohen Beispiel des großherzigen Bruders auch im Kampf, krönte sich die jugendlichen Schläfen mit olympischem Laub und erwarb sich durch seine Kriegstüchtigkeit ewigen Ruhm. All dies habe ich einst erzählt. Jetzt aber züngelt furchterregend die bleiche Eumenis, des Sängers Schrecken, mit ihren höllischen Schlangen, und es bellt mich an der Hüter der Schattenwelt. Die Kehle tönt traurig, ihre Verse sind wilde Seufzer. Selbst die Leier steht im Bann meiner Leiden und beklagt mit jammerndem Lied den Verlust ihres Herrn."

[61] *Ed.* PEROSA, S. 43.

leugnende, tiefe Zäsur zwischen einem Einst und dem Jetzt des Gedichtes, die im Vergleich zum vorhin betrachteten *Carmen* des Boethius nur verschoben ist. Dort fiel der Hiat zwischen *iuventus* und *senectus*, in der *Sylva* liegt er zwischen *adolescentia* und *iuventus*. Unterstrichen wird er in beiden Werken durch ein *quondam* zu Beginn des Rückblicks[62], dem Poliziano am Ende seiner Retrospektive (v. 262) ein weiteres zur Seite stellt. Perosas Anmerkung zur Okkurrenz des Zeitadverbs in *Sylva* 246, "questa determinazione temporale e quelle che poi seguiranno [...] non vanno prese alla lettera"[63], entbehrt jeder Grundlage.

Die Tiefe der Zäsur, die das Opfer der Scabies von seinem einstigen Glück trennt, resultiert auch aus der Übernahme bestimmter Quellen in *Sylva* 245ff. Eine von ihnen, das *Carmen* zu *Fam.* VII 14 γ, in dem Petrarca sein erfolgloses Ringen mit der *Africa* zur Sprache bringt, erwähnten wir bereits in der Analyse des *Orfeo*. Perosa selbst brachte eine weitere ins Spiel, *Silvae* V 3[64]. Das Motiv ihrer Einbeziehung nennt er nicht, obschon es auf der Hand liegt: Durch eine Anleihe aus Statius' Klage über den Tod seines Vaters wollte Poliziano sein Gefühl kundtun, seinen geistigen Vater Lorenzo de' Medici verloren zu haben.

Auch außerhalb der rückblickenden Verse der *Sylva* unterstreichen Rezeptionsvorgänge den Einschnitt zwischen der Vergangenheit und der Gegenwart des Gedichts. So sind einige Elemente der ersten Elegie des Maximian in das Krankheitsbild der *Sylva* eingeflossen, in der sich der spätlateinische Dichter wie später Petrarca als alten Mann dargestellt hatte, der zum Opfer einer durch *scabies* verursachten Schaffenskrise wurde. Stefano Carrai hat Polizianos Entlehnungen aus der Elegie einen Aufsatz gewidmet[65], unterließ es aber zu erwähnen, daß Maximian zu Beginn seiner Dichtung von sich behauptet hatte, in jüngeren Jahren ein weltberühmter Redner und gefeierter Dichter gewesen zu sein, der reichen Lohn für sein glänzendes Wirken erhalten habe: "Et merui linguae praemia grata mihi" (I 14). Solchen Lohn beanspruchte auch der sich als "*Scabies-*

[62] Vgl. - mit *Sylva* 245ff. - den Auftakt der *Consolatio*:
Carmina qui *quondam* studio florente peregi
flebilis heu maestos cogor inire modos.
Ecce mihi lacerae dictant scribenda Camenae
et veris elegi fletibus ora rigant. (I 1-4)

[63] *Ed.* Perosa, S. 43.

[64] Vgl. *ed.* Perosa, S. 42 (*ad versus* 245-91).

[65] Carrai 1988, S. 278ff.

Opfer" gebärdende Poliziano[66]. Er wollte von Lorenzo in eine *viridis senectus* überführt werden, ins Gegenteil des beschwerlichen Alters, das Boethius und Maximian einer *deprecatio* unterzogen hatten. Anfang 1480 war dieses Verlangen aktueller denn je: Polizianos Hoffnung auf berufliches Glück war im Dezember 1479 vorläufig zerronnen, und er hatte allen Grund, einer Sentenz des Maximian zuzustimmen, die schon die Elegie *De scabie* als Motto hätte zieren können: "Laudat praeteritos, praesentes despicit annos" (I 197).

5.4. Ovid, Poliziano und ihre untreuen Freunde

"Ille ego sum, o socii, quanquam ora animosque priores / Fortuna eripuit", lauten die Worte, mit denen der Rückblick der *Sylva* anhebt. Sie sind mit Bedacht einer Klage nachempfunden, die der verbannte Ovid an einen untreuen Freund gerichtet hatte (*Ex Ponto* IV 3):

dum mea puppis erat valida fundata carina,
  qui mecum velles currere, primus eras.
nunc, quia contraxit vultum *Fortuna*, recedis,
  auxilio postquam scis opus esse tuo.
dissimules etiam, nec me vis nosse videri,
  quisque sit, audito nomine, Naso, rogas.
ille ego sum, quamquam non vis audire, vetusta
  paene puer puero iunctus amicitia;
ille ego, qui primus tua seria nosse solebam
  et tibi iucundis primus adesse iocis;
ille ego convictor densoque domesticus usu,
  ille ego iudiciis unica Musa tuis.
ille ego sum, qui nunc an vivam, perfide, nescis,
  cura tibi de quo quaerere nulla fuit. (vv. 5-17[67])

---

[66] Am wenigsten verschlüsselt in der *Lettera apologetica*, in der es Poliziano als die Praxis seiner Neider beschreibt, zur Verschleierung ihrer eigenen Unfähigkeit "aliorum [...] honores ac praemia laborum corrumpere" (*ed.* PICOTTI, S. 95).

[67] "Jetzt, da das Glück mir ein finstres Gesicht macht, ziehst du zurück dich / weil du vernahmest, daß jetzt ich deiner Hilfe bedarf. / Ja, du verleugnest mich, gibst dir den Anschein, mich nicht zu kennen, / fragst, wer Naso denn sei, wenn man den Namen dir nennt. / ich bin's, ob du es gleich nicht zu hören wünschst, der durch frühe / Freundschaft fast noch als Kind dir, einem Kind, sich verband; / ich bin's, der deine ernsten Gedanken als erster gekannt hat, / der als erster mit dir heitere Scherze geteilt; / dein Kamerad war ich, dein Vertrauter in ständigem Umgang; / Dichter von einzigem Wert war ich nach deinem Geschmack; / ich bin's, Falscher, von welchem du jetzt nicht weißt, ob ich lebe, / ich, nach welchem du längst nimmer zu fragen beliebst." (Übersetzung: W. Willige).

Als sich Poliziano mit dem Ruf "Vos, o vos fidi quondam et mea turba sodales" (*Sylva* 237) aus der Mantuaner Ferne an seine einstigen Freunde wandte, variierte er gleichfalls Anredeformeln des exilierten Naso:

O mihi non dubios inter memorande *sodales* (*Ex Ponto* IV 13,1)

O mihi post ullos numquam memorande *sodales* (*Tristia* I 5,1)

O mihi dilectos inter pars prima *sodales* (*ibid.*, IV 5,1)

vos quoque, consortes studii, pia *turba*, poetae (*ibid.*, V 3,43)

Tu quoque, nostrarum *quondam fid*ucia rerum,
qui mihi confugium, qui mihi portus eras,
tu quoque suscepti curam dimittis amici,
officiique pium tam cito ponis opus? (*ibid.*, V 6, vv. 1-4[68])

Der letzte Beleg leitet über zur Anrede Lorenzos in *Sylva* 293f.:

tu quoque te nostro, sic Parcae stamina versant,
subtrahis aspectu, requies o sola laborum[69]

5.5. Petrarca, Poliziano und ihre "Ärzte"

Petrarcas literarische Aktivitäten wurden im Alter häufig durch - nicht metaphorische - Krätze beeinträchtigt. *Senilis* III 5, *De tedio scabiei et medicorum remediis*, legt davon beredt Zeugnis ab. Empfänger der Epistel ist Giovanni Boccaccio, der seinerseits kurz vor seinem Tod einem Freund, Mainardo Cavalcanti, die eigene *scabies* schildern sollte[70].

---

[68] "Du auch, auf den ich dereinst vertraute in jeglicher Lage, / der du mir Zufluchtsort, der du ein Hafen mir warst, / du auch entziehst dich dem Freunde, für den du zu sorgen gedachtest? / Legst du nieder der Pflicht heilige Bürde so bald?" (Übersetzung: W. Willige).

[69] "Du auch entziehst dich - so wollen es die Rocken der Parze - unserem Anblick, einziger Ruhepol für meine Leiden." - Wie wenig Lorenzo in den Augen Polizianos seiner Vater-Rolle gerecht wurde, zeigt ein Blick auf die andere Quelle dieser Verse, *Aeneis* VI 697f.: "Da iungere dextram, / da, genitor, *te*que *amplexu ne subtrahe nostro*".

[70] "Posquam [*sic*] igitur [...] te ultimum vidi, semper vita fuit fere simillima morti, afflicta tediosa et sibimet odiosa, non unico tantum vexata stimulo. Nam ante alia incessabilis michi et igneus pruritus fuit et est, sic et scabies sicca cuius abradere squamas aridas et scoria die noctuque vix sufficit unguis assidua, preterea ventris ponderosa segnities, renium perpetuus dolor, splenis turgiditas, bilis incendium, tussis anhela, raucum pectus et attonitum caput, necnon et alia plura [...]. Ex quibus fit ut michi sit celum inspicere grave, onerosa corporea moles, titubans gradus,

Immer wieder ging Petrarca mit den Ärzten und ihrer Kunst ins Gericht[71]. Texte, die an befreundete *medici* gerichtet sind, sind dabei die Ausnahme. Das prominenteste Beispiel ist hier das zwölfte Buch der *Seniles*. Es besteht aus zwei Episteln, deren Empfänger jeweils Giovanni Dondi ist, den Petrarca als führenden Vertreter ("princ*ipem* Medicorum huius temporis aut unic*um* aut un*um* ex paucis"[72]) seines Standes skizziert, "e communi grege [*sc.* crebrorum medicorum ac plebeiorum] segregatum, unde Egregii nomen oritur"[73]; dazu als Freund der Dichtkunst. Angesichts dieser Vorgabe war Lorenzo de' Medici, "il Magnifico", für Poliziano zwar der ideale "Nachfolger" Dondis, doch sind einige Unterschiede zwischen den *Seniles* und der *Sylva* unübersehbar.

Petrarca versucht seinem Arzt in einem halbernsten "ludus"[74] (stets an der Schwelle zur "satyra"[75]) aufzuzeigen, daß die Heilkunst völlig wertlos sei. Um die Kritik verträglich zu machen, stellt der Humanist grundsätzlich fest:

> Ego in te personam duplicem considero, et amici scilicet et medici. Cum amico ita michi omnia conveniunt [...]. Cum medicis autem multarum et magnarum rerum vetus et indecisa lis est; quamve de nichilo natam putes, experientia longior et observatio intenta michi peperit, cum, ut verum fatear, perraro viderim illius artis effectus pollicitis respondere, quod non minus contra animi mei naturam est quam contra naturam corporis venenum.
>
> Hec idcirco premiserim, ne forte animus tuus orationis mee turbetur aculeis. Etsi unum enim sis nec re ipsa divisionem pati possis, intellectu tamen etiam individua dividuntur. Siquid igitur dulce hic legeris ac pacatum, amico dictum accipe, siquid amariusculum, in medicum dici puta et indignari desine et mirari, et tecum dicito non Ioanni loquitur sed medico. (*Opera*, S. 1000[76])

---

tremule manus, pallor stigius, appetitus cibi nullus et rerum omnium displicientia; odiose michi sunt littere, et qui nuper amantissimi erant libelli displicent, animi remisse sunt vires, memoria fere nulla et hebes ingenium. Et quod michi precipuum solamen erat, sublatum est: Muse, quarum celesti cantu oblectabar aliquando tangenti Marone et Petrarca nostro aliisque nonnullis sacro plectro castaliam liram, obmutuere [...]; et breviter, in tristitiam tendunt omnia mea. [...] Remedia nulla michi sunt, nec hic medicus nec medela, etsi sit nulla michi fides in illis." (*Epistolae* XXI). Man beachte die Akzentuierung des Motivs der Schaffenskrise! - Greift die *Sylva* Boccaccios Klage auf? Gewann Poliziano "titubant gressus" (*Sylva* 18) aus "titubans gradus"?

[71] Prominentestes Beispiel sind natürlich die *Invective contra medicum*.

[72] *Opera*, S. 991.

[73] *Ibid.*, S. 1001f.

[74] *Ibid.*, S. 991.

[75] Vgl. *ibid.*, S. 1002.

[76] "Ich sehe in dir zwei Personen, den Freund und den Arzt. Mit dem Freund stimme ich in allem überein. [...] Mit den Ärzten aber führe ich seit langem einen unentschiedenen Streit über viele bedeutende Dinge. In diesen Streit, von dem Du glauben magst, er sei aus dem Nichts entstanden, trieben mich lange Erfahrung und aufmerksame Beobachtung. Um die Wahrheit zu sagen, erkannte

Was er erreichen wolle, sei lediglich:

> ut tantisper et tu curas meas rideas et ego malorum presentium obliviscar ac morborum qui me agmine facto, ut Satyricus ait, circunsiliunt et infestant. (S. 991f.[77])

Polizianos Ziele waren weit weniger bescheiden. Er verlangte von seinem "Arzt" "Heilung" von seiner metaphorischen Krankheit. Die *Sylva* trug Lorenzo (und seiner Umgebung) ein ernstes Anliegen vor.

Nicht erhörte Liebe wird in klagenden Versen aller Epochen als Qual beschrieben, gegen die kein Kraut, kein Arzt etwas ausrichten könne. Poliziano überträgt diesen Topos in *Sylva* 27-52[78] auf die *Scabies*. An die Stelle der unwilligen Geliebten, die es allein in der Hand hat, die Qualen zu beenden, tritt bei ihm Lorenzo[79]. Der

---

ich, daß die tatsächlichen Wirkungen der Heilkunst äußerst selten den verheißenen entsprechen, was nicht minder Gift für meinen Geist als für meinen Körper ist.
Diese Erklärung möchte ich deshalb vorangestellt haben, damit Du nicht durch die Stachel meiner Rede in Wallung gerätst. Wenn Du auch ein und derselbe bist und keine konkrete Teilung Deiner selbst hinnehmen kannst, so läßt sich durch die Vorstellungskraft doch auch Unteilbares teilen. Wenn Du also hier etwas Angenehmes und Gemäßigtes liest, dann fasse es als Äußerung an den Freund auf; stößt Du indes auf bittere Worte, dann glaube, sie seien gegen den Arzt gerichtet, empöre und wundere Dich nicht und sage Dir, daß sie nicht Giovanni gälten, sondern dem Arzt."

[77] "... daß Du ein wenig über meine Sorgen lachst, und ich eine Zeitlang meine gegenwärtigen Leiden vergesse, die mich, um Juvenals Worte aufzugreifen, im Bataillon umzingeln und bestürmen."

[78] Ergänzung zu den Kommentaren Perosas und Orvietos: Die Umschreibung des Melampos in der Klausel von *Sylva* 36, "genitusque Amythaone *vates*", ist durch den Versschluß von Ovid, *Met.* XV 325, "*Amythaone natus*", geprägt.

[79] Auch die Klausel von *Sylva* 237, "mea turba sodales", deutet auf eine ähnliche Substitution hin. Vgl. Ovid, *Remedia Amoris* 583-86:

tristis eris, si solus eris, dominaeque relictae
  ante oculos facies stabit, ut ipsa, tuos.
tristior idcirco nox est quam tempora Phoebi:
  qua relevet luctus, *turba sodalis* abest.

Qua Rezeption von v. 586 scheint Poliziano die "domina relicta" aus v. 583, deren Ferne den Liebenden schmerzt, zum Analogon Lorenzos erklären zu wollen.
Die wahrscheinlich pseudo-boccacceske Kanzone *Tant'è 'l soperchio de' miei duri affanni* (*ed.* BRANCA 34) bietet einen interessanten Vergleichstext, zumal ihr Congedo die angesprochene Dame "[il] verde lauro" (v. 109) nennt, was die Übertragung von Laura zu Lorenzo erleichtert haben könnte. Die Ich-Stimme der Trecento-Dichtung beklagt ganz in der Art des *patiens* der *Sylva* erlittenes Unrecht und ruft die Geliebte als einzig möglichen "medico" (v. 100) an:

Or, pel soperchio, donde Amor m'abbatte,
e per le 'ngiurie (po' che mi son fatte
da cui io non potre' mai meritallo),
madonna, in questo stallo
io mi ritruovo sì d'angoscia pieno,
e sdegno, che non meno
che per gran rabbia le carni mi rodo
chiamando morte a romper questo nodo.

Transfer sichert dem Magnifico eine herausragende Position unter den übrigen *medici*. Vielleicht orientierte sich Poliziano für seinen Katalog ärztlicher Machtlosigkeit an einem wenige Jahrzehnte vor der *Sylva* entstandenen Sonett des Florentiners Giovanni de' Pigli...

Ipocrate, Avicenna e Galieno
e quel del Garbo maestro Tommaso,
quel de la Penna, che fu ampio vaso
di medicina, e tutti gli altri a pieno
dottor moderni, che stati sono e fieno,
con tutti quei che bevono a Parnaso,
curar volessono il mio infortunio caso,
tutti adunati insieme non saprieno.
[...]
Ma presto diverrei un corpo sano,
sol riveggendo gli occhi, che feruto
m'hanno il cor lasso, e viverci giocondo. (vv. 1-8, vv. 12-14[80])

... oder aber an Piglis Modell, einem Sonett Giovanni Boccaccios (LXXXVI):

Ipocrate, Avicenna e Galieno,
diamante, zafir, perla o rubino,
brettonica, marrobbio o rosmarino,
psalmo, evangelio e orazion ven meno;
piova né vento, nuvol né sereno,
mago né negromante né indovino,
tartaro né giudeo né saracino,
né povertà né doglia, ond'io son pieno,
poteron mai del mio petto cacciare
questo rabbioso spirito d'amore,
ch'a poco a poco alla morte mi tira.
Ond'io non so che mi debba sperare;

Però madonna mia, mi perdonate
s'a troppa sicurtà vi paio scorso,
ch'*al mio dolor soccorso*
né rimedio ci trovo altro che 'l vostro.
Voi mi deste dapprima il duro morso,
onde l'altre fatiche mi sono nate,
e sì multiplicate,
che nol diria con lingua o con inchiostro.
Ond'io se la mia piaga non dimostro
al *medico*, che sa e può curarla,
potrebbe diventar cosa mortale.
Altro che 'l vostro aiuto non mi vale,
altro che voi non potrebbe sanarla. (vv. 83-103)

[80] *Ed.* Lanza 1975.

e ei d'ogn'altro affan mi caccia fuore,
e, come vuol, m'affligge e mi martira.

"Questo rabbioso spirto d'amore", schrieb Boccaccio: Von *rabies* zu *scabies* war es nicht nur lautlich kein weiter Weg. *De Scabie* identifiziert beide Termini gar ausdrücklich miteinander[81].

Die Junktur "medicas manus" aus dem Schlußappell der Elegie entstammt der bekanntesten antiken Schilderung einer *scabies*, der Schafspest aus *Georgica* III 441ff. In der Darstellung Vergils wird die *scabies ovina* erst durch das Säumen des Hirten zur wahren Katastrophe, denn die tödlichen Folgen der Seuche hätten verhindert werden können, wenn der *pastor* - durch seine "ärztlichen Hände" nicht nur als "Führungsperson" dem Medici assoziierbar - beizeiten eingegriffen hätte:

alitur vitium vivitque tegendo,
dum *medicas* adhibere *manus* ad volnera pastor
abnegat (vv. 454-56[82])

In den Versen *De Scabie* wird einerseits behauptet, die Krätze sei mit ärztlichen Instrumenten nicht zu kurieren (v. 51, "Quin etiam ferro non est medicabilis ullo"), andererseits aber dem "phisicorum maxim*us* princeps" (v. 35) die Fähigkeit zugeschrieben, sie zu besiegen. Die *Sylva* vertieft diesen Widerspruch mit dem augenfälligen Kontrast zwischen den nahezu wortgleichen Formeln "requies non ulla laborum" (v. 27[83]) und "requies o sola laborum"[84] (Lorenzo laut v. 294). Quelle der zweiten Formulierung war dabei nicht, wie Perosa meint, *Aeneis* III 393 ("requies ea certa laborum"[85]); vielmehr griff Poliziano die Adaptation des Vergil-Verses durch Prudentius auf. Spricht schon die größere Nähe des Wortlauts für diese Annahme, so wird sie durch die im Unterschied zur *Aeneis* zusätzlich

[81] Vgl. *De Scabie* 9f.: "[Pestis], Quam vulgo appellant scabiem iuvenesque senesque / Sed merito rabiem dicere posse putem". In der *Sylva* hat *rabies*, wie bereits angedeutet, eine Reihe von Okkurrenzen (v. 8, v. 14, v. 66, v. 197).

[82] "Gut verdeckt, nährt sich das Übel und lebt weiter, während es der Hirte nicht wagt, als Arzt Hand an die Wunde zu legen [...]."

[83] "*Non ulla laborum*", lautet die Klausel von *Aeneis* VI 103. *Aeneis* VI 600 bietet "pectore, nec fibris *requies* datur *ulla* renatis", und Marrasio wartet mit "Nec *requies* datur *ulla* mihi, nec somnus amicus" (*Carmina* 30, v. 151) auf.

[84] Der einzige mit dieser Formel verwandte Hexameterschluß, den wir mit Hilfe der existierenden Konkordanzen antiker Autoren ermitteln konnten, lautet "*r*adix et *sola* mal*orum*" und findet sich in den *Hamartigenia* des Prudentius (v. 258). Wir werden den Verdacht nicht los, daß der Halbvers in *Sylva* 294 heimlich mitschwingen soll: Wer, wenn nicht Lorenzo, wird in Angelos Augen der wahre Auslöser seines zweiten "Exils" gewesen sein?

[85] Die Versklausel kehrt in *Aeneis* VIII 46 wieder.

gegebene kontextuelle Analogie zur Gewißheit: "Requies o certa laborum", die Formel der *Apotheosis*, steht wie ihre *Sylva*-Schwester am Anfang einer Invokation. Im älteren Text gilt sie Christus[86], im jüngeren Lorenzo, dessen "Erlöserqualitäten" gefordert sind.

5.6. Deifizierungen

Während *Scabies* in der Elegie *De Scabie* rundheraus als "dea dira" (v.47) bezeichnet wird, sucht man in der *Sylva* derart klare Worte vergebens. Stattdessen wartet Poliziano mit raffinierten Anspielungen auf.

Der syntaktische Aufbau der Eröffnung des Gedichts offenbart verräterische Parallelen zum dritten Metrum des fünften Buchs der *Philosophiae Consolatio* des Boethius. Vergleichen wir beide Stellen:

> *Quaenam* discors *foed*era rerum
> causa resolvit? *Quis* tanta deus
> veris statuit bella duobus,
> ut, quae carptim singula constent,
> eadem nolint mixta iugari?
> *An* nulla est discordia veris
> semperque sibi certa cohaerent,
> sed mens caecis obruta membris
> nequit oppressi luminis igne
> rerum tenues noscere nexus? (*Phil. Cons.* V 3, vv. 1-10[87])

> *Quae* t*am* *foed*a lues graciles delapsa per artus
> Ambustos lacerat nervos, *quae* tam impia diris
> Vis inimica mali populatur viscera flammis
> Marcentesque bibit venas avidoque, pavendum,
> Igne liquefactas sorbet furiosa medullas?
> *An* mihi tartareum misera in praecordia virus[88]

---

[86] "O nomen praedulce mihi, lux et decus et spes / praesidiumque meum, requies o certa laborum" (*Apoth.* 393f.).

[87] "Welch zwiespältiger Trieb löst der Dinge Bund / denn auf? Welcher Gott hat so mächtigen Krieg / dem Wahren entfacht, das zwiefach geteilt, / daß, was einzeln, getrennt, für sich hat Bestand, / widerstrebt gleichwohl, sich zu ketten vermischt? / Oder herrscht gar nicht für das Wahre der Zwist / und hängt es bestimmt zusammen allzeit? / Nur der Geist, verdeckt durch der Glieder Nacht, / vermag mit der Glut des verdeckten Lichts / das hauchdünne Band nicht zu schauen der Welt?" (Übersetzung: K. Büchner).

[88] Die Fügung "tartareum virus" entnahm Poliziano aus der Invektive *Contra invidiam et susurrones* (*Flametta* II 46), in der sich Ugolino Verino als Opfer des Neides darstellt, der glückliche, und unter diesen vorzugsweise göttliche Menschen erfasse.

Eumenides stygiamque facem et, crudele, virentes
Oris cerberei spumas rabiemque Chimaerae
Afflarunt? (*Sylva* 1-9[89])

Zweimal drei Fragen, jeweils zwei adjektivische Interrogativpronomina, an die sich ein alternatives Fragewort anschließt; Auftakt der einzelnen Fragen jeweils in Vers 1, Vers 2 Mitte und Vers 6: Diese Parallelen sind weitaus präziser als die zu den Anfängen gewisser *Silvae* des Statius, die Perosa sehen wollte, während sein inhaltlich relevanter Hinweis auf bestimmte Passagen aus Senecas Drama *Hercules Oetaeus* weder in syntaktischer Hinsicht bedeutsam ist noch, wie unser Vorschlag, einen Vergleich zwischen zwei Exordien etabliert. Was aber wollte Poliziano durch die Rezeption des Boethius ausdrücken? Etwa soviel: "Der *deus*, der *meine* Welt durcheinanderwirbelt, ist eine *dea*, Scabies!"[90]

Das Wüten der Göttin ähnelt dem ihrer "Kollegin" Podagra ('Gicht'), die in der gleichnamigen tragikomischen Posse Lukians ihr Unwesen treibt. Das Stück beginnt mit der Klage eines Gichtkranken über brennende Schmerzen (vv. 21-24); sein Lamento hat mit den Ausrufen des kranken Angelo zum Auftakt der *Sylva* nicht nur den Tenor, sondern auch den Vulkan- und den Wasservergleich gemein. Aus dem Ätna und den Strudeln der Straße von Messina werden bei Poliziano

[89] "Welch schlimme Pest bricht mir schleichend die Glieder, zersetzt mir mit Feuerbrand die Sehnen? Welche ruchlose, selbst den Höllenwesen feindliche Kraft verbrennt mir die Eingeweide mit den Flammen des Bösen, saugt mir die verfaulenden Adern aus und verzehrt rasend - weh! - mit gierigem Feuer mein schmelzendes Mark? Haben mir vielleicht die Eumeniden eine höllische Flüssigkeit und stygischen Gluthauch in den kranken Leib geblasen, die Chimären grünlichen Schaum und Geifer von Cerberus' Maul?"

[90] Zwei weitere Texte, die das Incipit der *Sylva*, "Quae tam foeda lues graciles delapsa per artus", sichtlich prägen, sind den bisherigen Kommentatoren des Werkes entgangen: die Epen des Valerius Flaccus und des Silius Italicus.

Im dritten Buch von Flaccus' *Argonautica* wendet sich Jason, verunsichert durch die Niedergeschlagenheit seiner Gefährten, wie folgt an den Seher Mopsus:

"*quaenam*" ait "ista *lues*, aut quae sententia divum?
decretumne venit fato pavor? an sibi nectunt
corda moras? cur immemores famaeque larisque
anguimur? aut pariet quemnam haec ignavia finem?" (vv. 373-76)

Poliziano übernahm aus dieser Rede nicht nur die markierten Elemente, sondern wies ihnen auch in seiner Dichtung eine Stellung am Anfang einer "Fragen-Salve" zu. Für ein anderes Textfragment seiner Ouvertüre rekurrierte Angelo womöglich auf einen isoliert stehenden Interrogativsatz aus Buch VI des Argonauten-Epos: "*Quae* vos subito *tam foeda* senectus / corripuit fregitque animos atque abstulit iras?" (v. 283f.).

Silius beschreibt in Buch XIV der *Punica* eine durch "invidia divum" hervorgerufene "importuna *lues*" (v. 583f.). Von der Seuche heißt es wenig später: "Tempora [...] autumni, laetis florentia donis, / *Foeda*vit" (v. 588f.). Auch diesem Abschnitt wird man einen gewissen Quellenwert für *Sylva* 1 zugestehen dürfen. Denken läßt sich dabei, daß die Worte "tempora [...] florentia" den Humanisten zur Assoziation mit Florenz, der Stätte seines Glücks, verleiteten.

Vesuv und Volcano bzw. der Höllenstrom Phlegeton[91]. Der Katalog erfolgloser Heilmittel, *Podagra* und *Sylva* ebenfalls gemeinsam, bietet eine weitere Entsprechung: *Sylva* 27f., "non tristia prosunt / Pocula et *epoti numeroso e gramine succi*", adaptiert Podagras Feststellung, "Πίνουσιν οἱ μὲν τὸ διὰ τεσσάρων ἄκος, / οἱ δὲ τὸ δι' ὀκτώ, τὸ δὲ δι' ἑπτὰ πλείονες." (*Pod.* 169f.)[92]. Auslösend für die Rezeption Lukians durch Poliziano könnte der Umstand gewesen sein, daß in Petrarcas Traktat *De remediis utriusque fortune* das Kapitel *De podagra* (II 84) dem Abschnitt *De scabie* (II 85) unmittelbar vorausgeht. Letzterer wird in der *Sylva* rezipiert. Dolors Klage "*Totum* me scabies *occupat*" fließt ein in *Sylva* 22ff.:

> humeros, colla, ora, lacertos,
> pectus, terga, latus, clunes, ventrem, inguina, suras
> *occupat* una lues; *totum* est in vulnere corpus[93]

Der vom giftgetränkten Nessushemd gepeinigte Herkules, vormals strahlendster aller Helden, ist das Pendant, auf das Poliziano bei der Stilisierung des *aeger Angelus* am stärksten zurückgreift. Orvieto hat dies nicht nur akribisch dokumentiert, sondern unter Hinweis auf ein Aristoteles-Zitat im *Commento* erläutert[94], daß das Nessushemd allegorisch für die *melancholia* des Heros stehe[95]. Es erscheint uns in diesem Zusammenhang angebracht, an einen berühmten Satz zu erinnern, den Poliziano am 18. Dezember 1478 aus Cafaggiolo an Lorenzos Mutter Lucrezia Tornabuoni schrieb:

---

[91] Es darf freilich nicht verschwiegen werden, daß *Sylva* 9f., "totum videor gestare sub alvo / Vesbion aut fessos Volcani incude caminos", auch (und sinnreich) an Worte Polyphems aus Ovids *Metamorphosen* erinnert: "uror enim, laesusque exaestuat acrior ignis, / cumque suis *videor* translatam viribus Aetnam / pectore ferre meo: nec tu, Galatea, moveris!" (XIII 867ff.) - "*Nec tu, Laurenti, moveris!*", hätte ein mutigerer Poliziano sein *alter ego* ausrufen lassen können...

[92] Lateinischer Anreger von *Sylva* 28 war, wie gesehen, Paulinus von Nola (*Carmina* XX 259). Für "prosunt" (*Sylva* 27) vgl. Ovid, *Met.* X 189: "*Nil prosunt* artes; erat inmedicabile vulnus".

[93] "Schultern, Hals, Gesicht, Arme, Brust, Rücken, Hüfte, Steiß, Bauch, Unterleib, Waden - alles bedeckt ein Ausschlag; der ganze Körper ist wund."
Die Aufzählung der befallenen Körperteile imitiert v. 8ff. von Ausonius' Epigramm *In scabiosum*:
> *pectus*, crura, *latus*, *ventrem*, femora, *inguina*, *suras*
> *tergum*, *colla*, *umeros*, luteae Symplegadis antrum
> tam diversam diversa locis vaga carnificina pererrat

Für eine ähnliche Reihung vgl. Lukian, *Podagra* 121ff. Als Nebenquelle zu *Sylva* 22ff. kommt Cicero, *De oratore* II 235, in Betracht. Dort findet sich in entgegengesetztem Kontext (es geht um die Ausbreitung des Lachens über das Gesicht) die indirekte Frage: "quo modo [*sc.* risus] simul *latera*, *os*, venas, oculos, vultum *occupet*, viderit Democritus".

[94] Vgl. ORVIETO 1989, S. 33ff. und S. 60.

[95] Auch der Leidende in Lukians *Podagra* fragt sich, ob sein Hemd in Nessus' Blut getaucht worden sei (v. 304). Doch bleibt es dort bei einer kurzen Anspielung.

Io mi sto in casa al fuoco in zoccoli et in palandrano, che vi parrei la malinconia se Voi mi vedessi.[96]

Es würde genügen, im Ausruf des senecanischen Herkules "en cernite, urbes, cernite ex illo Hercule quid iam supersit"[97] den Namen des Helden durch "Angelo" zu ersetzen, um eine ideale Überschrift zu Polizianos Appell an Lorenzo und die Florentiner *socii* zu erhalten.

Herkules wurde von den Qualen, die ihm das Nessushemd bereitete, durch Jupiter erlöst, der ihn vom Berg Oeta aus in den Himmel aufsteigen ließ. Angesichts dieser Vorgabe überrascht es nicht, daß auch der *Patiens* der *Sylva* Lorenzo am Ende seiner Klage (vv. 348-58) an die Milde des Göttervaters gemahnt. Poliziano läßt sein *alter ego* um Befreiung aus einer Hölle bitten, die die gleichen Züge wie die der Elegie *De Scabie* trägt, mithin, so unsere Hypothese stimmt, auf Cafaggiolo verweist. Was er mit der *Sylva* in Wahrheit erwirken wollte, war, stets nach unserer Rekonstruktion, gleichwohl der befreiende Rückruf aus Mantua, wo er im Frühjahr 1480 seiner Rehabilitierung harrte.

Nicht nur Jupiters Beispiel soll der Magnifico laut *Sylva* folgen, sondern zusätzlich als zweiter Neptun den Sturm in Polizianos Gemüt lindern (vv. 313-25). Das Bild war nicht neu im Kreis der Medici-Dichter: Naldo Naldi hatte Lorenzos Vater Piero in der Rolle des göttlichen Beschwichtigers der Meere gezeigt:

Nanque piis Cosmi monitis instructus et arte
  Non sinis, ut gravius crescat in urbe malum.
At, quicunque fuit furiis agitatus iniquis,
  Instruis hunc patria doctus ab arte virum,
Ne sese velit, heu, miserum patriamque suamque
  Perdere nec sanctos eviolare focos.
Quae vox ut primum populi pervenit ad aures,
  Sensit et id magnum commonuisse Petrum,
Non aliter, quam cum varie spirantibus Euris
  Tempestas medio nascitur atra mari;
Si tamen adveniens *placidum caput* efferat undis
  Neptunus, tristes ii posuere minas,
Sic, populus licet ipse faces cepisset et illa,
  Heu, gravis impulerat quae capere, arma, furor,
Ut natum pietate gravem videre parenti
  Persimilem patriae tot bona ferre suae,

[96] In: DEL LUNGO, S. 67 (= *Lettere* XXI).
[97] *Hercules Oetaeus* 1233f.

Deponunt animos ponuntque ferocia partes
Syllani penitus corda volente Petro. (*Elegiae* III 24, 27-44[98])

Die Junktur "placidum caput" (*Aeneis* I 127, Perosa) findet sich sowohl in Naldis Gedicht als auch in der *Sylva* (v. 317)[99]. Glättete Piero nach der Verschwörung des August 1466 die Wogen der florentinischen Innenpolitik, so sollte Lorenzo spätestens im Mai 1480 die *tranquillitas animi* seines Schützlings wiederherstellen.

5.7. Anhang: Prudentius-Rezeption in der *Sylva in Scabiem* (1480) und im *Epicedion in Albieram* (1473)

Alessandro Perosas Edition der *Sylva in Scabiem* gibt keine eindeutigen Hinweise für lexikalische Übernahmen Polizianos aus dem Werk des Prudentius. Wenn der Herausgeber angesichts der äußerst seltenen Wörter *involitat* (v. 183) und *raucisonos* (v. 289) auf Stellen aus dessen Dichtungen verweist, so finden sich - er selbst dokumentiert es - die entsprechenden Lexeme doch auch bei Horaz bzw. Catull und Lukrez. Die Tatsache, daß die Editionen früher Werke Polizianos, namentlich der *Stanze*, keine Angaben zu Entlehnungen aus dem Œuvre des hispanischen Autors machen, hat die bedeutendste Herausgeberin akademischer Materialien des Humanisten, Lucia Cesarini Martinelli[100], zu der Annahme veranlaßt, eine Prudentius-Rezeption durch Poliziano habe vor dem Jahr 1483 - aus dem einschlägige, von ihr wiederentdeckte Exzerpte stammen - nicht stattgefunden. Unsere Analyse der *Sylva* attestierte demgegenüber einigen Versen

[98] "Denn väterlich unterwiesen von Cosimo, läßt du nicht zu, daß in der Stadt Übel ernsterer Art gedeihen. Und wen ruchlose Furien befeuern, den bringst du mit Hilfe dessen, was dich dein Vater gelehrt hat, davon ab, sich und seine Heimat zugrunderichten und die heiligen Feuer entweihen zu wollen. Sobald dies dann dem Volk zu Ohren kommt, und es erfährt, daß es der große Piero zur Ordnung gerufen hat; nicht anders, als wenn ein finsterer Sturm auf hoher See durch Winde entsteht, die von verschiedenen Seiten wehen, die Winde aber ihr unheilvolles Drohen einstellen, wenn Neptun dazu kommt und sein sanftes Haupt aus den Wogen hebt - nicht anders lassen dann die Florentinischen Parteien, kaum daß sie Cosimos Sohn auf den Spuren des Vaters dem Vaterland fürsorglich alles Gute zuführen sehen, auf sein Geheiß vollends ab von ihrem wilden Zorn, selbst wenn das Volk schon die Fackeln ergriffen hatte und die Waffen, zu denen es rasende Aufwallung trieb." - Vergil hatte genau umgekehrt Neptuns Glätten der Wogen mit dem Einschreiten eines "grav*is* [...] vir" gegen das "ignobile volgus" verglichen (*Aeneis* I 148-56).

[99] Ergänzung zu den Kommentaren: Der Teilsatz "[...] siqua est priscae pietatis imago" aus *Sylva* 341 geht auf *Aeneis* VI 405, "*Si* te nulla movet tant*ae pietatis imago*", zurück. Vgl. aber auch *Aeneis* IX 294 und X 824, jeweils mit "*patriae* [...] *pietatis imago*".

[100] CESARINI MARTINELLI 1985, S. 195f.

des christlichen Dichters eine fundamentale Rolle bei der "Wiedererfindung" der Göttin Scabies und sah in anderen die Hauptquelle der Formel "requies o sola laborum" aus v. 294 der Dichtung. Das folgende Potpourri von Anklängen an Prudentius in der *Sylva* soll zeigen, daß sich die Reminiszenzen damit nicht erschöpfen. Anschließend soll dokumentiert werden, daß Poliziano bereits 1473, im *Epicedion in Albieram*, mit dem spätantiken Schriftsteller bestens vertraut war. Ziel diesen zweiten Schritts ist, jegliche Zweifel daran zu zerstreuen, daß der Humanist sechs Jahre später, in der Elegie *De scabie* (die selbst keine Textbezüge zu Prudentius bietet), die Notiz der *Hamartigenia* von der antiken Verehrung einer Göttin namens Scabies für seine Zwecke nutzen konnte. Die folgenden Seiten wurden mit Hilfe der Konkordanz von Deferrari-Campbell erstellt[101]. Identische lexikalische (mitunter auch lautliche) Elemente geben wir kursiv wieder, bei gleicher metrischer Stellung werden sie zusätzlich im Zieltext unterstrichen.

A: Prudentius und die *Sylva in Scabiem*

a) Die *Hamartigenia* enthält eine Aufzählung an sich guter Gottesgaben, die, so Prudentius, von den Menschen pervertiert worden seien:

> quod iugulatur homo, non ferrum causa furoris
> sed manus est; nec equum vesania fervida circi
> auctorem levitatis habet rabidive fragoris:
> mens vulgi rationis inops, non cursus equorum
> perfurit: infami studio perit utile donum.
> sic Lacedaemonias oleo maduisse palaestras
> novimus et placidum servire ad crimina sucum,
> inde per aerium pendens audacia funem
> ardua securis scandit proscaenia plantis,
> inde feras volucri *temeraria corpora* sal*tu*,
> transiliunt mortisque inter discrimina *ludunt*.
> sanguinis humani spectacula publicus edit
> consensus legesque iubent venale parari
> supplicium quo membra hominum discerpta cruentis
> morsibus oblectent hilarem de funere plebem.
> mille alia stolidi bacchantia gaudia mundi
> percensere piget, quae veri oblita Tonantis
> humanum miseris volvunt erroribus aevum. (*Ham.* 360-77)

[101] Roy Joseph DEFERRARI und James Marshall CAMPBELL, *A Concordance of Prudentius*. Cambridge/Mass. 1932.

Vergleichen wir den Passus mit vv. 128-36 der *Sylva*:

> Quantaque ad aestivi passim spiracula solis
> *Ludere* lascivo temeraria corpora motu
> Saepe vides, aut quanta sui fert semina mundi
> Ridiculus per inane senex, qui mente capaci
> Innumeros perimit reparatque ab origine soles
> Et putat infantem semper consurgere Phoebum,
> Tantus membra patet, tanta est mensura superbi
> Hostis: at in magno vix unquam larga nocendi
> Corpore tam saevam rabiem natura locavit.

Von behenden Artisten zu tanzenden Staubteilchen im Sonnenlicht. Implizites Motto: Die Schönheit eines Transfers steigt mit seiner Kuriosität.

b) In *Sylva* 137-41 führt Poliziano eine Reihe berühmter Giftschlangen an, die er sämtlich Lukan entlehnte (Perosa); ihre Bisse brächten, gemessen an der *Scabies*, einen schnellen, schmerzlosen Tod, ohne die Qualen einer nicht enden wollenden Marter. Der Schlangenkatalog schließt mit dem Basilisken, dem die Apposition "Purpureo horrificam *rutilans diademate frontem*" (v. 141) zuteil wird. Perosa notiert: "Questo verso [...] fu suggerito al Poliziano dall'esigenza [...] di tradurre in forme magnifiche il significato greco del serpente [...]". Wir können ergänzen, daß die Suggestion mit *Contra Symmachum* I 422, "subfusus *rutilum frontis diadema* retundit", umgesetzt wurde.

c) Eine der brillantesten (weil "krankhaftesten") Passagen der *Sylva in Scabiem* ist die des unsichtbaren Labyrinths, das unzählige Tierchen unter der Haut des Patienten bauen:

> Haud tamen est oculo vestigia certa sequaci
> Prendere; sic *tecta* fallax ambage retexit
> Errabundus iter diversosque impedit orbes
> Callidus et caeco confundit tramite sulcos,
> Ut labyrintheum, minoia limina, tectum
> *Fraude* loci dubia tacitisque amfractibus olim
> Cecropiae struxere manus, flexuque re*curvo*
> *Multifidum* seclausit iter Discordia, giris
> Confundens spatia, atque insertos orbibus orbes
> Implicuit *Dolus* et inextricabilis Error. (vv. 170-79)

Für diese, wie Orvieto[102] bemerkt, wahrhaft labyrinthische Periode griff Poliziano nicht nur auf Claudian und Catull und insbesondere Vergil zurück (Perosa, *ad versus*), sondern auch auf zwei *loci* bei Prudentius: zum einen auf *Ham.* 204-06, wo der böse Gott Nebroth der Marzioniter beschrieben wird, "qui mundum *curvis*[103] *anfractibus* et silvosis / horrentem scopulis versuto circuit astu, / *fraude* alios *tectisque dolis*[104] innectere adortus"; vor allem aber auf *Contra Symmachum* II 889ff.:

> *Multi*plici dux daemon adest, qui parte sinistra
> centi*fidum confundit iter*; trahit inde sophistas
> barbatos, trahit hinc opibus vel honore potentes;
> inlicit et volucrum linguis et haruspice *fall*it,
> instigat bacchantis anus *ambage* Sibyllae,
> involvit mathesi, magicas inpellit in artes,
> omine sollicitat, capit augure, territat extis.
> cernis ut una via est multis *anfractibus* errans,
> talem passa ducem qui non sinat ire salutis
> devia picta bonis brevibus, sed fine sub ipso
> tristia et in subitam praeceps immersa Charybdis?[105]

Hinzuzufügen wäre v. 772f. des gleichen Werkes, "persistit tamen adfirmans *iter* esse viandi / *multifidum* variumque, Deus cum quaeritur unus", die einzige Okkurenz der Junktur *multifidum iter* in der gesamten erhaltenen lateinischen Literatur der Antike ("centifidum", v. 890, ist für sich schon *hapax legomenon*).

d) Die Formen *tabo* und *tabida* tauchen in gleicher metrischer Stellung kurz nacheinander in *Apoth.* 759 bzw. 764 sowie in *Sylva* 15 bzw. 19 auf. In Kasus und Numerus gleich sind in beiden Abschnitten zusätzlich die Elemente *genas* (*Apoth.* 762, *Sylva* 15) und *sanguineos* (*Apoth.* 766, *Sylva* 17)[106].

---

[102] *Ed.* ORVIETO, *ad versus*.
[103] Gemeinsam mit "reflexos" (*Ham.* 198) könnte "curvis" eine der Vorlagen für die Klausel von *Sylva* 176, "flexuque recurvo", gewesen sein. Sie gemahnt überdies an "corn*uque recurvo*" aus *Aeneis* VII 513 (ebenfalls in Endstellung). Für ein ovidisches Modell s. Anm. 105.
[104] Natürlich rezipierte Prudentius seinerseits Vergil, *Aen.* VI 29, "Daedalus ipse *dolos tecti* ambagesque resolvit".
[105] Vgl. aber auch das zweite Modell des Prudentius, die Labyrinthbeschreibung bei Ovid, *Met.* VIII 157ff. Dort finden sich nicht nur, wie beim christlichen Dichter, "multi-" in Spitzenstellung (v. 158) und "ambage" auf dem fünften Versfuß (v. 161), sondern zusätzlich die Formen "flexu" (v. 160, vgl. "flexuque" in *Sylva* 176) und "clausit" (v. 170, vgl. "seclausit" in *Sylva* 177). "Lumina" (v. 160) steht an gleicher metrischer Stelle wie "limina" in *Sylva* 174.
[106] *Sylva* 16, "Exesas depasta genas, suffectaque tabo", ist, für sich genommen, auf Silius Italicus, *Punica* II 465f., "iam lumina retro / *Exesis* fugere *genis*", sowie auf Statius, *Thebais* II 506,

e) Der Beginn von *Sylva* 6, "An *mihi tartareum*", ähnelt dem Hexameter-Auftakt "At *mihi Tartarei*" aus *Ham.* 958.

f) "*Unca* / corripuisse *manu* pulchra in ludibria vasto / ore in*hians*" (*Psychomachia* 455ff.) könnte das Vorbild für *Sylva* 57, "*Unca manus* penitusque artus scrutatur *hiantes*", abgegeben haben, während *Sylva* 64f., "im*mergere* venis / *crud*eles digitos", wohl durch *Apoth.* 220f., "rimantes *digitos* costarum in vulnera *cruda* / *mersimus*", begünstigt wurde, wo es freilich auf den ungläubigen Thomas anspielte.

g) Discordia und Dolus, zwei der drei Personifikationen der *Sylva* (v. 177 und v. 179), treten in gleichem Abstand in der *Hamartigenia* auf (v. 395 und v. 397[107]).

h) Das Gleichnis der Schatzsucher in *Sylva* 154-60 - sie durchwühlen die Erde wie die Pellegenae die Haut des *aeger Angelus* - orientiert sich nicht nur an Ovid, Lukan, Claudian, Lukrez und Plinius (Perosa, *ad versus*), sondern, wie folgender Vergleich zeigt, auch an jenem Abschnitt der *Hamartigenia*, der den für *Sylva* 294 wohl bedeutsamen Halbvers "radix et sola malorum" enthält:

> *auri* namque fames parto fit maior ab auro.
> inde seges scelerum, radix et sola *malorum*,
> dum *scatebras* fluviorum omnes et operta metalla
> *eli*quat ornatus solvendi leno pudoris,
> dum venas squalentis humi *scrutatur* inepta
> ambitio scalpens naturae occulta latentis,
> si quibus in foveis radiantes forte lapillos
> rimata inveniat. (*Ham.* 257-64)

> itque reditque frequens *scatebris* longumque cavernas
> perforat ac rubro distinguit pectora sulco
> sic Tartessiaci *scrutator* pallidus *auri*,
> sponte diem fugiens ac picti sidera mundi,
> reptat harenivago terrena in viscera lapsu,
> arcanis inhians opibus, causasque *malorum*
> *elicit* ad superos; (*Sylva* 154-60)

"pallentes erec*ta genas*, *suffusaque tabo*", zurückzuführen. Der erste der beiden Belege schlägt sich auch in "fugiunt oculi" (*Sylva* 17) nieder.

[107] Geradezu "minimalistisch" ist die Umwandlung von "domus et inextricabilis error" (*Aeneis* VI 27) in "D*o*lus et inextricabilis Error" (*Sylva* 179).

Gleich, ob nun all diese Belege plausibel erscheinen oder nicht, fest steht, daß Poliziano von den Werken des Prudentius zumindest die *Hamartigenia*, die beiden Invektiven *Contra Symmachum* und die *Apotheosis* für die *Sylva in Scabiem* heranzog.

B: Prudentius und das *Epicedion in Albieram*

Das *Epicedion in Albieram* entstand kurz nach dem 13. Juli 1473, dem Tag, an dem Albiera degli Albizzi, ein Mädchen aus adligem Hause, einem heftigen Fieberanfall erlegen war. Über Aufbau und Hauptquellen der Elegie hat Perosa einen klassischen Aufsatz geschrieben[108]. Hier unsere Prudentius betreffenden Ergänzungen:

a) "Ne geme, cum dulce est vivere, *dulce mori est*[109]" (*Epiced.* 160), der Schluß der tröstenden Worte, zu denen sich selbst die finstere Febris angesichts von Albieras Leid bewegen läßt, reproduziert den Halbvers "*dulce mori est*" aus *Ham.* 154, eine höhnische Äußerung, die im Rahmen einer Invektive gegen all jene Menschen fällt, die bei der Verehrung böser Gottheiten eine sündige Wonne verspüren (*Ham.* 151ff.):

> perniciem veneratur homo, colit ipse cruentum
> carnificem gladiique aciem iugulandus adorat.
> In tantum miseris peccati nectare captis
> *dulce mori est*, tanta in tenebris de peste voluptas!

Ganze vier Verse später werden übrigens die Gottheiten Febris und Scabies erwähnt.

b) Sigismondo della Stufa, Albieras Bräutigam, findet keinen Weg, seine Trauer zu manifestieren (*Epiced.* 241ff.):

> Dilectos premis vultus, premis ora, nec ullum
>   Inveniet inclusus pectore luctus iter.
> Quoque magis mersum premis alto in corde dolorem,
>   Hoc magis ille furit, *aestuat* atque magis.

[108] PEROSA 1946.
[109] Der Pentameter beschließt auch ein Epitaph Polizianos auf Albieras Tod (*Epigrammaton latinorum* LXIX).

Sic magis inclusus *furit* intra obstacula torrens;
  Quae si dimoveas, lenior inde fluet.
Quin etiam invisae rupisses *vincula* vitae,
  Conjugis ut manes prosequerere pios;
Sed prohibent fratres et blandi cura parentis,
  Sed prohibent socii pectora fida tui.

Die hier beschriebene Physiologie der inneren Beklemmung orientiert sich an Bemerkungen zur Doppelnatur des Menschen, die den Schluß der *Psychomachia* bilden. Das Zitat umfaßt v. 899ff.:

o quotiens animam, vitiorum peste repulsa,
sensimus incaluisse Deo! quotiens tepefactum
caeleste ingenium post gaudia candida taetro
cessisse stomacho! fervent bella horrida, fervent
ossibus *inclusa*, *fremit* et discordibus armis
non simplex natura hominis; nam viscera limo
effigiata premunt animam, contra ille sereno
editus adflatu nigrantis carcere cordis
aestuat, et sordes arta inter *vincla* recusat.

Das anaphorische *fervent* der Quelle motiviert Polizianos Adjektiv *torrens*.

c) Das Ende des *Epicedion* beschreibt die Trauer der Florentiner über Albieras Tod. Auch hier ist Prudentius vertreten. Verwendet werden jene ausdrucksstarken Verse des *Cathemerinon*, die die Buße der hochmütigen Bürger der Stadt Ninive schildern, auf die der Zorn Gottes gekommen war. Hier die beiden Texte, zunächst der ältere (*Cath.* VII 141ff.):

  sed maesta postquam *civ*itas vulnus novi
hausit doloris, heu, supremum palpitat:
cursant per ampla congregatim moenia
plebs et senatus, omnis aetas civium,
pallens iuventus, eiulantes feminae.
  placet frementem publicis ieiuniis
placare Christum; mos edendi spernitur,
glaucos amictus induit monilibus
matrona demptis, proque gemma et serico
*crine*m fluentem sordibus spargit cinis.

squalent recincta *veste pullati* patres,
saetasque plangens turba sumit textiles,
inpexa villis virgo bestialibus
nigrante vultum contegit velamine,
iacens harenis et puer provolvitur.

Poliziano schreibt (*Epiced.* 269-74):

Funerea *cives pullati veste* sequuntur,
Et *sparg*unt moestas ore madente genas;
Densaque *plebs* vidui deplorant fata mariti,
Atque illum digito luminibusque notant
O quantum *impexi crine*s oculique genaeque
Noctis habent![110]

Nach diesem Durchgang durch das *Epicedion* fühlen wir uns zur Behauptung berechtigt, daß Poliziano zumindest *Hamartigenia*, *Psychomachia* und *Peristephanon* bereits 1473 kannte.

[110] Der Rückgriff des Humanisten auf die Trauer der Niniviten im Rahmen der *Febris*-Dichtung war vielleicht durch Giovanni Marrasio bedingt, der im fiktiven Dialog mit dem Prophet Jonas behauptet hatte, seine Krankheit (eine *fiebrige* Infektion infolge eines Knochenbruchs) hätte selbst noch den leidgeprüften Bürgern der assyrischen Stadt Tränen abgerungen: "Non poterit Ninivita meos spectare dolores / Nec poterit fletus ipse tenere suos." (*Carmen* 30, v. 93f.).

6. Polizianos *Sylvae* und die literarischen Debatten des Humanismus

Sylvae lautet der Titel der vier großen metrischen *praelusiones* in lateinischer Sprache, die Poliziano in den 80er Jahren des Quattrocento verfaßte. Die Motive, die ihn zum Wiederaufgreifen der antiken Gattungsbezeichnung veranlaßten, kamen bereits in der Einleitung der vorliegenden Studie zur Sprache. Nicht so sehr im Eingehen auf das statianische Modell als vielmehr in der Übernahme der es begleitenden Rhetorik lag der Ansatzpunkt des Humanisten[1]. Indem er sich diese zueigen machte, konnte er sich zum einen von formalen Zwängen befreien, zum anderen in perfekten Einklang zur Furor-Lehre bringen, die im Florenz seiner Zeit dominant war.
Die Analyse der *Sylva in Scabiem* hat uns bereits ein ironisches Eingehen auf einen Passus des *Phaedrus*, wiederaufgenommen in Leonardo Brunis Epistel an Giovanni Marrasio, konstatieren lassen. Wie ergeht es den Vertretern der Furor-Theorie in den "offiziellen" *Sylvae*? - Ausgangsbasis unserer Antwort seien einige Passagen aus einer späten akademischen Vorrede Polizianos, der *Praefatio in Suetonii expositionem* (Herbst 1490[2]). Bei ihrer Auswertung ist zu berücksichtigen, daß sie bereits aus jener Zeit stammt, in der Poliziano, so wir ihn beim Wort nehmen wollen, seine jahrelange Skepsis gegenüber philosophischen Lehren überwunden hatte.

6.1. Von Ranglisten: Valla, Vegio und Poliziano

In der *Praefatio* stellt Poliziano eine Hierarchie der Disziplinen auf, innerhalb derer der Poesie entgegen der *auctoritas* des Aristoteles[3] nur der dritte Rang zufällt - hinter *historia* und Philosophie. Wer nach Ruhm strebe, solle sich deshalb der Geschichtsschreibung zuwenden. Allein "cum sese maxime ad historiae imitationem conformet"[4], sei Dichtung ihr anzunähern. Als *poetarum historiae* entgehen drei der *Sylvae*, *Manto*, *Ambra* und *Nutricia*, mithin einer Degradierung, die Poliziano dem weitaus größten Teil aller übrigen Poesie beschert.

[1] KLECKER 1994, S. 20, verweist allerdings zurecht auf die Vorbildfunktion von *Silvae* II 7, *Genethliacon Lucani*, für *Manto* und *Ambra*.
[2] Poliziano, *Opera*, S. 499-506.
[3] Vgl. Aristoteles, *Poetik* 9.
[4] Poliziano, *Opera*, S. 501.

Die Rangliste Polizianos variiert eine frühere, die als erste von der aristotelischen Position des Primats der Dichtkunst abgerückt war. Lorenzo Valla hatte sie im Proömium seiner *Gesta Ferdinandi Regis Aragonum* (1445-46) aufgestellt[5]. Schon Valla hatte der Geschichtsschreibung den ersten Platz zuerkannt[6], der Dichtkunst aber noch den zweiten reserviert. Als Disziplin zog er *historia* aufgrund ihres höheren Wahrheitsgehaltes und der allgemeineren Gültigkeit ihrer Aussagen der Poesie vor[7]. Geschichtliche Werke zu verfassen, erfordere außerordentliche Schreibfertigkeit ("multis sane dotibus exaggeratam scribendi scientiam", §13) und zugleich ein Höchstmaß an Einarbeitung. Wie Vallas Maxime "tanto robustiorem esse historiam, quanto est verior" (§9) erkennen läßt, verlangte er vom Historiker, sich der geschichtlichen Wahrheit kritisch und emotionslos anzunähern.

Poliziano dementiert den Wahrheitsanspruch der Geschichtsschreibung nicht, ersetzt ihn jedoch für den Sonderfall der "historischen Poesie" durch ein sophistisches Ideal, das der Überzeugungskraft: "et is haberi summus poetarum debet, qui quam facillime quorum velit auditoribus faciat fidem"[8]. Um Glaubwürdigkeit bei Zuhörern wie Lesern zu erzeugen, hatte er sich in den eigenen *poetarum historiae* des Mittels bedient, das Valla als "historie mater" (§1) galt: der Rhetorik.

Als Valla *historia* über Dichtung stellte, wandte er sich nicht nur gegen Aristoteles, sondern auch gegen seinen Zeitgenossen Maffeo Vegio, dessen Beitrag zu den ideologischen Debatten des Quattrocento in Vergessenheit geraten ist. In Vegios Dialog *Veritas exulans* (1444) hatte Alithia, die Wahrheit, die Poesie als den Pfad gepriesen, auf dem die Menschen ihr am nächsten kämen:

> Nam a nullius sapientiae professore melius quam a Poeta diversorum temporum ac locorum vices, situs et gesta scribuntur.[9]

Mit den Dichtern könnten es auch die Philosophen nicht aufnehmen. Hält Alithia die Weisheitslehre immerhin für nützlich, so verurteilt sie die

---

[5] *Ed.* BESOMI 1973, S. 3-9.
[6] Vgl. GODMAN 1993, S. 157.
[7] Just diese Argumente hatte Aristoteles bekanntlich zugunsten der Dichtkunst ins Feld geführt.
[8] Poliziano, *Opera*, S. 501.
[9] "Denn von keinem Anhänger irgendeiner philosophischen Richtung werden Dinge, die sich zu verschiedenen Zeiten und an verschiedenen Orten ereignet haben, werden Stätten und Taten besser beschrieben als vom Dichter."

Geschichtsschreibung als "pedestre magis ac servile [...] officium"[10]. Valla sah letzteres zwar völlig anders, folgte Vegio aber darin, daß er an der Überlegenheit der Dichtung über die Philosophie nicht rüttelte.
Vegio, Schüler Leonardo Brunis, war der erste, der göttlich befeuerte Dichtung und pedantisch-terrene *historia* miteinander kontrastierte. So war es vor allem seine Grabesruhe, die Poliziano mit der Exaltierung "historischer Poesie" in der *Praefatio* empfindlich störte: Die Konzeption eines solchen Bastards wäre für Maffeo undenkbar gewesen. Er hätte Angelo unter die stumpfen Geister eingereiht, denen die göttliche Erfahrung dichterischer Entrückung unbekannt ist: Nur solche Leute, glaubte Vegio, könnten Poesie und *historia* auf eine Stufe stellen[11].
Vegio kritisierte, daß keine andere Disziplin so viele selbsternannte, aber unverdiente Jünger zähle wie die Poesie. Kaum hatte seine Alithia den einzigartigen Status der Dichter, bedingt durch ihren göttlichen *furor*, unterstrichen, beeilte sie sich hinzuzufügen:

> Qua in re non pauci se ipsos deceperunt, qui cum vix pinguem quendam ac iudicio satis suo resonantem canorem, syllaborum etiam debitam proportionem versibus suis expresserunt, actutum se Heliconis aquas plenis faucibus hausisse atque in summum Parnassi cacumen ascendisse arbitrati sunt. Et cum cunctis in disciplinis cuique sua etsi mala placere videamus, mirum tamen est quod in poeticis maxime id vitium datum sit, ut ingenio quisque suo blandiatur, ut inepto quamvis deferat quisque carmini suo ac tribuat multum, ut nemo non Musam suam, ac veluti simia gnatum suum, magni pendat, laudet atque intentius admiretur. (*Veritas exulans*, S. 756)[12]

Mit dieser Kritik hätte Vegio wohl einen jeden *poeta historicus* belegt. Poliziano war sich dessen vollauf bewußt: Er "übertrug" sie auf sich und seine "historische Dichtung" *par excellence*, die *Nutricia*. Die Reprise selbst ist freilich

---

[10] Vegio, *Veritas exulans*, S. 757; zit. in BORINSKI 1914, S. 285.
[11] Vegio, *Veritas exulans*, S. 756f.
[12] "In dieser Sache haben nicht wenige sich selbst getäuscht, die, sobald sie ihren Versen einen ihrer Meinung nach halbwegs fülligen Klang und dazu das geforderte Verhältnis zwischen langen und kurzen Silben verliehen hatten, sogleich wähnten, von den Wassern des Helikon in vollen Zügen getrunken und den höchsten Gipfel des Parnasses erklommen zu haben. Und obwohl wir in allen Disziplinen feststellen können, daß einem jedem das Eigene gefällt, selbst wenn es schlecht ist, so ist es doch verwunderlich, daß dieses Laster am meisten unter den Dichtern verbreitet ist: Jeder schmeichelt seinem Talent, jeder schreibt seinen in Wahrheit ungeschlachten Versen großen Wert zu, keiner ist zu finden, der seine Dichtergabe nicht schätzt, lobt und eifrig bewundert, wie eine Affenmutter ihr Junges."

augenzwinkernd-antiphrastisch: Wir finden sie in einem der beiden Widmungsentwürfe zur *Nutrix* für den ungarischen König Matthias Corvinus:

> Angelus Politianus Matthiae, regi semper invicto, suppliciter se commendat. Simia fertur catulos suos editos recens ita mirabunda contemplari, quasi nihil inter animalia credat formosius, sed et ab homine tractari eosdem vehementer gaudet[13]. Quid igitur mirum si poeta quoque aliquis, hoc est rerum naturae simia, suos ita foetus adamat, ut magno quoque regi porrigere tractandos audeat? Praesertim cum caecus iste amor sui sit huic generi tam familiaris ut neminem fuisse unquam poetam scribat Cicero[14] qui meliorem se poetam alium crediderit inveniri. [...] Argumentum operis poetica est et poetarum historia per membra decurrens [...].[15]

Laut *Praefatio in Suetonii expositionem* sind keine besseren Dichtungen denkbar als "historisch-poetische", wie sie drei der *Sylvae* darstellen. *Manto*, *Ambra* und *Nutricia* (letztere als *historia* "per membra decurrens"[16]) passen überdies so gut zu einem weiteren fundamentalen Bestandteil der Vorrede, der Parteinahme für eine an Einzelbiographien orientierte Geschichtsschreibung, daß auch er weniger für Sueton (und Plutarch[17]) als für die eigenen Dichtungen vorgebracht scheint.

6.2. Poliziano und die Schriften Leonardo Brunis

Der Titel *Sylvae* sollte Polizianos neuplatonische Zeitgenossen an improvisierte, unausgefeilte Dichtungen denken lassen. Matthias Corvinus, der ungarische

---

[13] Poliziano "tarnt" die Nachahmung von Vegios Assoziation zwischen der Liebe des Affen zu seinem Nachwuchs und der des Schriftstellers zu seinem Werk dadurch, daß er auf Maffeos Quelle, Plinius, *Nat. hist.* VIII 80, zurückgeht. Dort steht zu lesen: "Simiarum generi praecipua erga fetum adfectio. Gestant catulos quae mansuefactae intra domos peperere, omnibus demonstrant tractarique gaudent, gratulationem intellegentibus similes".

[14] *Tusculanae disputationes* V 22 63.

[15] Zit. in MARTELLI 1978, S. 236; Übersetzung: "Angelo Poliziano empfiehlt sich unterwürfig dem auf immer unbesiegbaren König Matthias. Von der Affenmutter heißt es, sie betrachte ihre Neugeborenen mit so großem Staunen, als hielte sie nichts im Tierreich für schöner; gleichwohl freut sie sich sehr, wenn Menschen sie betasten. Was Wunder also, wenn auch ein Dichter, Affe ('Nachahmer') der Natur, seine Geschöpfe so sehr liebt, daß er es wagt, sie in die Hände eines gar großen Königs zu geben? Zumal ja blinde Selbstliebe unserem Menschenschlag so sehr eigen ist, daß es nach dem Zeugnis Ciceros noch nie einen Dichter gab, der geglaubt hätte, man könne einen anderen, ihm überlegenen Dichter finden. [...] Gegenstand meines Werkes ist die Dichtkunst und eine nach Einzelbiographien gegliederte Geschichte der Dichter."

[16] Poliziano, *Epist.* IX 1.

[17] Sie werden Sallust und Herodot vorgezogen; vgl. Poliziano, *Opera*, S. 503 und GODMAN 1993, S. 155ff.

König, war kein Furor-Besessener. Ihm wollte Angelo schon 1486 mitteilen, was sein Meisterwerk, damals noch *Nutrix* genannt, tatsächlich war: ein "opus multa lima cruciatum", dem "multa et remota lectio"[18] vorausgegangen sei. Für das Taktieren mit *lima* und *furor* lieferte Statius präzise Vorgaben. Quelle der Formel "opus multa lima cruciatum" ist *Silvae* IV 7,26[19]. Dort bezeichnet der neapolitanische Dichter die eigene *Thebais* als "multa cruciata lima" ('von langwieriger Feilarbeit gezeichnet'). Im Proömium des Epos selbst hingegen erklärt er es zur Frucht eines "Pierius calor". Mit der Übertragung der *lima*-Formel auf die eigene *Nutricia* gibt Poliziano zu erkennen, daß er analog zum *calor* der *Silvae* auch den der *Thebais* für fingiert hielt.

"Multa et remota lectio", die zweite der beiden Formeln, mit denen Poliziano 1486 die *Nutrix* bedachte[20], hat ihren Ursprung in Quintilian, *Inst. orat.* VIII, *Praef.* 28. Dort wird der angehende Redner aufgefordert, sich "lectione multa et idonea" einen reichen Wortschatz zu schaffen. In mehreren Adaptationen dieser Formel wandelte Leonardo Bruni sie "in Richtung Poliziano" ab. Im Aufsatz *De studiis et litteris* (1424) etwa spezifizierte er das Bildungsziel der "litterarum peritia" (mit *historia*, Rhetorik und Poetik in besonderer Stellung[21]) mit Hilfe der Adjektivkette "magna et trita et accurata et *recondita*" und fügte hinzu:

> [...] sine quo fundamento nihil altum neque magnificum sibi aedificare quisquam potest [...]; qui non ista fuerit peritia eruditus, nec ipse, si quid litteris mandabit, poterit non ridiculus extimari. (*ed.* BARON, S. 7[22])

Zwölf Jahre später würdigte er in seiner *Vita di Dante* den Autor der *Commedia* als Dichter "per iscienza, per studio, per disciplina ed arte e prudenzia":

> perocchè per istudio di filosofia, teologia, astrologia, aritmetica, per lezione di storie, per revoluzione di molti e vari libri, vigilando e

---

[18] Poliziano, *Epist.* IX 1.

[19] BETTINZOLI 1990, S. 40.

[20] Sie hat eine Parallele in dem Urteil, mit dem Poliziano bereits 1480 die *Silvae* des Statius gelobt hatte. In seiner Antrittsrede am *Studio* äußerte er, daß die Gedichtsammlung unter anderen Werken der lateinischen Literatur "doctrina [...] quadam *remota* litterisque abstrusioribus" herausrage (*Oratio super Fabio Quintiliano et Statii Sylvis*, *ed.* GARIN 1952, S. 872; zit. in BETTINZOLI 1990, S. 46).

[21] ... allerdings auf der Basis von *virtus* und *religio*; vgl. Bruni, *ed.* BARON 1928, S. 12-15.

[22] Verbessert nach BERTALOT 1932, S. 283. Übersetzung: "... eine Grundlage, ohne die niemand etwas Erhabenes oder Großartiges erschaffen kann [...]. Wer sein Wesen nicht durch Studien verfeinert hat, muß lächerlich erscheinen, wenn er etwas zu Papier bringt."

> sudando nelli studi acquistò la scienza, la quale doveva ornare ed esplicare con li suoi versi. (*Vita di Dante, ed.* BARON, S. 60)

"Molti e vari libri", noch ein potentieller Vorläufer von "multa et remota lectio"[23]: Sah sich Poliziano auf Dantes Spuren?

Durch die eigene Übersetzung des platonischen *Phaedrus* (1424[24]) scheint Bruni vorübergehend zu einem radikalen Renegaten seines Dichtungsbegriffs geworden zu sein. In die bereits erwähnte Epistel an den Dichter Giovanni Marrasio, geschrieben 1428 oder 1429, übernahm er unverändert die eigene Version von *Phaedrus* 245a:

> Qui vero absque furore Musarum poeticas ad fores, ut inquit Plato, accedit, sperans quasi arte quadam poetam se bonum evasurum, inanis est ipse atque eius poesis. Prae illa quae ex furore est, haec quae ex prudentia disperditur. (*Ep.* VI 1, *ed.* RESTA, S. 146[25])

Die Rhetorizität der Epistel ist jedoch nicht zu unterschätzen: Bruni antwortete auf ein Schreiben, in dem Marrasio seine Gedichtsammlung *Angelinetum* unter Hinweis auf ihre Entstehung aus einem *furor amorosus* als minderwertig ausgegeben hatte. Eine "platonische Reaktion" war mithin nahezu obligatorisch.

Die "realistischere" Theorie der *Vita di Dante*, wonach nur archaische Sänger wie Orpheus und Hesiod sowie "Beato Francesco" unter den neueren Dichter "non per iscienza, né per disciplina scolastica" (S. 59), sondern aus göttlichem Furor waren, wurde von Giannozzo Manetti in seiner Trauerrede auf Bruni aufgegriffen[26]. Er zählte neben Orpheus die Sibyllen, Hesiod, Pacuvius "multosque alios" zu den göttlich inspirierten Poeten, zu jenen "ex litterarum studiis atque plurimarum doctrinarum eruditione" hingegen Homer, Pindar, Euripides, Sophokles,

---

[23] Weitere Quelle Brunis könnte das Kap. I 43 (*De librorum copia*) aus Petrarcas Traktat *De remediis utriusque fortune* gewesen sein. "Multi et varii michi sunt libri", brüstet sich dort Gaudium; zuvor schon (Kap. I 8) rühmte die personifizierte Freude ihre "memoria multiformis [...] et multorum temporum". Ihr Gegenüber, Ratio, betont mahnend die Notwendigkeit, die erworbenen Kenntnisse in tugendhafte Werke umzuwandeln, und verurteilt das Bemühen um sittlich irrelevantes Wissen. Ähnlich äußert sich Augustinus in Petrarcas *Secretum*, nachdem er Franciscus vorgehalten hatte: "Fidis ingenio et librorum lectione multorum; gloriaris eloquio" (*ed.* FENZI, S. 144).

[24] Für das Datum vgl. HANKINS 1992, II, S. 383.

[25] "Wer sich aber ohne Furor an den, wie Platon sagt, poetischen Toren der Musen einfindet, in der Hoffnung, gleichsam durch eine ihm eigene handwerkliche Fertigkeit ein guter Dichter zu werden, der ist eitel, und sein Dichten nichts wert. Im Wettstreit mit Furor-Dichtung gehen mit Klugheit geschaffene Verse unter."

[26] In: *Leonardi Bruni Arretini Epistolarum libri VIII, ed.* MEHUS 1741, S. LXXXIX-CXI; vgl. CARDINI 1974, II, S. 26.

Aristophanes, Vergil, Ovid, Horaz, Seneca, Statius "omnesque alios"[27]. Seit einer frühen Schrift Ficinos, der Epistel *De divino furore* (1457)[28], die ohne Brunis *Phaedrus latinus* zu jenem Zeitpunkt undenkbar gewesen wäre, hatten derlei Differenzierungen keine Konjunktur mehr. Der enorme Erfolg des Brieftraktats führte dazu, daß die Florentiner nun auch "ihren" Dante zum Furor-Dichter stilisierten. Landino wurde zum Protagonisten dieser Operation[29].

Auch Poliziano hielt es für opportun, in das Furor-Konzert einzustimmen. Nicht zuletzt wegen der Begeisterung, die dank Ficinos Übersetzung[30] für einen weiteren, von Bruni nicht berücksichtigten platonischen Dialog aufgekommen war: den *Ion*.

6.3. Zwei Vorbilder für Poliziano: Ion und Crassus

Namensgeber des *Ion* ist ein arroganter Rhapsode, der vorgibt, keinen anderen Autor als Homer rezitieren zu können. Sokrates bietet ihm eine scheinbar einleuchtende Erklärung dafür: Ihm, Ion, sei es beschieden, nur beim Gedanken an Homer, den größten aller Dichter, von göttlicher Begeisterung ergriffen zu werden. Das Rasen, das einst den Epiker erfaßt habe, übertrage sich dann auf ihn, den Sänger, und weiter auf seine Zuhörer, als wären sie alle verschiedene Glieder ein und derselben Kette. Ion ist nicht vollends überzeugt von Sokrates' Worten und argwöhnt, der Denker erkläre ihn nur deshalb zum Sprachrohr Homers, um ihm jegliche Kunstfertigkeit absprechen zu können. Er selbst macht keinen Hehl daraus, daß er sich in allen Künsten für bewandert hält. Sokrates ringt ihm zwar in einem Durchgang durch die Disziplinen eine Reihe von Eingeständnissen ab, die, zusammengefaßt, besagen, daß auf welchem Gebiet auch immer die jeweiligen Spezialisten mehr Kenntnis besitzen als Dichter oder Rhapsoden, doch läßt Ion deswegen nicht von seinem Anspruch ab. Erst als Sokrates ihn vor die Alternative stellt, sich entweder als göttlicher Furor-Dichter oder als Kunsthandwerker zu

---

[27] *Ed.* MEHUS, S. CX-CXI. Statius, der später von Calderini zum *Furor*-Dichter stilisiert werden sollte, erscheint hier noch als *poeta doctus*. Überraschend die Zuordnung Pindars, den Horaz in der *Ode* IV 2 als *den* Enthusiasten unter den Dichtern beschrieben hatte.

[28] Ficino, *Opera*, S. 612-615.

[29] Siehe u. a. seine *Prolusione dantesca* (*ed.* CARDINI, I, S. 49) sowie das *Proemio al Commento dantesco* (*ibid.*, S. 140-145).

[30] Ficinos Übersetzung der platonischen Dialoge war, wie in der Analyse des *Orfeo* mitgeteilt, wahrscheinlich im Jahre 1469 abgeschlossen.

bekennen, entscheidet sich Ion für den poetischen Wahn: "Der Unterschied ist groß; denn es ist weitaus edler, göttlich genannt zu werden." Sokrates antwortet: "Dann vertraue auf die Wirkung dieses edleren Status auf uns, ein göttlicher und nicht kunsthandwerklicher Lobredner Homers zu sein." (542a-b).

Für die florentinischen Neuplatoniker war der *Ion* nichts anderes als eine Verherrlichung des Furors. Sie hielten es mit Sokrates[31]. Poliziano, vermuten wir, übernahm dem gegenüber die Rolle des Ion. Wie der Rhapsode entschied er sich für das taktisch Opportunere, gab sich im Bestreben, größtmöglichen Ruhm in der Mit- und Nachwelt zu erlangen, als göttlicher Sänger aus. Ausgerechnet in der gelehrtesten seiner hochgelehrten *Sylvae*, den *Nutricia*, leugnet Poliziano jegliche Urheberschaft: "Qua se furor incitat ardens, / Qua mens qua pietas qua ducunt vota, sequamur" (v. 31f.).

Angelo dürfte Ions Entscheidung nicht ohne Crassus, den Protagonisten von Ciceros *De oratore*, getroffen haben. Crassus vertrat das Ideal des enzyklopädisch gebildeten Redners, von dem er im Gegensatz zu Sokrates annahm, er könne über alles besser sprechen als der jeweilige Fachmann:

> Quid enim est tam furiosum, quam verborum, vel optimorum atque ornatissimorum, sonitus inanis, nulla subiecta sententia, nec scientia? Quidquid erit igitur quacumque ex arte, quocumque de genere, id orator, si, tanquam clientis causam, didicerit, dicet melius et ornatius, quam ille ipse eius rei inventor atque artifex. (I 51[32])

Etwas "Furioses" ohne eigene "scientia", wie es Sokrates von Dichtern und Rhapsoden gern gehabt hätte, wollte Crassus um keinen Preis bieten. Bevor er das Wort ergreife, erklärte er, pflege er sich gründlich in die jeweilige Materie einzuarbeiten. Tiefgreifende Unterschiede zwischen Rednern und Poeten sah der Redner dabei nicht. Beide seien einander darin gleich, daß ihnen inhaltlich keinerlei Schranken auferlegt seien:

> Est enim finitimus oratori poeta, numeris astrictior paulo, verborum autem licentia liberior, multis vero ornandi generibus socius, ac paene par; in hoc quidem certe prope idem, nullis ut terminis circumscribat

[31] Ficino beispielsweise erklärte Pellegrino Agli am Ende der Epistel *De divino furore*, den *furor poeticus* deshalb so ausführlich beschrieben zu haben, "ut memineris quae a te scribuntur ab Iove Musisque, quarum spiritu ac divinitate compleris, non abs te proficisci" (*Opera*, S. 615).

[32] "Was ist denn so unsinnig wie der leere Schall von großen, anspruchsvollen Worten ohne Sinn und Sachverstand? Über jedwedes Thema, aus welchem Fach, aus welchem Sachgebiet auch immer, wird der Redner besser und wirkungsvoller sprechen als der Erfinder und Urheber selbst, wenn er es wie den Fall eines Klienten kennt." (Übersetzung: H. Merklin).

> aut definiat ius suum, quo minus ei liceat eadem illa facultate et copia vagari, qua velit. (I 70[33])

Antonius, Crassus' Freund und dialogischer Widerpart, ist sich sicher, daß der Tag nicht mehr fern sei, an dem ein Redner erscheinen werde, "qui iure non solum disertus, sed etiam eloquens dici possit" (I 95) - es sei denn, dies gälte bereits für Crassus, der es freilich abstreitet. Ob Poliziano diese Zukunftsvision nicht, wie vom Autor des *De oratore* intendiert, in Cicero, sondern in sich selbst Wirklichkeit geworden sah, sei dahingestellt[34]. Für seine Ion-Strategie jedenfalls dürfte ein Ratschlag des Crassus besonders wichtig gewesen sein. Wenn der Redner seinen enzyklopädischen Anspruch verwirklichen wolle, empfahl jener, dürfe er nicht den Fehler begehen, den philosophischen Spezialisten die Kompetenz abzusprechen (I 54). Er solle sich vielmehr ganz auf die Darbietung ihrer Stoffe konzentrieren, dann werde er sie beeindrucken. Diese Maßgabe verinnerlichte Poliziano im Eingangsteil der *Nutricia, De poetica.* Mit antiquarischer ars und rhetorischer Gewandheit verwob er dort allerlei Fragmente aus Werken von Verfechtern der Furor-Lehre und gab das Ganze als Furor-Dichtung aus[35]. Ja, er ging weit über die Grenzen des Repertoires der

[33] "Der Dichter nämlich steht dem Redner nahe, etwas gebundener im Rhythmus, aber freier in der Ungebundenheit der Sprache; in vielen Formen schmückender Gestaltung ist er gar sein Gefährte und ihm fast gleich; in dem Punkt jedenfalls stimmt er gewiß beinahe mit ihm überein, daß er durch keine Grenzen sein Recht beschneidet und begrenzt, sich mit demselben Spielraum und Reichtum des Ausdrucks zu bewegen, wo er will." (Übersetzung: H. Merklin). Nikander beispielsweise, führt Crassus weiter aus, habe hervorragend "de rebus rusticis" gehandelt, obwohl er "ab agro remotissimus" gewesen sei. Poliziano sollte mit dem *Rusticus* eine vergleichbare Leistung vollbringen. Eine bewußte *aemulatio* des griechischen Dichters ist um so wahrscheinlicher, als Antonius, Freund des Crassus, in seinem Anknüpfen an dessen Äußerung den Titel der Sylva quasi vorgab: "[...] ut orator de eis rebus, quae ceterarum artium sunt, si modo eas cognovit, ut heri Crassus dicebat, optime potest dicere, sic ceterarum artium homines ornatius illa sua dicunt, si quid ab hac arte didicerunt. Neque enim si *de rusticis rebus agricola* quispiam [...] diserte scripserit aut dixerit, idcirco illius artis putanda est eloquentia" (*De Oratore* II 37f.).

[34] Verbindungen zwischen sich und Crassus konnte er mühelos etablieren:
- In der Auffassung, daß Dichter und Rhetor nahe Verwandte seien: Die *Sylvae* als metrische Reden bezeugen es.
- In der Absage an Regelwerke im normativen Sinne, die Crassus wiederholt verurteilte: Poliziano rezipierte die aristotelische *Poetik* lediglich "antiquarisch".

Die geringe Bedeutung der *Poetik* wird übrigens auch dadurch nicht größer, daß der Untertitel der *Nutricia, De Poetica et Poetis*, möglicherweise an Werkangaben zu Aristoteles angelehnt ist: Vgl. Landino, *Proemio, ed.* CARDINI, I, S. 140f.: "[Aristotele amò i poeti a tal punto, che] due libri scrisse Della poetica facultà e tre De' poeti." Petrarca hatte geschrieben: "Aristotiles poetriam ac de poetis [...] libros edidit." (*Fam.* IV 16, §9).

[35] Im Furor über Furor geschrieben zu haben, attestierte Ficino interessanterweise auch dem Autor des *Phaedrus*: "Plato noster poetice Muse, quam a tenera etate immo ab apollinea genitura sectatus est, furore gravidus, primum peperit liberum totum pene poeticum". Der Satz findet sich an gleich drei Stellen der *Opera omnia.* Seine Quelle dürfte Olympiodors *Vita Platonis* sein, die den Stil des

Neuplatoniker hinaus, mischte Elemente hinein, an die noch niemand gedacht hatte. Und wenn er dabei ironische Spitzen mitunter nicht verwinden konnte, plazierte er sie doch so, daß die betroffenen Partien oberflächlich glatt und harmonisch wirken.

Antonius erzählte, daß der Akademiker Charmadas trotz seiner gewöhnlichen Abneigung gegen die Redekunst von Crassus sehr angetan gewesen sei. Angesichts der Tatsache, daß Ficino die platonische Akademie in Careggi hatte wiedererstehen lassen, kann man Poliziano den Versuch unterstellen, auf Crassus' Spuren den selbsternannten "Akademiker" Marsilio und seine Anhänger für sich einzunehmen.

6.4. Spuren humanistischer "*Furor*-Schriften" in den *Nutricia*

Zu Beginn dieses Abschnitts seien die wichtigsten Etappen der florentinischen Fortune der *Furor*-Theorie skizziert. Er bringt die Angaben des vorigen Kapitels in eine annähernd chronologische Ordnung und ergänzt sie an einigen Stellen[36].

Leonardo Bruni führte den Begriff *Furor* 1424 mit seiner Übersetzung des platonischen *Phaedrus* in die poetologischen Diskussionen des Humanismus ein und machte ihn in seiner Epistel an Giovanni Marrasio zur entscheidenden Stütze der Inspirationslehre, die in Italien schon im Trecento vertreten worden war[37].

Maffeo Vegio, Freund Marrasios und Brunis, griff das *Furor*-Konzept in der *Veritas exulans* auf, die er 1444 in Florenz verfaßte. Weitaus bedeutsamer als dieses Werk wurden für die lokale (und sonstige) Rezeption der Theorie indes

---

jugendlichen Platon als "dithyrambisch" bezeichnet (§3), nicht ohne zuvor Dionysos und Dithyrambos miteinander identifiziert zu haben. Für Einzelheiten s. ALLEN 1981, S. 8f. und S. 238. In ostentativer Analogie zur These von der Furor-Natur des vom Furor handelnden *Phaedrus* versah Poliziano seine Materialien zu den *Silvae*, die seine Zeitgenossen ja als rauschhaft entstandene Dichtungen ansahen, mit der Überschrift *Angeli Politiani in Statii Sylvas tumultuaria commentatio* (vgl. ADAM 1988, S. 95). Den Willen zur Parallelisierung beweist eine Stelle aus seiner Antrittsvorlesung, auf die wir bereits anspielten. Dort sagte Poliziano in Anspielung den Brief an Stella, Statius habe die *Silvae* als "tumultuaria" ausgegeben (*Oratio super Fabio Quintiliano et Statii Sylvis, ed.* GARIN, S. 874).

[36] Vgl., mit anderen Akzenten, CARDINI 1973, S. 100f.

[37] Petrarca sprach zwar im *Triumphus Fame* III 102 vom "furor litterato" und spielte in *De remediis* II 115 mit Hilfe Ciceros (*De divinatione* I 80; *De oratore* II 194) auf den Zusammenhang zwischen Furor und Inspiration an; eine Dichtungstheorie formulierte er aber nicht. Dies sollte erst Boccaccio leisten. Im einschlägigen Abschnitt der *Genealogie deorum gentilium* (XIV 8) stützte er sich u. a. auf Vorgaben Isidors von Sevilla. Boccaccios Terminus lautete freilich nicht "furor", sondern "fervor".

einige Schriften Marsilio Ficinos[38], namentlich die Epistel *De divino furore* (1457[39]) an Pellegrino Agli, die *Oratio septima*, Kapitel 14-15, aus dem Kommentar zu Platons *Symposion* (1469), die verschiedentlich datierte Epitome des *Ion*[40], sowie das zweite Kapitel des 13. Buchs der *Theologia platonica* (1474). Über Ficino kam Landino zur Furor-Lehre. Er vertrat sie z. B. in den *Praelusiones* zu seinen Vorlesungen am Florentiner *Studio* über Vergil (1462) und Dante (1474), in den *Disputationes Camaldulenses* (1472-74) und - am ausführlichsten - im Proömium seines erfolgreichen Kommentars zur *Divina Commedia* (1481).
Auf den folgenden Seiten seien die Nachklänge einiger der genannten Schriften in den *Nutricia* aufgezeigt. Unsere Sichtung beginnt mit Vegios Dialog. Nach seiner Hauptgestalt, Alithia, schuf Poliziano die allegorische Figur der Poetica. Gab erstere "magnum Olympi rectorem" als ihren Vater, "sapientiam illam, quam vocant Pallada" als ihre eineiige Zwillingsschwester an, so stammt Angelos Schöpfung ebenfalls von Jupiter ab und ist immerhin "conscia magnae / Pallados" (v. 20f.[41]).
Laut Alithia hatte Jupiter vor ihrer Erdenmission eine ganze Reihe anderer allegorischer Gestalten vergebens in die Welt geschickt, um die Menschheit zu befrieden. Auch die Sendung der Wahrheit, mit sovielen Hoffnungen verbunden, war vergeblich: Alithia ist gezeichnet von den zahlreichen Mißhandlungen, die sie unter den Menschen erleiden mußte. Anders als Vegio läßt Poliziano die Mission seiner allegorischen Figur erfolgreich enden: Poetica besiegt die Barbarei, deren Jupiter überdrüssig geworden war.
Ficinos Brieftraktat *De divino furore* entnahm Poliziano Angaben zur Sphärenharmonie und dem sich im Weltall aussäenden Jupiter. Marsilios Vorgabe lautete:

> *In Republica* Plato quum de sphaerarum coelestium volubilitate tractaret, singulas ait Sirenas singulis ordinibus insidere, significans sphaerarum motu, ut Platonicus quidam inquit, cantum numinibus exhiberi. Nam Siren, Deo canens graece recte exprimitur. Theologi quoque veteres novem Musas octo sphaerarum numero musicos cantus

---

[38] Vgl. SHEPPARD 1980, S. 97f.
[39] So das Datum im Basler Druck. MARCEL 1958, S. 215-18, plädiert für 1462. Vgl. SHEPPARD 1980, S. 98.
[40] 1463-1468 (KRISTELLER 1937, S. cxvi-cxvii), 1466 (MARCEL 1958, S. 305f. und S. 462), wohl nach 1469 (SHEPPARD 1980, S. 107f.).
[41] Für die Variation verantwortlich zeichnet der hellenistische Text, der das Bild Poeticas als *nutrix* beflügelte (s. u.): Maximus Tyrius lobt die Musik als "ξυνερίθω τε καὶ ξυνίστορε φιλοσοφίας" (*Dissertationes* 37,3).

> et unam maximam, quae ex omnibus conficitur, harmoniam esse voluerunt. Hac igitur ratione poesis a divino furore, furor a Musis, Musae vero a Iove proficiscuntur. Nam mundi totius animum saepenumero Iovem Platonici nuncupant, qui caelum ac terras camposque liquentes lucentemque globum Lunae Titaniaque astra intus alit, totamque infusus per artus agitat molem, et magno se corpore miscet. (*Opera*, S. 614[42])

Die poetische Umsetzung dieses Abschnitts erfolgt in *Nutricia* 146-55:

> Juppiter (ut perhibent), liquidi per et ignea mundi
> Templa per et stellis radiantibus aethera fixum
> Aurarumque animas, sola terrae et caerula ponti
> Dissitus, errantes citharae vice temperat orbes,
> Ac rapidum imparibus cursum rotat intervallis,
> Quem rata pars tamen et certum confine diremit.
> Hinc nostro major captu sonus exit, acutas
> Compensans gravibus septem in discrimina voces;
> Stellantesque globos sua quaeque innoxia Siren
> Possidet, ambrosio mulcens pia numina cantu.[43]

Die Darstellung des Übergreifens des *Furors* auf die Dichter in *Nutricia* 163-87 verarbeitet nur gegen Ende neuplatonische *loci*. Sie stammen sämtlich aus Schriften Ficinos und Landinos[44], wobei jeweils ein Passus herausragt:

---

[42] "Platon sagt im *Staat*, als er von der Kreisbewegung der Himmelskörper handelt, daß die einzelnen Sirenen jeweils auf einer anderen Umlaufbahn Platz haben, was soviel bedeutet, wie daß die Gottheiten durch die Bewegung der Planeten, wie es ein Platoniker sagt, einen Gesang erzeugen. *Siren* heißt nämlich auf Griechisch 'zu Gott singend'. Auch die Theologen des Altertums vertraten die Ansicht, daß die neun Musen mitsamt der Achtzahl der Planeten für klangreiche Gesänge stünden, und es eine größer nicht vorstellbare Harmonie gebe, die beim Zusammenklang aller entstehe. Aus diesem Grund also geht die Dichtung aus göttlichem Wahn hervor, der Wahn aus den Musen, die Musen aber aus Jupiter. Denn die Platoniker nennen die Seele des ganzen Kosmos oftmals 'Jupiter', die Seele, die den Himmel, die Erde, die Felder erfüllt, die leuchtende Kugel des Mondes und die Titanischen Gestirne von innen her nährt, die gesamte Materie durchbebt und sich der großen Weltmasse beimischt."

[43] "Als, wie erzählt wird, sich Jupiter durch die feurigen Weiten der flüssigen Welt, den an die glänzenden Sternen geschmiegten Äther, durch die Winde der unteren Luftschichten und zuletzt durch Festland und Meerwasser hindurch ausgesät hatte, brachte er die Planeten in eine bestimmte Harmonie zueinander wie die Saiten einer Leier, und versetzte sie, die voneinander in ungleichen Abständen entfernt waren, gleichzeitig in einen rasenden Umlauf, der jeweils auf einer genau festgelegten Bahn erfolgt. Dabei entsteht ein Klang, der unsere Möglichkeiten der Wahrnehmung übersteigt. Er wiegt in sieben Tonschritten die hohen mit den tiefen Tönen ab. Die leuchtenden Kugeln der Planeten aber bewohnt je eine makellose Sirene, und sie verwöhnt die geliebten Gottheiten mit unsterblichem Gesang." - Poliziano hatte auch einige Quellen Ficinos vor Augen, als er die Verse schrieb. Die Angaben Del Lungos lassen sich ergänzen um: a) Cicero, *Tusc. disp.* V 24 69; b) Servius, *Ad Aeneidem* VI 645 bzw., wahrscheinlicher, *Mythographus tertius*, Kap. VIII 19 (Einer der beiden Texte war Angelo Anlaß, die Klausel von *Aeneis* VI 646, "septem discrimina vocum", in *Nutr.* 153 zu imitieren).

1.) Der Ort, in dem das Motiv erstmals gemeinsam mit der Formel "legitimi poetae", einer in *Nutr.* 184 nachklingenden Prägung Ficinos, erscheint, *Theologia platonica* XIII 2:

> [Drei Anzeichen lassen auf die Furor-Natur der Dichtung schließen:] Primum, quod artes singulas singuli homines sine Deo longo vix tempore assequuntur, legitimi vero poetae, quales fuisse vult Orpheum, Homerum, Hesiodum, Pindarum, omnium artium suis operibus certa quaedam indicia et argumenta inseruerunt. Secundum, quod multa furentes canunt et illa quidem mirabilia, quae paulo post defervescente furore ipsimet non satis intelligunt, quasi non ipsi pronuntiaverint, sed Deus per eos ceu tubas clamaverit. Tertium quod non prudentissimi quique et ab ineunte aetate eruditissimi optimi evasere poetae [...]. (*ed.* MARCEL, S. 203[45])

2.) Einer der nahezu identischen Landino-Belege:

> Divino furore concitati [poetae] res saepe adeo mirabiles adeoque supra humanas vires constitutas grandi spiritu proferunt, ut, cum paulo post furor ille iam resederit, se ipsos admirentur atque obstupescant. (*Disputationes Camaldulenses, ed.* LOHE, S. 112[46])

Lesen wir nun *Nutr.* 182-87:

---

[44] Wir übergehen: Ficino, *Ion*-Epitome, *Opera*, S. 1283; Landino, *Praefatio in Virgilio, ed.* CARDINI I, S. 21; *Prolusione dantesca, ibid.* I, S. 47.

[45] "Erstens, weil ein Mensch eine einzelne Kunstfertigkeit ohne Gottes Hilfe kaum in einem langem Zeitraum erlernt, die wahrhaftigen Dichter jedoch, zu denen seiner [*sc.* Platons] Meinung nach Orpheus, Homer, Hesiod und Pindar zählen, ihren Werken gewisse Merkmale und Inhalte aller Kunstfertigkeiten eingefügt haben. Zweitens, weil sie vieles im Wahn dichten, und zwar Wundersames, was sie wenig später, sobald ihr Wahn abflaut, selbst nicht hinreichend verstehen, so als hätten sie es nicht selbst verkündet, sondern Gott durch sie, indem er sich ihrer gleichsam als Instrumente bediente. Drittens, weil nicht besonders kluge und nicht von klein auf bestens ausgebildete Männer ganz hervorragende Dichter wurden."
Der zitierte Abschnitt findet sich identisch in einer Epistel Ficinos (I 52) an Baccio Ugolini und Antonio Pellotto vom 4. März 1475 (*Opera*, S. 634 bzw. Ficino, *ed.* GENTILE 1990, S. 103f.); Landino übersetzte ihn im *Proemio al Commento dantesco* (*ed.* CARDINI, I, S. 141).
Die Exemplifizierung wahrer Dichter findet sich weder im *Ion* bzw. *Phaedrus* noch in irgendeinem anderen Werk Platons. Daß Ficino sie einer anderen Quelle entnahm, geht zumindest aus den Kommentaren der *edd.* MARCEL und GENTILE nicht hervor.

[46] "Von göttlichem Wahn befeuert, verkünden die Dichter in großer Wallung oft Dinge, die so erstaunlich sind und menschliche Fähigkeiten so sehr übersteigen, daß sie kurz darauf, nach Abflauen jenes Wahns, über sich selbst sehr verwundert sind."

Mirantur et ipsi
Saepe (quis hoc credat?) quae nuper cumque, recepto[47]
Numine, legitimi cecinere oracula vates;
Caligatque animus visis; nec vindice lingua
Defendunt sua dicta sibi, postquam ille quievit
Spiritus et pressi tacuit sacer impetus oris.[48]

"Mirantur et ipsi" entspricht eindeutig Landinos "se ipsos admirentur". Polizianos Glosse zu dieser Behauptung verrät Ironie gegenüber seinem Kollegen am Florentiner *Studio*. Die entscheidende Quelle der zitierten Vorlagen, Cicero, *Lucullus* 52[49] bzw. 88[50], handelt nicht speziell von dichterisch berauschten Menschen, sondern von Wahnsinnigen ohne näheres Attribut. In §88 und, kaum später, in §90 des Dialogs ist eine auffallende Häufung des Verbs *credere* zu konstatieren[51]. Sie dürfte Poliziano darauf gebracht haben, den Einschub "Quis

---

[47] Vgl. Ovid, *Met.* XIV 106ff.: "at illa [*sc.* Sibylla Cumaea] diu vultum tellure moratum / erexit tandemque deo furibunda *recepto* / 'Magna petis' dixit".

[48] "Auch die wahrhaftigen Sänger selbst staunen oft - wer soll das glauben? - über all das, was sie gerade noch im Zustand göttlicher Ergriffenheit an Orakeln verkündeten. Ihr Geist ist vom Visionserlebnis wie vernebelt, und keiner rechtfertigt die Urheberschaft seiner Aussprüche, nachdem sein Furor sich gelegt hat und der heilige Drang versiegt ist, der seinen Mund bewegte."

[49] "Ne vinulenti quidem quae faciunt eadem approbatione qua sobrii: dubitant haesitant revocant se interdum iisque quae videntur inbecillius adsentiuntur, cumque edormierunt illa visa quam levia fuerint intellegunt. quod idem contigit insanis, ut et incipientes furere sentiant et dicant aliquid quod non sit id videri sibi, et cum relaxentur sentiant atque illa dicant Alcmeonis 'sed mihi neutiquam cor consentit cum oculorum aspectu'." (Aus der Rede des Lucullus).

[50] "[...] quasi quisquam neget et qui experrectus sit eum <non> somniare, et cuius furor consederit putare non fuisse ea vera quae essent sibi visa in furore." (Aus der Gegenrede Ciceros).
Für das Syntagma "nec [...] / Defendunt sua dicta sibi" (*Nutr.* 185f.) nahm Poliziano einen anderen Satz aus Ciceros Dialog auf: "Provide etiam ne uni *tibi* istam sententiam minime liceat *defendere*." (§67). Er entstammt einem Gedankengang des Karneades, den Lucullus am Ende seiner Rede zitiert. Der Kontext ist völlig verschieden, das Dativpronomen erst bei Poliziano auf *defendere* bezogen. Dennoch spricht die semantische Ähnlichkeit des jeweiligen direkten Objekts ("istam sententiam" bzw. "sua dicta") für die Rezeption der Stelle.

[51] Vgl. den Satz "Quid Iliona somno illo 'mater te appello' nonne ita *credit* filium locutum ut experrecta etiam *crederet*?" aus §88 sowie folgenden Auszug aus §90:

"'fer mi auxilium, pestem abige a me, flammiferam
hanc vim, quae me excruciat,
caeruleae incinctae angui incedunt, circumstant cum
ardentibus taedis',

num dubitas quin sibi [*sc.* Alcmaeon; die Verse entstammen einem Drama des Ennius] haec videre videatur? itemque cetera

'intendit crinitus Apollo
arcum auratum, luna innixus,
Diana facem iacit a laeva'

qui magis *crederet* si essent quam *credebat* quia videbantur: apparet enim iam cor cum oculis consentire".
Cicero geht es darum, welchen Wahrheitseindruck die Berauschten im Augenblick der Vision hatten, nicht darum, wie sie sie im Nachhinein werten: "Non enim id quaeritur, qualis recordatio

hoc credat?", Ovids ironischen Kommentar zur Geschichte von Deukalion und Pyrrha, aus dem ersten Buch der *Metamorphosen* (v. 399) in die *Nutricia* zu überführen[52].

In seiner *Ion*-Epitome erläuterte Ficino ausführlich das Bild der Furor-Kette aus *Ion* 533d-e, das in *Nutr.* 188-196 in schöner Umsetzung wiederkehrt[53]. Polizianos Kette hat als neue Glieder Papyrusrollen[54] und Leser. Sokrates hatte im *Phaedrus* (ohne Anspruch auf Vollständigkeit) vier Arten des Furors unterschieden. Der höchste war in seinen Augen der Liebesrausch (249d). Was die übrigen Typen betrifft, den mantischen, den "flehenden" und den poetischen Furor (244b-245a), traf er keine hierarchische Differenzierung. Ficino nahm sie mit Hilfe des spätantiken Scholiasten Hermias (5. Jhd.) vor[55]. In der Epitome des *Ion* (und fast wortgleich im Kommentar zum *Symposion*) verknüpfte er sie eigenwillig mit dem zentralen Bild des *Phaedrus* (247a), der Vorstellung vom menschlichen Geist als alleinigem Wagenlenker der Seele. In Marsilios Augen tragen die verschiedenen *furores* folgendermaßen zum Aufstieg der *auriga "mens"* in himmlische Sphären bei:

> Primus [*sc.* furor = poeticus furor] bonum equum, id est rationem opinionemque a malo equo, id est a phantasia confusa et natura, distinguit. Secundus [= mysterialis furor] malum equum bono, bonum aurigae, id est menti subiicit. Tertius [= vaticinium] aurigam in caput suum, id est in unitatem, mentis apicem, dirigit. Postremus [= amatorius affectus] caput aurigae in caput rerum omnium vertit (*Opera*, S. 1282[56])

---

fieri soleat eorum qui experrecti sint aut eorum qui furere destiterint, sed qualis visio fuerit aut furentium aut somniantium tum cum movebantur." (§90).

52 Die metrische Stelle wird beim Transfer gewahrt.

53 Dabei kommt nicht nur die Magnetschilderung aus Lukrez *De rerum natura* VI 910-16, zu neuen Ehren, auf die Del Lungo verweist, sondern auch (und sogar stärker) ihre Wiederaufnahme in VI 1086ff. - Im folgenden gehen wir nur auf Lukrez-Echos ein, die in PIZZANI 1990, einer philologisch soliden Studie, nicht erfaßt sind. Ihr Verfasser verkennt die rhetorische Natur der *Nutricia* leider völlig.

54 Hauptanreger der Variation ist Fabius Fulgentius, der sich im Proömium seiner *Mitologiae* von Kalliope folgendermaßen ermuntern ließ: "Eia [...], Fabi, Anacreonticis iamdudum novus mistes initiatus es sacris; [...] quidquid libet *Niliacis* exarare *papiris*, feriatis aurium sedibus percipe" (*ed.* HELM, S. 10). *Nutr.* 188f., "Ipsaque niliacis longum mandata papyris / Carmina phoebaeos videas afflare furores", erinnert zusätzlich an die Blätter, denen die Cumaeische Sibylle der Sage nach ihre Orakelsprüche anvertraute. Der vergilische Aeneas sagte zu ihr: "*Foliis* tantum ne *carmina manda*, / [...] / *ipsa* canas oro" (*Aeneis* VI 74-76; vgl. *ibid.*, III 444).

55 Vgl. SHEPPARD 1980, S. 105.

56 "Der erste Furor scheidet das gute Pferd, d. h. die Vernunft und das Meinen, vom schlechten Pferd, d. h. von der verworrenen Einbildung und von der Natur. Der zweite ordnet das schlechte Pferd dem guten unter, das gute aber dem Wagenlenker, d. h. dem Geist. Der dritte führt den Wagenlenker zu seinem Haupt, d. h. zum Einen, dem Gipfel des Geistes, hinauf. Der letzte lenkt

Da Ficino den ersten Furor auf Hermias' Spuren dem poetischen Rasen gleichsetzte, ist er in seiner Konstruktion der einzige, der nicht unmittelbar mit dem Wagenlenker "Geist" zu tun hat. Diese Demütigung der Poesie ließ Poliziano nicht auf sich beruhen, zumal die *laus disciplinae* im Genus der *praelusio* obligatorisch war. Er erklärt Poetica selbst zur "auriga". Als "mentis auriga" (vgl. *Nutr.* 69f.) wird sie gewissermaßen zur *auriga aurigae*. Statt dem Geist von fern her zuzuarbeiten, führt sie ihn höchstselbst zu Jupiter.

Durch Polizianos Eingriff wird Poetica zum vollendeten Pendant der Eloquenz. Quintus Mucius Scaevola hatte letztere in Ciceros *De oratore* als "praeclara gubernatrix" (I 38) bezeichnet, freilich bitter ironisch: Die Beredsamkeit, hielt er Crassus entgegen, habe mehr geschadet als genützt.

6.5. *Furor* und *ars* in einem Porträt des Lukrez

Der römische Dichter Lukrez nahm sich, wie Hieronymus in seiner Bearbeitung des *Chronicon* des Eusebius berichtet[57], im Liebeswahn das Leben. Petrarca machte ihm dies mehrfach zum Vorwurf, so auch in der *Laurea occidens* (*Buc. Carm.* X 273-77), deren Kurzbiographie des Dichters von der Paronomasie *amans-amens* geprägt ist[58]. Die ähnlich klingenden Termini wurden für Francesco inhaltlich identisch, als der "blandus furor" des Lukrez unter Amors Einfluß in einen "immitis furor" umschlug[59].

Auch die *Nutricia* schöpfen, wenn auch nicht ausschließlich, aus dem *Chronicon*, das die Entstehung der Verse *De rerum natura* außerhalb der Furor-Phasen des Autors ansiedelt; das Werk sei, so Hieronymus, "per intervalla insaniae" entstanden. Ficino sah dies anders. Er zählte Lukrez zu den "poetae insani"[60], was er als Auszeichnung verstand: In seinen Augen garantierte gerade der Liebeswahn,

---

das Haupt des Wagenlenkers zum Haupt aller Dinge [...]." Der Vergleichstext aus dem Kommentar zum *Symposion* (*ed.* MARCEL, VII 14) bietet eine einzige signifikative Abweichung: Statt "a phantasia confusa et natura" ist "a phantasia confusa et sensuum appetitu" zu lesen.

[57] *Chronicon*, A. Abr. 1922: "Titus Lucretius amatorio poculo in furorem versus, cum aliquot libros per intervalla insaniae conscripsisset, quos postea Cicero emendavit, propria se manu interfecit."; zit. im *Commento*, S. 531.

[58] Petrarca entnahm sie der *Andria* des Terenz (v. 218); vgl. RICO 1974, S. 312.

[59] Weitere Petrarca-Stellen zu Lukrez (allerdings nicht alle: es fehlt u.a. die wichtige *Senilis* V 6) in BIGNONE 1913. GASPAROTTO 1972/73, S. 300, weist darauf hin, daß Petrarca allem Anschein nach als erster ein Schwert zum Selbstmordinstrument des Lukrez erklärte. Es führt auch in den *Nutricia* den Tod des Dichters herbei.

[60] *Theologia platonica* XIII 2 (= *Epist.* I 52).

den Platon ja als den erhabensten aller *furores* gepriesen hatte, höchste poetische Qualität[61]. Polizianos Antwort lautet:

> Nec qui philtra[62] bibit nimioque insanus amore
> Mox ferro incubuit, sic mentem amiserat omnem,
> Ut non sublimi[63] caneret Lucretius ore
> Arcanas mundi causas elementaque rerum;
> Doctus[64], et arpino tamen exploratus ab ungui. (*Nutr.* 487-491)[65]

Die biographische Skizze widerspricht der Ansicht Ficinos. Ihr Autor wußte sich, wie lexikalische Anleihen zeigen, mit Leon Battista Alberti eins, der in seinem Traktat *De commodis litterarum atque incommodis* die Liebe als besonders starke Beeinträchtigung literarischen Schaffens gewertet hatte:

> Proxime his [*sc.* rebus elegantibus et amenis] amatorie sunt voluptates a quibus litteratos admodum cupio esse alienos; nam cum illas quidem omni hominum generi maxime nocuas esse sapientes omnes persuaserint, multo tamen magis studiosis admodum pestifere ac pernitiosissime sunt. Quis enim *amore* occupatus poterit circa litteras *mente* integra et firma inherere? [...] Quis, inquam, *furoribus amoris* captus aut voluntate aut ingenio aut opera satis constanti et firma esse ad bonas ullas artes valebit? An ignoramus quid soleat amor? Vires labefactare, mores depravare, ingenia hominum pervertere, animum curis conficere, *mentem* erroribus obruere, ad *insaniam* redigere: hec quidem amoris munera et dotes sunt. (*ed.* GOGGI CAROTTI, III 11f.[66])

---

[61] Petrarca (*Sen.* V 6) erregte sich einst darüber, daß der Titel eines "insanus literatus" weithin für eine Auszeichnung gehalten werde, und führte Lukrez als Beispiel eines Mannes an, der "manu[que] illa qua tot egregia carmina scripserat, ingeniosam magis quam felicem [*ed.* infelicem] animam extrusit" (*Opera*, S. 889). Ficino selbst schlug an einer anderen Stelle der *Theologia platonica* orthodoxere Töne an: "Lucretius, qui dum insania propter atram bilem concitaretur, animam suam primo conatus est verbis perdere in libro tertio, deinde corpus suum gladio perdidit" (XIV 10).

[62] *Philtra* erweist sich vor dem Hintergrund des Ovid-Verses "*Philtra* nocent animis, vimque furoris habent" (*Ars amatoria* II 106) als gescheite Variation der Vorgabe des *Chronicon*, "amatori*um* pocul*um*".

[63] Die *sublimitas* des Lukrez preist Ovid, *Amores* I 15,23f.: "Carmina *sublimis* tunc sunt peritura Lucreti / exitio terras cum dabit una dies" (Pizzani); zit. im *Commento*, S. 531.

[64] Vgl. Statius, *Silvae* II 7,76: "Et *docti* furor arduus Lucreti" (Del Lungo).

[65] "Lukrez, der einen Zaubertrank einnahm und sich dann im Wahn übermäßiger Liebe in sein Schwert stürzte, hatte durchaus nicht in dem Maße den Verstand verloren, daß er die geheimen Anfänge des Kosmos und die Bestandteile der Welt in nicht erhabener Tonart besungen hätte: Gebildet war er, doch hielt es Cicero für nötig, ihm mit dem Fingernagel Schliff zu geben."

[66] "Nächst den erlesenen und angenehmen Dingen soll nach meinem Wunsch insbesondere die Liebeslust den Literaten fremd sein. Denn wenn die Weisen auch einmütig und überzeugend dargelegt haben, daß sie jedem Menschenschlag im höchsten Maße schädlich ist, so ist sie doch für die Studiosi besonders verderblich, ja, vernichtend. Welcher Verliebte wird schon mit reinem, kraftvollem Geist den gelehrten Disziplinen obliegen? [...] Welcher Mann - frage ich -, der von

Wenn Lukrez das Lehrgedicht *De rerum natura* nun aber nicht in geistiger Umnachtung niederschrieb, warum sah sich dann Cicero (stets nach Hieronymus) veranlaßt, es zu verbessern? Hatte sich der Staatsmann nicht der Ansicht seines Bruders Quintus angeschlossen, daß Lukrez sowohl ein hohes Maß an natürlicher Begabung (*ingenium*) als auch viel technische Kunstfertigkeit (*ars*) an den Tag gelegt hatte?[67] - Der Terminus "unguis" aus *Nutr.* 491 bietet gleichsam Polizianos Erklärung. Es ist einem Abschnitt der *Ars poetica* (vv. 289-98) entlehnt, in dem Horaz seinem Credo Ausdruck verlieh, daß das Feilen am Text so manchen Fingernagel koste, obschon Demokrit predige, dem "ingenium", "misera [...] fortunatius arte", den Vorrang vor "limae labor" zu geben - und dementsprechend immer lange "ungues" habe. Die Anspielung Polizianos auslegend, können wir sagen: Die *ars* des Lukrez war für Cicero letztlich doch so schwach ausgeprägt, daß er sich veranlaßt sah, für den epikureischen Dichter seine Fingernägel zu opfern.

Da Demokrit, der Parteigänger des *ingenium*, bei Cicero selbst[68] (und Ficino[69]) als Verfechter der Furor-Theorie bezeichnet wird, lassen sich die *lumina ingenii*, von denen der Brief an Quintus spricht, mühelos mit furorbedingten Glanzlichtern des Lukrez gleichsetzen. Für Poliziano resultierten sie freilich, wie gesehen, nicht aus dem poetisch unfruchtbaren Liebeswahn, sondern aus dem, was Petrarca "blandus furor" genannt hatte: das "gesunde" Rasen der Dichter.

Lukrez war wie Demokrit Atomist. Soviel wußten wir bereits. Die Sylva etabliert eine weitere Gemeinsamkeit: Ihr zufolge vernachlässigten beide (wenn auch in unterschiedlichem Maße) das dichterische *Handwerk*. Anders Poliziano: Sämtliche Verse seiner Literaturgeschichte - auch diese - zeugen von minutiösem Styling[70].

Liebeswahn ergriffen ist, wird sich wohl mit hinreichend beständigem und unerschütterlichen Willen, mit Scharfsinn und Einsatzfreude irgendeiner ehrenhaften Kunst zuwenden können? Oder wollen wir die Auswirkungen der Liebe verkennen? Sie schwächt die Kräfte, verdirbt die Sitten, richtet den Charakter zugrunde, belädt das Herz mit Sorgen, stürzt den Geist in Wirrungen, führt zu Wahnsinn: *Das* sind sie, die edlen Gaben der Liebe."

[67] "Lucretii poemata, ut scribis, ita sunt, multis luminibus ingenii, multae tamen artis." (*Ad Quintum fratrem*, II ix 4). Del Lungos Quellenangabe, "[...] *non* multae tamen artis", ist zu korrigieren, da Poliziano im *Commento*, S. 532, Ciceros Satz in der Version ohne Negation zitiert, wie sie die Überlieferung bietet.

[68] Cicero, *De divinatione* I 80 und *De oratore* II 194.

[69] *De divino furore*, *Opera*, S.612; *Theologia platonica* XIII 2.

[70] Auch GALAND 1987, S. 70, spricht von Polizianos Kunst als einer "science minutieusement elaborée".

6.6. Poliziano als "Florentinischer Kallimachos"[71]

Ist große Dichtung natürlicher/göttlicher Begabung zuzuschreiben oder aber menschlicher Kunstfertigkeit? - Horaz glaubte, daß nur die Symbiose von *natura* und *ars*, *ingenium* und *doctrina* bleibende Verse zeitigen könne:

> Natura fieret laudabile carmen an *arte*
> quesitum est. Ego nec studium sine divite vena
> nec rude quid possit video *ingenium*. Alterius sic
> altera poscit opem res et coniurat amice. (*Ars Poetica* 408-11[72])

Cicero hatte dem gegenüber in seiner Rede *Pro Archia* die Ansicht vertreten, Dichter bezögen ihre Kraft daraus, daß ihr natürliches Talent gleichsam von einem göttlichen Anhauch getroffen werde:

> atque sic a summis hominibus eruditissimisque accepimus, ceterarum rerum studia et doctrina et praeceptis et arte constare, poetam natura ipsa valere et mentis viribus excitari et quasi divino quodam spiritu inflari. (§18[73])

Petrarca[74] als Entdecker der Rede, Salutati[75] und späterhin viele andere machten sich die hier vermittelte platonische Ansicht zu eigen, daß Dichtung keine *ars* sei, welchen Gegenbegriff sie auch immer wählten (seit Brunis *Phaedrus*-Übersetzung freilich immer häufiger *furor*)[76].

Nicht zu den Dichtern zu zählen wäre für Salutati, und erst recht für Platons *Phaedrus* zugetane Denker ein Mann wie Kallimachos gewesen, jedenfalls dann nicht, wenn man die Charakteristik zugrundelegt, die Ovid unter Verwendung der horazischen Termini von ihm gegeben hatte:

---

[71] GODMAN 1993, S. 127.

[72] "Ich kann nicht erkennen, was ein Bemühen ohne fündige Ader oder was eine unausgebildete Begabung nützt; so fordert das eine die Hilfe des andren und verschwört sich mit ihm in Freundschaft." (Übersetzung: E. Schäfer).

[73] "Wir wissen ferner aus dem Munde der größten Gelehrten, daß, während alle anderen Tätigkeiten auf Unterricht, Regeln und Kunst beruhen, die Stärke eines Dichters in seiner eigenen, natürlichen Anlage liegt und daß er durch die Kraft seines Geistes angetrieben und gewissermaßen durch göttlichen Anhauch begeistert wird." (Übersetzung: O. Schönberger).

[74] In der *Collatio laureationis*.

[75] *De laboribus Herculis* I 3,1.

[76] Die semantische Kluft zwischen *ingenium* und *furor* ist nur scheinbar. Zwischen beiden Termini wurde eine metonymische Beziehung etabliert, wie sie schon bei Cicero angedeutet ist: 'Natürlich begabt ist der Mensch, der in einer Weise disponiert ist, daß er göttliche Eingebungen empfangen kann'.

Battiades toto semper cantabitur orbe:
quanvis ingenio non valet, arte valet. (*Amores* I 15,13f.[77])

Ovids Behauptung, ein Verfasser von Versen könne fehlendes *ingenium* durch *ars* ausgleichen und so zur Unsterblichkeit gelangen, teilte etwa Landino nicht: "Chi sanza questo divino furore tenta divenire poeta indarno s'affatica"[78], rief er kategorisch aus[79]. Und Poliziano? Er suchte die ovidische These auf die denkbar intelligenteste Weise zu bestätigen, indem er in den *Nutricia* poetischen Wahn kunstfertig simulierte[80]. Folgte er dabei dem Beispiel des Statius, so mag ihn eine antike Glosse zu *Ars Poetica* 295 ("ingenium misera quia fortunatius arte [credit Democritus]") entweder erst auf die Spur der *simulatio* des *Silvae*-Dichters gebracht oder aber in deren Nachahmung bestärkt haben. Pseudo-Akron schrieb zu jenem Vers u. a.: "Ergo quia Democritus felicius putat ingenium arte, ideo miseram eam dicit Horatius *et propterea multi fingunt furorem, ut poetae videantur.*"

Peter Godman[81] hat jüngst überzeugend dargelegt, daß die intellektuelle Arbeit Polizianos über lange Jahre in der Nachfolge des Kallimachos stand[82]. Wie eigenwillig dieser Weg in einem neuplatonisch dominierten Umfeld war, kann nicht genug betont werden.

---

[77] "Die Lieder des Kallimachos werden auf dem gesamten Erdkreis zu allen Zeiten gesungen werden. Wenn er auch nicht durch natürliche Begabung bedeutend ist, so ist er es doch durch seine Kunstfertigkeit."

[78] Landino, *Proemio al Commento dantesco, ed.* CARDINI, I, S. 144f. (vgl. Platon, *Phaedrus* 245a, *Ion* 534c).

[79] Weniger extrem die Position Maffeo Vegios. Seine Alithia hält immerhin "longa rerum cognitio longusque et inundans quasi quidem literarum fluvius" für "pernecessaria [...] ad instruendum carmen", auch wenn es zur Entstehung wahrer Poesie unbedingt begnadeter "ingenia" bedürfe, "divini magis muneris quam humanarum virium", die selten seien wie der Vogel Phönix (*Veritas exulans*, S. 756). Vegios Worte lassen die Rezeption von Petron, *Satiricon* CXVIII erkennen. Dort dozierte Eumolpus: "Multos [...] carmen decepit. Nam ut quisque versum pedibus instruxit sensumque teneriorem verborum ambitu intexuit, putavit se continuo in Heliconem venisse. Sic forensibus ministeriis exercitati frequenter ad carminis tranquillitatem tamquam ad portum feliciorem refugerunt, credentes facilius poema extrui posse, quam controversiam sententiolis vibrantibus pictam. Ceterum neque generosior spiritus vanitatem amat, neque concipere aut edere partum mens potest nisi ingenti flumine litterarum inundata." Es handelt sich wohl um eine der frühesten Anverwandlungen, die Petrons Werk, 1423 durch Poggio Bracciolini wiederentdecktt, überhaupt erfuhr.

[80] "Il *furor*, l'impeto, l'*incitatio* possono [...] essere opportunamente atteggiati e persino rappresentati", bemerkt scharfsinnig BETTINZOLI 1990, S. 33. Er attestiert den *Sylvae* einen "*rhetoricus furor*".

[81] GODMAN 1993, S. 127 und *passim*.

[82] Auch die Kallimachos-Skizze des *Commento* (S. 264ff.) - sie mündet in Ovids Distichon - verrät die Bewunderung des Humanisten für die überragende Gelehrsamkeit seines Vorläufers.

6.7. *Ruditas* vs. Feinschliff: Über den Fortschritt in der Dichtkunst

Auch in den *Tristia* operierte Ovid mit den Kategorien des Horaz. Dort erklärte er Ennius zum Gegenpol des Kallimachos, indem er ihn als "ingenio maximus, arte rudis"[83] beschrieb. Offensichtlich zeitigten *ruditas* und ungebändigter *furor* für Ovid ähnliche Resultate. Horaz sah dies nicht anders. Er hatte als erster die Notwendigkeit der Verfeinerung der archaischen Dichtung hervorgehoben, an deren kritikloser Verehrung er sich störte[84]. Hätte Lucilius, der Ahnvater der Satire, zu seiner Zeit gelebt, äußerte er, dann hätte er gewiß die eigenen, allzu schnell dahin geschriebenen Verse sorgsamer ausgearbeitet[85]. Man beachte, daß Horaz auch bei der Darstellung dieses Gedankens das Bild der korrigierenden Fingernägel anführte[86].

Poliziano ließ nicht nur die Frühzeit der lateinischen, sondern auch die der volkssprachlichen italienischen Literatur vom Kampf gegen die *ruditas* geprägt sein. Das *dirozzamento* der Volgare-Dichtung beschrieb er im Widmungsbrief zur *Raccolta aragonese* (1477)[87], die antike Parallelentwicklung dann in den *Nutricia*. Dort eröffnet der derb-frische Ennius[88] den Reigen der Verfeinerer, der nach dem Zeugnis Ciceros[89] einerseits einen noch roheren Vorgänger ob seiner Verse verhöhnte, ihm aber andererseits zahlreiche Formulierungen stahl. "Deflorans carmina Naevi" (v. 474), lautet die beide Aspekte abdeckende Formel der

---

[83] *Tristia* II 424 (Del Lungo); Quintilian, der Ennius in *Inst. orat.* X 1,88 (zit. im *Commento*, S. 526) als eher bewunderns- denn nachahmenswert charakterisierte, übertrug Ovids Urteil auf das Gros der archaischen Dichter: "plerique [*sc.* veterum Latinorum] plus ingenio quam arte valuerunt" (*Inst. orat.* I 8,8).

[84] Vgl. *Serm.* I 10 und *Epist.* II 1.

[85]
fuerit Lucilius, inquam,
comis et urbanus, fuerit limatior idem
quam rudis et Graecis intacti carminis auctor
quamque poetarum seniorum turba: sed ille,
si foret hoc nostrum fato dilatus in aevum,
detereret sibi multa, recideret omne quod ultra
perfectum traheretur, et in versu faciendo
saepe caput scaberet, vivos et roderet unguis. (*Sermones* I 10, 72-79)

[86] Das Bild der Feile kehrt ebenso wieder - im Adjektiv "limatior".

[87] Das Schreiben verfaßte Poliziano bekanntlich *a nome di Lorenzo* aus Anlaß der Übersendung einer Prachthandschrift an den König von Neapel, die toskanische Dichtung von Guittone d'Arezzo bis hin zum Magnifico selbst enthielt.

[88] Ergänzung zu Del Lungos Kommentar: Zumindest für *Nutr.* 465f., "[Ennius] dedit aetolis hostilia campis / Corpora multa neci", scheint auch das Ennius-Porträt der *Punica* (XII 393ff.) bedeutsam gewesen zu sein. Originalton Silius Italicus: "Is prima in pugna [...] / [...] / spectandum sese non parva strage virorum / fecerat" (vv. 398-402).

[89] *Brutus* 75-76, zit. im *Commento*, S. 528.

Nutricia[90]. "Beerben und verbessern": Diese Devise, die Rufius Albinus, ein Redner der *Saturnalien* des Macrobius, zum Leitsatz aller *aemulatio* erhob, besagt, daß einstige Zensoren später ihrerseits zu Opfern korrigierender Hände werden[91]. Vergil war es vorbehalten, die Werke des Ennius zu zerpflücken. So zumindest will es die berühmte Anekdote, die Maro das Gold aus dem Mist des archaischen Poeten herauslesen läßt. Die Ennius-Biographie der *Nutricia* spricht statt von Gold von Perlen und verlegt dementsprechend die Auslese ans Meer:

> Mox gemet ipse suo natas in littore conchas
> Praecultum purgare fimo et sibi ferre Maronem. (v. 476f.[92])

Die Umdichtung der Anekdote bereitete Poliziano gewiß keine Skrupel, denn er hielt schon ihre Quelle, die "Donati grammatici Virgiliana vita"[93] für "fabulosa" (*Commento*, S. 528). Für seine Fassung, die ihm nicht minder "elegans et erudita" (*ibid.*) als ihr Gegenstück geriet, griff der Humanist auf mindestens drei Autoren zurück:

1.) Petron: Zwei in der Überlieferung benachbarte Fragmente seines *Satiricon* (LII und LIII) verband Poliziano zu einer Collage. Das erste (LII[94]) spricht in einem für die *Nutricia* nicht relevanten Kontext von Muscheln an einem Strand, das zweite (LIII[95]), ohne lexikalische Entsprechungen, stellt *ars* - v. a. rhetorische - über

---

[90] "Deflorans" ist nach Petrarca, *Fam.* IV 7, gebildet: "Plautus ecce suam deflet etatem, *Ennii* forte seu *Nevii* mortem dolens; ipsorum quoque Maronis ac Flacci etas non equa tantis ingeniis fuit, quorum alter, divini spiritus poeta, dum vixit, emulorum bellis sine fine vexatus, ut alienorum operum *deflorator* carpitur; alteri vitio datur, quod visus esset antiquos parcius admirari." (§9).

[91] *Saturnalien* VI 1, §§2-7. Laut Albinus dient diese Praxis nur dem Wohl der "Beerbten", "quos [...] non solum neglectui, verum etiam risui habere iam coepimus" (§5).

[92] "[Erst zerpflückt Ennius die Gedichte des Naevius], dann stöhnt er selbst darüber, daß der außerordentlich gelehrte Maro die an seinem Strand gewachsenen Perlen vom Schlamm säubere und mitnehme."

[93] "Cum is aliquando Ennium in manu haberet rogareturque quidnam faceret, respondit se aurum colligere de stercore Ennii. Habet enim poeta ille egregias sententias sub verbis non multum ornatis" (*Donatus auctus, ed.* DIEHL, §71); so zit. im *Commento*, S. 528 (Cesarini Martinelli wertet den zweiten Satz des zit. Abschnitts versehentlich als Kommentar Polizianos).

[94]
> Ecce inter virides iactatur mytulus a[l]gas,
> et rauco trahitur lubrica *concha* sinu.
> Ecce recurrentes qua versat fluctus arenas,
> discolor attrita calculus exit humo.
> Haec quisquis calcare potest, *in litore* toto
> ludat et hoc solum iudicet esset mare. (vv. 5-10)

[95]
> Non est forma satis, nec quae vult bella videri,
> debet vulgari more placere [*codd.* placare] sibi.
> Dicta, sales, lusus, sermonis gratia, risus,
> vincunt naturae candidioris opus.
> Condit enim formam, quicquid consumitur artis,
> et nisi velle subest, gratia nuda perit.

natürliche Schönheit und paßt von daher hervorragend in den Zusammenhang der Ennius-Diskussion.

2.) Maffeo Vegio: Rezipiert wird ein Passus der *Veritas exulans*, der die mangelnde Gelehrsamkeit des Ennius deutlich aufscheinen läßt:

> At pernecessaria est ad instruendum carmen longa rerum cognitio, longusque et inundans quasi quidem literarum fluvius, qui abundanter suppeditat tanta, quae dicenda Poetae incumbunt. Petenda sunt pervestigandaque diligenter *nata* quaeque et propria atque rebus suis cognata vocabula. Advocandae sunt non plebeiae aut serviles (ut ita dicam) sententiae, sed quae *ex vulgi faece segregatae nitido quodam decore ac venerabili sui maiestate resplendeant.* Sed praeter haec - quod maius restat - opus est grandi et prompto ingenio. (S. 756[96])

Nicht zufällig statten die *Nutricia* Vergil mit dem Attribut *praecultus* aus.

3.) Lorenzo Valla: In der Vorrede zum sechsten Buch der *Elegantiae* versuchte der römische Humanist seine Kritik am Sprachgebrauch der *auctores* als Akt der *pietas* darzustellen. Als solchen wertet er auch die Korrekturen, die der antike Rechtsgelehrte Sulpitius an den Schriften seines Lehrers Scaevola vornahm:

> Errores maximorum virorum deprehendere, id vero cum doctissimi hominis est, tum opus utilissimum et quo nullum dici possit utilius. [...] Quare si quis Scaevolae apud inferos de Sulpitii facto sensus fuit (quae illi erat aequitas et iustitiae amor) ausim affirmare fuisse gavisum, secumque praeclare actum esse dixisse, quod suorum librorum aurum ab omni scoria esset ac faece *purgatus* [...]. (*ed.* GARIN, S. 628[97])

---

[96] "Zur Strukturierung eines Gedichts ist eine lange Vertrautheit mit seinem Gegenstand unabdingbar, ein langer und kräftiger Strom der Gelehrsamkeit, der alles, was der Dichter gerade zu sagen gedenkt, reich bewässert. Eifrig verwendet werden müssen sorgsam ersonnene, ihren Gegenständen angemessene Wörter. Nicht auf plebeische oder niedrige Aussprüche ist zurückzugreifen, sondern auf solche, die, vom Schmutz des Pöbels getrennt, in ihrer reinen Schönheit und ehrwürdigen Majestät erglänzen. Aber abgesehen davon - und das bleibt das Wichtigere - bedarf es eines großen und flinken Talents."
Vegios Worte sind einmal mehr durch Petron, *Satiricon* CXVIII, geprägt, wo Eumolpus u. a. riet: "effugiendum est ab omni verborum (ut ita dicam) vilitate et sumendae voces a plebe summotae, ut fiat 'odi profanum vulgus et arceo'. Praeterea curandum est, ne sententiae emineant extra corpus orationis expressae, sed intexto versibus colore niteant."

[97] "Irrtümer sehr großer Männer zu tadeln, das ist einerseits die Pflicht eines jeden hochgelehrten Mannes, andererseits ein äußerst nützliches Tun, ja, das denkbar nützlichste. [...] Ich wage daher zu behaupten, daß Scaevola, falls er in der Unterwelt etwas von Sulpitius' Vorgehen mitbekam, sich darüber freute (er war ja ein ausgeglichener Mensch und liebte die Gerechtigkeit) und sagte, es sei zu seinem Besten geschehen, da das Gold seiner Bücher von allem Schlamm und Unrat gereinigt worden sei."

Poliziano übernimmt zwar das Lexem *purgare*, zeiht Valla aber indirekt der Lüge, indem er Ennius aus dem Jenseits über das Tun seines "Korrektors" aufstöhnen läßt. Von Freude "apud inferos" wissen die *Nutricia* nicht zu berichten...

* * *

War mit Vergil der absolute Gipfel der Literatur erreicht? Rufius Albinus vertrat diese Ansicht, obwohl sie nicht recht zu "seiner" *aemulatio*-Regel passen will (die er freilich allein zum Zweck der Verteidigung vergilischer "Diebstähle" aus älteren Autoren formuliert hatte). Petrarca schloß sich dem Redner der *Saturnalien* in der bemerkenswerten *Varia* 22 an. Als ihn sein notorischer Verehrer Barbato da Sulmona als König der Dichter bezeichnete, wies er den Titel, wiewohl geschmeichelt, pflichtschuldig zurück. Seine Antwort, die die Verfeinerungstheorie des Horaz kritisch verarbeitet, reflektiert den Wandel der Epochen und das Dilemma der Spätgeborenen:

> quantus Lucilius est habitus, quem tum in aliquo reprehendisse prope sacrilegium videretur, cum in multis impune reprehendatur Maro? quantus aliis quantusque sibimet visus est Nevius, quantus Plautus? Et qui fuerint scimus. Ars exigua, mediocre ingenium, vivax fama, magnus populorum favor, rerum suarum estimatio immensa. Lege epigrammata sepulchrorum ab his edita; satis superba fateberis, etsi ab alio dictata essent, etsi alter horum Homerus, alter Virgilius fuisset. Blanda, inquam, etas et favorabilis poetis, que de tam parvis radicibus tam magnificas opiniones eliceret. Nobis durior nostra est etas, a quibus exactiora omnia requiruntur. Limatiori seculo successimus. Alta sapere non sinimur. Cultioribus ingeniis circumsepti sumus, quorum admiratio insolentiam nostram frenat. Cave igitur, ne me amando pregraves, obruasque non mei mole cognominis. Ingenue quidem regis poetarum appellationem respuo. Ubi enim regnum hoc exerceam queso? Quos mihi statuis regni fines? Occupata utraque sedes est, cognomenque istud apud Graios senex ille Meonius, apud nos Venetus pastor tenet. (*ed.* FRACASSETTI, III, S. 358f.[98])

[98] "Wie hoch ist Lucilius geachtet worden! Ihn in irgendeinem Punkt zu tadeln, wurde beinahe für ein Sakrileg gehalten, während man Vergil straflos in vielen Punkten kritisieren durfte. Wie groß erschienen Naevius und Plautus den anderen, wie groß sich selbst? Und doch wissen wir nur zu gut, von welcher Qualität sie waren: Ihre Kunst gering, ihr Talent mittelmäßig, ihr Ruf zählebig, ihre Gunst bei den Volksmassen groß, ihre Wertschätzung der eigenen Werke maßlos. Lies die Inschriften, die jeder von ihnen für sein Grab verfaßte, und Du wirst zugeben, daß sie selbst dann noch hochmütig klängen, wenn sie von einem anderen aufgesetzt worden wären, oder wenn einer von ihnen Homer, der andere Vergil gewesen wäre. Mild, sage ich, und günstig für Dichter war jene Zeit, die aus so geringen Wurzeln so hohe Meinungen zog. Uns, von denen man alles in

Der in Padua tätige Sicco Polenton (1375/76 - ca. 1447), Verfasser einer wichtigen Literaturgeschichte[99], sah die Möglichkeiten der Dichter in ähnlicher Weise seit Persius und Lukan, den ersten Epigonen des Horaz bzw. des Vergil, eingeschränkt[100].

Poliziano schloß sich Petrarca und Sicco zumindest nach außen hin an. Die *Nutricia* bezeichnen Homer und Vergil als die mit Abstand größten Epiker[101] und lassen ihnen erst "procul" Antimachus und Statius folgen[102]. Analog dazu stellte schon der Widmungsbrief der *Raccolta aragonese* nach der Nennung Dantes und Petrarcas fest:

> Segue costoro di poi più lunga gregge di novelli scrittori, i quali tutti di lungo intervallo si sono da quella bella coppia allontanati. (*ed.* VARESE, S. 989)

Betrachtet man die *Nutricia* jedoch näher, so wird man erkennen, daß sie Vergil alles andere als gelassen die provozierende *aemulatio* eines Lukan ertragen lassen. Wollte Poliziano der "Lukan" Petrarcas werden? Die Antwort auf diese Frage wird ein späteres Kapitel unserer Studie geben.

Die Darstellung der Positionen, die Poliziano zu zentralen Fragen literarischer Debatten des Humanismus bezog, zwang uns bereits mehrfach, aus seiner Sylva

---

vollkommenerer Form erwartet, ist eine härtere Zeit beschieden. Wir folgen auf eine Epoche von verfeinertem Geschmack. Hohes zu wissen, ist uns nicht gegeben. Von höher gebildeten Wesen sind wir umgeben, die wir bewundern, was unsere Dreistigkeit zügelt. Paß also auf, daß Du mich nicht mit Deiner Zuneigung belastest und mit dem Gewicht des Beinamens, den Du mir gegeben hast, erdrückst. Rundheraus weise ich den Titel eines 'Königs der Dichter' zurück. Wo sollte ich denn auch die Königsherrschaft ausüben? Und welche Grenzen legst Du für mein Königreich fest? Beide Throne sind besetzt: Bei den Griechen hat der Mäonische Greis, bei uns der Hirte aus dem Veneto den Titel inne."

[99] *Scriptorum illustrium latinae linguae libri XVIII*, *ed.* ULLMAN 1928; das Werk stammt in seiner endgültigen Fassung aus dem Jahre 1437. Wir gehen - v. a. aufgrund einiger markanter Antithesen zu den *Nutricia*, die in der ersten Version von 1426 nicht durchwegs anzutreffen sind und *passim* vorgestellt werden sollen - davon aus, daß Poliziano die zweite kannte. - Siccos Text versammelt im übrigen zahlreiche Materialien zu Ennius (S. 49-52).

[100] Vgl. *ed.* ULLMAN, S. 110.

[101] Ähnlich äußerte sich Ugolino Verino in seiner das Andenken Cosimos de' Medici verherrlichenden Dichtung *Paradysus* (1469): "Longe alios [*sc.* poetas] virtute duo [*sc.* Vergil und Homer] superare videntur" (*Laur. Plut.* 26,21, f. 23v).

[102] "Excipiunt gemini procul hos *longe*que *sequuntur* / Qui septem cadmaea vocent ad moenia reges" (*Nutr.* 353f.). Mehr hatte Statius auch nicht für sich beansprucht. Seiner *Thebais* wünschte er:

> Vive, precor, nec tu divinam Aeneida tempta
> sed *longe sequere* et vestigia semper adora. (XII 816f.)

De Poetica et de Poetis, überschrieben *Nutricia*, zu zitieren. Sie soll nunmehr ins Zentrum der Analyse rücken.

7. Nutricia

7.1. Das Proömium

Stat vetus et nullo lex interitura sub aevo
(Divorum atque hominum concors incidit in auro
Scilicet hanc Natura parens; dictasse feruntur
Fatorum consulta Themis, solersque futuri
Nondum caucasea pendens de rupe Prometheus),
Quae gratos blandae officio nutricis alumnos
Esse jubet, longumque pia mercede laborem
Pensat, et emeritis cumulat compendia curis.
Hinc italos phrygio signavit nomine portus,
Cajetae memor, Aeneas: hinc urbe Quirini
Annua cinctutos nudabant festa lupercos:
Hinc pater astrigero Dodonidas intulit axi
Bacchus, agenoreo facturus cornua tauro:
Hinc jubar olenium ratibus pelagoque pavendum
Exoritur, siquidem cretaea fertur in Ida
Capra Jovem puerum fidis aluisse papillis.
Ast ego, cui sacrum pleno dedit ubere nectar,
Non olidi coniunx hirci non rava sub antris
Bellua non petulans nymphe non barbara mater,
Sed dea Pieridum consors et conscia magnae
Pallados, humanas augusta Poetica mentes
Siderei rapiens secum in penetralia coeli;
Quas, rogo, quas referam grates, quae praemia tantae
Altrici soluisse queam, nec fulminis auctor,
Nec thyrsi sceptrique potens? Quo nam improba ducis
Mens avidum? quo me pietas temeraria cogis
Attonitum? quinam hic animo trepidante tumultus?
Fallor? an ipsa aptum dominae praecordia munus
Parturiunt ultro, vocemque et verba canoro
Concipiunt sensim numero, inlibataque fundunt
Carmina nunquam ullis parcarum obnoxia pensis?
Sic eat. En agedum; qua se furor incitat ardens,
Qua mens qua pietas qua ducunt vota, sequamur. (vv. 1-33[1])

---

[1] "Es gilt ein altes Gesetz, das in keiner Zeitordnung nichtig werden wird, denn die gebärende Natur schnitt es in Gold ein, gültig für Götter und Menschen: Themis soll die Ratschlüsse der Parzen verkündet haben und der auf das Künftige sinnende Prometheus, als er noch nicht am kaukasischen Felsen hing; dieses Gesetz gebietet, daß Pflegekinder sich für das Wirken einer sanften Amme erkenntlich zeigen sollen. Es wiegt lange Mühe mit anerkennendem Lohn auf und gewährt Ausgleich für die Zuwendungen der Vergangenheit.

Von Anfang an zeigt sich Poliziano in den *Nutricia* als Meister der Kombinatorik. Der Auftaktvers der Sylva, "Stat vetus et nullo lex interitura sub aevo", vermengt eine stattliche Zahl von Quellen. Wir beginnen die Übersicht mit einer griechischen, Aristides Smyrnaeus. Der kleinasiatische Redner eröffnete den *Panathinaikos*, seine Preisrede auf Athen (= *Orationes* I), mit den Worten: "Νόμος ἐστὶ τοῖς Ἕλλησιν παλαιός, οἶμαι δὲ καὶ τῶν βαρβάρων πλείστοις, τροφεῦσιν χάριν ἐκτίνειν ἅπασαν, ὅση δυνατή."[2] Als weiteres Incipit verwertet Poliziano Ovid, *Amores* III 1,1, "*Stat vetus et* multos incaedua silva per annos". Dies keineswegs, um sich die Übersetzung des griechischen Passus ins Lateinische zu erleichtern. Der gebildete Leser der *Nutricia* wird vielmehr aufgefordert, sich des ovidischen Verses zu erinnern, und zu einem Spiel mit dem Signifikanten *silva* eingeladen. Poliziano meldet diskret und doch an prominenter Stelle Anspruch auf Nachruhm an: Auch *seine* Sylva soll auf absehbare Zeit unfällbar sein.

In den Worten "nullo [...] aevo" und "interitura" liegen weitere verdeckte Proklamationen der "Unsterblichkeit" der *Nutricia*[3]. Man findet sie an gleicher metrischer Stelle in zwei berühmten Manifestationen dichterischen Selbstbewußtseins aus römischer Zeit:

Deswegen bezeichnete Aeneas, eingedenk der Cajeta, die italischen Häfen mit phrygischen Namen; deswegen entblößten in der Stadt des Quirin jährliche Feste die Priester des Lupercus bis auf den Schurz; deswegen erhob Bacchus die dodonischen Nymphen in den sternenbesetzten Himmel, als er dem agenorischen Stier Hörner machen wollte; deswegen entstand der von Schiffen und Meer zu fürchtende olenische Glanz, denn eine Ziege soll ja auf dem kretischen Ida den Knaben Jupiter aus prallen Zitzen ernährt haben.

Aber ich, dem heiligen Nektar aus voller Brust kein Weibchen eines stinkenden Bocks, kein fahles Raubtier im Höhlendunkel, keine ausgelassene Nymphe und auch keine barbarische Mutter spendete, sondern eine Göttin und Gefährtin der Musen, eine Vertraute der Pallas Athene, Poetica, die die menschlichen Geister mit sich emporreißt ins innere Heiligtum des Sternenhimmels - welchen Dank, frage ich, welchen Dank könnte *ich* ihr wohl abstatten? Wie könnte ich eine so große Amme entlohnen, wo ich doch weder der Urheber der Blitze bin noch die Macht von Thyrsos und Zepter besitze? Wohin führst du, maßloser Geist, den Begierigen? Wozu zwingst du mich schreckerstarrten, blinde Verehrung?

Was ist das nur für ein Aufruhr in meinem zitternden Herz? Täusche ich mich? Oder wird der Mut selbst das der Herrin angemessene Geschenk aus freien Stücken gebären, Stimme und Worte in klangvollem Rhythmus Zug um Zug hervorbringen und makellose Dichtungen schaffen, die niemals dem Rocken der Parzen unterliegen werden? - So soll es gehen! Wohlan denn! Auf dem Weg, auf dem die glühende Begeisterung vorwärtseilt, auf den uns Geist, Achtung und Gelübde führen, wollen wir folgen."

[2] "Es gibt bei den Griechen und, ich denke, auch bei den meisten nichtgriechischen Völkern ein altes Gesetz , welches besagt, daß Ammen nach Kräften zu entlohnen sind."

[3] Deutlicher wird Poliziano in *Nutr.* 31, wo er sich zum staunenden Medium für "Carmina nunquam ullis parcarum obnoxia pensis" stilisiert (die natürlich seiner eigenen *ars* entsprungen sind).

a) Lukan, *Pharsalia* IX 980ff.:

> O sacer et magnus vatum labor: omnia fato
> eripis et populis donas mortalibus aevum!
> Invidia sacrae, Caesar, ne tangere famae:
> nam, si quid Latiis fas est promittere Musis,
> quantum Zmyrnaei durabunt vatis honores,
> venturi me teque legent: Pharsalia nostra
> vivet et a *nullo* tenebris damnabimur *aevo*.[4]

b) Horaz, *Oden* IV 9, 1-4:

> Ne forte credas *interitura*, quae
> longe sonantem natus ad Aufidum
> non ante vulgatas per artes
> verba loquor socianda chordis[5]

Für das Ende von *Nutr.* 1, "interit*ura sub aevo*", wird zusätzlich Statius, *Silvae* II 3,63, verwertet:

> Haec tibi parva quidem genitali luce paramus
> dona, sed ingenti forsan vict*ura sub aevo*. (v. 62f.[6])

Die Anleihe ist besonders geistreich, da das Gedicht des Statius einen Baum preist (sein Gönner Atedius Melior hatte ihn gepflanzt). Aus dem *arbor* wird eine Sylva, aus dem vorsichtig vermuteten vorwitzig antizipierter Nachruhm[7].

---

[4] "Wahrlich, heilige und große Dichtermühe rettet alles vor Untergang, verleiht sterblichen Menschen Ewigkeit! Caesar, laß dich nicht von Neid auf heiligen Heldenruhm erfassen! Denn wenn Latiums Musen ein Versprechen geben dürfen, werden auf so lange Dauer, wie man Smyrnas Dichter ehrt, künftige Geschlechter meine Verse und so deine Taten lesen: Die Schlacht von Pharsalus wird als Leistung von uns beiden lebendig bleiben, und keine Nachwelt wird uns zu Vergessenheit verdammen." (Übersetzung: W. Ehlers).

[5] "Fürchte nicht etwa den Untergang meiner Lieder, / die ich, geboren an des weittönenden Aufidus Ufern, / mit vormals nie gewagter Kunst / zum Saitenspiel gesellte." (Übersetzung: C. F. K. Herzlieb).

[6] "Dies als winzig Geschenk bring' ich dar zu deinem Geburtstag. / Aber vielleicht, mein Melior, bleibt es in ewige Zeiten." (Übersetzung: R. Sebicht).

[7] Für die Parenthese zu "vetus lex", "Divorum atque hominum concors incidit in auro / Scilicet hanc Natura parens / Fatorum consulta Themis, solersque futuri / Nondum caucasea pendens de rupe Prometheus" (*Nutr.* 2-5), kommen als Materialgeber u. a. in Betracht: Proklos, *In Platonis Timaeum* 30a; Ovid, *Metamorphosen* XV 807-15, bes. 813f., "*incisa* adamante perenni / *fata* tui generis"; Vergil, *Aeneis* VI 32, "Bis conatus erat [*sc.* Daedalus] casus effingere *in auro*"; Dion Chrysostomos' *Oratio* XXXVI, §32; Pindar, *Nemeica* VI 1-2 etc.; schließlich Statius, *Thebais* III 451f., "[...] *sollers* tibi cura *futuri*, / Amphiarae, datur", und Ausonius, *Eclogarum liber* II 21, "[...] sic *Caucasea* sub *rupe Prometheus*".

Auch die Gedichte, mit denen Paulinus von Nola den Geburtstag des hl. Felix zu ehren pflegte, spielen in den Auftakt der *Nutricia* hinein. "*Lex* mihi jure pio posita hunc celebrare quotannis / Eloquio famulante diem", beginnt eines von ihnen (*Carmina* XVIII). Ein zweites (XIX) vergleicht die Hand Gottes einer Amme[8], ein drittes (XX) schließlich hebt beinahe mit Polizianos *Nutrix*-Bild an, nur daß Paulinus seinen "geistigen Nährer" mit Felix in einem Mann erblickte:

> Saepe boni domini caris famulantur alumnis
> Mente pia, et patrio subjecta tuentur amore
> Mancipia, hisque favent cura propriore fovendis,
> Quos magis indiguos opis, et virtute carentes
> Affectu rimante vident. Et si quis eorum,
> Moris ut humani solemnis postulat usus,
> Votum aliquod celebrare velit, neque possit egenis
> Id patrare opibus, studio curatur herili
> Servus inops, cui dives opum, queis pauper egebat,
> Contulerit dominus cumulandae impendia mensae. (vv. 1-10[9])

Der letzte Vers des Zitats war eines der Modelle für *Nutr.* 8, "Pensat, et emeritis cumulat compendia curis." Ihm gesellen sich hinzu:

- Ein Hexameter des Ausonius, der aus dem Abscnitt der *Mosella* stammt, in dem der Aquitanier das Ende seines Erziehungsauftrags am kaiserlichen Hof thematisiert: "mittent [*sc.* me in patriam] *emeritae* post munera disciplinae" (v. 451).

Vier Wortformen aus *Nutr.* 1-6 ("natura", "parens" "fatorum", "futuri"), sind - wie auch das Lexem *lex* - in den eröffnenden Versen des zweiten Buchs der *Pharsalia* Lukans zu finden.

[8] Vgl. *Carmina* XIX 350-57:

> Nam divina manus medica virtute per omnes
> Est illic operosa vias [...]
> Inde igitur suadente fide data copia fidis
> Tunc comitum studiis, quaedam ut sibi pignora vellent
> Ossibus e sanctis merito decerpere fructu,
> Ut quasi *mercedem officii*, pretiumque *laboris*
> Praesidia ad privata domum sibi quisque referrent.

Die Worte *officium*, *merces* und *labor* erscheinen auch in *Nutr.* 6f.

[9] "Oft dienen gute Herren hingebungsvoll lieben Zöglingen, schützen ihrer Obhut unterstellte Mündel mit väterlicher Liebe und lassen denen besondere Sorge angedeihen, die sie für besonders hilfsbedürtig halten und fern vom Pfad der Tugend im Sturm der Leidenschaften sehen. Und wenn einer von ihnen nach feierlichem menschlichen Brauch irgendein Gelübde erfüllen will und es mit seinen bescheidenen Mitteln nicht kann, dann erfährt der arme Knecht Hilfe von seinem Herrn, der das, wessen jener bedarf, im Überfluß besitzt: Der Herr verschafft ihm das nötige Geld für die Festtafel."

- Ein Teilstück der Beschreibung des Menschenlebens, die der ovidische Pythagoras in den *Metamorphosen* gibt: "spatiumque iuventae / transit, *et emeritis* medii quoque tempora ann*is* / labitur occiduae per iter declive senectae" (XV 225ff.).

Im *Carmen* XX des Paulinus finden wir ferner ein Modell für *Nutr.* 23f., "Quas, rogo, referam grates, quae praemia tantae / Altrici soluisse queam [...]?", das zwei Stellen aus den *Silvae* des Statius[10] sowie einer aus den *Argonautica* des Valerius Flaccus[11] gleichwertig hinzutritt:

Quidnam ego Felici possim redhibere patrono?
Quas illi *referam tanto* pro munere digne
Tam cito de *tanto* sanatus vulnere *grates*? (vv. 254-56[12])

Neben Paulinus von Nola wird mit Prudentius noch ein weiterer christlicher Autor im Proömium der *Nutricia* rezipiert. Die Abgrenzung Poeticas von anderen Ammen in vv. 17-20 ahmt einen Abschnitt seiner *Apotheosis* nach:

quin potius scrutare Dei signacula in ipso
fonte vetustatis, percurre scrinia primi
scriptoris, quem *non bardus pater aut* avus augur,
fabula *nec* veteris famae, *nec garrula nutrix*,
nec sago clangore *loquax et stridula* cornix
rem docuere Dei, *sed* coram proditus ipse,
ipse Deus trepidum mortalem mitis amico
inbuit adloquio seque ac sua summa retexit. (*Apoth.* 294-301[13])

Aus "bardus pater" wird via Assonanz "barbara mater", "garrula", "loquax" und "stridula" verschmelzen zu "petulans". Vor allem aber: Aus dem Gott der Christen

[10] *Silvae* IV 2, vv. 5-8 ("*ast ego, cui sacrae* caesar nova gaudia cenae / nunc primum dominaque dedit consurgere mensa, / qua celebrem mea vota lyra, *quas solvere grates* sufficiam?"; Del Lungo) sowie *Silvae* III 1, v. 170f. ("quae tibi nunc meritorum *praemia solvam? / quas referam grates?*").

[11] "'*Quae*nam tibi *praemia*' dixit / '*quas*, decus o Boreae, possim per*solvere grates*? [...].'" (*Argonautica* IV 629f.).

[12] "Was könnte ich Felix, meinem Schutzherrn, von meiner Seite geben? Wie könnte ich ihm in würdiger Form dafür danken, daß er mich so schnell von einer so schweren Wunde geheilt hat?"

[13] "Suche doch lieber Gottes Zeichen am Quell des Altertums! Lies die Bücher des ersten Schriftstellers [Moses] durch! Nicht ein als Barde singender Vater noch ein weissagender Großvater, nicht ein Märchen aus alten Tagen, nicht eine geschwätzige Amme noch eine krächzende Krähe mit prophetischem Geschnatter führte ihn zur Kenntnis Gottes, sondern Gott selbst erschien dem zitternden Sterblichen, wandte sich ihm sanftmütig zu und offenbarte ihm sein Wesen und seine Herrlichkeit."

wird die Göttin Poetica, Phantasiegestalt Polizianos. Der Kontext ist jeweils der einer Offenbarung. Kühne Allegorie oder dreiste Paganisierung?

Abschließend ein Blick auf das Ende des Proömiums: Der Ausruf "En agedum; *qua* se furor incitat ardens, / *Qua* mens *qua* pietas *qua* ducunt vota, *sequamur*" (*Nutr.* 32f.) ist an bis zu vier Vorlagen aus der *Aeneis* orientiert:

a) "Cedamus Phoebo et moniti meliora *sequamur*" (III 188): Worte des Anchises, übertragbar auf die Wirkung apollinischen Furors.

b) "'O socii, quae prima' inquit 'fortuna salutis / monstrat iter *qua*que ostendit se dextra, *sequamur* / [...]'" (II 387f.): der Satz, mit dem der Trojaner Coroebus seinen sprichwörtlich törichten, für ihn und die Seinen tödlichen Ratschlag einleitet, die eigenen Rüstungen durch griechische einzutauschen.

c) "Aeneas sane ignotis iactetur in undis / et, *quamcumque viam* dederit Fortuna, *sequatur*" (X 48f.).

d) "Iam iam fata, soror, superant, absiste morari; / *quo* deus et *quo* dura vocat Fortuna, *sequamur*." (XII 676f.): Turnus an seine Schwester, bevor er ins für ihn tödliche Duell mit Aeneas zieht.

Als fünftes Modell, e), tritt Silius, *Punica* XIV 9, "Ergo *age*, *qua* litui, *qua ducunt* bella, *sequamur*", hinzu.

Nutr. 33 schraubt die Zahl der "Vektoren", im Kulminationsvers der Prä-Texte b) - e) bald einfach, bald doppelt vertreten, auf drei.

7.2. Aufstieg und Fall der Poesie

Aristides Smyrnaeus eröffnete im vorigen Abschnitt den Reigen der Quellen des Proömiums der *Nutricia*. In seinem *Panathinaikos* preist er Athen als Haupt und Nährmutter der Rhetorik. Für einen Redner sei nichts angemessener, als die Polis mit einer Rede zu ehren. Was Aristides für Athen unternahm, versuchte Poliziano für die Poesie und ihre Jünger, die *vates*.

Spricht der *Panathinaikos* von einer Stadt als Nährerin, so handelt der spätantike Philosoph Maximus Tyrius in der 37. seiner *Dissertationes* (§2) von der "Ammenschaft" der Poesie. Nicht nur deswegen aber hatte die spätantike Rede eine große Bedeutung für den Anfangsteil der *Nutricia*. Mindestens ebenso wichtig war sie durch ihre Skizze der kulturgeschichtlichen Entwicklung Griechenlands.

Maximus verficht die Auffassung, daß allein die Musenkunst im von Natur aus uneinigen Volk jene beste Verfassung der Seele erwirken könne, die man Philosophie nenne. Sodann ruft er die Philosophie und ihre Helfer auf, sich an ihr gutes Werk zu machen. Als Adjutanten figurieren in seiner Schrift die Gymnastik, die Rhetorik und die Dichtkunst - "gute Nährerin und Amme des jungen Verstands"[14] -, die Arithmetik, die Logik und die Geometrie sowie die "Musik" (= 'Musenkunst'). Insbesondere ihr Verfall stimmt Maximus traurig. Weil die Menschen in der Musik nur Lustgewinn gesucht hätten, habe sie ihre einstige Schönheit und Reinheit eingebüßt und versuche nun gleich einer gealterten Hetäre, diesen Mangel zu überschminken. Mit einigem Erfolg, denn die Menschen ließen sich betrügen, da sie keine Kenntnis mehr hätten von der wahren Musik. Diese, die Freundin Homers, Lehrerin Hesiods und Mutter des Orpheus, sei untergegangen, als Dorier wie Athener die ihnen angestammten Musikformen - respektive Bukolik und Georgik - verlassen und sich sybaritischen Klängen bzw. Theaterflimmer hingegeben hätten: Ursache der allgemeinen Dekadenz einst glücklich geordneter Staatswesen. Maximus' Quelle, Platons *Leges* (700d-e[15]), prägt für das Endstadium des Verfallsprozesses den Begriff "Theatrokratie": Dichter, die zwar von Natur aus poetisch begabt, aber in Unkenntnis über das Rechte und Gesetzmäßige in der Musik gewesen seien, hätten sie herbeigeführt.

Dichtkunst und "Musik" verschmolz Poliziano, indem er die Apposition, die Maximus letzterer zuteil werden ließ - "Gehilfin und Mitwisserin der Philosophie" -, auf Poetica übertrug[16]. Aber auch zwischen Poesie und Rhetorik knüpft die Sylva enge Bande:

> simul ac, pulchro moderatrix unica rerum
> *Suffulta eloquio*, dulcem *sapientia* cantum

---

[14] Die moderne Forschung sieht im griechischen Original der Formel ein nicht zuschreibbares Tragikerfragment. In den Codices ist es freilich als Zitat nicht kenntlich, so daß es in der Renaissance und darüber hinaus Maximus selbst zugeschrieben wurde (so z. B. auch in einer Rede von Polizianos Nachfolger am *Studio*, Marcello Virgilio Adriani; vgl. *Ms. Riccardiano* 811, f. 33v).

[15] Eine dringende Warnung vor der Aufgabe traditioneller Musikformen enthält aber auch Buch IV des *Staates* (424b-c).

[16] "Sed dea Pieridum consors et *conscia magnae / Pallados*" (*Nutr.* 20f.). Zu *Pallas* = *Philosophia* vgl. u. a. folgende Formulierung aus Polizianos Widmungsbrief zu seiner Übersetzung des platonischen *Charmides* (zuletzt in HANKINS 1990, II, S. 623ff.): "sapientissimae Palladis, hoc est, sanctissimae philosophiae auxilium" (S. 624).

Protulit, et refugas tantum sonus attigit aures,
Concurrere ferum vulgus (*Nutr.* 75-78[17])

Die zitierten Verse können ihre Nähe zu Ciceros Dialog *De oratore* nicht verleugnen. Crassus äußerte darin, daß Redekunst und Weisheit in der griechischen Frühzeit untrennbar verbunden gewesen seien ("Veteres illi [...] omnem omnium rerum [...] cognitionem et scientiam cum dicendi ratione iungebant"; III 72[18]) und erst Sokrates sie entzweit habe - aus Verachtung über die Rhetorik. Aus Rücksicht auf die florentinischen Neuplatoniker las Poliziano gnädig über diese Behauptung hinweg, so wie er das Werk *Vom Redner* in den Versen *De poetica* meist hinter eine frühere Darstellung der Redekunst aus Ciceros Feder zurücktreten ließ, die Abhandlung *De inventione*. Ihrem Auftakt zufolge vollbrachte ein "magnus videlicet vir et sapiens[19]" (I 2) "quoddam

---

[17] "Sobald die Weisheit, alleinige Herrscherin über die Dinge, mit Hilfe der schönen Beredsamkeit einen lieblichen Gesang vortrug, und der Klang die schon zurückweichenden Ohren nur berührte, da strömte das wilde Volk zusammen."

[18] Wiederaufnahme von III 56. Der engste lexikalische Vorläufer von *Nutr.* 76 findet sich allerdings an einer späteren Stelle des Dialogs (III 142), als Crassus sagt, man dürfe den Redner, "quem ego dico *sapientiam iunctam* habere *eloquentiae*", seinetwegen auch einen Philosophen nennen.

[19] In neuplatonischen Darstellungen ist dies gewöhnlich Orpheus. Vgl. Landino, *Orazione dedicatoria* [anläßlich der Übergabe des Dante-Kommentars an die *Signoria*, 1481], *ed.* CARDINI, I, S. 169: "Ne' vetusti e primi secoli fu facile ad alcuno, el quale *per eloquenzia e per sapienzia* gl'altri eccedeva e avanzava, persuadere alle turbe de' mortali che lasciando le selve e le spilonche [...] si congregassino in vita sociabile e civile e constituissino le città e in quelle osservando naturale equità con comune consiglio si governassino e l'uno all'altro per innata carità sovvenissi. Né altro significano e' poeti inducendo che *Orfeo* di Tracia antichissimo poeta greco col dolce suono della sua citera potessi fermare e' fiumi e muovere e' sassi e mitigare e fare mansueti gl'orsi, e' lioni, e' tigri, se non che tanto poté el parlare suo, e d'ornamenti di parole e di gravità di sentenze composto, che gl'animi concitati de' furibondi [...] ripremessi, ed e' tardi e grossi ingegni degli indotti e quasi insensati amaestrassi ed e' superbi e crudeli mitigassi, in forma che con comune carità insieme vivessino."

Poliziano läßt die Leier des Orpheus bereits in der "Aszendenzphase" der Sylva (vv. 124-31) wirken, weit vor dem eigentlichen, tragischen Porträt des *vates*. Poetica besiegt mit ihrer Hilfe die Mächte der Barbarei:

Quippe etiam stantes dulci leo carmine captus
Submittit cervice jubas, roseamque dracones
Erecti tendunt cristam et sua sibila ponunt.
Ille quoque umbrarum custos, ille horror Averni,
Cerberus, audita getici testudine vatis,
Latratum posuit triplicem, tria sustulit hiscens
Ora, novo stupidus cantu qui flexerat atram
Tisiphonen, saevo lachrymas conciverat Orco

Die ersten drei Verse des zitierten Auszugs sind das Resultat einer Verquickung zweier Stellen aus dem *Raptus* Claudians (I 211f: "Non buxus, non aera sonant blandasque *leones* / *Submisere iubas*."; I 12ff.: "Angues triptolemi strident et squamea curvis / Colla levant attrita iugis lapsuque sereno / *Erecti roseas tendunt* ad carmina *cristas*").

tempus" den zivilisierenden Akt, den die *Nutricia* der personifizierten Dichtkunst zuschreiben. Abgesehen von diesem Wechsel und der völligen Unterdrückung des mythologischen Elements bei Cicero befindet sich der klassische Text mit *Nutricia* 67ff. in perfektem Einklang. Solange Weisheit und Beredsamkeit harmonisch zusammenwirkten, verkünden beide, sei der Grad der Humanisierung kontinuierlich gestiegen.

Wie Maximus Tyrius vom Verfall der Musik, berichtet dann aber auch Cicero vom Niedergang der Redekunst. Die ursprünglich innige Verbindung zwischen *sapientia* und *eloquentia* sei durch menschliche Schlechtigkeit mehr und mehr gelöst worden. Dennoch hält Cicero am sittlichen Wert der Beredsamkeit fest. Cato, Laelius, Scipio und die Gracchen hätten gezeigt, daß das Ineinsgehen beider Elemente nach wie vor möglich sei und noch immer edle Resultate zeitigen könne. Es hätte überdies fatale Folgen, warnt er, wenn moralisch gute Menschen ihren ruchlosen Artgenossen das Feld der Rhetorik von sich aus überließen. Hauptanliegen seiner Zivilationstheorie war es denn auch, auf die Ursprünge der Eloquenz "ex honestissimis causis" hinzuweisen.

In Analogie zu Ciceros Verteidigung der Redekunst stellen Maximus und Poliziano die edlen Wurzeln der Dichtung nicht in Frage. Uneins sind sie sich freilich über die Dauer der von ihr gestifteten *aetas aurea.* Sah Maximus Pindar, Tyrtaios, Telesilla und Anakreon darin leben und wirken, so gehören die Genannten (und mit ihnen auch noch ältere *vates*) laut *Nutricia* bereits jener späteren Phase an, da schwer zu kämpfen hatte, wer sich als Dichter durchsetzen wollte. Der Zeitpunkt, an dem die heile Welt in der Sylva zusammenbricht, ist nicht ohne Hintergedanken abgestimmt auf Maternus, einen der Teilnehmer an Tacitus' *Dialogus de oratoribus.*

7.3. Maternus als Neuplatoniker oder Kein Platz für Träume

Im *Dialogus* inszeniert Tacitus eine Debatte zwischen den Rednern Maternus und Aper. Maternus hat dem Getümmel des Forums entsagt, um sich fortan allein der Dichtkunst zu widmen. Aper, nach wie vor als *orator* aktiv, sieht darin eine Verfehlung von Beruf und Berufung des Freundes. Er hält ihn für "natus ad eloquentiam virilem et oratoriam" (V 4). Der Poesie zu frönen, die gewiß und in all ihren Formen "sacr*a* et venerabil*is*"[20] sei, stehe nur denjenigen an, deren Begabung nicht zur öffentlichen Rede ausreiche. Auf dem Forum würden die wahren Redeschlachten ausgefochten: "Sic nunc te ab auditoriis et theatris in forum et ad causas et ad vera proelia voco" (X). Maternus entgegnet (XII), er ziehe die Abgeschiedenheit der Haine vor, in der man zu den heiligen Ursprüngen der kunstvollen Rede zurückfinden könne.

Anders als Maternus, der schwärmerische Advokat der alten Zeit, vertritt Aper, was Dichtung betrifft, eine radikal modernistische und pragmatische Position[21]. In seinen Augen verdienen nur annähernd zeitgenössische Poeten wie Horaz, Vergil oder Lukan Aufmerksamkeit, auch sie indes allein für rhetorische Zwecke: "Exigitur enim iam ab oratore etiam poeticus decor" (XX 5). Im übrigen sei aus allen Vorgaben - ob dichterisch oder nicht - ein persönlicher Stil zu entwickeln, der deren Vorzüge vereine (XXIIf.).

Poliziano setzte die Forderung Apers nach Berücksichtigung aller Gattungen sowie nach origineller Fusion verschiedener Quellen um. Die Abwertung der Poesie durch den Redner umging er dadurch, daß er Dichtkunst und Rhetorik miteinander verschmolz. Im übrigen richtete er seine Aufmerksamkeit natürlich nicht allein auf unmittelbare Vorgänger.

Das 12. Kapitel dürfte der Abschnitt des *Dialogus* sein, der die *Nutricia* am stärksten beeinflußte. Mit seinen dortigen Äußerungen stand Maternus unfreiwillig Pate für die Verse 197-266 der Sylva:

> Nemora vero et luci et secretum ipsum, quod Aper increpabat, tantam mihi afferunt voluptatem, ut inter praecipuos carminum fructus numerem, quod non in strepitu nec sedente ante ostium litigatore nec inter sordes ac lacrimas reorum componuntur, sed secedit animus in loca pura atque innocentia fruiturque sedibus sacris. haec eloquentiae primordia, haec penetralia; hoc primum habitu cultuque commoda mortalibus in illa casta et nullis contacta vitiis pectora influxit: sic oracula loquebantur. nam lucrosae huius et sanguinantis eloquentiae usus recens et ex malis moribus natus atque, ut tu dicebas, Aper, in locum teli repertus. ceterum felix illud et, ut more nostro loquar, aureum saeculum, et oratorum et criminum inops, poetis et vatibus abundabat, qui bene facta canerent, non qui male admissa defenderent. nec ullis aut gloria maior aut augustior honor, primum apud deos, quorum proferre responsa et interesse epulis ferebantur, deinde apud

---

[20] Als eine der Ausprägungen von *eloquentia*: vgl. *Dialogus* X 4.

[21] Vgl. GODMAN 1993, S. 144.

> illos dis genitos sacrosque reges, inter quos neminem causidicum, sed Orphea et Linum ac, si introspicere altius velis, ipsum Apollinem accepimus.[22]

Poliziano versetzt sich zwar mit Maternus in die heiligen Haine, indem er beginnend mit Nereus eine große Gruppe von Wahrsagern aufbietet ("Sic oracula loquebantur", schwelgte der Redner); doch läßt er auf der anderen Seite keinen Zweifel daran, daß die Wirklichkeit nicht nur für den *orator*, sondern auch für den Dichter längst eine andere sei. In seinen Augen besteht *in puncto* Agonismus keinerlei Unterschied zwischen poetischer und forensischer Eloquenz. Beklagt Maternus, daß Worte nunmehr "in locum teli" verwendet würden, so trifft er genau die Atmosphäre der Verse 339-714 der *Nutricia*. Reden heißt kämpfen, auf welchem Gebiet auch immer. "Lucros*a* et sanguinan*s* eloquenti*a*": Maternus mag es nicht wahrhaben wollen, aber das ist die Realität, der es sich *überall* zu stellen gilt. Nur "non incallidi homines" - um den Ausdruck aufzugreifen, mit dem Cicero[23] die Zerstörer der Einheit von Weisheit und aufrichtiger Beredsamkeit belegt hatte - setzen sich in der Arena der Dichtkunst durch.

Ausgerechnet die beiden großen Symbole für die Macht der Poesie, die Maternus nostalgisch beschwor, Orpheus und Linus, ereilt in den *Nutricia* ein furchtbares Schicksal (vv. 285-318[24] bzw. vv. 321-27): Ihr schreckliches Ende, von namhafter

---

22 "Wälder aber, Haine und die Abgeschiedenheit, die Aper tadelte, bereiten mir so großes Vergnügen, daß ich es zu den besonderen Genüssen der Poesie zähle, daß die Dichtungen nicht im Lärm der Welt, nicht, während der Prozessierende vor der Tür sitzt, und nicht unter der Trauer und dem Gejammer der Angeklagten entstehen, sondern die Seele sich an reine und lautere Orte begibt und sich heiliger Stätten erfreut. Dies ist der Anfang der kunstvollen Rede, dies ist ihr tiefster Sinn; in dieser Gestalt und in diesem Gewand paßte sie sich in der ersten Zeit den Sterblichen freundlich an und strömte in jene reinen und von keinen Lastern berührten Herzen ein: So war die Sprache der Orakel. Denn der Gebrauch der nur auf Gewinn und Verderb eingestellten Beredsamkeit ist erst neu und aus der Sittenverderbnis entstanden und, wie du selbst sagtest, Aper, als Angriffswaffe erfunden worden. Andererseits war jenes glückliche und, um nach unserer Gewohnheit zu sprechen, jenes goldene Zeitalter arm an Rednern und an Verbrechen, besaß aber Dichter und Sänger im Überfluß, um edle Taten zu besingen, aber nicht, um Schandtaten zu verteidigen. Und daher erfreute sich niemand eines größeren Ruhmes und einer höheren Ehre, anfangs bei den Göttern, deren Aussprüche sie verkündet und an deren Gastmählern sie teilgenommen haben sollen, dann bei jenen den Göttern entsprossenen und heiligen Königen, in deren Gesellschaft es keinen Advokaten gab, wie wir vernahmen, sondern Orpheus und Linus und, will man noch weiter zurückblicken, Apoll selbst." (Übersetzung: H. Volkmer).

23 *De inventione* I 3.

24 Del Lungos Angaben zu den Orpheus gewidmeten Versen lassen sich folgende Quellen hinzufügen:

1.) Der Orpheus-Mythos bei Silius Italicus (*Punica* XI 459-80), genauer die vv. 466-68 und 476-80:

> *cum* silvis venere ferae, *cum* montibus amnes,
> immemor et dulcis nidi positoque *volatu*

Seite behauptet[25], wäre unter Ausbeutung anderer Traditionsstränge leicht vermeidbar gewesen. Mord und Totschlag sind kaum geschildert, da bricht durch den Frevel des Thamyras[26], eine Art Sündenfall, das erste einer langen Kette von *certamina* aus (vv. 329-36). Die heile Welt ist ausgelöscht, der Rückweg zu ihr abgeschnitten.

Orpheus und Linus hatten nicht nur in Maternus einen schwärmerischen Freund, sondern auch in Cristoforo Landino, der im *Proemio al Commento dantesco* (1481) schrieb:

> Di qui [*sc.* dalla venerazione della poesia come arte divina] è nato, illustrissimi Signor nostri, che apresso a qualunche nazione sempre grandissimo onore hanno ricevuto e' poeti; di qui è nato che *Orfeo* e

---

non mota volucris captiva pependit in aethra.
[...]
Tulit ora re*vulsa*
in pontum, ripis utraque sequentibus, Hebrus.
Tum quoque, cum rapidi *caput a cervice* recisum
portarent fluctus, subito emicuere per undas
ad murmur cete toto exultantia ponto.

Zum Vergleich *Nutr.* 287-90 und 301f.:

*Cum*que suis spelaea feris, *cum* rupibus ipsis
Dulcia pierias properasse ad carmina fagos;
Quaeque avis applauso libraret in aere pinnas,
Pene intercepto vix se tenuisse *volatu*.
[...]
Cum lyra di*vulsum caput a cervice* cruenta
Heu medium veheret resonans lugubre per Hebrum

2.) Manilius, *Astronomicon* I 324-330, für das Bild der Leier:

et Lyra diductis per caelum *cornibus* inter
sidera conspicitur, qua *quondam* ceperat Orpheus
omne quod attigerat cantu, manesque per ipsos
fecit iter domuitque infernas carmine leges.
hinc caelestis *honos* similisque potentia causae:
tunc silvas et saeva trahens *nunc* sidera ducit
et rapit immensum mundi revolubilis orbem.

Zum Vergleich *Nutr.* 313f. und 317:

Illa [*sc.* lyra] recepta polo, *ceu quondam* saxa nemusque,
Sic nunc stelliferis aget aurea *cornibus* astra.
[...]
Tantus *honor* getico fuit, et post funera, vati!

[25] Polizianos *auctoritates* für den frühen Tod des Orpheus waren, wie in der Analyse des *Orfeo* gesehen, u. a. Vergil, *Georgica* IV 522, und Statius, *Silvae* II 7,99. Die Episode der unrühmlichen, für Linus tödlichen Herkulestat entnahm der Humanist aus Apollodor, *Bibliotheca* II iv 9, Diodorus Siculus III 67,2 und/oder Aelian, *Var. hist.* 3,32.

[26] Beschrieben bei Diodorus Siculus III 67,3, direkt im Anschluß an die Erzählung vom Schicksal des Linus; ferner bei Apollodor, *Bibliotheca* I iii 5, kurz nach der in *Nutr.* 332 eingegangenen Notiz, daß Thamyras die ephebische Liebe einführte (*ibid.*, I iii 3; Del Lungo).

> *Lino* in tanta reverenzia furono che non come uomini mortali ma come dii immortali onorati fussino. (*ed.* CARDINI, I, S. 147)

Poliziano entzaubert beider Traum von der Möglichkeit, die *aetas aurea* der Poesie wiederzubeleben. Er selbst hatte sich dieser Illusion in der harten Zeit der Jahre 1478-80 entledigt.

7.4. Vorstadien, Struktur und Aufnahmekriterien von Polizianos *poetarum historia*

Allein schon das immense Quelleninventar der *Nutricia* sollte den Schluß nahelegen, daß es sich bei der Sylva nur um eine vermeintliche Furor-Dichtung handelt. Exzerptsammlungen[27] und Vorlesungsmaterialien Polizianos zeigen, daß der Dichterphilologe bereits um 1480 über die Mehrzahl der biographischen Informationen verfügte, die er in seine *poetarum historia* einbauen sollte. Viele davon wurden 1480/81 im *Commento* zu den *Silvae* des Statius präsentiert, der Grundlage des ersten Kurses, den Poliziano am Florentiner Studio hielt[28]. Der Appendix der Vorlesung, ein Kommentar zu *Heroides* XV[29] - der Epistel, die Ovid Sappho an ihren treulosen Geliebten Phaon richten läßt - versammelt weitere philologische Erträge[30]. Über die Einzelbiographien hinaus liefert das Vorlesungsmaterial auch eine Struktur, in die diese eingepaßt werden können: Sie ist gattungsbezogen und nimmt sich darin den Dichterkatalog aus Buch X 1 der *Institutio oratoria* des Quintilian zum Maßstab[31]. Unter Rückgriff auf die Scholien Tsetses zu Lykophron und andere ungewöhnliche Quellen[32] erweitert Poliziano das System der Genera, das ihm die *Institutio oratoria* vorgab,

---

[27] Vgl. MIONI 1979, CESARINI MARTINELLI 1985 sowie den Überblick in GODMAN 1993, S. 161ff.
[28] Darin enthalten sind u. a. Materialien zu Statius (S. 3-11), Antimachos (S. 4, S. 52f.), Hesiod (S. 52), Pisander, Paniasis, Parthenius, Nikander (S. 53), den beiden Glaukos (S. 229f., S. 326), Proteus (S. 230), Philetas (S. 263f.), Kallimachos (S. 264ff.), Ovid (S. 266ff.), Menander (S. 392f.), Arion (S. 443), Seneca (S. 517f.), den Dichtern von *Argonautica* (S. 519), Ennius (S. 523-31), Lukrez (S. 531f.), Erinna (S. 609), Orpheus und Orpheus v. Kroton (S. 610f.), Pindar (mit Corinna, S. 679-87), Arat (S. 739f.), Anakreon, Alkman und Stesichoros (S. 747ff.), Corinna und Sophron (S. 750).
[29] *Ed.* LAZZERI 1971.
[30] U. a. eine Biographie der Sappho (*ed. cit.*, S. 4-7) sowie Material zu Tyrtaios (S. 18), Antimachos (S. 18f.) und Alkaios (S. 44ff.).
[31] Vgl. *Commento*, S. 52-59.
[32] Versammelt von Lucia Cesarini Martinelli im Apparat der genannten Seiten; siehe auch GODMAN 1993, S. 183.

beträchtlich, jenes System, das er mit der (Un-)Gattung *Sylva* - ihr hervorstechendes Merkmal ist ja die Freiheit gegenüber Gattungszwängen - im Laufe seines Lebens fünfmal parodierte[33].

Der Exzeß der Gattungen war wettkampfbedingt. Die *Nutricia* sollten weitgehend zu Quintilians Kategorien zurückkehren. Schon ein praktisches Motiv wird Poliziano dazu bewogen haben: Aus bloßen, nirgends sonst bezeugten Namen, wie sie etwa die Scholien zu Lykophron boten, ließen sich schwerlich biographische Skizzen machen, bestünden sie auch nur - wie so oft in der Sylva - aus wenigen Pinselstrichen. Wo die Möglichkeit der *contaminatio fontium* aber ausschied, war es reizlos, dürftige Informationen zu wiederholen. Wenn solche Angaben aber in banaleren Quellen als Tsetse standen, war es allerdings ebensowenig opportun, sie gänzlich zu übergehen: Es hätte dem illustren Philologen als Schwäche ausgelegt werden können. Was tun? Poliziano folgt einer Empfehlung Quintilians[34]: Er stattet seine Leser mit bibliographischen Angaben aus, um die Kenntnis der betreffenden Stellen unter Beweis zu stellen. Die *Nutricia* greifen insgesamt zweimal zu diesem Verfahren. Betroffene sind erstens jene obskuren Poeten, die Ovid in *Ex Ponto* IV 16 versammelt hatte[35], zweitens die altrömischen Komödiendichter, deren Index in den *Noctes Atticae* (XV 24) des Aulus Gellius leicht zugänglich war[36]. Jene Poeten hingegen, die Quintilian (X 1,56) als Beispiele für Autoren nannte, die seine Abhandlung übergehe - Pisander, Nikander, Euphorion und Tyrtaios -, werden sämtlich in den *Nutricia* gewürdigt. Denn obwohl drei von ihnen im Quattrocento keine klangvollen Namen mehr trugen[37], war es Poliziano gelungen, Materialien zu ihnen aufzuspüren bzw. andere Texte geistreich mit ihnen zu assoziieren[38].

Quintilian nahm im Einklang mit dem pädagogischen Ziel seines Werkes - der Ausbildung eines sittlich vollkommenen Redners - hauptsächlich solche Poeten in

---

33 Vgl. GALAND 1987, S. 109: "Les *Silves* échappent à toute notion de genre littéraire tandis qu'elles-mêmes, en certains passages, dénombrent et analysent tragédies, comédies, élégies, classant les auteurs dans des catégories précises."

34 *Inst. orat.* X 1,57.

35 *Nutr.* 535-37. Für den Grund der "Banalität" dieser Quelle vgl. Kap. 7.8., Anm. 189.

36 *Nutr.* 698f. (mit verächtlichem Unterton). - Im dritten Fall, in dem Poliziano auf einen Autorenindex verwies (*Nutr.* 688f., zu den minoren Vertretern der Neuen Komödie), kam es ihm dagegen gerade darauf an, die schwierige Fundstelle (bei Athenaios; Del Lungo) ins Licht zu rücken.

37 Ausnahme ist Tyrtaeus, der als hinkender Feldherr der Lakedämonier vielerorts gelobt wird. Salutati, Landino u. a. schrieben ihn "Tyrr(h)eus" (vgl. CARDINI 1974, II, S. 20), Ugolino Verino "Tirtheus" (*Flametta* II 45, v. 25).

38 Dies gilt für Pisander (s. u. Kap. 7.7.).

sein Verzeichnis auf, von deren moralischen Qualitäten er überzeugt war. Aus dem Kanon der griechischen Lyriker etwa, deren Neunzahl ihm geläufig war[39], berücksichtigte er nur Pindar, Stesichoros, Alkaios und Simonides, da sie allein sich auch außerhalb der Liebesdichtung ausgezeichnet hätten[40]. Einige Namen, allzu bekannt, um unterdrückt werden zu können, versieht die *Institutio* mit negativen Attributen. So muß sich Ovid gleich zweimal den Zusatz "lascivus"[41] gefallen lassen.

Das abfällig geäußerte Epitheton erfährt in den *Nutricia* mitsamt seinen Ableitungen "lascivia" und "lascivire"[42] eine singuläre Aufwertung. In der Sylva bezeichnet es eine legitime rhetorische Tonart. Nicht die höchste, doch mächtig genug, bestimmten Dichtern und sogar Gattungen das Tor zur Literaturgeschichte überhaupt erst aufzustoßen[43]. Schuld daran ist kein anderer als Quintilians "lasziver" Ovid. Seine Auffassung von der moralischen Neutralität der Dichtkunst, mit besonderer Eindringlichkeit in *Tristia* II, einem der Klagelieder aus der Verbannung, vertreten, macht sich Poliziano zu eigen[44]. Vier Autoren, deren Texte laut Ovid (v. 427f.) an Ausgelassenheit kaum zu überbieten waren, tummeln sich in *Nutricia* 707-10: Cinna, Anser, Cornificus und Ticida. Kurz vor ihnen

---

39 Vgl. *Inst. orat.* X 1,61.

40 Passend dazu Quintilians Ratschlag in *Inst. orat.* I 8,6: "Elegia vero [...] et hendecasyllabi, qui sunt commata sotadeorum (nam de sotadeis ne praecipiendum quidem est), amoveantur si fieri potest, si minus, certe ad firmius aetatis robur reserventur."

41 *Inst. orat.* X 1,88 und 93; vgl. X 1,98.

42 Vgl. *Nutr.* 472, 701 und 504.

43 U. a. auch den *sotadei*, die wir Quintilian eben (in Anm. 40) noch besonders streng verurteilen hörten: "Pars [*sc.* poetarum] quoque sotadicos *prostituere* cinaedos." (*Nutr.* 703). Polizianos Wortspiel scheint die Grabesruhe Petrarcas stören zu wollen, der in *Fam.* XIII 6 bekundet hatte: "Poesis divinum munus et paucorum hominum, iam vulgari, ne pofanari dicam ac *prostitui*, cepit; nichil est quod indignantius feram" (§3).

44 Schon vor Ovid hatte sich Catull mit den Worten "Nam castum esse decet pium poetam / ipsum, versiculos nihil necesse est" (*Carmina* XVI 5f.) gegen jegliche Zweifel an seiner moralischen Festigkeit verwahrt. Apuleius griff sie auf, nicht ohne zu ergänzen, das es allemal besser sei, über Liebesdinge zu reden, als sie zu verschweigen: "Namque haec et id genus omnia dissimulare et occultare peccantis, profiteri et promulgare ludentis est" (*Apologia* 11). Von Bedeutung für die *Nutricia* ist hier das Insistieren auf der ludischen Dimension. - Aus dem genannten Paragraphen der *Apologia* entnahm Poliziano die "Klarnamen" der Geliebten der Elegiker Tibull und Properz; vgl. Del Lungos Kommentar zu *Nutr.* 543.
Unter den Humanisten hatte bereits Salutati unter Hinweis auf Catull für diesen und andere Verfasser "lasziver" Dichtungen Partei ergriffen, namentlich für Ovid (vgl. *De laboribus Herculis* I 12,12ff.).

gruppiert Poliziano die keineswegs prüde Schar der Mimen (vv. 699-702[45]). Ihre Triumphe hatten Ovid zur Behauptung verleitet:

> Quoque minus prodest, scena est lucrosa poetae,
> Tantaque non parvo crimina praetor emit. (*Tristia* II 507f.[46])

Erfolg stellt sich ein, wenn Tabus gebrochen werden: Dieses "Gesetz", das Ovid überall wirksam sah, wollte er endlich an sich erfüllt sehen. Sein Fall blieb, *ahimè*, die Ausnahme von der Regel, die 1480 in Mantua einmal mehr ihre Gültigkeit bewiesen hatte.

* * *

Hielt sich Poliziano an Quintilian, was das Strukturkriterium *Gattung* an sich sowie die Reihenfolge, ja sogar die Hierarchie der Genera betrifft[47], so folgte er Ovid, als er seine Literaturgeschichte moralisch umstrittenen Dichtern öffnete. Indem er sich ausführlich mit Bühnenautoren befaßte, brach er in eine Phalanx von Theaterfeinden ein, die vom platonischen Sokrates über Augustinus und Laktanz[48] zu Petrarca[49], Boccaccio[50], Salutati[51] und Landino[52] reichte. Auch

---

[45] "Obscoena iocantes" lautet ihre Charakterisierung in *Tristia* II 497 (Del Lungo). Man beachte die Anlehnung von *Nutr.* 701f., "Laberi lascivia multaque Publi / Claruit ausonio sententia d*icta theatro*", an Ovid, *Ars amatoria* III 231, "aurea quae splendent ornato s*igna theatro*".

[46] "Je weniger ein Bühnenstück nützt, desto mehr bringt es dem Dichter ein: Selbst der Praetor kauft schwere Verbrechen für einen nicht geringen Preis."

[47] Quintilians Trennung zwischen Griechen und Römern geben die *Nutricia* allerdings auf.

[48] *Divinae institutiones* VI 20,27ff.

[49] Vgl. *Invective contra medicum* I und III (*ed.* Bufano 1975, S. 840/42 bzw. S. 908. Auf diese Stellen bezieht sich *Sen.* XV 11: "De reliquo non muto sententiam quam in invectivis posui: quicquid contra poetas iuste dicitur, scenicos notat."). Kritik an der Bühne findet sich ferner in *De remediis utriusque fortune* I 28 und I 30. Petrarca hatte in jungen Jahren eine Komödie namens *Philologia Philostrati* geschrieben, die er allerdings nie freigab. Die Theaterfeindlichkeit der Kirchenväter hinderte ihn im übrigen nicht daran, die großen griechischen und römischen Dramatiker ohne abwertenden Kommentar in die *Laurea occidens* aufzunehmen und Terenz eine *Vita* zu widmen.

[50] *Genealogie deorum gentilium* XIV 20 und *Esposizioni sopra la Comedia* I i 84-88. Von Boccaccio setzt sich Poliziano besonders deutlich ab. Der Certaldeser war bei aller grundsätzlichen Verteidigung der Dichtkunst davon überzeugt, daß auch sie - wie alle anderen *artes* - ihren Abschaum habe. Allein diese "fex" habe Sokrates vertreiben wollen. Folgt man den *Genealogie*, gehören dazu namentlich "quidam, qui 'comici' dicti sunt, quos inter etsi non nulli honesti fuerint homines, ut Plautus et Terrentius [*sic*], ut plurimum turpissimis fictionibus suis splendidam poesis gloriam inficere visi sunt. Et his iungi potest aliquando peligenensis Ovidius. Hi quidem, seu mentis innata lascivia, seu lucri cupidine, et desiderio vulgaris applausus, scelestibus compositis fabulis, eas, mimis introductis, recitabant in scenis, ex quibus lasciventium pectora provocabantur

Boethius, dem laut *Consolatio* die Philosophie die "meretriculas scenicas" vom Krankenlager verjagte[53], zählt dazu. Dies ist nicht nur insofern von Belang, als sich das Trostbuch im neuplatonischen Florenz großer Beliebtheit erfreute. Seine Hauptgestalt, Philosophia, ist zugleich die einzige allegorisch durchgestaltete "nutrix" der erhaltenen antiken Literatur und mithin obligatorische Vergleichsfigur zu Polizianos Poetica.

Im gesamten griechisch-römischen Ringen, das auf das *Urcertamen* in *Nutr.* 329-336 folgt, ist der Drang nach transzendentaler Erkenntnis nicht einmal andeutungsweise als dichterische Motivation erkennbar. *Aemulatio* und *livor* sind stattdessen Auslöser poetischer Aktivität[54]. Deren Resultate als Fundgruben göttlicher Wahrheit zu interpretieren, wie es von den Kirchenvätern bis Landino gängige Praxis war[55], war für Poliziano abwegig. Auch ging es ihm in seiner *poetarum historia* keineswegs grundsätzlich darum, aus (oft genug einander widersprechenden) Nachrichten der Tradition geschichtliche Wahrheiten zu eruieren. "Sine fraude poetae", wie es Paulinus von Nola für die eigenen "historischen" Heiligenlegenden beanspruchte[56], brauchten die *Nutricia* nicht zu sein. Wir werden erleben, daß ihr Autor auch vor kühnen Assoziationen philologischer Dokumente nicht zurückschreckte.

in scelera et constantium agitabatur virtus, et omnis fere morum disciplina reddebatur enervis." (*Genealogiae* XIV 19).

51 *De laboribus Herculis* I 1,7.

52 *Disputationes Camaldulenses, ed.* LOHE, S. 114.

53 *Philosophiae Consolatio* I 1.

54 Vgl. die stringente Darstellung in GODMAN 1993, S. 189ff.

55 Vgl. Landino, *Disputationes Camaldulenses, ed.* LOHE, S. 113: "Egregium omnino inventum et continuata deinceps serie semper retentum, ut non modo poetae, verum ceteri quoque scriptores, quicunque rem aliquam maiorem litteris mandarent, eam variis figurarum integumentis obscurarent. Putabant enim fore, si negotium difficilius redderent, ut et quae scripsissent maiorem essent dignitatem auctoritatemque habitura et qui percepissent, quoniam non sine labore atque industria id assequerentur, ea pluris esse facturos maioremque inde voluptatem percepturos, si quae ipsi tenerent minime sibi cum indoctis communia essent." - In der hellenistischen Homer-Exegese trifft man bereits auf Vorläufer der *Integumentum*-Theorie; vgl. unsere Analyse der *Ambra* in Kap. 8.

56 *Carmina* XX 28f: "Non afficta canam, licet arte poematis utar: / Historica narrabo fide sine fraude poetae".

7.5. *Aemulatio* unter Dichtern in ausgewählten Katalogen der *Nutricia*

Aemulatio, kämpferische *imitatio*, prägt die Werke vieler antiker Poeten. Quintilian thematisiert sie in *Inst. orat.* X 2[57]. In der Renaissance hatte unter anderen Lorenzo Valla den Anspruch auf freien Umgang mit antiken Größen verkündet. In seiner Antrittsvorlesung am römischen *Studio* proklamierte er ein Fortschrittsideal, in dessen Rahmen er die kritische Nachahmung der Alten zur Voraussetzung für die Weiterentwicklung aller Künste erklärte. Festlegung auf einen oder wenige Musterautoren wertete er als hemmenden Faktor[58]. Poliziano stürzte sich nicht minder selbstbewußt in den rhetorisch-poetischen Agon. Schon als er Lorenzo de' Medici das erste Teilstück seiner Homerübersetzung präsentierte, äußerte er: "Te duce vel priscis ausim certare poetis"[59]. Angesichts solch persönlichen Kampfgeists nimmt es nicht wunder, daß *aemulatio* auch die Akteure der *Nutricia* befeuert. Zwei feinsinnig präsentierte Gruppen von Streithähnen seien im folgenden herausgegriffen: Satiriker und Elegiker.

7.5.1. Horaz und Poliziano: Zwei Bienen im Wettstreit

Hinc venusina favos dulci jucunda susurro
Carpsit apis; sed acu ferit irritata cruento
Haec eadem, rigidis Auruncae in vepribus errans,
Quas Persi manus et bilem succensus Aquinas
Mox legêre sibi. (*Nutr.* 640-44[60])

---

[57] Vgl. GODMAN 1993, S. 186.

[58] "[...] ita natura comparatum est, ut nihil admodum proficere atque excrescere queat, quod non a plurimis componitur, elaboratur, excolitur, praecipue aemulantibus invicem de laude certantibus. Quis enim faber statuarius, pictor item et ceteri, in suo artificio perfectus aut etiam magnus extitisset, si solus opifex eius artificii fuisset? Alius aliud invenit, et quod quisque in altero egregium animadvertit, id ipse imitari, aemulari, superare conatur. Ita studia incenduntur, profectus fiunt, artes excrescunt et in summum evadunt, et eo quidem melius eoque celerius, quo plures in eandem rem homines elaborant." (*Oratio clarissimi viri d. Laurentii Vallae habita in principio sui studii die XVIII. Octobris MCCCCLV, ed.* M.J. VAHLEN, in: Valla, *Opera*, II, S. 282).

[59] Widmungsbrief zur Übersetzung von *Ilias β'*, v. 52 (DEL LUNGO, S. 434).

[60] "Von ihnen [*sc.* von den griechischen Lyrikern und besonders von Sappho] nimmt die Biene aus Venosa [= Horaz] liebend gern mit sanftem Summen den Honig; gereizt aber sticht sie zu mit blutigem Stachel, sobald sie im rauhen Gestrüpp von Aurunca umherschwirrt, das die Hände des Persius und der gallige Mann aus Aquino [= Juvenal] bald für sich auf-lesen sollten."

Die *Nutricia* etablieren eine Geistesverwandschaft der römischen Satiriker zu den griechischen Jambendichtern um Archilochos, zeigen sich aber Quintilians Diktum "Satura tota nostra est" (*Inst. orat.* X 1,93) verpflichtet. Horaz eröffnet den Reigen ihrer Vertreter. Er fungiert als Bindeglied zur vorangehenden Sektion der Lyriker. Die Doppelbegabung, die ihn dazu befähigt[61], wird in den *Nutricia* jedoch maliziös als Doppelzüngigkeit gewertet. Für sein Porträt schöpft Poliziano alle Aspekte eines Bildes aus den *Oden*[62] aus, das Horaz lediglich auf seine rezeptive Tätigkeit bezogen wissen wollte: "Venusina apis" (v. 640) steht nun zusätzlich für des Römers dichterische Pole: honigsüße Liebesdichtung und stachelbewehrte Satire. Ein (Bienen-)Stich gegen Horaz, der durch nichts so zu reizen war wie durch den Vorwurf, er finde Gefallen daran, andere zu verletzen[63]. Für ihre Angriffe hat die Biene Horaz, die von sich behauptete, "grata thyma" allein am Ufer des Tibers zu sammeln, sogar ihr angestammtes Gebiet verlassen: "Rigidis Auruncae in vepribus errans" (*Nutr.* 642[64]), heißt es in Anspielung auf die Heimat des Lucilius. Mit ihm, dem Urahn der Satire, ging Horaz in *Serm.* I 4 so hart ins Gericht, daß er die kritische Aufmerksamkeit Quintilians erregte: Nicht ganz wortgetreu[65] vermerkte der Autor der *Institutio*, daß Lucilius von seinem Nachfahren gar nicht freundlich als "aliquid, quod tollere possis" (X 1,94) abgetan worden sei, und sah sich veranlaßt, solch radikalem Urteil zu widersprechen. Poliziano unterstützt diesen Rehabilitierungsversuch auf seine Weise, unter Ausnutzung der Polyvalenz von *tollere* 'aufheben', das bekanntlich sowohl die Idee des Beseitigens (die Horaz meinte) als auch die des Auflesens ausdrücken

---

[61] Vgl. Quintilian, *Institutio oratoria* X 1,94 und 96, verknüpft bereits bei Sicco Polenton: "Quintilianus in *Oratoriis Institutis*, cum de poetis Graecis Latinisque, ut quantus sit quisque dinosci possit, sermonem haberet, poetam hunc istum [*sc.* Horatium] et inter satyros tersum esse ac purum et inter lyricos solum qui legi sit dignus refert." (*Scriptorum illustrium libri, ed.* ULLMAN, S. 90).

[62] *Oden* IV 2,27ff. (Del Lungo):

[...] ego apis Matinae
More modoque
Grata carpentis thyma per laborem
Plurimum, circa nemus uvidique
Tiburis ripas operosa parvus
carmina fingo.

[63] Vgl. seine helle Empörung über die Worte eines Widerredners, der in *Serm.* I 4,78f. behaupten durfte - offenbar stellvertretend für einen Teil der "öffentlichen Meinung": "'Laedere gaudes [...] et hoc studio pravus facis'".

[64] "Errans" auch deshalb, weil Horaz laut *Epist.* I 16,9 "vepres" auch auf seinem eigenen Landgut finden konnte.

[65] Horaz schrieb in *Serm.* I 4,11 über Lucilius: "Cum flueret lutulentus, erat quod tollere velles" - eine Formel, die er in *Serm.* I 10,58f. als Selbstzitat wiederholte.

kann. Letztere ist es, die in den *Nutricia* von den beiden späteren Satirikern Persius und Juvenal[66] in die Tat umgesetzt wird: "legêre" (auch dies nicht nur im Sinne des Bildes, sondern zusätzlich als Rezipienten[67]), was das Wüten des Horaz von seinem Vorgänger, hier - passend zu seiner *ruditas* - im Bild des Dornengestrüpps[68], noch übrigließ (v. 644). Das Adjektiv *rigidus*, das Poliziano mit *vepres* kombiniert, bedeutet u. a. 'kunstlos'[69]. Die Dornen selbst stehen natürlich auch für die scharfen Angriffe, die Lucilius gegen seine Gegner richtete: Als "acer et violentus poeta" wurde er in den *Saturnalien* des Macrobius (III 16,17) charakterisiert[70].

7.5.2. Kallimachos und sein wahrer römischer Nachfolger

Wechseln wir über zu den Elegikern, und achten wir auch hier zunächst auf die Anbindung an die vorausgehende Abteilung. Sie war jenen Dichtern vorbehalten,

---

[66] Die Formel "bilem succensus Aquinas" (*Nutr.* 643) läßt auf Kenntnis der nicht kanonischen Fassung des dritten *Triumphus Fame* schließen. Petrarcas Dichtung enthält die Terzine:

Tal al parlar, tal riconobbi ai luoghi;
quel era di Volterra e quel d'Aquini
ciascun par che suo sdegno in verso sfoghi. (vv. 63-65)

Der nachfolgende Vers erwähnt dann "Orazio venusino".

[67] "Sed mox ut a schola et magistris devertit, *lecto* libro Lucili X vehementer saturas componere instituit", heißt es gegen Ende der antiken *Vita Persii*.
Nach dem Zeugnis Ciceros (*De Oratore* II 25) hatte Lucilius es sich ebenso verbeten, von ungebildeten Leuten gelesen zu werden ("legi") wie von hochgelehrten. Erstere würden seine Verse in keiner Weise verstehen, letztere, stehe zu befürchten, besser als er. Unter diesen nannte er ausdrücklich einen Mann namens - Persius. "Hic fuit enim, ut noramus, omnium fere nostrorum hominum doctissimus", erläutert Crassus. "Utinam esset ille Persius!", seufzt Cicero in *De finibus* I 7 über Lukrez unter Anspielung auf die gleiche Anekdote. Eine weitere - scherzhafte - Motivation für "legêre" in *Nutr.* 644?
Juvenal nennt sich in *Satiren* I 19ff. einen Nachfolger des Lucilius.

[68] Die Idee, Lucilius bzw. seine Dichtung als Gestrüpp darzustellen, könnte Poliziano durch ein Sonett der *Rerum vulgarium fragmenta* (CLXVI) gekommen sein. Dort erwähnt Petrarca einerseits (vv. 1-4; vgl. *Nutr.* 642) stellvertretend für Lucilius dessen Heimatstadt Suessa Aurunca ...

S'i' fussi stato fermo a la spelunca
là dove Apollo diventò profeta,
Fiorenza avria forse oggi il suo poeta,
non pur Verona et Mantoa et Arunca

... und beklagt andererseits, daß sein eigenes poetisches Feld wegen der Härte Lauras nunmehr "lappole e stecchi" (v. 8) hervorbringe.

[69] Von der "gracilitas" ('Einfachheit') der lucilischen Verse ist bei Gellius die Rede (*Noctes atticae* VI 4,14).

[70] In den *Nutricia* geht diese Beschreibung offenbar auf Horaz über, der seine Opfer laut Sylva "*acu* [...] *cruento*" attackiert. Auch dies erscheint folgerichtig, hatte Horaz doch bekannt: "Me pedibus delectat claudere verba / Lucili ritu" (*Serm.* II 1,29).

die das heroische Versmaß, den Hexameter, pflegten. Ein gewisser Valgius beschließt sie. Er darf es mit keinem Geringeren als Homer aufnehmen. Allerdings nur, weil Tibull es war, der es einst, von *pietas*-Blindheit geschlagen, so festsetzte[71] : Seine *auctoritas* ist willkommen, da sie einen ebenso gewandten wie sanften Übergang zu den Liebesdichtern ermöglicht.

Quintilian (X 1,93) hielt Tibull für den Besten der römischen Elegiker, verschwieg aber nicht, daß ein Teil der Kritik Properz bevorzuge. Wie so oft, wenn die *Institutio oratoria* unterschiedliche Urteile wiedergibt, setzt Poliziano sie in einen Streit zwischen den Beurteilten um. Hier ist der Ausgang ungewiß:

> Musa [*sc.* Tibulli] sibi primos quae iure adsciscat honores
> Imparibus numeris, ni blanda Propertius ora
> Solvat et ambiguam faciat certamine palmam (*Nutr.* 541f.[72])

"Elegia quoque graecos provocamus": Die Behauptung Quintilians wird insofern bestätigt, als der Katalog lateinisch anhebt und in einem durch die Karikatur des Philetas ins Lächerliche gewendeten griechischen Appendix verebbt. Möglich wird der römische Triumph wird indes nur durch die "Versetzung" des Kallimachos, der - stets nach Quintilian[73] - in der Antike für den "princeps" der Gattung gehalten wurde. Das einzige "magnum poema"[74] des Griechen, ein Epos namens *Hekale*, trägt dem Alexandriner einen Platz in der Sektion der heroischen Dichter ein. Wie Poliziano in *Misc.* I 24 ausführlich erläuterte, hatte Kallimachos es einzig deshalb geschrieben, um Zeitgenossen Lügen zu strafen, die sein Talent auf kleine Formen beschränkt sahen. Rund siebzehn Jahrhunderte später profitiert er davon, daß Quintilian in den *Nutricia* letztlich die zentrale *auctoritas* für

---

[71] Tibull IV 1,180 (Del Lungo).

[72] "Die Muse des Tibull würde wohl zu Recht das höchste Ansehen in der elegischen Dichtung beanspruchen, öffnete nicht Propertius den sanften Mund und machte ihm die Siegespalme streitig."
Verwertete Materialien:
- Vergil, *Aeneis* XI 218f., "ipsum [*sc.* Turnum] armis ipsumque iubent [*sc.* die Frauen und Kinder der Stadt Laurentum] decernere ferro [*sc.* im Duell mit Aeneas], qui regnum Italiae et *primos sibi poscat honores*.
- Juvenal XI 179-81:
> nostra dabunt alios hodie convivia ludos:
> conditor Iliados cantabitur atque Maronis
> altisoni *dubiam facientia* carmina *palmam*.

[73] *Inst. orat.* X 1,58, zit. in Polizianos Kommentar zur *Epistola Sapphus*, *ed.* LAZZERI, S. 17.

[74] Poliziano, *Miscellanea* I 24 (Del Lungo).

hierarchische Fragen bleibt. So kann sich Kallimachos den reinen Elegikern mit Gewinn, durch Ausweichen auf eine kanonisch höhere Stufe, entziehen.
Legitimer Nachfolger des Kallimachos zu sein, hatte namentlich Properz für sich proklamiert[75]. Er behauptete, der Dichterphilologe habe seine Epik "angusto pectore" (II 1,40) geschrieben[76]. "Celsior assueto", sagen die *Nutricia* (v. 427). Daß sie damit Properz' Aussage in eleganter Weise umdrehen, entlarvt erst der Blick auf das Textsubstrat, Statius, *Silvae* I 2. Dort tanzt Elegea unbemerkt mit im Reigen der Musen. Ihr Hinken, versmaßbedingt, fällt nicht auf:

> quas [sc. Pierias] inter vultu petulans Elegea propinquat
> *celsior adsueto* divasque hortatur et ambit
> alternum fultura pedem decimamque videri
> se cupit et medias fallit permixta sorores. (vv. 7-10[77])

Elegiker Kallimachos hat allen Zweiflern bewiesen, daß er auch für die größere Form genügend Luft besitzt: Nicht nur den ägyptischen Tadlern, die ihm zu Lebzeiten das Gegenteil nachsagten, sondern auch der Nachwelt. Die Abwertung seiner epischen Leistung durch Properz stufen die *Nutricia* hingegen als Versuch des Epigonen ein, eigene poetische Atemnot zu kaschieren, dem Vorbild Grenzen aufzuerlegen, an die er selbst gebunden war - nach eigenem Eingeständnis:

> cum me Castalia speculans ex arbore Phoebus
> sic ait, aurata nixus ad antra lyra:
> 'Quid tibi cum tali, demens, est flumine? quis te
> carminis heroi tangere iussit opus?
> non hic ulla tibi speranda est fama, Properti:
> mollia sunt parvis prata terenda rotis,
> ut tuus in scamno iactetur saepe libellus,
> quem legat exspectans sola puella virum.
> cur tua praescriptos evecta est pagina gyros?
> non est ingenii cumba gravanda tui [...]' (*Elegiae* III 3, 13-22[78])

---

[75] Vgl. Properz III 1,1, III 9,43 und v. a. IV 1,64: "Umbria Romani patria Callimachi!"
[76] Einem Freund, Lynceus, rät Properz denn auch, er solle sich nicht auf dem Gebiet der Epik versuchen, sondern Philetas und "non inflat*um* [...] Callimach*um*" nachahmen, sprich den Kallimachos der kleinen Formen (II 34, v. 25ff.).
[77] "Neckisch kommt mit ihnen [*sc.* den Musen] herbei zugleich Elegea, / Höher hebt sie das Haupt, sie bittet schmeichelnd die Musen, / Wechselt die Füße im Tanz und will als zehnte erscheinen; / Wirklich täuscht sie die Schwestern, sich mitten unter sie mischend." (Übersetzung: R. Sebicht).
[78] "... als Phoibus mich vom kastalischen Wäldchen her, bei einer Grotte stehend, ins Auge faßte und, auf seine goldene Leier gestützt, folgendes sprach: 'Wahnsinniger, was hast du mit einem solchen Sprudel zu schaffen? Wer hieß dich, das Werk heroischer Dichtung anzurühren? Davon darfst du keinen Ruhm erhoffen, Properz! Kleine Räder sollen sanfte Wiesen befahren, damit dein

Außer Kallimachos tanzen in den *Nutricia* mit Antimachos, Varro und Ovid drei weitere Poeten aus dem elegischen Reigen, die außer Distichen auch Hexameter schufen. Ovid hatte sich in einem Gedicht aus der Verbannung sehnlichst gewünscht, nicht ausschließlich als Liebesdichter bewertet zu werden, da er fürchtete, die Attacken gegen seine "lasciva carmina" könnten ihn das Überleben in der Nachwelt kosten[79]. Das ausführliche Porträt der Sylva beruhigt ihn gleichsam: Es preist ausführlich die *varietas* in seinem Schaffen, die ihn Kallimachos annähert[80]. Den *Nutricia*-Platz im Gefolge des Dichterphilologen verdankte Ovid freilich nicht allein der Bandbreite seiner Produktion, sondern mehr noch der Intelligenz seiner Kandidatur. Statt durch vorlaute Sprüche hatte er sich durch die Komposition genau eines *magnum poema* (nur seine *Metamorphosen* sind rein hexametrisch) sowie die ausdrückliche (aber freie) *imitatio* des *Ibis*, einer Invektive seines Vorbilds, empfohlen[81].

In seinem 1468/69 entstandenen *Paradysus* hatte Ugolino Verino Ovid den Spitzenplatz unter den Elegikern zuerkannt und ihm Tibull und Persius auf gleicher Stufe folgen lassen. Für Kallimachos hatte Verino wenig übrig. Der Ägypter streife einsam "post istos" umher, so daß man glauben möchte, er gräme sich ob seiner Deklassierung: "Victum [...] elegis doluisse putares"[82]. Noch ein Stein des Anstoßes für Poliziano!

Für Sicco Polenton hatte Juvenal allemal das Zeug zum Epiker, wurde aber vom Zeitgeist zur Kleinform gezwungen: "Propertius vero, etsi metri faciendi ac poetandi quocunque in genere multum et artis et gratiae assecutus esset, elegis tamen canere (sic enim iubebant tempora) statuit." (*Scriptorum illustrium libri, ed.* ULLMAN, S. 64).

[79] Vgl. *Tristia* V 1,15-20:

> delicias siquis lascivaque carmina quaerit,
> praemoneo, non est scripta quod ista legat.
> aptior huic Gallus *blandique Propertius oris*,
> aptior, ingenium come, Tibullus erit.
> atque utinam numero non nos essemus in isto!
> ei mihi, cur unquam Musa iocata mea est?

Del Lungo übersah, daß der Passus Polizianos Charakterisierung des Properz bestimmt (vgl. die Junktur "*blanda Propertius ora*" in *Nutr.* 541).

[80] Vgl. *Commento*, S. 265f.: "[Callimachus] tanta fuit diligentia, ut et omni genere metrorum scripserit et soluta oratione multa composuerit."

[81] Zweifellos festigte der gemeinsame Wunsch, Kallimachos nachzufolgen, Polizianos Bande zu Ovid.

[82] *Laur. Plut.* 26,21, f. 24r.

7.6. *Mascula Sappho*

Wie jedes andere Spiel kommt auch das der *Nutricia* nicht ohne Regeln aus. Um indes dogmatische Verfestigung zu vermeiden, wird mit schöner Regelmäßigkeit an ihnen gekratzt. Der Umgang mit klassischen Kanons liefert ein gutes Beispiel dafür. Sappho gehört gleich mehreren an. Die *Anthologia Planudea*[83] reiht sie ein: in den Kanon der neun Lyriker als einzige Frau (IX 184); in den der neun Lyrikerinnen (IX 26); in den der Musen als zehnte (IX 66, IX 506, IX 571). Ausonius faßte den Tenor der Epigramme in einem Distichon zusammen:

> Lesbia Pieriis Sappho soror addita Musis,
> Εἰμ' ἐνάτη λυρικῶν, Ἀονίδων δεκάτη.[84]

In den *Nutricia* ergänzt Sappho den Reigen der männlichen Lyriker und zugleich den der Musen. Ihrem Porträt eingeschrieben ist der Katalog dichtender Frauen, von denen sie freilich ausdrücklich abgehoben wird: "Non illi [...] / contulerint" (v. 631f.). Strabo (*Geographia* 13,2,3) und Antipater (*Anthologia Palatina* VII 15[85]) hatten es den Dichterinnen gleichsam befohlen, und wie um zu unterstreichen, daß ihre Weisung nichts an Gültigkeit eingebüßt hat, erfindet Poliziano eigens eine zusätzliche Poetin aus dem, was im Epigramm IX 26 der *Anthologia* nur ein *Epitheton ornans* war, um den "Verlust" Sapphos wettzumachen. Agakles, zu Deutsch 'die Berühmte', stellt die heilige Neunzahl der Lyrikerinnen wieder her. Oder war alles nur ein Lapsus Polizianos, wie die Kommentatoren z. T. frohlockend feststellen?[86] Gegen diese Einschätzung spricht, daß die neue Lyrikerin mit dem banalsten aller Beiwörter, "dulcis" (v. 632), versehen werden muß, da es Informationen über sie verständlicherweise nicht gibt. Außer Attributen sowie, vereinzelt, Anekdoten ist von ihren "alteingesessenen" Kolleginnen freilich ebenfalls so gut wie nichts überliefert[87].

---

[83] Die Numerierung der griechischen Epigramme bezieht sich durchwegs auf moderne Editionen der *Anthologia Palatina*.

[84] *Epigrammaton liber* 33, zit. von Del Lungo, *ad Nutr.* 637-39. Übersetzung: "Sappho von Lesbos wurde den Pierischen Musen als Schwester hinzugerechnet: 'Ich bin die Nummer neun der Lyriker(innen), der Aonierinnen zehnte.'"

[85] "Mein Name ist Sappho, und ich übertraf die Frauen in der Dichtkunst um soviel wie Homer die Männer", lauten die Verse, die Antipater der lesbischen Dichterin in den Mund legte.

[86] Vgl. DEL LUNGO, *ad Nutr.* 631-36.

[87] Von den erhaltenen drei Versen Praxillas zitiert der *Commento*, S. 610, zwei; *ibid.*, S. 513, wird auf eine Formulierung Corinnas angespielt. - Noch in der maßgeblichen modernen Ausgabe der

Sinnigerweise könnte es also die fehlende Berühmtheit der anderen Frauen gewesen sein, die die Erfindung einer nur dem Namen nach berühmten Poetin zuließ.
Die *licenza poetica*, so sie denn zu konstatieren ist, wäre indes gar nicht erwogen worden, hätte Poliziano nicht das gesamte Sappho-Porträt um die sexuelle *ambiguitas* der lesbischen Poetin zentriert, die Horaz (*Epist.* I 19,18) bekanntlich "mascula Sappho" nannte.
Den biographischen Angaben des *Nutricia*-Bildes entnehmen wir die Notiz vom Scheitern Sapphos in ihrer einzigen Affäre mit einem Mann: Phaon wies sie zurück und trieb sie in den Selbstmord[88]. Was zuvor geschah, reicht die Sylva nach:

> Quae toties Gorgo toties incesserat atrox
> Famosam Andromeden patriaque libidine turpem. (vv. 629-30)

"Habuit autem rivales [...] Gorgo et Andromedam", schreibt Poliziano im Kommentar zur ovidischen *Epistola Sapphus*[89] über die lesbische Dichterin. Quelle der Information ist eine *Dissertatio*[90] des Maximus Tyrius. Die *Nutricia* identifizieren die dort erwähnte Andromeda mit der sagenhaften äthiopischen Prinzessin gleichen Namens, die von Perseus vor einem anstürmenden Seeungeheuer gerettet wurde.
Was aber verleitete Poliziano dazu, die beiden *Andromedae* miteinander zu verschmelzen? Gewiß nicht philologischer Ernst, vielmehr Lust am virtuosen Spiel.
In den *Convivia mediolanensia* des Francesco Filelfo unterscheidet eine der Figuren auf der Grundlage des *Suidas*-Lexikons zwei verschiedene Dichterinnen namens Sappho: Die jüngere habe Phaon geliebt, die ältere sei sexuell pervers

---

griechischen Lyriker (PAGE 1968) ist von den Dichterinnen außer Praxilla und Corinna nur Telesilla mit Versen vertreten (ihr winziges Fragment dort unter Nr. 717).
Inhaltliche Grundlage für die Charakterisierung Telesillas als "ferox" (*Nutr.* 635) ist jene Episode aus der *Graeciae descriptio* des Pausanias (*Korinth* XX 8-10), in der geschildert wird, wie die Frauen von Argos unter der resoluten Führung der Dichterin ihre Stadt gegen die heranrückenden Lakedämonier verteidigten. Die lexikalische Wahl Polizianos ist wohl dadurch zu erklären, daß Lorenzo Valla in den *Elegantiae* (IV 97) *ferox* als "peranimosus [...] ad decertandum cum altero, et ad vim alteri faciendam atque ad nocendum" definierte.

88 Vgl. *Nutr.* 620-28 (Quellen bei DEL LUNGO, *ad versus*; "Strabo X" müßte genauer Strabo X 2,9 lauten).

89 *Ed.* LAZZERI, S. 6.

90 *Dissertationes* 18,9d (Del Lungo, Lazzeri).

gewesen. Poliziano kritisiert im Kommentar zur *Epistola Sapphus*[91] ausdrücklich solche Differenzierungen. Das mindert jedoch nicht Filelfos Quellenwert, wie unsere Markierungen im nachstehenden Abschnitt der *Convivia* zeigen:

> Habuit item [*sc.* Sappho d. Ä.] amicas tris, Atthida, Thelesippam, Megaram, quarum etiam amoribus secus quam muliebris pudor et pudicicia patiatur usa per *turpissimam famae* notam tradita est. (*Laur.* 53,6, f. 23v[92])

Als "gleichgestrickte" Nebenbuhlerin zieht Andromeda in *Nutr.* 630 die Sappho-Kritik Filelfos auf sich. Poliziano gewinnt so die Möglichkeit, mit der Ambivalenz von *famosus* zu spielen: Seine Andromeda ist nicht nur - aufgrund ihrer erotischen Neigungen - 'verrufen', sondern auch - durch ihre königlichen Abkunft - 'berühmt'[93]. Auch das Attribut "turpis" gilt ihr in doppelter Hinsicht: zum einen, weil sie "patria libido" befeuert, eine Sinnenlust, die sie, statt von der Mutter, vom Vater ererbt hat[94]; zum anderen, weil sie schon ihrer bloßen Herkunft halber häßlich war. Das behauptet zumindest (ganz entgegen der Sage) die durchaus rassistische Sappho, die uns Ovids *Epistola* vorstellt. Sie schreibt an Phaon: "Candida si non sum, placuit Cepheia Perseo / Andromede, *patriae* fusca colore suae." (*Heroides* XV 35f.). Auch diesen Vers scheint *Nutr.* 630 zu rezipieren[95]. Sapphos *ambiguitas* in Liebesdingen ist für Poliziano nicht Gegenstand der Anklage, sondern Hintergrund für ein witziges Spiel mit semantischen

---

91 *Ed.* LAZZERI, S. 5.

92 "Sappho d. Ä. hatte drei Freundinnen, Atthis, Thelesippa und Megara. Mit ihnen hatte sie auch in der Liebe anderen Umgang als den, den weibliches Schamgefühl erlaubt, weshalb ihr Ruf in der Überlieferung mit äußerster Schmach behaftet ist." - Vgl. Suda Σ 107 und Ovid, *Heroides* XV 201f.: "Lesbides, *infamem* quae me fecistis amatae, / desinite ad citharas turba venire meas!"

93 Polizianos Spiel kam trotz Filelfos "Hilfe" wohl erst durch die Lektüre der *Elegantiae* in Gang. In Vallas Abhandlung der Nomina auf *-osus* (I 21) heißt es: "Praeterea *gloriosus, famosus* [...] nonnihil et ipsa a caeteris differunt. Nam licet legamus *gloriosam victoriam*, idest 'plenam gloriae'; et, apud Iuvenalem, "Famosos equitum cum dictatore magistros" [...]: tamen dicimus ita *gloriosum hominem* affectatorem gloriae, ut *vinosum* cupidum vini et *mulierosum* nimis appetentem mulieres [...]; et *famosum* pro infami et turpi, ut *famosa* [*sc.* appellata est] mulier, quae noscitur impudica esse". - Nicht minder durch Valla gestützt ist "atrox", Attribut der neidischen Sappho in *Nutr.* 629. *Elegantiae* I 21 definiert: "Invidia quasi atrocitas".

94 Horaz spezifizierte in *Epoden* V 41 die "libido" einer lesbischen Frau namens Folia mit dem semantisch verwandten Attribut "mascula", demselben Adjektiv, das er in *Epist.* I 19 Sappho beigab.

95 Offenbar gemeinsam mit *Ars amatoria* I 727-29. Dort äußert Ovid, daß ein Sieger in Sportwettkämpfen häßlich sei, wenn seine Haut nicht durch intensive Bräunung hartes Training verrate ("Candida si fuerint corpora, *turpis* eris"), und hebt ihn vom Liebenden ab, dessen Teint weiß zu sein habe: "Palleat omnis amans; hic est color aptus amanti". - Für die schwarze Andromeda (mehr zu ihr in MCGRATH 1992) eine unerreichbare Vorgabe.

Ambivalenzen. So verwundert es nicht, daß am Schluß des *Nutricia*-Bildes statt des moralischen Zeigefingers die lesbische Dichterin selbst einen Triumph feiert: Sie wird gemäß dem Ausspruch, den ihr Ausonius zuschrieb, als zehnte Muse im Himmel gezeigt.

7.7. Poetische Kabinettstückchen

Meist genügt Poliziano wenig Raum, um seine rezeptive Intelligenz aufleuchten zu lassen. Das vorliegende Kapitel setzt sich zum Ziel, dies an sechzehn geistreichen Miniaturen der *Nutricia* zu illustrieren:

1.) Der weinschwere Anakreon wird aus dem Weinkatalog in *Georgica* II (v. 101f.) bedient: Aus...

> *Non ego te*, dis et mensis accepta secundis,
> *transierim*, Rhodia, et tumidis, Bumaste, *racem*is.[96]

... wird *Nutr.* 585f.:

> *Non ego te*, longo praesignis Anacreon aevo,
> *transierim*, bicolore caput redimite *racemo*.[97]

Weitere Quelle der Verse ist Statius, *Silvae* V 1:

> illa quidem nuptumque prior taedasque marito
> passa alio, sed te ceu virginitate iugatum
> visceribus totis animaque amplexa fovebat;
> qualiter aequ*aevo* sociatam palmite vitem
> ulmus amat miscetque nemus ditemque precatur
> autumnum et caris gaudet *redimita racemis*. (vv. 45-50[98])

---

[96] "Dich will ich nicht übergangen haben, Rhodischer Wein, den Göttern genehm und bei Tisch gern getrunken, noch dich, Bumastus, mit deinen üppigen Trauben."

[97] "Dich will ich nicht übergangen haben, Anakreon, ausgezeichnet vor den anderen durch hohes Alter, bekränzt mit Trauben von zweierlei Farbe." NB: Auch alter Wein zeichnet sich durch seine Reife aus!

[98] "Freilich zuvor schon war sie die Frau eines anderen Mannes; / Aber sie war dir ganz mit Leib und Seele ergeben, / Grade als liebte sie dich mit dem ersten Feuer der Jugend, / Wie die Ulme den Weinstock liebt, der am Stamme emporwächst, / Und ihr Laub mit dem seinigen eint, ihm reichliche Ernte / Wünscht und sich freut, daß die teuren Zweige sie rankend umschlingen." (Übersetzung: R. Sebicht).

Ein Epigramm der *Anthologia Graeca* (VII 24) fordert die Rebe auf, an "Anakreons Säule" (gemeint ist freilich sein Grabmal) emporzuklettern, damit er sich noch in den Tiefen der Erde des Weines erfreuen könne. Die Ulme der *Silva* war in mehrfacher Hinsicht zum Vergleich mit diesem Bild geeignet:

a) Auch ihre "Säule", d. h. ihr Stamm, wird von Reben umrankt[99].

b) Auch sie ist glücklich darüber.

c) Sie wird mit einer reifen Frau verglichen, die ihren Mann innig liebt[100].

Wein und Eros waren für Anakreon, den die *Nutricia* in besonders reifem Alter zeigen, ein Leben lang bestimmend[101]. Wein und Eros prägen auch die Verse des Statius, aus denen Poliziano für sein Porträt des griechischen Dichters schöpfte.

2.) Die Klausel von *Nutr.* 289, "Quaeque avis applauso libraret *in aere pinnas*", greift Ovid, *Met.* IV 676f., "et stupet et visae correptus imagine formae / paene suas quatere est oblitus *in aere pennas*", auf. Im Ausgangstext gerät der flügeltragende Perseus in den Bann der schönen Andromeda, im Zieltext die Vogelwelt in den des singenden Orpheus.

3.) Im Haus des Simonides von Kos standen laut Plutarch (*Moralia* 555f) zwei Truhen, eine volle, τοῦ ἀργυρίου, und eine leere, τῶν χαρίτων. Wie Stobaeus[102] berichtet, hatte der Dichter einst selbst von seinen Truhen berichtet, um einem Mann, der ihn für Verse mit bloßem Dank abspeisen wollte, scherzhaft auf die Notwendigkeit einer monetären Entlohnung hinzuweisen. Poliziano, der dieser Erklärung in einem späten griechischen Epigramm zur Episode (XXXIV von 1493) folgen sollte, interpretierte im *Commento* (S. 206) anders. Er zitierte den Passus des *Suidas*-Lexikons am Ende einer Reihe von *loci*, die sämtlich von personifizierten Grazien handeln, und zwar unmittelbar nach einem Auszug aus

---

[99] Die Zweifarbigkeit von Anakreons Kranz in *Nutr.* 586 geht auf ein weiteres Epigramm der *Anthologia graeca* (VII 23) zurück. Es wünscht, daß (grüner) Efeu und purpurne Ranken auf immer das Grab des Dichters umblühen mögen.

[100] Vgl. Ovid, *Amores* II 16,41f.: "Ulmus amat vitem, vitis non deserit ulmum; / separor a domina cur ego saepe mea?"

[101] Als alten Lüstling schildern Anakreon die Epigramme XVI 306-309 der *Anthologia graeca.* Für die sonstigen Quellen des Porträts vgl. DEL LUNGO, *ad versus*; siehe auch das Material im *Commento*, S. 747f.

[102] *Anthologium, ed.* HENSE, Vol. III, S. 418. Stobaeus ist, soweit wir sehen, der einzige *Interpret* des ansonsten vielzitierten Diktums.

Theokrits 16. *Idyll*, in dem die Göttinnen die Dichtergabe des Bukolikers versinnbildlichen.

In seinem *Idyll* fordert Theokrit die Mächtigen auf, die Grazien reich zu entlohnen, andernfalls sie sich erzürnt die Haare raufen würden (vv. 5-12). Wer sie freilich hofiere, dürfe seinerseits mit den Schätzen des Ruhmes rechnen. Im Verlauf des Gedichts (vv. 44-46) behauptet er dann, daß auch die größten Herrscher Griechenlands längst unbekannt wären, hätte sie nicht Simonides in seinen Liedern verewigt.

Die Verse "vacuam cui tristis ad arcam / Gratia flet, laniata comas nudata lacertos" (*Nutr.* 607f.) beweisen, daß aus der einstigen Juxtaposition von Lexikonnotiz und Theokritzitat im Übergang vom *Commento* zur Sylva eine Kontamination wurde. Polizianos Übertragung des Grazienbilds auf Simonides hat originelle Konsequenzen. Waren es im Idyll die Herrscher, die an Simonides erinnert wurden, so zielt Polizianos Kritik auf den reich gewordenen ägäischen Dichter, dessen Geiz in der Antike sprichwörtlich war. Vorwurf: Er habe all das Geld, das er dank seiner Grazie einstrich, in die eigene Truhe fließen lassen, seiner *poetica nutrix* den gebührenden Lohn versagt. Der Vorwurf wiegt um so schwerer, als Simonides selbst den Leitspruch ausgegeben hatte: τὸ τὰ ὀφειλόμενα ἑκάστῳ ἀποδιδόναι δίκαιόν ἐστι[103].

Der Auftakt des Simonides-Porträts, "Sed vocat ad lachrymas cei pia naenia vatis" (*Nutr.* 604), verwertet Material aus Horaz ("ceae [...] munera naeniae"[104]) und Catull ("moestius lachrymis simonideis"[105]) und berücksichtigt Stilurteile von Quintilian[106] und/oder Dionysios von Halikarnassos[107]. Sofern Poliziano mit der Hinzufügung des den genannten Quellen fremden Adjektivs "pia" (zu "naenia") auf bestimmte Verse anspielen wollte, meinte er wohl eine Klage, die Danae in einem der Fragmente des Simonides[108] an ihr Kind, den Säugling Perseus, richtet, nachdem beide auf offener See ausgesetzt worden waren.

---

103 "Die Schuld einem jedem zurückzuerstatten ist gerecht." (zitiert in Platon, *Staat* 331e).

104 Horaz, *Carmina* II 1,38 (Del Lungo).

105 Catull, *Carmina* XXVIII 7 (Del Lungo).

106 "Praecipua tamen eius [*sc.* Simonidis] in commovenda miseratione virtus" (*Inst. orat.* X 1,64 = *Greec Lyrics*, *ed.* CAMPBELL, Vol. III, Testimonium Nr. 41).

107 Del Lungo (= *ed.* CAMPBELL, Vol. III, Nr. 40).

108 *Ibid.*, Nr. 43 (überliefert bei Dionysius v. Halikarnassos, *De imitatione* II 420).

4.) Saleius Bassus (v. 526f.) und Statius (v. 360) präsentieren in den *Nutricia* stolz den Reichtum, den sie ihren Gesängen verdanken. Juvenal hatte beide als arm dargestellt (*Sat.* VII 80 und 85f.). Seine *auctoritas* unterliegt im ersten Fall der des Tacitus, im zweiten gewichtet Poliziano eine Selbstaussage des Statius höher[109]. Etwas mehr Erfolg in den *Nutricia* hatte der zweimal übergangene Satiriker mit den anderen Versen, die er dem neapolitanischen Dichter widmete:

> Curritur ad vocem iucundam et carmen amicae
> Thebaidos, laetam cum fecit Statius urbem
> promisitque diem: tanta dulcedine captos
> adficit ille animos tantaque libidine *volgi*
> auditur. (VII 81-85[110])

Poliziano bezieht sich auf diese Aussage, als er Antimachos vorstellt, den er in seiner Dichtergeschichte mit Statius assoziiert. Dem griechischen *Thebais*-Dichter waren laut Cicero[111] die Zuhörer mit Ausnahme Platons davongelaufen. Er trug es angeblich mit Fassung: "Plato enim mihi unus *instar* est centum milium." Poliziano ersetzt die Zahlenangabe durch ein Quasi-Synonym zu *volgus* und schafft so einen Gegensatz zwischen dem wenig beliebten Antimachos und dem Publikumsmagneten, als den er Statius bei Juvenal beschrieben fand. *Nutr.* 359 lautet: "*Instar* habet *populi* pendentem ad verba Platonem".

5.) Pausanias[112] behauptete, kein anderes Volk sei so wenig für Dichtung und Dichterlob zu begeistern wie die Spartaner. Alkman, verkündet *Nutr.* 610f., habe dies geändert:

> Ipsi etiam patria pressi *brevitate Lacones*
> Adscitum largo tamen ore Alcmana recensent[113]

Gleich zwei Stellen aus dem Werk des Ausonius bieten sich zum Vergleich an. Im *Ludus septem sapientium* (V 6-8) verkündet Chilon:

---

[109] Nachweise bei Del Lungo.

[110] "Man läuft zum melodischen Vortrag der beliebten *Thebais*, wenn Statius der Stadt eine Freude macht und das Datum ankündigt: Mit solchem Erstaunen begeistert er sein Publikum, mit solchem Vergnügen hört das Volk ihm zu." (Übersetzung: H. C. Schnur).

[111] *Brutus* 191 (Del Lungo).

[112] *Graeciae descriptio, Laconia* VIII 2.

[113] "Selbst die Spartaner rezitieren, obschon gehemmt durch die ihnen eigene Wortkargheit, ausgiebig die Werke des zu ihnen eingewanderten Alkman."

Spartanus ego sum Chilon, qui nunc prodeo.
Brevitate nota, qua *Lacones* utimur,
commendo nostrum γνῶθι σεαυτόν, nosce te.[114]

Die markierten Formen begegnen ein weiteres Mal in einer Epistel (XXIV), die Ausonius an seinen Schüler Paulinus, nachmals Bischof von Nola, richtete, als dieser ihm auf vier vorausgegangene Briefe nicht geantwortet hatte:

Quis prohibet Salve atque Vale *brevitate* parata
scribere felicesque notas mandare libellis?
Non ego longinquos ut texat pagina versus
postulo multiplicique oneret sermone tabellas.
Una fuit tantum, qua respondere *Lacones*
littera, et irato regi placuere negantes. (vv. 32-37[115])

6.) Martial und Ausonius sind in den *Nutricia* unmittelbare Nachbarn:

Pars quoque sotadicos ceu prostituere cinaedos.
Pars tenues sparsere sales epigrammate multo;
Sed Latio celebres: quem misit Iberia Marcum
Romuleumque suis exornans fascibus annum
Ausonius (*Nutr.* 703-07[116])

---

[114] "Ich, der Spartaner Chilon, trete jetzt auf. Mit der bei uns üblichen Kürze empfehle ich unseren Leitspruch 'Erkenne dich selbst'."

[115] "Wer verbietet Dir denn, bei aller Kürze 'Sei gegrüßt' oder 'Leb wohl' zu schreiben und freudige Notizen zu übermitteln? Ich verlange ja gar nicht, daß Dein Brief lange Verse webt und seinen Spalten mit vielfach gewundener Rede Gewicht verleiht. Ein Buchstabe nur war es, mit dem die Spartaner einst die Frage eines erzürnten Königs verneinten und so seine Gunst zurückgewannen."
An zwei weiteren Stellen der *Nutricia* rekurrierte Poliziano auf preziöse Ortsangaben des Ausonius. Ausgangstext waren dabei jeweils die vv. 70-73 des *Griphus ternarii numeri*, die die drei rhetorischen Stile präsentieren:

Tris oratorum cultus: regnata *Colosso*
quem *Rhodos*, *Actaeae* quem dilexistis *Athenae*
et quem de scaenis tetrica ad subsellia traxit
prosa Asiae, in causis numeros imitata chororum.

Das *Nutricia*-Bild des Alkaios (*Nutr.* 593-97) schließt mit dem Vers:

Arma sed *actaeae* tua fles suspensa *Minervae*.

In *Nutr.* 366f., zu Apollonius Rhodius, steht zu lesen:

Exosus natale solum, tumidamque *colosso*
Solis et irriguam pluvio *Rhodon* expetit auro.

[116] "Einige prostituierten *Lustmolche* auf den Spuren des Sotades, andere streuten dürftige Pointen in eine Vielzahl von Epigrammen ein. Im römischen Land freilich waren berühmt: Marcus [Valerius Martialis], den Iberien gesandt hatte, und Ausonius, der das Kaiserjahr des Romulus mit seinem Konsulat schmückte."

Die Paarbildung erfolgte keineswegs willkürlich. Ihr Schöpfer orientierte sich an präzisen lexikalischen Gemeinsamkeiten. Unter den Facetten seines Œuvres hatte Ausonius "σωταδικὸν [...] κίναιδον" (*Epistulae* XIV 29) angeführt. Der Ausdruck kommt in lateinischer Umschrift auch bei Martial vor (*Epigrammata* II 86, Del Lungo). *Nutr.* 703 greift ihn auf - bezogen auf beide Poeten.

Martial hatte von sich behauptet, "*multo sale* [...] notus" (X 9) zu sein, einem Rivalen, Calliodor, hingegen unterstellt, dies zu Unrecht zu beanspruchen: "Festive credis te, Calliodore, iocari / et solum *multo* permaduisse *sale*." (VI 46, 1f.). Ausonius schrieb umgekehrt die gleiche Auszeichnung nicht sich selbst zu, sondern einem anderen. Er bescheinigte einem gewissen Tiberius Victor Minervius: "Nullo felle tibi mens livida, tum *sale multo* / lingua dicax blandis et sine lite iocis."[117]. In seiner Bewertung der beiden Epigrammdichter bediente sich Poliziano der Junktur "tenui sale" (*Nutr.* 704), die Ausonius innerhalb eines Lobliedes auf köstliche Médoc-Muscheln gebraucht hatte[118]. Das Salz im Doppelporträt der *Nutricia* liegt in der Verschiebung der Adjektivform *multo*. Sie wandert von "sale" zu "epigrammate", wodurch die Bedeutung von *tenuis* in bedrohlicher Weise von 'scharfsinnig' in Richtung 'dürftig' gleitet: Martial und Ausonius werden zu Gegenfiguren des Satirikers Lucilius, den Horaz bei aller Kritik dafür gelobt hatte, "sale multo"[119] die Stadt Rom "gebürstet" zu haben. Die performative Absicht von Polizianos Verdrehung ist unverkennbar: Die führenden lateinischen Epigrammdichter sollen mit einer ihren Scharfsinn überbietenden Pointe in die Schranken verwiesen werden[120].

Die antonomastische Periphrase zu Ausonius (*Nutr.* 706f.) gewann Poliziano aus zwei Selbstzeugnissen des Dichters: "*fascibus Ausonii* succedet Caesar in *annum* / quintam *Romulei* praetextam habiturus honoris" (*Precationes* I 38f.) und "*fascibus Ausoniis decoratum* et honore curili" (*Mosella* 451[121]). Ihnen trat eine Stelle aus

---

[117] Ausonius, *Commemoratio Professorum Burdigaliensium* I 31.

[118] "Miscent aequoreum *tenui sale* saporem" (*Epistolae* IX 25).

[119] *Serm.* I 10,11 (Klausel).

[120] Ovid gab den Maßstab aus, dem das antike Gespann angeblich nicht genügt: "Multi fabula parva ioci" (*Fasten* VI 320).

[121] Es empfiehlt sich eine Lektüre der *Mosella* ab v. 448:

> ast ego, quanta mei dederit se vena liquoris
> Burdigalam cum me in patriam nidumque senectae
> Augustus, pater et *nati, mea maxima cura,*
> *fascibus Ausoniis decoratum* et honore curili
> mittent *emeritae* post *munera disciplinae,*
> latius Arctoi praeconia persequar amnis.

einem Brief des Paulinus an Ausonius hinzu, die eher lautliche als semantische Ähnlichkeiten mit *Nutr.* 706 aufweist:

Aut cum Lucani retineris culmine fundi,
aemula *Romuleis* habit*ans fas*tigia tectis. (*Carmina* X 256f.[122])

7.) Laut *Nutricia* ist Vergil nicht der größte Dichter[123], besiegte aber Theokrit und Hesiod[124] auf deren jeweiliger Domäne, der Bukolik bzw. Georgik. Die Sylva bescheinigt ihm überdies, als einziger *vates* vor Attacken des Neides gefeit zu sein:

Quem [*sc.* Vergilium] non tabifico mordax attingere livor
Dente queat, livor tandem et sandalion ausus
Carpere, cum dominam asseruit sua forma Dionen. (v. 350ff.[125])

Der Passus beeinflußt sowohl Anfang als auch Ende der *Nutricia*: v. 452 prägt, wie bereits gesehen, *Nutr.* 8, während "nati, mea maxima cura" (seinerseits Weiterentwicklung des virgilianischen "mea maxima cura" aus *Aeneis* I 678) in *Nutr.* 780, bezogen auf Pierino de' Medici, wiederkehrt: "Ibit in exemplum *natus, mea maxima cura*". NB: Ausonius war der Erzieher Kaiser Gratians.

122 "... oder wenn Du Dich in Deinem lukanischen Landhaus aufhältst und in Gemächern lebst, die mit denen römischer Paläste wetteifern."

Durch seine Porträtdichtung, die u. a. Professoren aus Bordeaux, Verwandte, Städte und homerische Helden in wenigen Versen skizzierte, empfahl sich Ausonius als Modell für die Dichterbiographien der Sylva. Bemerkenswert vor allem seine *Caesares*, Monostichen und Tetrastichen, die er explizit als Reduktion von Suetons *Kaiserviten* konzipierte (vgl. den Begleitbrief des Dichters an seinen Sohn Hesperius). In ähnlicher Weise sind auch die Verse der *Nutricia* Konzentrate jenes umfangreichen Materials, das Poliziano zunächst in seinen *Zibaldoni* sammelte.

123 Das höhere Alter Homers mache dies auf jeden Fall unmöglich, meint Poliziano in *Nutr.* 346f.: eine Reaktion auf Augustinus, der Maro als "poeta magnus omniumque praeclarissimus atque optimus" (*De civitate Dei* I 3) bezeichnet hatte. Seine Einschätzung hatte Petrarca zunächst aufgegriffen (*Collatio laureationis* 2,1). Später dann (vgl. u. a. *Triumphus Fame* III 16f., *Fam.* VI 4, §12, *Fam.* XXIV 11, v. 9f.) sah er beide Dichter gleichauf. Eine alleinige Spitzenstellung Homers, wie sie Poliziano postuliert, zog er nie in Betracht.

124 *Nutr.* 348f. Vgl. Macrobius, *Saturnalien* V 2,4: "Dicturumne me putatis ea quae vulgo nota sunt, quod Theocritum sibi fecerit [*sc.* Vergilius] pastoralis operis auctorem, ruralis Hesiodum [...]?", und Donatus, *Vita Vergilii* §58f.: "Cum tres modi sint elocutionum, [...] tenuis [...] moderatus [...] validus [...], credibile erit Vergilium, qui in omni genere praevaleret, Bucolica ad primum modum, Georgica ad secundum, Aeneidem ad tertium voluisse conferre." - Den angeblich angestrebten Primat erreichte Vergil laut *Nutricia* "nur" in den ersten beiden *modi*.

125 "Ihm [*sc.* Vergil] könnte selbst der bissige Neid mit seinem nagenden Zahn nichts anhaben, obwohl er sich nicht scheute, die Sandale der Herrin Venus zu kritisieren, als er ihr mangelnde Schönheit anlasten wollte." - Polizianos Verse relativieren einige Äußerungen Petrarcas, insbesondere aus *Fam.* IV 7, wo Maro als "dum vixit, emulorum bellis sine fine vexatus" (§9) bemitleidet wird. Petrarca stützt sich auf das Ende der *Vita Donati*, das zahlreiche gegen Vergil gerichtete Schriften auflistet. Asconius Paedianus, steht dort zu lesen, habe sich gar veranlaßt gesehen, ein Buch wider die Verleumder des Dichters zu verfassen.

Die *livor*-Anekdote ist nach Philostrat[126] gestaltet. Anlaß ihrer Übertragung auf Vergil war eine Äußerung aus den *Saturnalien* des Macrobius: "'Haec est [...] Maronis gloria, ut nullius laudibus crescat, nullius vituperatione minuatur [...]'" (I 24,8). Der negative Relativsatz in *Nutr.* 350f. hat sein Vorbild in den *Commentaria in Somnium Scipionis* desselben Autors: "Virgilius, *quem nullius* umquam disciplinae error involvit" (II 8,1).

Carpere war seit Ovid ein gängiges Verb zur Beschreibung neidischer Attacken[127]. Für *Nutr.* 351f. relevant war speziell *Ex Ponto* III 4,74f.:

> scripta placent a morte fere, quia laedere vivos
> *livor* et iniusto *carpere dente* solet.[128]

Zusätzlich reflektieren Polizianos Verse eine metrische Korrespondenz zwischen Ugolino Verino und Naldo Naldi, deren Ausgangspunkt Verinos Elegie *Contra invidiam et susurrones* (*Flametta* II 46) war. "*Livor* edax, *audes* tam sanctos *carpere* mores / Et de me cunctis crimina ficta loqui?", lautet ihr Auftakt. Wenig später heißt es: "Si premor invidia non miror, *carpere divos* / *Audet* et alterius pallet iniqua bonis" (*ibid.*, 25f.). Gegen Ende seiner Invektive wünschte Verino dem, "qui *carpsit* vitae candida facta meae" (v. 58), eine gerechte Bestrafung.

Naldi suchte Verino in *Elegiae* III 17 ironisch zu beschwichtigen: Er möge sich doch mit Baldrian krönen, wenn man ihm den Lorbeer mißgönne. Auch seine Verse enthalten die Lexeme *livor*, *carpere* und *audere* und mit den Musen dazu noch ein göttliches, weibliches Ziel des Neides, vergleichbar mit der Venus der *Nutricia*:

> Hactenus insignem Phoebi laurique coronam
> Gessisti meritis munera digna tuis,
> At modo, cum *Livor* sanctos quoque *carpere* vates

---

126 Köl bei Del Lungo, *ad locum*. Die Anekdote hat ursprünglich Momus zum Subjekt; vgl. Poliziano, *Epist.* I 4: "Neque ego iudicis [...], sed Momi personam indui, quem ferunt sandalium Veneris tandem culpasse, cum Venerem non posset." (*Opera* I, S. 20).

127 Vgl. auch *Metamorphosen* VI 129f., "Non illud Pallas, non illud *carpere Livor* / possit opus". - Neben *Ex Ponto* III 4,74 enthält auch der Schluß von *Tristia* IV 10 das Bild vom "Zahn des Neides". Seiner Muse ruft Ovid dort zu:

> tu mihi, quod rarum est, vivo sublime dedisti
> nomen, ab exequiis quod dare fama solet.
> nec, qui detractat praesentia, *Livor* iniquo
> ullum de nostris *dente* momordit opus. (vv. 121-24)

128 "Dichtung gefällt nach dem Tode zumeist, da dem Lebenden Mißgunst / schadet: Sie nagt an ihm stets mit gehässigem Zahn." (Übersetzung: W. Willige).

Audeat et nostras sic temerare deas,
Te moneo, doctam cingas ut baccare frontem,
Invida ne possit lingua nocere tibi.[129]

Schließlich ist für *Nutr.* 350ff. noch ein Auszug aus Petrarcas *Secretum* zu beachten, in dem Franciscus von Laura - dem irdischen Gegenstück zu Venus - folgendes behauptete:

> Nemo umquam tam mordax convitiator inventus est, qui huius famam canino *dente* con*tigerit*; qui dicere *auderet*, ne dicam in actibus eius, sed in gestu verboque reprehensibile aliquid se vidisse; ita qui nichil intactum liquerant, hanc mirantes venerantesque reliquerunt. (*ed.* FENZI, S. 212/14[130]).

8.) Die Dichter von *Argonautica* werden in den *Nutricia* als Seefahrer gezeichnet (vgl. vv. 361-76), schlüpfen gleichsam in die Rolle Jasons. Der originelle Transfer trägt seine schönsten Früchte in den Versen auf Valerius Flaccus, dem ein früher Tod die Vollendung seines Epos versagte. Die Sylva klagt (vv. 374ff.):

Nam te, Flacce, sinu sulcantem caerula pleno,
Heu juvenem cursu excussit mors saeva, priusquam
Aesonides Pagasas patriamque revectus *Iolcon.*[131]

Zwar erscheinen die markierten Wörter in gleicher metrischer Position kurz nacheinander in Theokrits 13. *Idyll* (v. 17 bzw. v. 19); wertvoller, weil für das angedeutete Rollenspiel entscheidend, ist freilich das einzige Vorkommen von Iolkos in Flaccus *Argonautica* selbst:

ductor [= Jason] ait: "non degeneres, ut reris, Acaste,
venimus ad questus: socium te iungere coeptis
est animus; neque enim Telamon aut Canthus et Idas
Tyndareusque puer mihi vellere dignior Helles.
o quantum terrae, quantum cognoscere caeli

129 "Bis jetzt trugst du den berühmten Lorbeerkranz des Phoebus als würdige Auszeichnung für deine Verdienste. Nun aber, da der Neid selbst die heiligen Dichter zu kritisieren und somit unsere Göttinnen [*sc.* die Musen] zu beflecken wagt, solltest du dir die gelehrte Stirn mit Baldrian bekränzen, damit dir keine böse Zunge schaden kann."

130 "Noch kein Lästerer ist bisher gefunden worden, der so bissig gewesen wäre, daß er ihren Ruf mit scharfem Zahn angegriffen und zu behaupten gewagt hätte, ich sage nicht in ihrem Handeln, nein, auch nur in ihren Gesten und Worten je etwas Tadelnswertes gesehen zu haben."

131 "Dich allerdings, Flaccus, der du mit vollem Segel über das blaue Meer fuhrst, weh, grausamer Tod brachte dich in jungen Jahren von deinem Kurs ab, bevor Jason nach Pagasai und ins heimatliche Jolkos zurückkehrte."

permissum est! pelagos quantos aperimus in usus!
nunc forsan grave reris opus; se laeta recurret
cum ratis et caram cum iam mihi reddet *Iolcon*,
quis pudor heu nostros tibi tunc audire labores!
quam referam visas tua per suspiria gentes!" (I 164-173[132])

Den verheißenen glücklichen Ausgang des Argo-Abenteuers sollte Flaccus nicht mehr schildern, "sein" Jason nicht mehr erleben dürfen[133].

9.) Von David steht in *Nutr.* 256ff. zu lesen, er habe Gott auf zweierlei Arten besänftigt: "vicissim / dulcia terribili mutans psalteria bello". Ähnlich wie Herkules war David eine Figur, die in der politischen Symbolik der Florentiner Republik eine große Rolle spielte[134]. Wie der israelitische Knabe durch göttliche Fügung den scheinbar übermächtigen Goliath besiegte, sei es, so glaubte man, Florenz beschieden, seine Freiheit stets gegen scheinbar übermächtige Feinde zu verteidigen. Nach der Schlacht von Anghiari (1440) betrieb Cosimo die Identifikation seiner Person mit David, wie Donatellos berühmte Statue bezeugt. Ziel war "die Bekundung des Anspruchs, zur Herrschaft über Florenz berufen zu

---

132 "Der Anführer sprach: 'Nicht, um in wenig mannhafter Weise zu klagen, wie du es meinst, bin ich gekommen, Acastus. Vielmehr habe ich vor, dich als Bundesgenossen für unser Unterfangen zu gewinnen, denn weder Telamon noch Canthus noch Idas und der junge Tyndareus scheinen mir des Vlieses der Helle würdiger. O welch großen Teil der Erde und des Himmels ist uns zu schauen vergönnt! Wie weite Meeresflächen haben wir erschlossen! Jetzt wirst du unser Vorhaben vielleicht als schwierig einstufen. Wenn mein Schiff aber glücklich zurückkehren und mir mein geliebtes Jolkos wiedergeben wird, oh, welche Scham wird es dann für dich sein, von unseren Taten zu hören! Wie wirst du dann seufzen, wenn ich von den Völkern berichte, die ich gesehen habe!'"

133 Quellen des Auftakts der Sektion der *Argonautica*-Dichter, "Ecce alii primo tentatum remige pontum / Palladiamque ratem, tabulasque dedere loquaces" (*Nutr.* 361f.):
- Valerius Flaccus, *Argonautica* I 1f.: "*Prima* deum magnis canimus freta pervia natis / fatidic*amque ratem*".
- Phaedrus, *Fabulae* IV 7,9ff., "[Utinam nec] fabricasset Argus opere *Palladio ratem*, / inhospitalis *prima* quae *Ponti* sinus / patefecit".
- Ovid, *Met.* VI 721, "per mare non no*tum prima* petiere carin*a* [Calais, Zetes und die übrigen Argonauten]".
- *Id.*, *Tristia* III 9,7f., "[...] rate, quae cura pugnacis facta Minervae / per non *temptata*s *prim*a cucurrit aquas".
- *Id.*, *Ex Ponto* III 1,1, "Aequor Iasonio puls*atum remige primum*".
- Catull, *Carm.* LXIV 11-15, "Illa [*sc.* Argo] rudem cursu *prima* imbuit Amphitriten. / Quae simulac rostro ventosum proscidit aequor, / Tortaque *remigio* spumis incanduit unda, / Emersere [...] / Aequoreae monstrum Nereides admirantes".
- Lukan, *Phars.* III 193, "Inde lacessi*tum primo* mare, cum rudis Argo, / miscuit ignotas temerato litore gentes".
- Horaz, *Epoden* XVI 57, "Non huc Argoo contendit *remige* pinus".
- Valerius Flaccus, *Argonautica* V 206, für "Palladiam ratem" (*Nutr.* 362).

134 Vgl. HERZNER 1978 und 1982.

sein"[135]. Im jungen Lorenzo hatten die Anhänger der Medici 1468/69 "la virtù e l'accortezza proprie di un salvatore della patria"[136] erlebt, was die Gleichsetzung auch seiner Person mit David nahelegte. Der Magnifico selbst gab bei Verrocchio eine weitere Davidstatue in Auftrag, möglicherweise nachdem er von der Signoria gezwungen worden war, ihr jene Donatellos zurückzugeben[137]. Polizianos Charakterisierung des alttestamentarischen Königs operiert mit einer Antithese, die Naldo Naldi, offensichtlich bereits mit David im Hinterkopf, in lobenden Versen auf Lorenzo verwendet hatte:

Quod bene Pieridas doctus mulcere puellas
 Saepius ad citharam carmina sancta canas,
Rursus et insignis venias fulgentibus armis
 Defendens patriae libera iura tuae. (*Elegiae* III 19, 1-4[138])

10.) Sieben Verse umfaßt das Linus-Porträt der *Nutricia*:

Contra autem indocilem nimis execratur alumnum,

---

135 HERZNER 1982, S. 125.

136 CEVOLANI 1992, S. 14.

137 So HERZNER 1982, S. 126ff. und S. 138.

138 "... daß du, gelehrt in der Kunst, die heiligen Pieriden zu betören, heilige Lieder zur Leier singst und dann wieder leuchtend in strahlender Rüstung erscheinst, um die Souveränität deines Vaterlandes zu verteidigen."
Erhebliche Wirkung auf die Gestaltung der Verse 246-265 der *Nutricia*, die mit knappen Porträts alttestamentarischer Sänger den Reigen der "mythischen" *vates* beenden und die Vergeblichkeit ihrer religiösen Bemühungen beklagen, hatten verschiedene Gedichte des Paulinus von Nola:
a) Moses: "Duxit ovans laetas victo *Pharaone* choreas" (*Carmina* XXVI 44) > "Demerso insignem cecinit *Pharaone* triumphum" (*Nutr.* 255).
b) David: "Ille *gigas pueri funda* pastoris obivit" (*Carmina* XVI 143) + "Talis super omnia semper / Arma fides valuit; tali *puer* pusillus / Robore grandis erat, qui spretis fortior armis / Percutit armatum silicis virtute *gigantem*" (*Carmina* XXVI 152-55) > "Psallentem deo regem, qui turbine *fundae* / Icta philisteo secuit *puer* ora *giganti*" (*Nutr.* 247f.).
c) Die Knaben im babylonischen Ofen: Wie *Nutr.* 258f. beschäftigte sich schon Paulinus mit dieser Episode aus dem Buch *Daniel*: Vgl. *Carmina* XXVI 263ff. + 360f.
d) Die Juden allgemein: "*Sed* jam per inania sabbata, *ritus* / *Antiqui recolunt* vestigia grata timoris. / Nam *frustra veterem* vacua sub imagine *legem* / Exercent" (XXVI 49-52) > "Quosque alios, *veteris* gens servantissima *ritus* / Retrorsum Judaea legit." (*Nutr.* 260f.) + "Heu *frustra coluere* pii!" (v. 265).
e) Die Vergeblichkeit der vorchristlichen Kulte: "Custodesque alii genios [...] / [...] innumerosque lares, functosque sepulchris / Mille deos [...] / Heu frustra coluere pii!" (*Nutr.* 262-65) speist sich aus *Carmina* XIX 158-61, "Et toto antiquum detrudunt orbe draconem, / Qui genus humanum per nomina *mille deorum*, / Quae tamen ex obitis mortalibus et sibi sumpsit / ipse, suisque dedit coluber".
Zu erwähnen ist ferner, daß Sicco Polenton seine ausführliche Übersicht verschiedener heidnischer Kulte mit den Worten "Multis [...] sunt illi et vanis opinionibus fatigati" beschloß (*Scriptorum illustrium libri, ed.* ULLMAN, S. 34).

Immemoremque Linus vocat ingratumque laborum
Amphytrionaden; qui quondam triste perosus
Doctoris magni imperium, veneranda rebelli
Contudit ora lyra, et clamantem plurima frustra
Tendentemque manus obtestantemque peremit,
Heu non ista piae meritum sibi praemia linguae! (vv. 321-27[139])

Diodor und Apollodor[140] boten Poliziano diese Version vom Tod des Linus. Gegenüber den Quellen ist das Porträt der *Nutricia* aber nicht nur erheblich dramatisiert, sondern bringt zusätzlich das Element der ungerechten "Belohnung" ins Spiel.

Lexikalische Bausteine der Skizze weisen den Weg zu einem pädagogischen Opusculum des Ausonius, dem *Liber protrepticus ad nepotem.* Dort stößt man zunächst auf die von Poliziano aufgegriffene Umschreibung des Herkules:

Sic neque Peliaden terrebat Chiron Achillem
Thessalico permixtus equo nec pinifer Atlans
Amphytrionaden puerum, set blandus uterque
mitibus adloquiis teneros mulcebat alumnos.
Tu quoque ne metuas, quamvis schola verbere multo
increpet et truculenta senex gerat *ora* magister. (II 20-25[141])

In der Anverwandlung wird aus dem Knaben Herkules, der vom gewaltigen Atlas verschont wurde, ein Totschläger.

Noch stärker rezipiert im Linus-Porträt erscheint ein anderer Passus des *Liber protrepticus*, in dem Ausonius auf seine glückliche Karriere zurückblickt (II 66-95):

Nec rudis haec avus admoneo, set mille docendo
ingenia expertus. Multos lactantibus annis
ipse alui gremioque fovens et murmura solvens
eripui tenerum blandis nutricibus aevom.

---

139 "Gegen den allzu ungezogenen Schüler aber wettert Linus, und er bezichtigt den Sohn des Amphytrion [*sc.* Herakles], seines Erziehers Mühen vergessen zu haben und ihm den gebührenden Dank zu verweigern. Als jener aber einmal in heftigen Zorn über eine unangenehme Weisung seines großen Lehrers geriet, zerschmetterte er ihm das ehrenwerte Antlitz mit der widerspenstigen Leier und tötete ihn, der noch vieles vergebens schrie und ihm beschwörend die Hände entgegenstreckte. Unverdienter Lohn für eine Rede, die nur sein Bestes wollte!"

140 Vgl. oben, Kap. 7.3.

141 "So schreckte weder Chiron, der zur Hälfte das Aussehen eines thessalischen Pferdes hatte, den Peleussohn Achill, noch der kieferntragende Atlas den Sproß des Amphytrion. Beide nahmen vielmehr mit sanftem Zuspruch ihre jungen Schüler für sich ein. Auch du habe keine Furcht, obwohl in der Schule der Rohrstock oft zum Einsatz kommt und alte Lehrer finster dreinschauen."

Mox pueros molli monitu et formidine leni
pellexi, ut mites peterent per acerba profectus,
carpturi dulcem fructum radicis amarae.
Idem vesticipes motu iam puberis aevi
ad mores artesque bonas fandique vigorem
produxi, quamquam imperium cervice negarent
ferre nec insertis praeberent ora lupatis.
Ardua temperies, dura experientia! Rarus
eventus, longo rerum spectatus ab usu,
ut regat *indocilem*[142] mitis censura iuventam.
Quae tolerata mihi, donec iam aerumna iuvaret
leniretque usu bona consuetudo laborem,
donec ad Augustae *pia* munera disciplinae
accirer varioque accingerer auctus honore,
aurea cum parere mihi palatia iussum.
Absistat Nemesis, ferat et fortuna iocantem.
Praesedi imperio, dum praetextatus in ostro
et sceptro et solio praefert sibi iura magistri
maioresque putat nostros Augustus honores.
Quos mox sublimi maturus protulit auctu,
quaestor ut Augustis patri natoque crearer,
ut praefecturam duplicem sellamque curulem,
ut trabeam pictamque togam, mea *praemia*, consul
induerem fastisque meis praelatus haberer.
His ego quaesivi *meritum* quam grande nepoti
consul avus lumenque tuae praeluceo vitae.[143]

---

142 "Indocilem" in identischer Stellung erscheint außer in *Nutr.* 321 auch im Anfangsteil der Sylva (v. 120), dort - wie bei Ausonius - kurz nach finalem "lupatis" (v. 119). Handelte der aquitanische Dichter von der Erziehung der Jugend, so beschäftigt sich Poliziano mit der "Entrohung" (*e-ruditio*) der noch jungen Spezies Mensch (v. 116ff.):

> An vero ille ferox, ille implacatus et audax
> Viribus, ille gravi prosternens cuncta lacerto,
> Trux vitae, praeceps animae, submitteret aequo
> Colla jugo aut duris pareret sponte *lupatis*
> Ni prius *indocilem* sensum facundia victrix
> Vimque reluctantem irarum flatusque rebelles
> Carmine mollisset blando, pronisque sequentem
> Auribus ad pulchri speciem duxisset honesti?

143 "Nicht als unerfahrener Greis mahne ich dies an, sondern als einer, der tausend Talente ausgebildet hat. Viele zog ich vom Säuglingsalter an selbst auf, barg sie in meinem Schoß und flüsterte auf sie ein: Früh entzog ich sie den sanften Ammen. Später musterte ich sie als Knaben, nicht ohne sie sanft zu tadeln und ein wenig zu erschrecken, damit ihnen durch unangenehme Erfahrungen kleine Fortschritte beschert würden, süße Frucht aus bitterer Wurzel. Wenn sie dann, schon in der Pubertät, die Mannestracht trugen, führte ich sie zu guten Sitten und hohen Fertigkeiten in den Künsten und in der Rede, obwohl sie sich weder bändigen noch zügeln lassen wollten. Eine schwierige Zeit, eine harte Erfahrung! Selten genug in meiner langen Lehrtätigkeit durfte ich erleben, daß milde Kritik ungelehrige Jugend im Zaum zu halten vermag. Was machte ich nicht alles durch, bis mir die Mühsal durch lange Gewohnheit zur Freude wurde! Kaum war es

Angemessene "praemia" (v. 92) für sein "meritum" (v. 94) wurden Linus laut *Nutr.* 327 nicht zuteil, wo beide Elemente in jeweils gleicher metrischer Stellung wiederkehren.

In das Gewebe des genannten Verses spielt auch die erste Elegie des spätantiken Autors Maximian ein:

> Dum iuvenile decus, dum mens sensusque maneret
> orator toto clarus in orbe fui:
> saepe poetarum mendacia dulcia finxi,
> et veros titulos res mihi ficta dabat:
> saepe perorata percepi lite coronam,
> et *merui linguae praemia grata* meae; (vv. 9-14[144])

11.) *Nutr.* 397-99 gibt eine biographische Skizze des Dichters Pisander, der ein nicht erhaltenes Herkules-Epos verfaßte:

> Nec quae magnanimum nodosae robore clavae
> Instruit Alciden, nullum nomenque decusque
> Conciliat sterili Pisandria musa Camiro.[145]

Es ist den Kommentatoren der Sylva nicht gelungen, eine befriedigende Quelle für das Bild der Übergabe der Keule an Herkules zu finden. Köls Hinweis[146] auf ein Epigramm des Theokrit (Nr. XXII in neueren Ausgaben) ist nur insofern hilfreich, als Pisander dort als erster Dichter einer *Heracleis* figuriert. Die Anspielung auf die Geste selbst geht offenbar auf einen Text des Jahres 1481 zurück: die

---

soweit, durfte ich, empfohlen durch verschiedene Auszeichnungen, das verantwortungsvolle Amt eines kaiserlichen Erziehers antreten: Der goldene Palast war mir unterstellt worden.
Nemesis möge mir fern bleiben, Fortuna den Scherzenden ertragen: Ich war es, der dem Reich in der Zeit vorstand, da der Kaiser - in Purpur thronend, das Zepter in der Hand - die Rechte seines Lehrers über die eigenen stellte und ihm höhere Ehren zubilligte als sich selbst. Und als er die Mannesreife erreicht hatte, mehrte er mein Ansehen nochmals erheblich. So wurde ich von insgesamt zwei Kaisern - Vater und Sohn - zum Quaestor ernannt, war jeweils zweimal Präfekt und Magistrat, durfte als Konsul zum Lohn für meine Leistungen die Ritter- und die Triumphatorentoga tragen und galt dank meines Auftretens bei den Gerichtstagen als herausragender Würdenträger. Durch all dies suchte ich, Konsul und zugleich dein Großvater, dir, meinem Enkel, den größtmöglichen Gefallen zu tun: Deinem Leben weise ich als leuchtendes Vorbild den Weg."

144 "Solange ich Aussehen, Geisteskraft und Empfinden eines jungen Mannes hatte, war ich ein auf der ganzen Welt berühmter Redner. Oft schuf ich als Dichter liebliche Lügengebilde und verdankte dem Erfundenen wahrhaftige Ruhmestitel; oft empfing ich am Ende eines Redewettkampfs den Siegeskranz und verdiente mir so den erwünschten Lohn für meine Sprachkunst."

145 "Die Muse Pisanders, die Herakles die knorrige Keule in die Hand gab, dürfte dem unfruchtbaren Kamyros Rang und Namen verleihen."

146 Zitiert bei DEL LUNGO, *ad versus*.

Orazione dedicatoria, die Cristoforo Landino anläßlich der Übergabe seines *Commento dantesco* an die Florentiner *Signoria* hielt. Mit einem geistreichen Bild, das er in das Ende seiner kurzen Rede einflocht, suchte Landino zu unterstreichen, wie unverdient ihm die Ehre zukomme, sein Werk dem hohen Gremium überreichen zu dürfen:

> Conosco questa mia maza non esser degna delle mani d'Ercole, né ancora questo mio dono esser dalla parte mia degno di venire nel cospetto di tanta Signoria. Ma la materia di che si tratta e el poeta el quale ho interpretato gli porgerà quella maestà che le mie deboli forze non gl'hanno potuto porgere, e vostre illustrissime Signorie con lieta fronte ricevendolo, l'accetteranno attendendo non quanto abbi potuto fare ma quanto abbi voluto.[147]

12.) Aristophanes erhält in *Nutr.* 682f. die folgende, prägnante Charakterisierung:

> Quique leves nebulas actaeae effuderat urbi,
> Salsus Aristophanes[148]

Quelle des Passus ist Seneca, *De vita beata* XXVII 2. Dort setzt sich Sokrates gegen die Attacken seiner Feinde zur Wehr:

> Praebui ego aliquando Aristophani materiam iocorum, tota illa comicorum poetarum manus in me venenatos *sales suos effudit*[149]: illustrata est virtus mea per ea ipsa per quae petebatur; produci enim illi et temptari expedit, nec ulli magis intelligunt quanta sit quam qui vires eius lacessendo senserunt: duritia silicis nullis magis quam ferientibus nota est.[150]

---

[147] *Ed.* CARDINI, I, S. 173.

[148] "[Füge noch den hinzu], der leichte Wolken über Athen ausgestreut hatte: den witzigen Aristophanes."

[149] Für die Versklausel "effuderat urbi" vgl. aber auch Ausonius, *Ordo urbium nobilium* 18,7f.: "Quae [*sc.* Tolosa] modo quadruplices ex se cum *effuderit urbes* / non ulla exhaustae sentit dispendia plebis".

[150] "Ich habe dem Aristophanes einst Stoff für Scherze geboten; die ganze Schar der komischen Dichter hat über mich ihren giftigen Spott ausgegossen: Ins Licht ist meine Tugend durch eben die Dinge gerückt worden, durch die sie angegriffen wurde; denn vorgeführt und angegriffen zu werden nützt ihr, und niemand erkennt eher, wie groß sie ist, als die, die ihre Kräfte herausgefordert und gespürt haben: Die Härte des Granit ist niemandem besser bekannt als denen, die auf ihn einschlagen." (Übersetzung: F.-H. Mutschler).

13.) Die Eröffnung des Hesiod-Porträts, deren Aussage auf einem Urteil Quintilians beruht ("datur ei palma in illo medio genere dicendi"[151]), ist nach dem Exordium der *Ode* II 10 des Horaz gestaltet. Die berühmte Vorlage lautet:

Rectius vives, Licini, neque altum
semper urgendo neque, dum procellas
cautus horrescis, nimium premendo
    litus iniquum.
Auream quisquis mediocritatem
diligit, tutus caret obsoleti
sordibus tecti, caret invidenda
    sobrius aula. (vv. 1-8[152])

Erst das Aufgreifen des scheinbar banalsten Ingrediens dieser Zeilen, des doppelten *neque*, offenbart deren *imitatio* in *Nutr.* 377-81 (ansonsten ganz vom Ikarus-Mythos bestimmt):

At tibi, daedaleos monitus, heliconie vates,
Qui sequeris, *neque* ventosis in nubibus alas
Expandis *neque* serpis humi sed praepete lapsu
Ceu *medium* confine teris, quo carmine dignas
Addiderim, tandem, quove ore aut pectore laudes?[153]

14.) Der Auftakt der ausführlichen Pindar-Vita, "Aerios procul in tractus et nubila supra / Pindarus it, dircaeus olor" (*Nutr.* 588f.), verrät nicht nur die Rezeption von Horaz, *Oden* IV 2,25ff. ("Multa Dircaeum levat aura cycnum, / tendit, Antoni, quotiens in altos / nubium tractus")[154], sondern, wegen "nubila *supra*", wohl auch von dessen vermutlicher Quelle, *Nemeica* IV 37f., "σφόδρα δόξομεν / δαΐων ὑπέρτεροι ἐν φάει καταβαίνειν"[155].

[151] *Inst. orat.* X 1,90 (Del Lungo).
[152] "Glücklicher lebst du, Licin, wenn du nicht / immer das hohe Meer befährest, nicht immer, / dem Sturm erbebend, ans treulose Ufer / scheu dich hindrängst. // Wer den goldenen Mittelstand / liebgewann, der lebt sicher, fern vom Schmutz / der verfallenen Hütte, fern vom beneideten / Palaste." (Übersetzung: C. F. K. Herzlieb).
[153] "Doch dich, Dichter vom Helikon, der du die kunstreichen Mahnungen [der Musen] befolgst und deine Flügel weder hoch oben in stürmischen Regenwolken ausbreitest noch am Boden herumkriechst, sondern auf mittlerer Bahn schnell dahingleitest - mit welchen Versen könnte ich deinen Ruhm noch mehren, mit welcher Äußerung des Mundes und Wallung des Herzens?"
[154] Del Lungo, *ad locum.*
[155] "Entschieden werden wir / das Ansehen haben, über die Feinde hinzuschreiten oben im Licht" (Übersetzung: D. Bremer).

Pindar als Lichtgestalt - eine Vorstellung, die auch das Attribut "aerios" zu "tractus" unterstreicht. Martianus Capella gebrauchte die Junktur, als er von der Verwandlung Apolls in die Sonne handelte:

> T*ractus aerios* iam Phoebus ex*ierat*, cum subito ei vitta crinalis immutatur in radios, laurusque, quam dextera retinebat, in lampadem mundani splendoris accenditur (*De nuptiis Philolgiae et Mercurii* I 29[156])

15.) In *Nutr.* 556f. lockt Calpurnius den Tityros aus dem Schattenreich hervor - eine elegante Umschreibung der Vergil-*Imitatio* des lateinischen Bukolikers. Die Idee dazu dürfte Poliziano dem *Epitaphios Bionos* verdanken, in dem sich der griechische Hirtendichter Moschos orphische Sangeskräfte wünschte (vv. 115-26), um den verstorbenen Kollegen ins Leben zurückzurufen.

Silius Italicus erzählt von einem sizilischen Krieger namens Daphnis, dessen gleichnamiger Urahn der Erfinder der bukolischen Lyrik gewesen sei. Der Nachfahre indes habe das angestammte Metier seiner Sippe verlassen:

> Hos inter Daphnis, deductum ab origine nomen
> antiqua, fuit infelix, cui linquere saltus
> et mutare casas *infi*do marmore visum.
> At princeps generis quanto maiora paravit
> intra pastorem sibi nomina! Daphnin amarunt
> Sicelides Musae; dexter donavit *avena*
> Phoebus Castalia et iussit, proiectus in herba
> si quando caneret, laetos per prata, per arva
> ad Daphnin properare greges rivosque silere. (*Punica* XIV 463ff.[157])

Poliziano läßt in *Nutr.* 555, "[Quid dicam?] Ut patrias Moschus non *infi*cietur *avenas*", Elemente aus den zitierten Versen widerhallen, um Moschus zum Gegenbild des jüngeren Daphnis zu stilisieren. Zwar ist nur von Theokrit ein

156 "Phoebus hatte sich bereits ins Luftreich hinausbegeben, als sich sein Haarreif plötzlich in Strahlen verwandelte, und der Lorbeer, den er in der Rechten hielt, zu einem flammenden, den Kosmos erhellenden Lichtstrahl wurde."

157 "Glücklos bei ihnen war Daphnis. Er führte den uralten Namen / seiner Sippe. Besser erschien ihm, den Wald zu verlassen / und seine Hütte mit dem treulosen Meer zu vertauschen. / Doch der erste des Stammes, um wieviel größeren Namen / hat er sich unter den Hirten verschafft! Siziliens Musen / liebten den Daphnis, und gewogen beschenkte ihn Phöbus / mit der kastalischen Flöte und ließ auch, wenn er im Grase / hingestreckt lag und spielte, von Wiesen und Feldern die Herden / fröhlich zu Daphnis eilen und gar auch die Bäche verstummen." (Übersetzung: H. Rupprecht).

Bekenntnis zu seiner Heimat überliefert[158], für Poliziano stellte dies jedoch kein Problem dar: Er konnte mit gewissen Interpreten, von denen antike Scholien sprechen, "Theokrit" als Ehrennamen auffassen, den Moschus im Lauf seines Lebens erhalten hatte[159].

Das Adjektiv "patrias" zu "avenas" in *Nutr.* 555 ist geschickt gewählt: Es hebt die Verbundenheit von Moschus-Theokrit zu seiner *Heimat* hervor und spielt zugleich implizit auf das Herausfallen des jüngeren Daphnis aus den Traditionen seiner *Vorväter* an.

16.) Das Urteil, das die *Nutricia* über die lateinischen Komödiendichter fällen, weicht wenig von der negativen Einschätzung Quintilians (*Inst. orat.* X 1,99f.) ab. Glücklich erschien schon Isidoro Del Lungo der Einfall Polizianos, statt des Redelehrers die Göttin Venus als *arbitra elegantiae* über die Komödie einzusetzen; "alma Venus" (v. 696), die Mutter des Aeneas, die Urmutter aller Römer. Ihre Reaktionen sind natürlich patriotisch gefärbt: Bei den Stücken des Caecilius, Terenz und Plautus[160], die zur griechisch orientierten *comoedia palliata* gehören, ergreift sie die Flucht, die *togatae* des Afranius[161] hingegen läßt sie sich gefallen. Allerdings nur manchmal. Offenbar stößt sie sich - wie Quintilian - an der Vorliebe des Autors für päderastische Szenen.

Zwei Beobachtungen seien noch erlaubt:

a) *Nutr.* 695ff., "scaenam [...] ipsa suorum / *Aeneadum* fugit *alma Venus*, tantumque togatis / interdum Afrani grato se indulget honore", rezipiert natürlich Lukrez, *De rerum natura* I 1f., "*Aeneadum* genetrix, hominum divomque voluptas, / *Alma Venus*".

---

158 Theokrit, *Idyll* XXV (Del Lungo).

159 Bausi 1994, S. 178-83, erhebt Einwände gegen eine Identifikation beider Dichter durch Poliziano. Sein Hauptargument: Jene elf Worte der *Theokrit-Scholien*, die darüber unterrichten, daß einige Gelehrte Moschus und Theokrit zu ein und derselben Person erklärt hätten, fehlten in den Exzerpten, die der Humanist für seine Bukolik-Vorlesung des Jahres 1482-83 in sein Handexemplar der *Idyllen* übertrug. Aus der Version, die man dort lesen könne, gehe somit nur hervor, daß Theokrit nicht der ursprüngliche Name des Dichters gewesen sei. Handelt es sich aber wirklich um eine - von keiner der auf uns gekommenen Handschriften der *Scholien* geteilte - Lücke in der Vorlage? Liegt nicht vielmehr eine willentliche Auslassung Polizianos vor, der, wie Bausi selbst informiert, beide Dichter vor den *Nutricia* mit Servius und dem *Suidas*-Lexikon strikt voneinander zu unterscheiden pflegte? Was spricht dagegen, daß er in der Sylva erstmals eine andere Meinung vertrat? - Unstreitig ist jedenfalls dies: Bausi eliminiert die einzig plausible Erklärung dafür, daß Poliziano für sein *Moschus*-Porträt auf ein Selbstzeugnis *Theokrits* zurückgriff.

160 Für ihre Periphrasen verweist Del Lungo auf Horaz, *Epistolae* II 1,55-61.

161 Vgl. *ibid.*, v. 57 mit "Afrani" (abhängig von "toga") an gleicher metrischer Stelle.

b) Poliziano ersann die Reaktion "seiner" Venus mit Hilfe einer Anweisung des Crassus aus Ciceros *De Oratore*:

> cum sit quaedam certa vox Romani generis urbisque propria, in qua nihil offendi, nihil displicere, nihil animadverti possit, nihil sonare aut olere peregrinum, hanc sequamur neque solum *rusticam asperitatem*, sed etiam peregrinam insolentiam *fugere* discamus. (III 44[162])

Pikant ist, daß die Venus der Sylva u. a. vor Plautus davonläuft. Sein Stil war von Crassus gleich im Anschluß an die zitierte Stelle als vorbildlich, weil "non asper" und "non rusticus", gepriesen worden; laut *Nutr.* 694f. gefällt er hingegen nur den bäurisch-ungebildeten Musen ("Camoenis / [...] opicis"). Poliziano stuft Quintilians Urteil mithin eindeutig höher ein als das Lob der *romanitas*, das Cicero *sub specie Crassi* anstimmte[163].

---

[162] "Da es nun also einen ganz bestimmten, für den Stamm der Römer charakteristischen Akzent gibt, mit dem man keinen Anstoß, kein Mißfallen und keine kritische Aufmerksamkeit erregen kann, an dem nichts fremd klingt oder riecht, so wollen wir uns an ihn halten und lernen, nicht nur ungeschlachte Grobheit, sondern auch fremdartige Neuheit zu meiden." (Übersetzung: H. Merklin).

[163] Weitere Ergänzungen zu Del Lungos Kommentar:

- *Nutr.* 11, "Annua cinctutos nudabant festa lupercos", ist außer durch Ovid, *Fasten* V 101, "Semicaper, coleris *cinctutis*, Faune, *Lupercis*" (Del Lungo), auch durch *id.*, *Fasten* II 267, "Tertia post Idus *nudos* aurora *Lupercos*", und Vergil, *Aeneis* VIII 663, "Hic exultantis Salios *nudos*que *Lupercos*", begünstigt.
- In *Nutr.* 34ff., "Intulerat terris nuper mundoque recenti / Cura dei sanctum hoc animal, quod in aethera ferret / Sublimes oculos", stößt man auf Anklänge an Ovid, *Met.* I 76f., "*Sanctius* his [*sc.* animalibus] *animal* mentisque capacius altae / deerat adhuc", und *Met.* I 8,85f., "os homini *sublime* dedit [*sc.* opifex rerum] caelumque videre / iussit", sowie an Silius Italicus, *Punica* XV 84f., "Nonne vides, hominum ut celsos ad sidera vultus / sus*tulerit de*us ac *sublimia* finxerit ora".
- Für den Versschluß "rationis egentes" (*Nutr.* 66) vgl. Ovid, *Met.* XV 147-51, "iuvat ire per alta / astra [...] / [...] / palantesque homines passim et *rationis egentes* / despectare". Es spricht Pythagoras.
- Ein Vorläufer für *Nutr.* 102, "Moenia succinctus populis descripsit arator" ist Lukan, *Pharsalia* VII 430, "Sarmaticumque premat *succinctus* consul *arat*rum", ein anderer Ovid, *Fasten* IV 819, "Apta dies legitur, qua *moenia* signet *arat*ro [*sc.* Romulus]".
- Für *Nutr.* 132-38 ist außer an Hesiod, *Theogonie* 36-43 (Köl bei Del Lungo), v. a. auch an den Anfang der ersten *Pythischen Ode* Pindars zu denken.
- Um das Eindringen des Furor in die Herzen der Dichter zu verdeutlichen, stellt Poliziano Vergleiche mit dem Phänomen der Spiegelung (aufgefaßt als Durchgang eines Gegenstandes durch eine Glasscheibe, bei dem letztere "unversehrt" bleibt) sowie mit der Entflammung von Wasser durch gebündeltes Sonnenlicht an. Das Material hierzu stammt aus Lukrez und Vergil: "[...] speculo *in speculum translucet imago*" (*De rerum natura* IV 308) + "cum caerula nubes / *Solis inardescit radi*is" (*Aeneis* VIII 622f.) > "Nam ceu tralucet imago / Sideris in speculum, ceu puro condita vitro / Solis inardescit radio vis limpida fontis; / Sic nitidos vatum [...] / Informant flammantque animos modulamina coeli." (*Nutr.* 158-62).
- "Tum Iuppiter ipse / Fatidico movit cantu dodonida quercum" (*Nutr.* 209) nimmt nicht Claudian, *Epithalamium in Honorium* III 117 (Del Lungo) wieder auf, sondern Seneca, *Hercules Oetaeus* 1473f., "*quercus* hanc sortem mihi / *fatidica* quondam dederat", Val. Flaccus, *Argonautica* I 302f.,

"*Dodonida quercum* / Chaoniique vides famulam Iovis", und Silius Italicus, *Punica* III 680, "[Columba Iovis] implet *fatidico Dodonida* murmure *quercum*".
- Das Epitheton "noctivagu*s*" für "Faunu*s*" (*Nutr.* 217) ist mit Blick auf Lukrez, *De rerum natura* IV 580-83 gewählt, wo von Orten die Rede ist, an denen angeblich Faune leben, die "*noctivago* strepitu" den Schlaf der Anwohner stören.
- Quelle für *Nutr.* 235, "Quid te [sc. loquar], cui volucrum linguae patuere, Melampu?", ist inhaltlich v. a. Apollodor, *Bibliotheca* I ix 11, verpflichtet, materiell hingegen Vergil, *Aeneis* X 176f., "caeli *cui* sidera *parent* / et *linguae volucrum* et praesagi fulminis ignes", einem Relativsatz, der der die Gaben des Asilas, eines anderen Deuters göttlicher Zeichen, benennt; vgl. aber auch Manilius, *Astronomicon* I 91, "ne vulgata canam, *lingua*s didic*ere volucrum*". Die Vokativform "Melampu" ziert das Ende zweier Verse der *Thebais* (III 546 und 573).
- Für die Sängerliste in *Nutr.* 235-42 diente nicht nur *De divinatione* II 13 (Del Lungo) als Vorbild, sondern ebenso das Kapitel II 7 aus der Schrift *De natura deorum*. Dort fehlen zwar, vergleicht man mit der ersten Cicero-Stelle, Polyidos und Melampos in der Reihe der weissagenden *vates*, es erscheint aber zusätzlich Teiresias, auf den *Nutr.* 236f. anspielt.
- Zarathustra, "qui magica fera murmura lingua / Ingemina*t*" (*Nutr.* 242f.), wird via lexikalischer Anleihe in die Nähe der "Baniurae cruda iuventus" gerückt, die im Epos des Silius Italicus ein schaurig-wildes Geschrei erhebt: "miscebant avidi trucibus *fera murmura lingu*is" (*Punica* III 305). Die Klausel "-que bidental" (*Nutr.* 244) stammt aus Persius, *Satiren* II 27. Daß Poliziano die jüdischen Sänger auf Zarathustra folgen läßt, könnte an Diogenes Laertios, *Leben und Meinungen berühmter Philosophen* I 9 liegen. Dort wird berichtet, daß manche Fachleute neben den Gymnosophisten auch die Juden für Nachkommen der [*sc.* persischen] Magier hielten.
- Die Geschichte des Sängers Arion, auf die *Nutr.* 328 anspielt, steht bei zahllosen Autoren, doch zeichnet sich die Periphrase "Jam methymnaeum vatem delphine revectum" durch eine besondere Nähe zu "fanum *Methymnaei* Arionis, quem *delphine* eo ad*vectum* imago testis est aerea" (Solinus 7) aus.
- *Nutr.* 354, "[Antimachus et Statius], qui septem cadmaea vocent ad moenia reges", scheint Statius, *Thebais* XII 635f., "Isset et Arctoas *Cadmea ad moenia* ducens / Hippolyte turmas", nachempfunden.
- "Crescimus, inque aliam *mutantes corpora formam*" (Paulinus, *Carmina* XV 18) > Adde novis mutantem corpora formis / Parthenium" (*Nutr.* 407f.): Von der christlichen Transfiguration zu mythischen Metamorphosen!
- *Nutr.* 408f., "[Adde] pictique notantem lumina mundi, / Namque hoc praecipue se carmine jactat, Aratum", verarbeitet zwei Quellen: a) "Nunc tria miremur tex*entem* Fata Platonem, / Aut *Arati* numeros, aut *picta* Manethonis astra?" (Paulinus, *Poemata* XXII 124f.; die Antwort des Bischofs fällt negativ aus); b) "Postremo quicumque universum stellarum numerum conprehendisse et conscripsisse *iactantur*, sicut *Aratus* vel Eudoxus vel si qui alii sunt, eos libri huius contemnit auctoritas" (Augustinus, *De civitate Dei* XVI 23). - Cicero nennt in *De Oratore* I 16 Arat und Nikander als Beispiele zweier Dichter, die von Haus aus den Gegenständen ihrer Hauptwerke fernstanden und sie dennoch hervorragend beschrieben. Wohl deshalb sind beide in den *Nutricia* nacheinander verzeichnet.
- *Nutr.* 520, "Post hunc [*sc.* Lucanum] sidoniae damnat periuria gentis [Silius]", ist unter Verwendung von Silius, *Punica* II 655f., "[Urbs] ruit inter *per*fida *gentis* / *Sidoniae* tela atque immania facta suorum", gestaltet.
- Für die Schlußformel des Katalogs der antiken Dichter (*Nutr.* 715-19) gibt es zahlreiche antike Vorbilder, im lateinischen Bereich u. a. Vergil, *Aeneis* VI 625-27; Ovid, *Metamorphosen* VIII 533-35; Statius, *Thebais* XI 797-99; Silius, *Punica* IV 525-28.

7.8. Die *aemulatio* Petrarcas in den *Nutricia*

Nach dem Ende des antiken Teils springen die *Nutricia* direkt in die frühe Glanzzeit der florentinischen Kultur (vv. 720-27[164]). Zu den *Tre corone* gesellen sie Guido Cavalcanti, der schon im Begleitbrief zur *Raccolta Aragonese* aus dem Jahre 1477 als "sottilissimo dialettico e filosofo del suo secolo prestantissimo"[165] gefeiert worden war. Einträchtig bilden die Vier den Vorspann zum großen Lob Lorenzo de' Medicis (vv. 728ff.)[166]. Abschließend wünscht sich Poliziano gar, von Lorenzos wenig begabtem Sohn Piero poetisch übertroffen zu werden[167]. Der Leitgedanke des Agon wird gleichsam auf den Kopf gestellt. Lehrer und Schüler figurieren als Bergsteiger. Der Gipfel, den sie zu erklimmen streben, ist - in Antithese zu Petrarcas berühmter Ventoux-Epistel (*Fam.* IV 1) - nicht der der moralischen Vervollkommnung, sondern der des irdischen Ruhms.

Dem aufstrebenden Gelehrten Tommaso Caloria, der sich durch Konkurrenten bedrängt fühlte, hatte Petrarca ins Stammbuch geschrieben: "Nemo enim se anteiri ab uno vel a paucis egre fert, nisi qui glorie principatum pertinaci sibi mente

---

[164] Berühmt sind die Dante gewidmeten Verse: "Nec tamen Aligerum fraudarim hoc munere Dantem, / Per styga per stellas mediique per ardua montis, / Pulchra Beatricis sub virginis ora, volantem" (*Nutr.* 720ff.). Die ungewöhnliche Latinisierung von Alighieri in *Aliger*, 'Flügelträger' steht im Einklang mit "volantem", 'fliegend'. Das Wortspiel kann durch Lukan, *Pharsalia* IX 684, beflügelt worden sein, wo Perseus, das Haupt der Medusa bei sich tragend, gen Himmel strebt: "*Aliger* in caelum sic rapta Gorgone fugit".

[165] *Prosatori volgari del Quattrocento, ed.* VARESE, S. 988.

[166] Die Verse 721-27 der *Nutricia* variieren ein Epigramm Domenico Silvestris (*ed.* JENSEN 1973, Nr. I). Vgl. ferner:
a) Silvestris Einzelepigramme zu den *Tre Corone*, Zanobi da Strada und Salutati, die zumindest teilweise als Unterschriften für gemalte Porträts bestimmt waren (*ibid.*, Nr. II-VIII).
b) Frühere Kompositionen des gleichen Typs aus der Feder Salutatis, von denen noch die Rede sein wird.
c) Kataloge Landinos aus *Xandra* III 7 (vv. 199ff.) und *Xandra* III 17 (vv. 23ff.), jeweils mit Dante, Petrarca, Boccaccio, Bruni und Marsuppini, ergänzt durch Claudian bzw. Salutati.

[167] Vorbild für diese Idee waren wohl Briefe Petrarcas:
- In *Fam.* XXIV 12 schrieb Petrarca an Homer, "primi semper certum loci", er freue sich über alle Nachahmer, insbesondere über die, die ihn, Francesco, überträfen: "Ego mecum bene gloriose feliciter agi credam, si ex amicis - nemo enim nisi amet imitabitur - multos michi pares, aliquantoque felicius si superiores aspexero, quique ex imitatoribus sint victores. Si enim genitor carnis filium se maiorem cupit, quid optare debeat pater ingenii?" (§16f.).
- In *Sen.* XIII 5 wird Antonio, der Sohn des Grammatikers Donato Albanzani, ermuntert, seinen Vater auf dem Gebiet der Gelehrsamkeit zu überholen: "Vinci enim a te cupit". Petrarca hatte den Lobpreis seines Schülers durch die Formel "nisi me amor fallit" eingeschränkt. Poliziano amplifiziert diesen Einschub merklich: "Ni blanda meum lactant praesagia sensum, / Ni pietas ni longus amor ni vana magistros / Aura suo nimios jubet indulgere favores / Quemque operi, ni me tacita experientia fallit" (*Nutr.* 776-79).

constituit."[168] Exakt dieses Ziel hatte Poliziano ungeachtet aller pflichtschuldigen Bekundungen des Gegenteils stets vor Augen. Von den *Tre Corone* sah er dabei Petrarca als den Maßstab an, den es zu überwinden galt. Zweifellos forderte ihn das von Bruni, Giannozzo Manetti und Sicco Polenton aufgegriffene Urteil Boccaccios[169] heraus, wonach Petrarca der erste "komplette" Schriftsteller war, der erste, der die Vorzüge Vergils und Ciceros miteinander vereint hatte[170].
Für die *Nutricia* gilt die Vorläuferschaft Petrarcas in besonderem Maße. Sein *Bucolicum Carmen* X, *Laurea occidens*, war der einzige Versuch einer *Dichter*geschichte *in Versen* vor Polizianos Sylva[171]. Die "ideologischen" Kontraste zwischen beiden Werken sind, wie Peter Godman gezeigt hat[172], beträchtlich: Der Vorstellung einer harmonischen *sodalitas* unter den *vates*, wie sie aus Petrarcas Ekloge spricht, setzt Poliziano Streitereien zwischen einander eifersüchtig beäugenden Verskünstlern entgegen; aus der mystischen *obscuritas*, in die das *Carmen* des Vorläufers getaucht ist, macht er ein gelehrtes Spiel. Gemeinsamkeiten auch nur lexikalischer Art zwischen beiden Texten zu finden, fällt auch dem geschulten Auge schwer. Poliziano schrieb die *Nutricia* dennoch in eindeutiger *aemulatio* Petrarcas[173]. Die Sylva prunkt mit Quellen, die Francesco nicht kannte: Der Dichterkatalog aus *Institutio oratoria* X ist das augenfälligste lateinische Beispiel[174], hinzu kommen sämtliche griechische Materialien.

---

168 *Fam.* I 2, §24.

169 Vgl. *Epist.* VII (an Petrarca): "Quis te igitur [...] alio aspectu aut devotione seu magis veneratione respexerit, quam si Maronis spiritus, aut Ciceronis eloquentia mortales iterum artus indueret?" (*ed.* AUZZAS in *Tutte le opere*, V.1, S. 552).

170 Bruni, *Le vite di Dante e di Petrarca*, in: *ed.* BARON 1928, S. 67; Manetti, *Dantis Petrarchae ac Boccaccii vitae*, *ed.* MEHUS, S. 84; Sicco Polenton, *Scriptorum illustrium libri*, *ed.* ULLMAN, S. 139 (betont zusätzlich die extreme, angeblich alle Gattungen umfassende *varietas* im Schaffen Petrarcas).

171 In weiterem Sinne Vorläufer der *Nutricia* sind:
- Petrarcas *Triumphi* (insbesondere die beiden Fassungen des dritten *Triumphus Fame*).
- Ugolino Verinos *Paradysus* (mit einem Dichterkatalog, in den Urteile Quintilians einflossen, sowie, getrennt davon, Auflistungen von "theologi prisci" und Propheten; *Laur. Plut.* 26,21, f. 23vff., f. 25vff.).
- Ein *Carmen* desselben Autors (II 45, *Ad Andream Alamannum de laudibus poetarum et de felicitate sui saeculi*), in dem der politische Nutzen der Gesänge der Dichter Euripides, Pindar, Solon, Tyrtaios, Alkaios und Vergil gefeiert wird sowie - in Anlehnung an Lukan, *Pharsalia* IX 980ff. - die historisch-enkomiastischen Aufgaben der *vates* im allgemeinen. Die Verse 53-62 des Gedichts stellen vielleicht die erste metrische Beschreibung der Furor-Theorie aus der Zeit der Renaissance dar.

172 GODMAN 1993, S. 191ff.

173 Godman spricht treffend von einem "characteristic spirit of tacit rivalry" (*ibid.*, S. 192).

174 In Petrarcas Quintiliankodex, dem *Parisinus Latinus* 7720, fehlte bekanntlich u. a. Buch X 1 des Werkes (vgl. DE NOLHAC 1907, II, S. 87f.).

Wörtliche Entlehnungen aus der *Laurea occidens*, gleichbedeutend mit dem Eingeständnis einer Bringschuld gegenüber ihrem Autor, mied Poliziano weitestgehend. Eine der wenigen Ausnahmen werden wir in Kürze unter die Lupe nehmen. Durch ihre besondere Natur gefährdete sie nicht den Originalitätsanspruch der *Nutricia*, sondern war im Gegenteil dazu angetan, Kennern von Petrarcas Ekloge in perfider Manier zu suggerieren, daß er, Angelo, von ihr nicht im mindesten habe profitieren können; woraus dann wohl der Schluß gezogen werden sollte, man könne die *Laurea occidens* in Zukunft getrost vernachlässigen. Wer die Dichtung des Konkurrenten hingegen nie gelesen hatte, sollte sie erst gar nicht zur Hand nehmen: Der Petrarca gewidmete Vers 723 der *Nutricia* erwähnt das *Bucolicum Carmen* gerade deshalb nicht, *weil* Poliziano es kannte. Statt eine originelle Tat Petrarcas, wie sie das Werk zweifellos darstellte, zu würdigen, läßt ihn die Sylva als Plagiator erscheinen[175].

Zum angesprochenen Echo: Petrarca hatte die Heimat des Statius, des Dichters der *Thebais* und der *Sylvae*, in die Narbonensis verlegt. Er war damit einem Irrtum Dantes gefolgt, der das Œuvre des Neapolitaners einem gallischen Autor gleichen Namens zugeschrieben hatte. Poliziano stellt den Fehler im *Commento* unter Hinweis auf seinen Urheber richtig:

> Florentinus Dantes, poeta alioqui excellentissimus, et Tolosanum hunc prodidit et Christianum. Nam et in patriae ratione rhetoris ipsius nomine deceptus est, et ad relligionem Christianam ipsi applicandam versiculo, ut arbitror, quodam ex Thebaide Statii adductus est [...] (S. 7f.[176])

Petrarcas Pilger Silvanus besucht Statius auf dem Weg von Bordeaux nach Mantua, nach der Begegnung mit Ausonius und vor dem Wiedersehen mit Vergil:

> *Urbanior* inde
> unus, aquis ubi *fessus Atax* languentibus exit,
> occupat eloquio; notus procul ille Larisse,

[175] "Quique cupidineum repetit Petrarcha triumphum": Das Verb soll den Leser an mechanische Nachahmung denken lassen. Zwei ältere Kommentatoren, Salvini und Köl (zit. bei DEL LUNGO), haben bei Laktanz eine Anspielung auf einen antiken *Triumphus Cupidinis* ausfindig gemacht.

[176] "Der Florentiner Dante, ein ansonsten überragender Dichter, erklärte Statius zum Bürger von Toulouse und zum Christen. In der Heimatfrage ließ er sich von einem Redner jenes Namens täuschen, bei der Religionszuordnung meiner Meinung nach von einem Vers der *Thebais* leiten [...]."

notus apud Thebas. Sedenim tiberina *latine*
docti omnes[177] per rura loqui; tuque, *inclita Narbo*,
carmina piscoso referens accepta Benaco. (*Buc. Carm.* X 341-46[178])

Für unsere jetzige Betrachtung von Belang ist Petrarcas Behauptung, daß ein Aufenthalt in der *Urbs* einem Dichter von der Aude zu Glanz im Umgang mit der lateinischen Sprache verhalf. Poliziano ging darauf in der Beschreibung eines Autors ein, der nach seinen Recherchen tatsächlich von dort stammte: Die Rede ist von Publius Terentius Varro, dessen Produktion Petrarca zeitlebens nicht korrekt von der des großen Gelehrten Marcus Terentius Varro schied[179]. Gelegenheit für Angelo, mit einem Schlag gleich zwei philologische Irrtümer seines Vorläufers auszuräumen. Lesen wir den Abschnitt, in dem dies geschieht, beginnend mit der Biographie des Apollonius Rhodius, dessen *Argonautica* Publius Varro nachdichtete:

Alter Alexandri nilotidas abnegat arces
Exosus natale solum, tumidamque colosso
Solis et irriguam pluvio Rhodon expetit auro.
Hujus in ausonio vestigia pulvere Varro
Pone legit; linguae haud opulens, ut *barbara Narbo*
Ut quem *parvus Atax latiae* transcripserat *urbi*. (*Nutr.* 365-70[180])

Die Ortsangaben aus Petrarcas Statius-Abschnitt werden exakt übernommen, "inclita Narbo", Analogon zu "inclyta Roma" (*Aeneis* VI 781), jedoch in "barbara Narbo" abgewandelt. Die kulturelle Kluft zwischen der Narbonensis, der *Provincia* schlechthin, und der *Urbs* zeichnen die *Nutricia* als so groß, daß sie die poetischen Möglichkeiten Varros trotz eines Studienaufenthalts in Rom noch in

---

177 "Omnes" sind Statius und die zuvor genannten Dichter aquitanischer bzw. iberischer Herkunft (u. a. Ausonius, Lukan, Martial), sämtlich mit "Rom-Erfahrung".

178 "Dann ergötzt mich dort, wo die Aude mit schwacher Strömung träge ins Meer mündet, ein anderer, noch feinerer Dichter mit seiner Rede. Bekannt ist er im fernen Larissa, bekannt in Theben. Aber all jene [Männer aus dem Westen des Reiches] lernten an den Ufern des Tiber, gewählt Latein zu sprechen. Und du, berühmtes Narbonne, entrichtest dem fischreichen Gardasee willkommene Gesänge."

179 Vgl. Petrarca, *Laurea occidens*, *ed.* MARTELLOTTI, S. 70f. In vv. 240-42 der Ekloge wird der Universalgelehrte vorgestellt. Seine Präsenz in der Dichtergeschichte ist dadurch zu erklären, daß Petrarca ihm fälschlich das Argonauten-Epos zuschlug.

180 "Ein anderer [*sc.* Apollonios] verleugnete aus Abneigung gegen die Nilfestung Alexandria den Ort seiner Geburt und strebte Rhodos zu, der durch den Koloß mit Stolz erfüllten, von flüssigem Gold beregneten Insel. Seine Spuren las Varro im italischen Sand auf, keineswegs reich an Sprachkraft, denn das barbarische Narbonne und die winzige Aude hatten ihn der Hauptstadt des Latium überstellt."

seinen reifen Tagen beeinträchtigt habe. Poliziano tut so, als hätte Petrarca schon aufgrund der peripheren Lage Narbonnes und des trägen Dahinfließens der Aude davon absehen müssen, den Ort zur Heimat eines Dichters zu erklären, dem er selbst (und völlig zu Recht) *urbanitas* und ein üppig sprudelndes *eloquium* bescheinigte.

Gleiche Ortsnamen in äußerst klein dimensionierten Abschnitten, die zudem jeweils von *urbanitas* und vom Transfer aus der Provinz nach Rom handeln: Diese Konstellation hat unseres Erachtens weit größere Aussagekraft für die These der Rezeption der *Laurea occidens* durch Poliziano als jeder Kodex des *Bucolicum Carmen*, der nicht von des *aemulus* Hand annotiert wäre[181].

Ähnlich dosiert, ähnlich polemisch gehen die *Nutricia* auf andere Schriften Petrarcas ein. So übernimmt v. 667 der Sylva, "Aeschylon aeriae casu testudinis ictus", nahezu wörtlich v. 139 der *Epystola* II 14, "Aeschylon ex alto missae testudinis ictu": Die Hommage ist zweideutig, da sie auf Petrarcas Unfähigkeit anspielt, die Trias der griechischen Tragiker zusammenstellen[182]. In der metrischen Epistel wäre es ihm durch Zufall fast gelungen, hätte sich nicht Homer zwischen Euripides und Aischylos einerseits und Sophokles andererseits gedrängt. Wie später in den *Nutricia* wurde im übrigen schon dort jedem der drei Dramatiker genau ein Vers zugestanden.

Mit Sicherheit polemisch gelesen wurde ferner die *Familiaris* XIII 6, wie eine zweifelsfreie Reminiszenz bezeugt, von der noch die Rede sein wird[183]. Petrarca beklagt sich darin über die ungeheure Vielzahl derjenigen, die sich den Titel *poeta* anmaßten, den doch nur die wenigsten beanspruchen könnten, z. B. er selbst, der stattdessen nun mit ausgewiesenen "nigromantici"[184] in einen Topf geworfen

---

181 Eventuell noch vorhandene Zweifel an Polizianos Kenntnis der Dichtergeschichte Petrarcas sollte der einzige Fall ausräumen, in dem *Laurea occidens* und *Nutricia* in Skizzen ein und desselben Dichters Entsprechungen aufweisen: "Ambigitur, riguine tener Sulmonis alumnus" (*Nutr.* 435) scheint, gleichsam lapsusbedingt, auf *Buc. Carm.* X 188, "alloquor. Inde alius gelid*i Sulmonis alumnus*", Bezug zu nehmen. Petrarcas Vers geht zurück auf Ovid, *Fasten* IV 81, "*Sulmonis* [sc. moenia] *gelidi*, patriae [...] nostrae", Polizianos Hexameter spiegelt neben dem des Vorläufers auch Ovid, *Amores* II 16,1f. wider, "Pars me Sulmo tenet Paeligni tertia ruris, / parva, sed ir*riguis* ora salubris aquis".

182 Vgl. *Laurea occidens*, *ed.* MARTELLOTTI, S. 48.

183 Auf eine andere, wahrscheinliche, wiesen wir bereits in Kap. 7.4. (Anm. 43) hin.

184 Vgl. *Fam.* XIII 6, §29. Die Mimen Decimus Laberius, Publilius Sirus und Sophron sind zwar auch in der *Laurea occidens* vertreten (*Buc. Carm.* X 270-72), gelten dort aber als untadelige *vates*. Petrarca hebt ausdrücklich hervor, daß Laberius, Angehöriger des Ritterstands, die Arena nur deshalb betrat, weil Caesar ihn dazu zwang; entsprechend habe er "plenus ire honeste" agiert. In den *Nutricia* ist von solchem Unwillen nicht die Rede. Sophron versüßt in der *Laurea occidens* die letzten Lebensstunden Platons. "Protervi" wie in *Nutr.* 699 wirken seine Darbietungen dort

werde. Die "incredibili*s* rarita*s*"[185] der *vates*, von der Francesco ausging, verkehrt die Sylva ins Gegenteil: *Nutr.* 715-19 bezeichnet es als unmöglich, sie alle zu nennen[186]. Mit dem Verzicht auf das Kriterium der Weisheit bergenden Erhabenheit, das in Petrarcas Augen wahre Dichtung distinguierte, ja, definierte, fiel die Schranke, die einer Ausdehnung der Anzahl ihrer Vertreter zuvor im Wege gestanden war[187].

---

nicht. "Quique illi fesso tandem et dormire paranti / ex levibus calamis pulvinar stravit amenum", heißt es stattdessen in *Buc. Carm.* X 145f., in schöner Umsetzung einer Angabe des Valerius Maximus (vgl. *ed.* MARTELLOTTI, S. 59).

[185] *Fam.* XIII 6, §35; Petrarca variiert Ausführungen des Crassus, der in Ciceros *De oratore* (I 6-11) von der extremen Seltenheit wahrer Redner sprach und behauptete, ihre Zahl werde selbst von den gleichfalls raren Dichtern weit übertroffen. Die Tatsache, daß Horaz den Titel *poeta* nur auf "ingenium cui sit, cui mens divinior atque os / magna sonaturum" (*Serm.* I 4,43f.) angewandt wissen wollte, mag Petrarca zum Transfer ermuntert haben.

[186] Die Antithese zur *Nutricia* fällt um so stärker aus, als Petrarca die *raritas* der Dichter u. a. in einem Satz behauptete, der von einem Vortrag über die späteren Themen der *Nutricia*, *Poetica* und *poetae*, berichtet: Er habe, schreibt Francesco, einen "magnum amicum" (*Fam.* XIII 6, §30) aus Avignon darauf hingewiesen, daß es weniger Dichter gebe, als er glaube, und "pauca strictim de poetice primordio, de viis ac termino et presertim de ipsa incredibili poetarum raritate" hinzugefügt (§35). Schon in der *Collatio laureationis* hatte Petrarca festgestellt: "Multa quidem adhuc de primordiis poesis et de generibus ac diversitatibus poetarum, et aliis circa hec cognitione pulcerrimis, dicenda restarent" (12,1). Auch diese von der *Laurea occidens* nicht vollends gefüllte Lücke suchte Poliziano zu schließen. Der *Ausonius Homerus* lieferte seinem Publikum in den *Nutricia* ferner, was Petrarca angeblich aus einem Schreiben des griechischen an seine Wenigkeit entnommen hatte: Notizen "de poetice ortu quam longissime repetito deque vetustissimis musarum cultoribus" (*Fam.* XXIV 12, §8).

[187] Exemplarisch hier der Gegensatz zu Petrarca, *Senilis* XII 2: "Poete [...] officium non est fingere, id est mentiri, quod quidam cogitant indocti, alioquin et vulgares Muse et nimis multi passim in triviis Poete essent, quorum certe rarissimum semper genus fuit, ita ut preter solos Oratores nullum rarius. Quid ergo? Officium eius est fingere, id est componere atque ornare et veritatem rerum vel mortalium vel naturalium vel quarumlibet aliarum artificiosis adumbrare coloribus, et velo amene fictionis obnubere, quo dimoto veritas elucescat, eo gratior inventu quo difficilior sit quaesitu. Enimvero - quis hoc nescit? - ab Homero ac Virgilio ante alios elegantissime factum esse." (*Opera*, S. 1001; vgl. *Collatio laureationis* 9,4). An dieser auf Laktanz (*Div. Inst.* I 2,24) gründenden Sichtweise hielten die florentinischen Neuplatoniker fest. Ficino schrieb in *De divino furore*: "Alii [...] vocum numeris variorumque sonis instrumentorum coelestem Musicen imitantur, quos certe leves ac pene vulgares musicos appellamus: nonnulli vero graviori quodam firmiorique iudicio, divinam ac coelestem harmoniam imitantes, intimae rationis sensum notionesque in versum, pedes ac numeros digerunt: hi vero sunt, qui divino afflati spiritu gravissima quaedam ac praeclarissima carmina ore, ut aiunt, rotundo prorsus effundunt. Hanc Plato graviorem musicam poesimque nominat, efficacissimam harmoniae coelestis imitatricem." (*Opera*, S. 614). Landino adaptierte diese Worte mehrfach, erstmals in der *Praefatio in Virgilio*, wo er die Erwähnung der wahren Dichter mit Ciceros Diktum "omnia praeclara rara" (*Laelius* 79) verband. Seine letzte Übernahme der zitierten Ausführungen Ficinos findet sich im *Proemio al Commento dantesco*: "Altri sono che si dilettano del concento della voce e degli strumenti musici, e questi sono vulgari e leggieri musici; altri, e' quali sono di più grave giudicio, con misurati versi esprimano gl'intimi sensi della mente loro, e questi sono quegli che concitati da divino spirito possono gravissimi e sentenziosissimi versi scrivere. E questa da Platone è detta poesia; la quale non solamente con la suavità della voce diletta gl'orecchi, come quella vulgare musica, ma, come

Mit dem gewaltsamen Tod des Orpheus und des Linus endet in den *Nutricia* die heile Welt der *vates*. Ein Vergleich der Verse, die die *Laurea Occidens* und die *Nutricia* den beiden Sängern und dem ihnen traditionell hinzugesellten Musäus widmen, zeigt tiefgreifende Unterschiede auf. Die mythische Trias, bei Poliziano zerrüttet, zeigte Petrarcas Ekloge unversehrt:

> quique, truces cantu solitus mulcere leones,
> iustitia et cithara insignis, venerabilis annis,
> incola silvarum primus, quem Trachia vidit,
> aeriam dulci Rodopen dum voce moveret,
> precipitem fidibus blandis dum sisteret Hebrum.
> Huic duo per montes auritaque rura canenti
> perpetui comites; dextre germanus inheret,
> filius at leve; tegit illum linea vestis,
> iste, sacer musis, plenum de fonte reposto
> atque pium cratera patri porgebat anelo. (*Buc. Carm.* X 147-56[188])

Quasi-Dreifaltigkeit: der Vater in der Mitte, der Sohn zur Rechten, zur Linken Musäus, *sacer* wie der Heilige Geist. Gemeinsam sorgen sie für Gerechtigkeit. *Iustitia* zählt nicht zum Vokabular der *Nutricia*. Petrarcas greiser Orpheus ist ein anderer als der grausam zerfleischte *iuvenis* jener Tradition, der sich Poliziano anschloß. Was Musäus betrifft, so bleibt sein Κρατὴρ ('Mischkrug') zwar auch in der Sylva eine durch *pietas* motivierte Gabe, schöpft aber nicht mehr aus einem geheimnisvollen Quell. Die Absage an die allegorisch-transzendentale Dimension der Poesie findet ihre stilistische Entsprechung im Verzicht auf *indicationes per aenigmata*[189]. Poliziano spielt zwar durchaus gern mit Namen: Naso etwa rümpft die Nase in *Nutr.* 449f., wofür der Dichterphilologe eigens eine Wendung des

dissi, alti e arcani e divini sensi discrive e di celeste ambrosia pasce la mente." (*ed.* CARDINI, I, S. 144). Zur Ficino-Rezeption Landinos vgl. *ibid.*, II, S. 24 und *passim*.

188 "Und einen [sah ich], der es gewohnt war, mit seinem Gesang wilde Löwen zu besänftigen, berühmt durch sein Saitenspiel und seinen Gerechtigkeitssinn, ehrwürdig durch sein Alter. Er war der erste Bewohner der Wälder. Thrakien sah ihn, als er das luftige Rhodope mit seiner Stimme in Bewegung setzte und mit sanften Klängen den herabstürzenden Hebrus zum Stillstand brachte. Bei seinen Gesängen hatte er zwei ständige Begleiter, im Gebirge wie auf den lauschenden Fluren. Stets zur Rechten geht ihm der Bruder, stets zur Linken der Sohn. Jener trägt ein linnenes Gewand; dieser, den Musen heilig, reicht seinem schnaufenden Vater einen ehrfurchtsvollen Mischkrug, gefüllt an entlegener Quelle."

189 Im zitierten Abschnitt der *Laurea Occidens* sind die Namen des Linus und des Musäus aus den *indicationes* "linea vestis" (v. 154) bzw. "sacer musis" (v. 155) zu erschließen (vgl. *ed.* MARTELLOTTI, S. 60). Petrarca hatte die *indicatio*, Technik allegorischer *obscuritas*, massiv für die Einbindung jener Dichter eingesetzt, die Ovid in *Ex Ponto* IV 16 aufgelistet hatte (vgl. *Buc. Carm.* X 189-98 und 240-72). Grund genug für Poliziano, es bei einem globalen Hinweis auf jenen Katalog zu belassen (vgl. *Nutr.* 535-37).

Horaz ("naso suspendis adunco", *Satiren* I 6,5), die Persius dann zur Charakterisierung ihres Erfinders eingesetzt hatte[190], auf Ovid übertrug. Doch waren damit ebensowenig erbauliche Absichten verbunden wie mit allen anderen Arten von Mehrdeutigkeit, mit denen die *Nutricia* brillieren[191].

7.9. Philologie *vs.* Propaganda: Das Claudian-Porträt der *Nutricia*

Zwei *Carmina* des spätantiken Dichters Sidonius Apollinaris, IX und XXIII, weisen eigenwillig bis willkürlich strukturierte Autorenkataloge auf (mit unterschiedlich stark ausgeprägten biographischen Ansätzen)[192]. Ihnen entlehnte Poliziano einzelne Angaben, gleichermaßen für die *Vita Statii* des *Commento*[193] wie für die *Nutricia*[194]. Die Sylva reflektiert u. a. v. 274 des neunten *Carmen*, in dem der Dichter Claudian als "Pelusiaco satus Canopo" bezeichnet wird. Ein Beleg gegen die These der florentinischen Herkunft des Autors, die am Arno seit dem späten Mittelalter kursierte?[195] - Für Filippo Villani nicht. Der Chronist stieß sich auch nicht daran, daß der Dichter sich mehrfach einen Ägypter nannte. Claudians Eltern seien schlicht, "ut mos est Florentinis, mercaturae gratia"[196] nach Ägypten ausgewandert, wo ihr Sohn gezeugt worden sei und das Licht der Welt erblickt habe. Aufgewachsen sei er dann aber auf jeden Fall in Florenz. Falls die Angaben des Sidonius nicht zuträfen, ergänzte Villani, könne Claudian freilich

---

190 Vgl. Persius, *Satiren* I 118, "callidus excusso populum *suspendere naso*".

191 In seiner Periphrase des spätgriechischen Dichters Dionysios Periegeta scheint sich Poliziano ein weiteres Mal eine Vorlage Petrarcas anverwandelt zu haben. In der *Varia* 61 hatte sich Francesco mit folgenden Worten bei Giovanni da Parma für die Zeichnung eines Baumes bedankt, den er ihm und Moggio de' Moggi einst brieflich beschrieben hatte: "Superest ut et amico illi optimo [*sc.* Modio Parmensi] et tibi gratias agam, qui pro brevi papyro non eam modo de qua loquebar arborem, sed *totum* mihi *terrarum orbem in* membran*is* descriptum insigni quidem artificio remisistis." (Der Satz ist vor dem Hintergrund zu verstehen, daß Petrarcas Baum Allegorie der Tugend ist und somit universale Bedeutung beanspruchen kann) - Poliziano widmet dem Hauptwerk des Dionysios, der *Beschreibung der Welt*, die Worte: "Pinguit et exiguis *totum* Dionysius *orbem* / *Terrarum in* tabul*is*" (*Nutr.* 423f.). Eine gemeinsame antike Quelle liegt den beiden Texten unseres Wissens nicht zugrunde.

192 Poliziano erwähnt beide Kataloge im *Commento*, S .5f.

193 Die in *Carmina* IX 226-29 sowie XXIII 165f. gegebenen Informationen zu Statius fließen vollständig in die *Vita Statii* (*Commento*, S. 4ff.) ein.

194 Vgl. die Anmerkungen Del Lungos zu *Nutr.* 362 und *Nutr.* 674f.

195 Vgl. TANTURLI 1990, S. 11.

196 F. Villani, *Liber de civitatis Florentiae famosis civibus*, *ed.* GALLETTI 1847; zitiert in CARDINI 1974, II, S. 138f.

ebensogut am Arno geboren sein und lediglich als Erwachsener einige Zeit in Canopus verbracht haben[197].

An den Äußerungen Coluccio Salutatis zur Herkunft des *Raptus*-Dichters läßt sich die politische Dimension der Frage ermessen. Aus der Feder des Florentiner Kanzlers stammt ein Vierzeiler, in dem sich "Claudian" für alle offiziellen Gäste sichtbar zum Sohn der Stadt erklärt. Er gehört zu einer Serie von Epigrammen, die Salutati für den Freskenzyklus berühmter Männer anfertigte, der zu seiner Amtszeit in der *Aula minor* des Palazzo Vecchio entstand. Im Gegensatz zu den gemalten Porträts sind uns die geschriebenen durch einen glücklichen Zufall überliefert[198], und so wissen wir, daß Claudian innerhalb des Zyklus[199] zusammen mit den *Tre Corone* und Zanobi da Strada die Gruppe der florentinischen Dichter bildete. Folgende Zeilen sind ihm in den Mund gelegt:

Claudianus poeta florentinus.

Egipto genitum nova die Florentia civem
Legibus agnovit, magnis iam digna poetis.
Infernos raptus cecini pugnasque deorum,
Cesareas laudes, necnon Stiliconis honores.[200]

An repräsentativem Ort schlug Salutati selbstsichere Töne an. Andernorts tritt bei ihm dagegen ein gewisses Unbehagen darüber zutage, daß Claudian selbst den florentinischen Phantasien keinerlei Auftrieb gab:

---

[197] Ein freies *volgarizzamento* von Villanis Text (*ed.* RACHELI 1857) läßt zu, daß die Mutter des Dichters Ägypterin war - was es Claudian nach damaliger Sitte erlaubt habe, das Nildelta als seine Heimat anzugeben. Der Bearbeiter der lateinischen Chronik, Antonio Manetti (1423-1497), sieht sich zu diesem Zugeständnis gezwungen, "[perché] alcuni uomini di grande scienza e di molta gravità dotati, e curiosissimi osservatori delle antiche cose, pertinacissimamente negano costui essere stato Fiorentino" (S. 11). Dies setzt wohl noch weitere kritische Stimmen neben der Flavio Biondos voraus, an die CARDINI 1974, II, S. 138, erinnert.

[198] Vgl. HANKEY 1959 (mit kritischer Edition der Texte).

[199] Hervorragend rekonstruiert von DONATO 1988.

[200] "*Claudian, florentinischer Dichter*: 'Florenz erkannte jüngst mich, geboren in Ägypten, per Gesetz als seinen Bürger an. Eine Entführung in die Unterwelt habe ich besungen und Kämpfe unter den Göttern, kaiserliche Ruhmestaten und das ehrenvolle Wirken Stilichos.'" - Salutatis Freund Domenico Silvestri (ca. 1335 - nach 1411) schuf einen nahezu identischen Vierzeiler (*Epigrammata* VII):

Claudianus adest hic noster origine civis
Quem parit Egiptus; peperit Florentia patrem.
Rufini adversos casus, Stiliconis et odas
Cesareasque, tuosque canit, Proserpina, raptus.

Schon hier wird nicht mehr auf der Florentinität von Claudians Mutter insistiert.

> Florentinum enim eum [*sc.* Claudianum] esse constans et antiqua fama est, licet ex suis et aliorum scriptis Egiptius et Canopeus potius esse videatur. (*De laboribus Herculis*; *ed.* ULLMAN 1951, II, S. 457[201])

Auch Coluccio kennt dabei die *auctoritas* des Sidonius, wiegt sie aber gegen eine andere auf:

> Noster autem vates (sic etenim fama est, sic nostrum lumen, Franciscus Petrarcha, testatus est, nec ego velim ipsum nobis auferre, quamvis semet teste possit eum Alexandria Egipti pro suo etiam cive vendicare; quod et Sydonius affirmat), noster, inquam, vates excultissimus Claudianus *etc.* (*ed. cit.*, I, S. 228f.[202])

Alle Anhänger der Florentinitäts-These - einschließlich Petrarcas - vertrauten einer "fama", die, so alt sie auch gewesen sein mochte, letztlich auf einer Fehlinterpretation des zweiten Prologs zu Claudians *Raptus Proserpinae* beruhte[203].

Poliziano, dem auch das Claudian-Lemma des *Suidas*-Lexikons nicht den leisesten Hinweis auf toskanische Wurzeln des Dichters bot, stimmte nur augenscheinlich in die lokale Euphorie ein:

> Aut [*sc.* taceam] pelusiaci missum de plebe Canopi
> Pulchra suum quem nunc Florentia jactat alumnum,
> Gaudentem stygio dominam junxisse marito
> Magnanimique vagos ducis ostentare labores? (*Nutr.* 529-32[204])

Aus dem Unterbau dieser Verse wird die Skepsis des Humanisten ersichtlich. Um sie dingfest machen zu können, muß man sich zunächst vergegenwärtigen, wie er

---

201 "Daß Claudian Florentiner war, besagt eine solide und altehrwürdige Überlieferung, auch wenn er, seinen eigenen Schriften und denen anderer nach zu urteilen, eher Ägypter und Canopiter zu sein scheint."

202 "Unser Dichter aber (so nämlich bezeichnet ihn die Überlieferung, so hat es unser Licht, Francesco Petrarca, bezeugt, und ich möchte uns jenen nicht wegnehmen, obwohl ihn nach seinem eigenen Zeugnis das ägyptische Alexandria selbst als seinen Bürger proklamieren könnte, was auch Sidonius bestätigt) - unser, sage ich, hochgelehrter Dichter Claudian *etc.*"

203 Die einschlägigen Verse wurden im Rahmen der Analyse von Polizianos *Epigramm* XXIX (Kap. 2) analysiert.

204 "Oder [werde ich] den [verschweigen], den die Plebs von Canapos bei Pelusium aussandte, und den nun das schöne Florenz seinen Sohn nennt? Er freut sich darüber, die Herrin [Proserpina] mit dem stygischen Bräutigam vermählt zu haben und die rastlosen Mühen des hochherzigen Herzogs [Stilicho] aufzuzeigen." - Die "magnanimi [...] vagos ducis [...] labores" beziehen sich nicht nur auf Stilicho, sondern auch, wie die Wortwahl beweist (*labores*, *magnanimus* als typisches Epitheton des Herkules), auf Florentinus, den "alter Tirynthius" der zweiten Vorrede des *Raptus*. Glaubte Poliziano, daß Stilicho Florentiner war?

Salutatis Epigramm und die *Vita* Filippo Villanis rezipierte. Coluccios Worte "nova die Florentia civem / Legibus agnovit", ungeachtet eigener Bedenken im Brustton der Überzeugung gesprochen, erscheinen in den *Nutricia* als "nunc Florentia jactat alumnum". Die maliziöse Veränderung des Verbs - die *ambiguitas* von "jactat" ist vor dem Hintergrund des Ausgangstextes nicht zu leugnen[205] - geschah sicher nicht ohne Seitenblick auf Worte, in die Villani seinen ganzen Bürgerstolz hineinlegt hatte: "Multum huic poetae sane debemus: cuius opera profectum est ut iam nomen magnum nostra civitas Romae haberet."
Einige Lexeme seines Porträts entnahm Poliziano einer Eloge Naldo Naldis auf Cosimo de' Medici. Der Rezeptionsvorgang offenbart eine geradezu spöttische Haltung Polizianos gegenüber der Legende. Naldis Cosimo, "qui caelo fuerat *nuper demissus* ab alto"[206], wird zur Gegenfigur Claudians, "*missus de* plebe Canopi". An Florenz, die Stadt des Medici, hatte Naldi die folgende Apostrophe gerichtet:

> Felix, o nimium felix *Florentia*, quae te
> *Nunc iactare* queas tali pia mater *alumno*,
> Qualem nemo quidem se nunc vidisse fatetur
> Hactenus aut Latio iam sperat in orbe futurum. (*Elegiae* III 4, 204-07[207])

---

205 ... auch wenn die Versklausel "jactat alumnum" in *Nutr.* 484 den *berechtigten* Anspruch Veronas auf Catull beschreibt. Die Junktur ist ursprünglich vergilisch (*Aeneis* VI 877, "ullo se tantum tellus *iactabit alumno*", über Marcellus, den Neffen des Augustus, der, schon als dessen Nachfolger auserkoren, lange vor seinem Onkel verstarb).

206 Naldo Naldi, *Elegiae* III 4, v. 186.

207 "Glückliches, o allzu glückliches Florenz! Nunmehr kannst du dich als liebende Mutter eines Sohnes rühmen, wie ihn niemand je vor dem heutigen Tag gesehen zu haben behauptet, so wie schon niemand mehr erwartet, daß es in der lateinischen Welt je wieder einen solchen Mann geben wird." - Auslöser der Rezeption Naldis dürften Verse seiner Elegie gewesen sein, die kurz vor den aufgegriffenen Stellen zu lesen sind. Cosimos Glanz, äußert der Panegyriker dort, habe soviel Strahlkraft entwickelt, "Ut Nilusque pater mirans atque ultima Thule / Quaereret, unde foret tam clari causa nitoris" (v. 180f.). Derlei Verwunderung hätte der Nil über die florentinische Verehrung seines "Sohnes" Claudian zeigen können ...
Als weitere Materialien für *Nutr.* 530 zog Poliziano dann heran (gemeinsame Lexeme in identischer metrischer Stellung jeweils unterstrichen):
a) Corsini, *Compendium* III 1-4 (über Cosimo im Exil): "Dum Medices Venetis summa cum laude moratur / [...] / Dumque <u>suum</u> patribus virtus commend*at* <u>alumnum</u> / Maesta gemit semper dulcem *Florentia* natum".
b) Landino, *Xandra* III 18, *Eulogium in Cosmum puerum Magni Cosmi nepotem* (Trauergesang auf Cosimino, den 1459 verstorbenen Sohn Giovanni de' Medicis), vv. 27-30 (Prophezeihung Clothos): "Nec quisquam Lydos Fesula de gente Quirites / impellet de se credere tanta puer, / ullo nec tantum <u>*Florentia*</u> mater <u>*alumno*</u> / confidet nomen tollere in astra suum." - Sehr sinnreich die in der Rezeption sichtbar gemachte "Umlesung" des Passus auf Claudian!

In den *Nutricia* ist es nicht Florenz, das Freude verspürt - was angesichts des ovidischen Musters "Mantua Vergilio, *gaudet* Verona Catullo" (*Amores* III 15,7) zu erwarten gewesen wäre -, sondern Claudian; und zwar darüber, den *Raptus* geschrieben zu haben, jenen Text, der ihm die Ehre der florentinischen Bürgerschaft eintrug. Aus des Canopiters Diktum "*Gaudet* enim virtus testes sibi *iungere* Musas"[208] macht Poliziano "*Gaudentem* stygio dominam *iunxisse* marito".
Cosimo - sagt Naldi in der Elegie *Ad Cosmum Medicen de eius laudibus*, aus der wir soeben zitierten[209] - sei der Garant dafür, daß sich Florenz mit dem Alten Rom messen könne. Für Villani war dies, wie gesehen, Claudian. Der *Raptus*-Dichter freilich kam nicht aus dem Himmel, sondern aus dem tiefsten aller Sündenpfühle an den Arno, wie ein Blick auf antike Notizen über Canopus verrät. Lukan nannte Ortsnamen und Attribut, als er die Himmlischen fragte: "O superi, Nilusne et barbara Memphis / et *Pelusiaci* tam mollis turba *Canopi* / hos animos?" (VIII 542-44[210]). Für Silius Italicus (*Punica* XI 431) und Juvenal (XV 45f.) stand Canopus sprichwörtlich für Ausschweifung. Mit einer anderen Äußerung wurde der Satiriker zum weiteren Materialgeber des *Nutricia*-Porträts: Einen vom Nil stammenden Dichterling namens Crispinus bezeichnete er als "pars Niliacae *plebis*, [...] verna *Canopi*" (I 26). Polizianos Zitierweise legt nahe, diesen Crispinus in wenig schmeichelhafter Weise mit Claudian zu assoziieren[211]: Weniger ein Affront gegen den Ägypter als eine neuerliche verdeckte Ironisierung der haltlosen Legende[212].

---

208 Claudian, *De consulatu Stilichonis* III, *Praefatio* 5.

209 Und zwar am Ende des Gedichts, in einer weiteren Apostrophe an Florenz:

Et dubitabis adhuc priscae, Florentia, Romae,
Unde genus ducis Syllano milite primum,
Te fortunatam longum conferre per aevum?
Quae sit divinos quamvis complexa nepotes,
Imperium terris animos aequarit Olympo,
Hoc tamen hanc uno superas penitusque necesse est,
Semper in hoc uno saltem tibi cedat *alumno*. (vv. 230-36)

210 Die Ortsbezeichnung übernimmt Statius in *Silvae* II 7,70f., "tu *Pelusiaci* scelus *Canopi* / deflebis pius".

211 Die Formulierung "missum de plebe Canopi" (*Nutr.* 529) ist auch insofern provozierend, als das *volgarizzamento* von Villanis *Vita* auf der angeblichen Abstammung von Claudians Vater aus altem römischen Adel - und nicht etwa aus der "romana e fiesolana *plebe*" - insistierte (*ed.* RACHELI, S. 11).

212 Beide Juvenalzitate hatte Poliziano bereits im *Commento* (S. 522f., S. 577f.) aufgeboten, wo er seinen Anmerkungen über Canopus - beim ersten Mal mit der vielsagenden Randglosse "lascivia Canopitarum" versehen - noch weitere Belege hinzufügte, die den Ruf des Ortes als Sündenpfuhl unterstreichen: Strabo (*Geographia* 17,1,17), Properz ("scilicet incesti meretrix regina Canobi";

Polizianos wußte sehr wohl, warum er seine Skepsis nicht deutlicher aussprach. Die angebliche Florentinität Claudians verhalf Florenz traditionell zu Ansehen. Noch 1481 erlaubte sie Landino, feierlich hervorzuheben, daß die Welt Florenz nicht nur (mit Dante) den ersten wahren Dichter nach der *età buia* verdanke, sondern auch den letzten der Antike[213]. Das Prestige der Stadt hätte schwer gelitten, wenn ein einheimischer Intellektueller die Legende offen verworfen hätte, und Poliziano hätte sich mit Sicherheit die Sympathien vieler einflußreicher Männer verscherzt, womöglich bis hin zu Lorenzo de' Medici.

III 11,39) und nochmals Juvenal ("prodigia et mores urbis damnante Canobo" VI 82ff.). Auffallend ist demgegenüber, daß die positive Formel aus Vergil, *Georgica* III 287, "gens fortunata Canopi", unerwähnt blieb, obwohl nur eine der kommentierten Stellen, *Silvae* III 2, 100f., das ausschweifende Leben im ägyptischen Ort zum Thema hat (von der Göttin Isis, so Statius dort, sei zu lernen, "cur invida Memphis, / curve Therapnaei lasciviat ora Canopi").

213 Landino, *Proemio al Commento dantesco*, *ed.* Cardini, I, S. 118f.

7.10. Triumph des verschlagenen Epigonen - Lukan als *alter ego* Polizianos

7.10.1. Die Übermalung von Petrarcas Lukan-Bild

In der *Laurea occidens* hüllt sich Petrarca in Schweigen über den Selbstmord des Lukan. Nicht so in seiner *Familiaris Ad Publium Virgilium Maronem* (XXIV 11): Sie schließt den Epiker aufgrund des Suizids vom Elysium aus, dem Ort, den er nach christlicher Vorstellung als Heide bestenfalls hätte erreichen können (und laut Dante[214] erreicht hatte):

> Et simul unanimis tecum spatiatur Homerus
> Solivagique canunt Phebum per prata poete,
> Orpheus ac reliqui, nisi quos violenta relegat
> Mors propria conscita manu sevique ministri
> Obsequio, qualis Lucanum in fata volentem
> Impulit - *arterias* medico dedit *ille cruento*
> Supplicii graviore metu mortisque pudente -;
> Sic sua Lucretium mors abstulit ac ferus ardor
> Longe aliis, ut fama, locis habitare coegit. (vv. 9-17[215])

Wie reagierte Poliziano auf Petrarcas Urteil? - Das Lukan-Porträt der *Nutricia* gibt die Antwort:

> Emicat hesperio, trifidum ceu fulmen, ab orbe
> Qui, vix puber adhuc rudibusque tenerrimus annis,
> Haemonios iterat currus auroque repensum
> Hectora; tartareasque domos; dirumque Neronem;
> Orpheaque; et meritae peragit praeconia Pollae;
> Lascivitque iocis; ac torrens voce soluta
> Dulichias aequare nives et fulmina tendit,
> Quanta periclaeo lepor intorquebat ab ore.
> Mox tonat ardenti pharsalica praelia cantu
> Aegyptique nefas, primo vix flore genarum

---

214 *Inferno* IV 90.

215 "Einmütig mit Dir [*sc.* Vergil] schreitet Homer einher, und auf den Wiesen besingen Phoebus einsam ziehende Sänger: Orpheus und die übrigen mit Ausnahme derer, die Selbstmord aus freiem Ratschluß aus dem Elysium verbannt oder aber Selbstmord auf Geheiß eines rasenden Dieners wie etwa desjenigen, der Lukan dazu trieb, den Willen des Schicksals zu mißachten - er streckte die Adern einem bluttriefenden Arzt hin, weil seine Furcht vor der Todesstrafe schwerer wog, und er sich für sie schämte. So zwang, wie es heißt, im Wahnsinn gesuchter Tod auch den Lukrez, weitab an anderen Orten zu wohnen."

Conspicuus: torvo quem protinus ore secundum
Respexit, captae vix ausus fidere palmae,
Vergilius. Sed iniqua bonis Rhamnusia tantis
Heu decus hoc orbi invidit, ne vindice ferro
Assereret miseras incesto a principe terras.
Tum felix tamen, o juvenis, (nam conscia poenam
Corda levant) felix, inquam! licet *ille cruentum*
Rugiat et truncas desiccet sanguine *venas*,
Fronte minax, diraeque instinctus verbere matris.
Macte animo! non te, o vates parnasside, lauru
Nequicquam deus et cithara dignatus honora est. (vv. 499-519[216])

Referenz zu Petrarca - die beiden markierten Wörter zeigen es -, doch keine Reverenz. Poliziano entschied sich für eine triumphale Biographie. Sie ist an Anfang und Ende vergoldet: eingangs mit dem Bild des im Westen aufflammenden Lichts (Lukan stammte aus Cordoba), abschließend mit der Verherrlichung des Epikers. Die Mitte des Porträts wird vorwiegend aus dem Vorrat von *Silvae* II 7, *Genethliacon Lucani ad Pollam*, versorgt. Statius gedachte darin - an Lukans Geburtstag - des Dichters der *Pharsalia*. Er adressierte das Gedicht an die Witwe des Hispaniers, Polla Argentaria[217].

---

216 "Es leuchtet auf am westlichen Himmel, wie ein dreifach gespaltener Blitz, einer, der, kaum mannbar, ganz jung und unerfahren, die thessalischen Wagen wieder in Gang setzte, von der Aufwiegung Hektors mit Gold, den tartarischen Wohnstätten, dem unheilvollen Nero und von Orpheus handelte und der verdienstvollen Polla Argentaria huldigte. In poetischen Spielereien schlug er einen ausgelassenen Ton an, in seiner Prosa aber strebte er hitzig danach, der Schläue des Odysseus gleichzukommen und den Blitzen, die geistreicher Witz von den Lippen des Perikles sandte. Kaum den ersten Flaum auf den Wangen, kündete er, schon berühmt, mit leidenschaftlichem Sang von den Pharsalischen Kriegen und dem ägyptischen Verbrechen. Ihn sah mit finsterer Miene Vergil als zweitplazierten Dichter gleich hinter sich und mochte der einst errungenen Siegespalme kaum mehr trauen. Doch Rhamnusia, ungerecht zu so vielen tüchtigen Menschen, neidete der Erde die hohe Zier: Sie mißgönnte es Lukan, die leidgeprüften Lande mit strafendem Schwert von ihrem schändlichen Regenten zu befreien. In deiner Todesstunde warst du dennoch glücklich, o Jüngling (denn das wissende Herz nimmt der Strafe die Schwere); glücklich, sage ich, auch wenn der andere dich, den schon blutüberströmten, anbrüllte und dir das Blut aus den aufgeschnittenen Adern preßte, finster blickend und aufgepeitscht vom Stachel der grausigen Mutter. Verherrlicht sei dein Mut! Dich, o heiliger Sänger, befand nicht ohne Grund Apoll des parnassischen Lorbeers und der ehrenvollen Leier für würdig."
Die Edition Del Lungo liest in *Nutr.* 518 "non te, o vates parnasside, lauru", was aus zwei Gründen nicht richtig sein kann:
a) *Parnasside*, abgeleitet vom Adjektiv *Parna(s)sis, -idos*, ist keine Form des Vokativs, sondern des Ablativs.
b) Das besagte Adjektiv kann sich grundsätzlich nur auf Feminina beziehen, muß also hier, da mit *vates* zweifelsfrei ein Mann gemeint ist, zu "lauru" gehören.

217 Poliziano verfocht vehement die damals umstrittene, heute aufgegebene These, daß Statius Polla nach dem Tode ihres Mannes geheiratet habe; vgl. die *Vita Statii* des *Commento* (S. 6f.) sowie das 48. Kapitel der *Miscellaneorum Centuria Secunda*, *Uxor Statii*.

Das lexikalische Material, das die Schlußformel der *Nutricia*-Skizze bietet, ist zu einem beträchtlichen Teil einer Episode der *Thebais* entliehen. Sie paßt insoweit hervorragend zu Polizianos Heldenbild, als sie die Standhaftigkeit eines "magnanimus vates" (III 82) vor einem finster blickenden Tyrannen feiert, der im Begriff steht, ihn zu erdolchen. Der Mörder heißt Eteokles, das Opfer Maeon. Ähnlich freudig wie Lukan, "exultans" (III 85), geht Maeon seinem Ende entgegen. Der Preis seiner *virtus* gipfelt in den Worten: "non te caelestia frustra / edocuit lauruque sua dignatus Apollo est" (III 104f.). Ihre Vorbildwirkung für *Nutr.* 518f., "*non te*, o vates parnasside, *lauru* / Nequicquam deus et cithara *dignatus* honora *est*", ist nicht zu leugnen.

Petrarca hatte gleich zweimal verneint, daß Lukan zu Lebzeiten den Dichterlorbeer empfing[218]. Grund genug für Poliziano, die Krönung des Epikers *post mortem* anzusiedeln und nicht, wie es bei Maeon der Fall war, vor dem Martyrium. Entsprechend verzichtete der Humanist in der Rezeption von *Thebais* III 104f. auf die Übernahme des Verbs "edocuit", das dort verdeutlicht hatte, daß des Sängers *laurea* seinem Tod vorausging.

Die Verse, die bei Statius dem Preis des Tapferen folgen, dürften Poliziano trotz dieser Abweichung wichtig gewesen sein:

> nunc quoque Tartareo multum divisus Averno
> Elysias, i, carpe plagas, ubi manibus axis
> invius Ogygiis nec sontis iniqua tyranni
> iussa valent; (III 108-11[219])

---

[218] Die *Laurea occidens* zeigt den Hispanier "alta canens ad solem vertice nudo" (*Bucolicum carmen* X 333), und im *Triumphus Fame* III, Fassung b), v. 55ff. steht zu lesen:

> Di lauro avea ciascun la fronte cinta,
> o d'edera o di mirto, altri ch'un solo [= Lucano]
> che cantava canzon vera e non finta.

Gestaltet wurde die Krönung Lukans mit einem Seitenblick auf Pindars achte *Pythischer Ode*: "[Apoll] nahm mit wohlwollendem Sinn / den Xenarkessohn auf in Kirrha, bekränzt / mit *parnassischem Laub* und dorischem Festzug", lauten drei ihrer Verse (18-20) in der Übersetzung von D. Bremer. Das Siegeslied feiert eine Lukan vergleichbare Person: Aristomenes, der Sohn des Xenarkes, hatte der Dichtung zufolge unter den düsteren Machenschaften eines gewissen Porphyrion zu leiden. - Die Worte "ποίᾳ Παρνασσίδι" erhalten in "Parnasside lauru" (*Nutr.* 518) eine lateinische Form, die an Ovid, *Met.* XI 165, gemahnt ("Ille [*sc.* Apollo] caput flavum *lauro Parnaside* vinctus").

[219] "Auf, des Tartarus Pfuhl weit unter dir lassend, enteile / Hin zur elysischen Flur, dort weilt kein thebischer Schatten, / Dort gilt keines verruchten Despoten gehässiger Machtspruch." (Übersetzung: A. Imhof).

Es steht zu vermuten, daß Poliziano durch die Rezeption der vorausgehenden Worte andeuten wollte, daß "sein" Lukan sehr wohl einen Platz im Elysium errang.

* * *

Zwei negativen Aussagen Petrarcas zu Lukan sind wir bereits begegnet. In einer weiteren, zu finden in *Senilis* V 3, *De quorundam ambitione*[220], kam der Epiker nicht besser davon. Die Epistel teilt Boccaccio mit, daß seine, Giovannis, Bescheidenheit in poetischen Dingen zwar überzogen sei, aber gewiß besser als unberechtigtes Selbstlob, wie man es von Lukan her kenne:

> Quam iis ergo, quibus re superior es, opinione tua sis inferior, laudo, et errorem hunc michi magis optaverim, quam eius qui cum vere sit inferior sibi altior videatur. Hic me locus admonet Lucani Cordubensis, qui ardentis vir ingenii atque animi, quae ut ad ascensum, sic ad [*ed.*: et] precipitium via est, cum se adhuc iuvenem provectum et [*ed.*: et provectum] suorum iam prosperum studiorum cerneret, et etatem suam et rerum a se ceptarum reputans initia successuque operum elatus seque ipsum cum Virgilio comparare ausus, libri quem de civili bello morte preventus inexpletum linquit partem recitans, in prefatione quadam dixit: "Et quantum mihi restat ad Culicem?" Huic insolenti percontationi, an tunc a quoque amicorum quidve responsum fuerit incertum habeo, certe ego, ex quo illam legi, primum gloriabundo illi sepe tacitus et indignans hoc respondi: "Bone homo, ad Culicem quidem nihil sed immensum ad Eneida." Quidni ergo pluris faciam humilitatem tuam, me tibi tuo iuditio [*ed.*: suditio] preferentis, quam illius iactantiam, vel preponentis Virgilio vel equantis.[221]

---

220 Polizianos Kenntnis der Epistel ist durch den *Commento*, S. 523, verbürgt.

221 "Daß Du also meinst, jenen, denen Du in Wahrheit überlegen bist, unterlegen zu sein, lobe ich. Eher wünschte ich mir diesen Irrtum als den desjenigen, der sich höherwertig dünkt, obwohl er tatsächlich geringer ist. Die Sache erinnert mich an Lukan aus Cordoba, der, ein Mann von glühendem Wesen und Sinn - eine Eigenschaft, die sowohl zum Aufstieg als auch zum Fall führen kann -, einst, als er sah, daß er, noch jung an Jahren, in seinen Studien schon vorgerückt und kraftvoll war, sich in Anbetracht seines niedrigen Alters, der verheißungsvollen Änfange seiner literarischen Projekte und des Erfolgs seiner frühen Werke zu einem Vergleich mit Vergil hinreißen ließ. Als er nämlich einmal einen Teil seines Werkes über den Bürgerkrieg vortrug, an dessen Vollendung ihn der Tod hindern sollte, sagte er in einer Art Vorrede: "Was fehlt mir denn noch zum *Culex*?" Ob damals irgendeiner seiner Freunde auf diese unverschämte Frage eine Antwort gab, und wie sie gegebenenfalls lautete, weiß ich nicht; selbst freilich habe ich dem Ruhmsüchtigen, seit ich seine Worte las, immer wieder empört entgegengehalten: 'Guter Mann, zum *Culex* gewiß nichts, aber unendlich viel zur *Aeneis*!' Was Wunder also, Giovanni, wenn ich die Bescheidenheit höher schätze, die Dich dazu veranlaßt, mich Dir vorzuziehen, als die

Vergil - historisch ein Ding der Unmöglichkeit - empört sich in den *Nutricia* so sehr über den aufstrebenden *aemulus* Lukan, daß er aus dem Jenseits die Rachegöttin Rhamnusia mit dessen Liquidierung beauftragt[222]. Klar wird dies freilich nur aus einer Analyse des Substrats von *Nutr.* 509ff. Vergil, laut v. 350ff. der Sylva als einziger *vates* vor den Attacken des Neides gefeit, ist seinerseits alles andere als frei von Mißgunst[223]: Er beäugt den Emporkömmling "torvo [...] ore". Unmittelbar danach tritt die himmlische Rächerin in Aktion. Statius, *Silvae* II 6,73, - hier beginnt das Substrat zu wirken - hatte sie fast synonym als "torvo [tristis ...] vultu"[224] beschrieben. Die Brücke half *Silvae* V 3,63 schlagen, wo sich der Hofdichter Domitians in agonistischer Absicht "torvo [...] Maroni" verglich. NB: In allen drei Hexametern fällt die Endsilbe des Epithetons auf den dritten Versfuß[225].

Die unheilige Allianz zwischen der Rachegöttin und Vergil ist allerdings letztlich nicht stark genug, um das *enfant terrible* auszuschalten. Der Nachgeborene triumphiert. Petrarcas eingangs zitierte Botschaft - an niemand anderen als Vergil

---

Prahlsucht jenes Mannes, der sich entweder über Vergil stellte oder doch zumindest auf eine Stufe mit ihm."
"Humilitas *tua*" spielt auf Boccaccios Entschluß an, der volkssprachlichen Poesie zu entsagen. Er hatte ihn damit begründet, Petrarca niemals auf dem Gebiet der Dichtkunst gleichkommen, geschweige denn ihn übertreffen zu können. Hinter diesem Eingeständnis glaubt Petrarca schon wenige Zeilen später eine verwerfliche, agonistische Grundhaltung zu erkennen: "Vereor [...] ne huic tantae humanitati aliquid superbie sit adiunctum". Die Epistel kreist von nun an um diesen Verdacht, der Boccaccio mit Lukan gleichsetzen würde. Man müsse sich, sagt Petrarca (in sehr gewandter "Aktualisierung" von Cicero, *Orator* 4), durchaus mit einem nachgeordneten Rang zufriedengeben können, wie auch er es tue, der nach Meinung eines Ravennater Experten den zweiten Platz hinter "nostri eloquii dux vulgaris" - *sc.* Dante Alighieri - einnehme. Jener Kenner pflege im übrigen Boccaccio den dritten Rang zuzuweisen. Er überlasse ihm freilich gern auch den zweiten: "Hunc si respuis, nescio an ferendus sis." (Sämtliche Zitate aus Petrarca, *Opera*, S. 877f.). In der ersten der *Invective contra medicum* rühmt Petrarca die "modestia Lucani" (*ed.* P. G. RICCI in: Petrarca, *ed.* MARTELLOTTI ET ALII 1955, S. 670) - aus Versehen: Er meinte Statius und dessen Äußerung am Ende der *Thebais*, mit der *Aeneis* keineswegs konkurrieren zu wollen.

222 In Kap. 7.7. zitierten wir eine Klage Ugolino Verinos über Neider (*Flametta* II 46), die heiligen Dichtern "crimina ficta" unterstellen. Vergil hätte ein Recht darauf, in sie einzustimmen: Die *Nutricia* dichten im wahrsten Sinne des Wortes ein Verbrechen an. Poliziano hatte Verinos Invektive zweifellos im Blick: Die Wortfolge "iniqua bonis Rhamnusia tantis" (*Nutr.* 511) offenbart die Aneignung zweier Stellen des Gedichts: "pallet [invidia] *iniqua bonis*" (v. 26) sowie "Pernicie exultat [*sc.* invidia] laetaturque improba damnis, / Hoc fruitur *tantum* pestis *iniqua bono*." (v. 45f.). Für den Topos des frühen Todes der größten Talente vgl. auch Lukans eigene Worte: "invida fatorum series summisque negatum / stare diu" (*Pharsalia* I 70f.).

223 Sicco Polenton sah dies ganz anders: "Quippe ambitionis, avariciae, invidiae fuit expers [*sc.* Virgilius]. Versus alienos cum recitari audiret, aut laudabat summe aut vituperabat nunquam." (*Scriptorum illustrium libri*, *ed.* ULLMAN, S. 88).

224 Zitiert im *Commento*, S. 396, unter dem Lemma RHAMNUSIA.

225 Der Ausdruck "torvo [...] ore" findet sich wörtlich bei Statius (*Thebais* XI 121), Silius Italicus (*Punica* XII 552), Petron (*Satiricon* CXXIII, v. 206 des Metrums) etc.

gerichtet -, wonach Lukan in der Hölle schmore, hätte vor dem Hintergrund der Machenschaften, die die *Nutricia* Maro unterstellen, eine Erfolgsnachricht sein können. Angesichts der göttlichen Ehrung Lukans jedoch erweist sie sich als Falschmeldung. Poliziano wählte die andere der beiden Möglichkeiten, die *Senilis* V 3 für einen "ardentis vir ingenii atque animi" wie den hispanischen Epiker vorsah. Nicht "praecipitium", sondern "ascensum". Lauter denn je darf Statius singen: "Baetim, Mantua, provocare noli"[226]. Seinem Rätseln über Lukans Ort im Jenseits[227] stellt Poliziano eine eindeutige, wenn auch versteckte Antwort entgegen.

Die *Nutricia* dementieren nicht nur Petrarca, sondern auch Lukrez. Der Autor der Verse *De rerum natura* hatte seine Leser eindringlich vor jeglichen Ambitionen gewarnt, da der Neid alles Aufstrebende zu zerstören pflege. Wer nach Berühmtheit strebe, vergeude seine Kräfte

> *nequiquam*, quoniam ad summum succedere *honorem*
> certantes iter infestum fecere viai (V 1123f.[228])

Poliziano tut durch die Integration der markierten Wörter in die inhaltlich antithetische Schlußformel des Lukan-Porträts kund, daß die Mahnung des Lukrez keine allgemeine Gültigkeit beanspruchen kann. Zu diesem Transfer fügt sich gut, daß in den *Nutricia* nicht etwa, wie nach Lukrez' Worten zu erwarten, "invidia" "quasi fulmen" ihr Opfer "in Tartara taetra" schickt (*De rerum natura* V 1125f.), sondern im Gegenteil Lukan selbst als siegreich flammender Blitz erscheint ("trifidum ceu fulmen", *Nutr.* 499) erscheint[229].

Als Poliziano Lukan zum parnassisch gekrönten Dichter erklärte, erhob er ihn auch über Boccaccio, der das Vorhaben, den Parnaß zu erklimmen, nach eigenem Bekunden mangels Begabung aufgegeben hatte[230]. Er läßt das *ardens ingenium*,

---

[226] *Silvae* II 7, v. 34.

[227] Vgl. *Silvae* II 7, vv. 107-19.

[228] "... ganz umsonst, weil im Eifer, zur höchsten Ehre zu rücken, / feindlich gemacht sie einander die Bahn ihres Weges." (Übersetzung: K. Büchner).

[229] Der Lukrez-Passus, überlieferungsgeschichtlich problematisch, bietet den Vergleich des Neides mit einem vernichtenden Blitz noch ein weiteres Mal, und zwar in einer passivischen Konstruktion (V 1127). In ihr ist statt "quasi *fulmen*" "*ceu* fulmine" zu lesen.

[230] Vgl. die Sonette CVII und CIX (*ed.* BRANCA):

> Mentre sperai e l'uno e l'altro collo
> transcender di Parnaso e ber dell'onde
> del castalio fonte e delle fronde,
> che già più ch'altre piacquero ad Apollo,

das Petrarca Lukan bescheinigte, über den "debil ingegno" triumphieren, den Boccaccio sich in seiner *humilitas* selbst attestierte. Der vorlautere der beiden Epigonen wird reich belohnt.

Die Exaltierung Lukans ist Ausdruck von Polizianos Selbstverständnis. Auch ihm, dem Dichterphilologen, war Bescheidenheit ein Fremdwort. In den *Sylvae* gebärdete er sich als *aemulus* sowohl Vergils[231] als auch Petrarcas[232].

---

adornarmi le tempie, umil rampollo
de' dicitori antichi, alle gioconde
rime mi diedi; e ben che men profonde
fosser, canta'ne in stil leggiero e sollo.
  Ma poscia che 'l cammino aspro e selvaggio,
e gli anni miei già faticati e bianchi
tolser la speme del sù pervenire,
vinto, lasciai la speme del viaggio,
le rime e i versi e i miei pensieri stanchi,
ond'or non so, com' io solea già, dire.

  Il vivo fonte di Parnaso e quelle
frondi, che furn' ad Appollo più care,
m'ha fatto lungo tempo Amor cercare
driet'alla guida delle vaghe stelle,
che fra l'ombre salvatiche le belle
Muse già fer molte volte cantare;
né m'ha voluto fortuna prestare
d'esser potuto pervenire ad elle.
  Credo n'ha colpa il mio debil ingegno,
ch'alzar non può a vol sì alto l'ale,
e non ha già studio o tempo perduto.
Darò dunque riposo all'alma frale,
e mi dorrò di non aver potuto
di quelle farmi, faticando, degno.

231 In der Sylva *Rusticus* strebte Poliziano danach, Vergils *Georgicon* II, dessen Inhalt in *Saturnalien* V 16,5 mit den Worten "de laudatione *rusticae* vitae" umrissen wird, gestalterisch zu übertreffen. Zuvor hatte er sich in der *Manto* mit einer epischen Dichtung über Vergil an Vergil gemessen.

232 Im letzten Buch der *Familiares* - es versammelt fiktive Schreiben an literarische Größen des Altertums - versuchte Petrarca, jeweils den Stil der Empfänger nachzuahmen. Zwei dieser Versuche überbot Poliziano mühelos:
- Die *aemulatio* Vergils blieb in *Fam.* XXIV 11 anders als in *Manto* und *Rusticus* auf den Gebrauch des heroischen Metrums beschränkt.
- Von Homers Stil konnte sich Petrarca mangels Griechischkenntnissen und metrischer Übersetzung (die ja erst Carlo Marsuppini und Poliziano angehen sollten) kein adäquates Bild machen. Um ihm dennoch in einer Weise schreiben zu können, die dem programmatischen Vorsatz des XXIV. Buches der *Familiares* entsprach, gab er vor, aus dem Jenseits einen lateinischen Prosa-Brief des Epikers erhalten zu haben, was ihm erlaube, mit gleicher Münze zu antworten. Neben Polizianos *Ambra* wirkt dieser Kunstgriff, der ein äußerst geistreiches Schreiben (*Fam.* XXIV 12) zeitigte, geradezu dilettantisch.

7.10.2. Künstlerische und biographische Affinitäten zwischen Lukan und Poliziano

Quintilian hielt Lukan für "magis oratoribus quam poetis imitandus" (*Inst. orat.* X 1,90). Für Poliziano war dies kein Tadel, er betrieb in den *Sylvae* ja selbst die Verschmelzung von Poesie und Rhetorik. Nimmt man hinzu, daß Lukan für Servius[233] (dem sich Isidor von Sevilla anschloß[234]) eher Historiker als Dichter war, wird man zugestehen, daß der hispanische Epiker schon aus künstlerischen Gründen wie geschaffen war, für Poliziano als Vorläufer zu gelten: Drei der *Sylvae* sind *poetarum historiae*.

Verschiedene Materialien zu Leben und Werk Lukans konnte Poliziano zusammen mit anderen Notizen und Urteilen über Dichter[235] in einem kleinen, eleganten Kodex, dem heutigen *Laur. Plut.* 65,52, finden, der vor 1475 für Lorenzo de' Medici zusammengestellt worden war. Er enthält u. a. die Lukan-Biographien der Humanisten Pier Candido Decembrio und Pomponio Leto[236]. Poliziano begnügte sich indes nicht mit ihren Informationen. Aus unserer Analyse wird hervorgehen, daß er auch den Text berücksichtigte, der Letos uneingestandene Quelle war: die *Vita Lucani* eines antiken oder frühmittelalterlichen Grammatikers namens Vacca[237].

Vaccas Verzeichnis der Werke Lukans, von Leto weitgehend übernommen, dokumentiert die extreme *varietas* im Schaffen des Hispaniers:

---

233 *Ad Aeneidam* I 392.

234 *Etymologiarum libri* VIII 7,10.

235 U. a. die *Vita Homeri* des Ps.-Herodot in der lateinischen Übersetzung Pellegrino Aglis, Äußerungen aus Buch X der *Institutio oratoria*, die lateinische Dichter betreffen, sowie Auszüge aus dem *Chronicon* des Hieronymus (vgl. GODMAN 1993, S. 129).

236 Letos Vita (*ed.* WEBER, III, S. 19-22) begleitete die *editio princeps* der *Pharsalia* (Rom 1469) und erlebte allein 1477 vier Nachdrucke. Sie war bereits Bestandteil eines Prachtkodex, der zur Regierungszeit Cosimo de' Medicis († 1464) dem ungarischen König Matthias Corvinus übersandt wurde (vgl. KRISTELLER 1977, I, S. 362).

237 *Ed.* BRAIDOTTI 1972, S. 35-39. Poliziano könnte über die venezianischen Lukan-Drucke der Jahre 1475 und 1477 an Vaccas Biographie gekommen sein. Die Inkunabeln enthielten jeweils auch das negative Lukan-Porträt aus Suetons *De poetis* (XXXI). Die Tatsache, daß Poliziano den dort verzeichneten Ausspruch des Epikers, "Et quantum mihi restat ad Culicem?", im *Commento*, S. 523, Petrarca zuschreibt und noch 1490 in der *Praefatio ad Suetonii* expositionem (*Opera*, S. 505) von *De poetis* als einem verschollenen Werk spricht, das er lediglich bei einem anderen Autor (gemeint ist Isidor von Sevilla, *Etymologiarum libri* VIII 7,1f. bzw. XVIII 2,3) erwähnt finde, deutet nicht automatisch auf Unkenntnis der düsteren Biographie hin, da sie Sueton erst im 16. Jhd. zugeschlagen werden sollte. Sollte Angelo Vaccas Text nicht aus den venezianischen Editionen gekannt haben, ist davon auszugehen, daß er - ähnlich Leto - auf eine heute verschollene Handschrift zurückgreifen konnte (die erhaltenen Manuskripte sind nichtitalienischer Herkunft).

> Extant eius [*sc.* Belli Civilis] complures [*sc.* libri] et alii, ut Iliacon, Saturnalia, Catachthonion, Silvarum X, tragoedia Medea inperfecta, salticae fabulae XIV et epigrammata, prosa oratione[238] in Octavium Sagittam et pro eo, de incendio urbis, epistolarum ex Campania (*ed.* BRAIDOTTI, S. 39[239])

Teile der zitierten Auflistung veranlaßten Poliziano, den Katalog des lukanischen Schaffens aus *Silvae* II 7,54ff. in den *Nutricia* um Angaben zu spielerischen Werken zu erweitern[240]. Für die entsprechende Formulierung, "Lascivit [...] jocis" (v. 504), griff er auf Seneca, *Consolatio ad Helviam* 16, zurück, wo sich diese Worte freilich auf den dreijährigen Lukan bezogen, von dessen Niedlichkeit sich der Philosoph bezaubert zeigte: "Quem non in *jocos* vocabit illa *lascivia*?"[241]. Ausgelassenheit eines Erwachsenen, wie sie das *Nutricia*-Porträt meint, hätte Stoiker Seneca sicher auch in der Verwandtschaft nicht geduldet[242]. Poliziano hingegen konnte sich durchaus dafür begeistern: Seine Facetiensammlung *Detti piacevoli*[243] beweist es.

---

238 Schon Statius hatte im Proömium des *Genethliacon Lucani* (vv. 20-23) die Leistungen Lukans auch auf dem Gebiet der Prosa hervorgehoben (vgl. BAUSI 1994, S. 177).

239 "Erhalten sind mehrere Bücher des *Bürgerkriegs* und andere Werke: das *Iliacon*, die *Saturnalien*, das *Catachthonion*, 10 Bücher *Silvae*, eine unvollendete Tragödie mit dem Titel *Medea*, 14 Tanzstücke und Epigramme; ferner in Prosa eine Rede gegen Octavius Sagitta und eine für ihn, eine Rede *Über den Brand Roms* und eine Sammlung von *Briefen aus Kampanien*." - Der Text ist an den von uns unterstrichenen Stellen in den erhaltenen Handschriften und Frühdrucken verderbt.

240 Vgl. BAUSI 1994, S. 176f.

241 Der glückliche Versuch einer Biographie Lukans in Zitaten in *ed.* WEBER, II, ermöglichte uns das Auffinden dieses Belegs (verzeichnet *ibid.*, S. 3).

242 Ihm hätte das Bekenntnis des jungen Petrarca besser gefallen: "Et quamvis, ut est usus, ut est ingenium, ut est animus, ut est etas, eloquentie studio delecter, tamen, et dum aliorum bene dicta recenseo et siquando michi aliquid forte sonantius excidit, utrobique magis meditor ut quicquid id est, vite prosit adolescentieque me malis expediat, *quam ut verbis ornatioribus iuvenilis lingua lasciviat.*" (*Fam.* I 3, §5).
Wie BAUSI 1994, S. 177, treffend bemerkt, hatte Poliziano ein drastisches Epigramm Martials (X 64) im Sinn, als er Lukan *lascivia* attestierte:

> Contigeris regina meis si Polla libellis,
> non tetrica nostros excipe fronte *iocos*.
> Ille tuus vates, Heliconis gloria nostri,
> Pieria caneret cum fera bella tuba,
> non tamen erubuit *lascivo* dicere versu
> "Si nec pedicor, Cotta, quid hic facio?"

243 *Ed.* ZANATO 1983. - Die Formel "Lascivit jocis" ist nicht nur für sich genommen, sondern auch im Verband mit den ihr folgenden Worten "ac torrens voce soluta / Dulichios aequare nives et fulmina tendit, / Quanta periclaeo lepor intorquebat ab ore" zu analysieren. So betrachtet, verstärkt sie das Bild Lukans als *aemulus* Vergils. Eusebius, einer Teilnehmer der *Saturnalien* des Macrobius, nannte Maro den Einzigen, der sämtliche Rednertypen in sich vereint habe. Interessant mit Blick auf Polizianos Lukan-Bild ist die Unterscheidung dieser Typen: "Hic fluit et redundat, contra ille breviter et circumcise dicere adfectat; tenuis quidam et siccus et sobrius amat quandam

Nun aber zu den frappanten Ähnlichkeiten, die ein Vergleich wichtiger Lebensdaten Polizianos mit den Etappen der Vita Lukans zu Tage fördert, wie sie Vacca und Leto schildern. Wir illustrieren sie im folgenden mit Hilfe des älteren Texts. Sofern nichts anderes behauptet wird, weicht Leto nicht signifikativ von seiner Hauptquelle ab. Zur Stützung unserer These, daß Poliziano die biographischen Parallelen zu einer Projektion seines Lebenslaufs auf den Lukans nutzte, zitieren wir zusätzlich Auszüge aus der *Lettera apologetica* an Lorenzo de' Medici, geschrieben in Mantua am 19. März 1480[244].

a) Herkunft und Kindheit

Lukan, schreibt Vacca, sei in Hispanien geboren...

> Sed in patria sua non valuit educari, fatorum credo decretis, ut id ingenium, quod orbem fama sui impleturum cresceret, et in domina mundi aleretur urbe.[245]

Nach Angaben des Grammatikers kam Lukan zwar bereits im zarten Alter von acht Monaten nach Rom, während Poliziano erst zehnjährig in die Stadt übersiedelte, die in den Augen ihrer intellektuellen und politischen Führungsschicht die Nachfolge der *Urbs* angetreten hatte. Davon abgesehen aber bleiben folgende Gemeinsamkeiten:

1. Herkunft aus der tiefsten Provinz.
2. Wechsel in die Metropole "fatorum [...] decretis": Angelo kam erst infolge der Ermordung seines Vaters nach Florenz, wo er bei einem Verwandten untergebracht wurde.

---

dicendi frugalitatem, alius pingui et luculenta et florida oratione *lascivit.*" (*Saturnalien* V 1,5). Der "trocken-nüchterne" Stil war Lukans Sache vielleicht nicht, doch kann der Leser der *Nutricia* den "reich fließenden" im Vergleich des Hispaniers mit Odysseus, den "knappen und griffigen" in der Anspielung auf Perikles wiedererkennen. Die Redeweise, die Eusebius zuletzt erwähnt, ist dann ausdrücklich die der spielerischen Werke Lukans. Kurz vor dem zitierten Auszug hatte Macrobius' Redner behauptet, daß Vergil "abundans et torrens et copiosus" gewesen sei. Da "torrens" in *Nutr.* 504 wiederkehrt, fällt es wohl endgültig nicht mehr schwer zu verstehen, warum Maro seinen Epigonen in der Sylva argwöhnisch beäugt. NB: "Copiosus" nannte Lukan schon Pomponio Leto (*Laur. Plut.* 65,52, f. 28v).

244 *Ed.* PICOTTI, S. 90-100.

245 "... aber in seiner Heimat konnte er nicht erzogen werden. Das Schicksal wollte es wohl so: Lukans Talent, das einst, erblüht, den Erdkreis mit seiner Berühmtheit erfüllen sollte, sollte auch in der Hauptstadt der Welt ausgebildet werden."

Im Verteidigungsbrief läßt Poliziano nicht unerwähnt, daß er einer "dur*a* quidem neque non tamen honestissim*a* provinci*a*"[246] entstamme.

b) Erziehung und Aufstieg

> [*A*] praeceptoribus tunc eminentissimis est eruditus eosque intra breve temporis spatium ingenio adaequavit, una vero studentes superavit profectibus. Declamavit et graece et latine cum magna admiratione audientium. Ob quod puerili mutato in senatorium cultum et in notitiam Caesaris Neronis facile pervenit et honore vixdum aetati debito dignus iudicatus est.[247]

Der Passus, allein bei Vacca zu finden, könnte sich, änderte man die Namen, auch auf den raschen Aufstieg des jungen Poliziano beziehen. Unterrichtet von illustren Byzantinern, beherrschte Angelo die griechische Sprache bald ebenso gut wie seine Lehrer, was er durch die Übersetzung des zweiten Gesangs der *Ilias* in lateinische Verse dokumentierte. Dadurch weckte er die Aufmerksamkeit Lorenzos, der ihn alsbald in seinen Hofzirkel, die *Brigata medicea*, aufnahm. In der *Lettera apologetica* heißt es dazu:

> Memoria teneo, Laurenti Medices, me adolescentulum non modo tuis opibus sublevatum, sed et praesidio et auctoritate subnixum primam ingenii commendationem vulgo auspicatum. ubi vero in tuam familiam adscitus sum, [...] quantum me tibi tandem debere intelligo, quod ad nostrae eruditionis curam diligentiamque nihil tibi reliqui feceris, quod Argyropilum quod Andronicum quod Demetrium graecos viros omni disciplinae genere insignes, quibus ipse *praeceptoribus* uti possem, non sine maximo labore atque interdum dispendio tuo in civitate retinendos curaveris [...].[248]

---

[246] *Ed.* PICOTTI, S. 92.

[247] "Von den damals berühmtesten Lehrern wurde er erzogen, und er war ihnen binnen kurzer Zeit gewachsen. Seine Kommilitonen aber übertraf er bald an Erfolgen. Er deklamierte griechisch und lateinisch zum großen Erstaunen seiner Zuhörer. Ob dieser Leistung durfte er das Knabengewand frühzeitig gegen die Senatorentracht tauschen, wurde Kaiser Nero rasch bekannt und eines Ansehens für würdig befunden, wie es seinem Alter sonst kaum gezollt wird."

[248] "Ich habe nicht vergessen, Lorenzo, daß ich als junger Heranwachsender nicht nur dank Deiner materiellen Hilfe, sondern auch dank Deines Schutzes und Deines Ansehens eine erste Probe meines Talents vor dem Volk geben durfte. Seit ich aber in den Kreis Deiner Vertrauten aufgenommen worden war, [...] - wieviel ich Dir seitdem verdanke, sehe ich sehr wohl. Du ließest es an nichts fehlen, um mich umsichtig auszubilden; Du sorgtest unter größter Mühe und manchmal sogar unter Einsatz eigener Mittel dafür, daß die Byzantiner Argyropylos, Andronicos und Chalcondylas, in allen Bereichen der Gelehrsamkeit berühmte Männer, in Deiner Stadt gehalten werden konnten, um mir Gelegenheit zu geben, ihren Unterricht zu besuchen."

An einer späteren Stelle des Briefs, unmittelbar vor der Bitte um die Erlaubnis zur Rückkehr nach Florenz, kommt Poliziano nochmals auf die Früchte der Gunst Lorenzos zu sprechen:

> Si a nuditate, si ab imperitia, a propria ab domestica egestate, ab ipso pene situ vindicati, ex humili ad excelsum ex obscuro loco ad illustrem aliquem evecti, omnibus ornamentis honestati insigniti sumus [...]" (*ed.* PICOTTI, S. 96; Verbformen im *pluralis modestiae*[249])

c) Blütezeit

Die glücklichsten Jahre Lukans skizziert Vacca wiefolgt:

> Gessit autem quaesturam, in qua cum collegis more tunc usitato munus gladiatorium edidit secundo populi favore; sacerdotium etiam accepit auguratus.[250]

Folgende Parallelen konnte Poliziano ziehen:

1. Von 1473-1479 war auch er in hoher politischer Funktion, als Privatsekretär Lorenzos[251].
2. Die von Vacca angesprochenen Gladiatorenspiele wird er auf die *giostra* vom 29. Januar 1475 übertragen haben, jenes Turnier zu Ehren von Lorenzos Bruder Giuliano, an dessen Vorbereitung er möglicherweise mitwirkte, das er aber vor allem - wie auch andere Poeten (quasi "cum collegis") - zum Anlaß für eine Dichtung, die *Stanze*, nahm.
3. Im Herbst 1477 war auch er zu den Würden eines *sacerdotium* gelangt, als ihm die Prioria di San Paolo zugesprochen wurde.

---

249 "Wenn Du mich von Nacktheit, Unerfahrenheit, von meiner Armut und der der Angehörigen, ja von beinahe gänzlicher Lethargie befreit, von einem niedrigen Ort an einen hohen, von einem dunklen an einen hellen befördert hast, und mir alle Auszeichnungen für aufrichtiges Wirken zuteil wurden [..., wie könnte ich Dir da nicht mit Leib und Seele ergeben sein?]."

250 "Er hatte aber das Quästorenamt inne, in dem er gemeinsam mit seinen Kollegen nach der damals üblichen Sitte Gladiatorenspiele veranstaltete, was das Volk günstig aufnahm. Auch die priesterliche Würde eines Auguren empfing er."

251 Vgl. BRANCA 1983, S. 37-41. - Die längere Version des sogenannten *Epitaphion Lucani* (= *Anthologia graeca, ed.* RIESE, Nr. 669) schließt mit dem Distichon "*Fulminis* in more, quae sunt miranda citentur. / Haec vere sapiet dictio, quae feriet." Es dürfte der Auslöser des Vergleichs mit Perikles "[...] et *fulmina* tendit [*sc.* Lucanus], / Quanta periclaeo lepor intorquebat ab ore" (*Nutr.* 505f.) gewesen sein. Neben Cicero (*De oratore* III 138, "[Pericles,] cuius in labris veteres comici [...] *leporem* habitasse dixerunt", angezeigt von BAUSI 1994, S. 176) bot Plutarch das Material dazu. Laut Kap. 8 seiner *Vita Periclis* sagte man vom attischen Staatsmann, daß er mächtige Blitze im Mund führte, wenn er sich ans Volk richtete.

In der *Lettera apologetica* hebt Poliziano nicht nur das einst große Vertrauen Lorenzos in seine Person hervor ("me ita tibi in intimum animum insinuasti, ut [...] tua mihi arcana crederes"[252]), sondern erwähnt natürlich auch das Kirchenamt:

> tu me ab ineunte pueritia diu iam cum paupertate colluctantem insigni publico *sacerdotio* collocupletasti (*ed.* PICOTTI, S. 92[253])

d) Krise

"Equidem hactenus tempora habuit secunda"[254], schreibt Vacca von Lukan. In der Folgezeit, fährt er fort, sei es zu Spannungen gekommen, die für den Epiker letztlich tödlich gewesen seien. Ihr Auslöser: der Neid des dichterisch ambitionierten Nero[255], hervorgerufen durch die Erfolge des Jünglings: "Cum inter amicos enim Caesaris tam conspicuus fieret profectus in poetica [eius], frequenter ostendebatur".

Conspicuus: allen anderen Lebensbeschreibungen Lukans fremd - Letos *rifacimento* macht keine Ausnahme -, steht das Adjektiv erst im Porträt der *Nutricia* (v. 509) wieder am Scheitelpunkt der irdischen Karriere Lukans, vor der Verurteilung durch Nero[256].

Letos Version präzisiert die Umstände des Konflikts:

> Nero cum per Clinium Ruffum Niobem se pronuntiaturum polliceretur, pronuntiavit in theatro Pompeii, Lucanus extempore Orpheum recitavit. Iudices, quorum censuram verebatur princeps, coronam Lucano dedere. Non tulit id Caesar, cuius natura fuit odio persequi praecellentes et contumeliis ac maledictis lacessere.[257]

---

252 *Ed.* PICOTTI, S. 91.

253 "Du hast mich, der ich von Kindheit an lange Jahre mit Armut zu kämpfen hatte, mit einem hochangesehenen öffentlichen Priesteramt ausgestattet."

254 "Neroni [...] diu gratus", sekundiert Leto (*Laur. Plut.* 65,52, f. 26v).

255 Die dichterischen Ambitionen Neros sind Gegenstand harscher Kritik des Satirikers Juvenal. Eine erregte Auslassung über qualitätlose *poetastri* schließt er mit den Worten: "Res haut mira tamen citharoedo *principe* mimus / nobilis" (VIII 198f.). Die Form "principe" in gleicher metrischer Stellung bietet *Nutr.* 513.

256 Die Apposition aus *Nutr.* 508f., "primo vix flore genarum / Conspicuus", verarbeitet ferner:
a) Worte Vaccas, die wir bereits zitierten: "honore *vixdum* aetati debito dignus iudicatus est";
b) Statius, *Silvae* II 7,73, "haec *primo* iuvenis canes sub aevo";
c) Lukan, *Pharsalia* VI 562, "Illa [*sc.* mors] *genae florem primae*vo corpore vulsit".

257 "Nero ließ durch Clinius Ruffus ankündigen, er werde die *Niobe* rezitieren. Er tat es im Theater des Pompeius. Im Anschluß improvisierte Lukan ein *Orpheus*-Stück. Die Richter, deren strenges

Ein Theaterstück namens *Orpheus*, durch das sich Lukan Kaiser Nero zum Feind machte - auch diese Information hat Leto von Vacca, bei dem es weiter heißt: "Quo [*sc.* Nerone] ambitiosa vanitate, non hominum tantum, sed et artium sibi principatum vindicante, interdictum est ei [*sc.* Lucano] poetica" (*ed. cit.* S. 37f.). Pomponio kombiniert die Notiz vom Dichtungsverbot mit einem Zitat aus dem *Genethliacon* des Statius, das ebenfalls den *Orpheus* erwähnt:

> Interdixit igitur poetae foro, theatro et carmina ostentare prohibuit. De quo Papinius:
> Ingratus Nero dulcibus theatris
> Et noster tibi praeferetur Orpheus. (*Laur.* 65,52, f. 27r[258])

"Saevitia Neronis oppressus", lesen wir in Decembrios *Vita*[259], habe Lukan die *Pharsalia* abbrechen müssen[260]: Wer dächte da nicht an Angelo und die *Stanze*? Die *Lettera apologetica* beklagt ausdrücklich, daß Lorenzo sich von der "caeca invidia" der "detractores" habe anstecken lassen, deren vornehmliche Lust es sei, "praemia laborum corrumpere"[261].

Es scheint ausgeschlossen, daß Poliziano die Gleichsetzung zwischen Nero und Lorenzo, den beiden dichtenden Herrschern, mit Blick auf die zwei kritischen Jahre nach dem 26. April 1478 fallengelassen haben könnte. Zumal deshalb nicht, da er die biographische Symmetrie ja überhaupt erst in jener Zeitspanne etablieren konnte. Es wäre in der Tat absurd, dem Humanisten zu unterstellen, er habe die *Stanze* nur deswegen aufgegeben bzw. allein deshalb eine kirchliche Pfründe angestrebt, um die eigene *Vita* derjenigen Lukans, wie sie ihm Vacca oder Leto schilderten, angleichen zu können.

Urteil der Kaiser fürchtete, gaben Lukan den Siegerkranz. Nero ertrug dies nicht. Es war ein Grundzug seines Wesens, hervorragende Menschen mit Haß zu verfolgen und durch Schmähungen und üble Nachrede zu reizen."

258 "Nero verbot Lukan den Zugang zum Forum und die Darbietung seiner Gedichte im Theater. Statius schreibt zur ganzen Episode: 'Wenig anziehend wirkt Nero auf die freundlichen Zuhörer im Theater. Unser *Orpheus* aber wird von dir vorgetragen.'" Zitiert wird Statius, *Silvae* II 7,58f. Es spricht Kalliope. Moderne Ausgaben lesen - wie Poliziano (vgl. *Commento*, S. 520) - "proferetur". Der *Nero* war ein Theaterstück Lukans - *in laudem*, vermutete Poliziano (a. a. O.). In "ingratus" ist gleichwohl eine Anspielung auf das spätere Verhalten des Kaisers zu sehen.

259 *Laur. Plut.* 65,52, f. 24v.

260 Vgl. Sicco Polenton, *Scriptorum illustrium libri*, *ed.* ULLMAN, S. 114: "Sed scripturus non erat pauca Lucanus, ni, quae tunc saeviret, tyranni crudelitas vetuisset. Nero quidem iam consilium omne pietatis, clementiae, humanitatis abiecerat: iam crudelissimus factus et fratrem Britannicum et matrem Agrippinam occiderat."

261 *Ed.* PICOTTI, S. 95 und S. 99.

Angelos Briefe aus dem "Exil" mit Clarice verhehlen kaum, daß er Lorenzos Befehl, Florenz zu verlassen, als demütigende Beeinträchtigung seiner schöpferischen Entfaltungsmöglichkeiten empfand. Als seine Bitten um Rückkehr ungehört verhallten, begann er offenbar zu glauben, daß Eifersucht auf seine Kunst das wahre Motiv seiner Emargination war. Damals dürfte die Gleichsetzung des Medici mit dem Tyrannen schlechthin gereift sein, damals dürfte Poliziano in Lukan sein *alter ego* entdeckt haben. Anders als der Epiker, den, so Tacitus, "propriae causae" befeuerten, sich der *coniuratio Pisoniana*, anzuschließen, "quod famam carminum eius premebat Nero prohibueratque ostentare, vanus adsimulatione" (*Annales* XV 49), wurde er freilich nicht zum Verschwörer.

Neben vielem anderen war Polizianos *Orfeo* auch eine Hommage an Lukan, dessen *Orpheus*, den Poliziano im *Commento*, S. 520, als "tragoedia" klassifizierte, nach dem Zeugnis des Servius komisch-vulgäre Züge hatte[262]. Τραγῳδία παίζουσα ist als *fabula satyrica* auch der *Orfeo*, der demnach geradezu als *riscrittura* des verlorenen Dramas gelten kann. Die *Lettera a Carlo Canale*, Begleitschreiben zur revidierten Fassung der *Fabula*, bestätigt diesen Eindruck. Als Poliziano den *Orfeo* darin als "intra dua giorni" entstandenes Stück ausgab, wandelte er damit zwar, wie gesehen, eine Formel aus dem Widmungsbrief des Statius zum ersten Buch der *Sylvae* ab; da der *Orfeo* aber als dialogisches Theaterstück keinerlei strukturelle Ähnlichkeiten mit den Gelegenheitsdichtungen des römischen Hofdichters aufweist, darf als sicher gelten, daß die Bezeichnung mit Blick auf den *Orpheus* Lukans gewählt wurde, der nach Auskunft Vaccas und Letos "ex tempore" entstand.

Weil sich Poliziano erst in der Krise zum *alter Lucanus* stilisieren konnte, konnte er sein Orpheusstück anders als der Hispanier nicht schon *vor* deren Eintreten verfassen. Der *Orfeo* übernimmt in Anbetracht dieser "Verspätung" eine Funktion, die der von Lukans Schwanengesang entspricht. Der sterbende Epiker hatte laut Tacitus, *Annales* XV 70, "fervido adhuc et compote mentis pectore" die Klage eines verblutenden Soldaten aus der *Pharsalia*[263] rezitiert und ihr so den

---

[262] Vgl. Servius, *In Verg. Georg.* II 389: "Alii dicunt oscilla esse membra virilia de floribus facta, quae suspendebantur per intercolumnia ita, ut in ea homines acceptis clausis personis impingerent et ea ore cillerent, id est moverent, ad risum populo commovendum; et hoc in *Orpheo* lectum est."

[263] *Fervidus*, verwandt mit *fervor*, dem Wort, das Boccaccios Terminus für dichterischen *furor* war, könnte Poliziano darin bestärkt haben, den *Orfeo* als Furor-Dichtung auszugeben. Auch er trug seine Verse zugleich "compote mentis pectore" vor: mit rationalem Kalkül.

Charakter eines allegorisch-autobiographischen Textes verliehen, wie ihn der *Orfeo* von Anfang an darstellen sollte.
Poliziano vollzog die Liquidierung Orfeos, die eine Art "Teilselbstmord" war - mit dem Sänger starb der *iuvenis* in ihm -, nicht nur "sua sponte coactus" (infolge der Krise des Winters 1479/80), wie es Vacca von Lukan berichtet hatte, sondern darüber hinaus exakt im Todesalter des Epikers, über das ihn dieselbe Quelle informierte: "XXVI aetatis annum agens"[264].
Im *Genethliacon Lucani* des Statius durfte die Muse Kalliope den frühen Tod des Dichters mit dem ihres Sohnes Orpheus vergleichen[265]. Poliziano verwandte Orpheus und Lukan gleichermaßen als autobiographische Masken.

7.10.3 Die lexikalische Gestaltung des Konflikts zwischen Nero und Lukan in den *Nutricia*

Sed iniqua bonis Rhamnusia tantis
Heu decus hoc orbi invidit, ne vindice ferro
Assereret miseras incesto a principe terras.
Tum felix tamen, o juvenis, (nam conscia poenam
corda levant) felix, inquam! licet ille cruentum
Rugiat et truncas desiccet sanguine venas,
Fronte minax, diraeque instinctus verbere matris.

Die Verse 511-17 der *Nutricia* enthalten, häufig resemantisiert, prägnante Lexeme aus sorgsam ausgewählten Orten der früheren Literatur. Die Junktur "ille cruentum" (v. 515) beispielsweise bildete Poliziano, wie eingangs der Analyse gesehen, nach der Verbindung "ille cruento" (in gleicher metrischer Stellung) aus einer Lukan betreffenden Epistel Petrarcas. Untersuchen wir nun die Herkunft anderer Mosaiksteine des zitierten Abschnitts.
Laut Sueton[266] wurde Nero als Mörder seiner Mutter Agrippina schon zu Lebzeiten mit Orest verglichen, der bekanntlich die seine, Klytemnästra, umgebracht hatte. Juvenal hob indes hervor, daß das Mordmotiv des Orest weniger niedrig gewesen sei, wie überhaupt sein Wesen edler als das des Kaisers:

---

264 *Ed.* BRAIDOTTI, S. 38.
265 Vgl. *Silvae* II 7, vv. 98-101. Auffallend die düstere Iteration "- o dirum scelus! o scelus! - tacebis" (v. 104) am Ende ihrer *Vita Lucani*. Sie kontrastiert mit Polizianos Nachdruck auf "felix" in *Nutr.* 514f.
266 *Nero* 39.

Par Agamemnonidae crimen, sed causa facit rem
dissimilem. Quippe ille deis auctoribus ultor
patris erat caesi media inter pocula, sed nec
Electrae iugulo se polluit aut Spartani
sanguine coniugii, nullis aconita propinquis
miscuit, in scena numquam cantavit Orestes,
Troica non scripsit. Quid enim Verginius armis
debuit *ulcisci* magis cum *Vindice* Galba,
quod Nero tam saeva crudaque tyrannide fecit?
Haec opera atque hae sunt generosi principis artes,
gaudentis foedo peregrina ad pulpita cantu
prostitui Graiaeque apium meruisse coronae. (VIII 215ff.[267])

Auch in *Nutr.* 512 stoßen wir auf "vindice" mit Tonsilbe auf dem fünften Versfuß. Der "Vindex" Juvenals war eine historische Persönlichkeit (ein Gegner Neros), doch die Präsenz des semantisch verwandten Verbs "ulcisci" im gleichen Vers der Satire erlaubt den Transfer. In den *Nutricia* ist es Rhamnusia, die Göttin der Mißgunst, die Lukan daran hinderte, Nero "*vindice* ferro" zu töten: Die Pisonische Verschwörung, der er sich angeschlossen hatte, ja deren Bannerträger er laut Sueton gleichsam gewesen war[268], flog auf.

Das Verb "Assereret" (*Nutr.* 513) ist in Einklang zu Versen aus Letos Vita gewählt, in denen Lukan die Stationen seines Lebens Revue passiert:

Dum civile nefas aperit Pharsalia, nostrae
Invidit famae Nero. Pro musae! Canentis
Interrupit opus gladio, venisque resectis
Assertori sacros maculavit sanguine vultus. (*Laur. Plut.* 65,52, f. 28r.[269])

[267] "Zwar ähnelte Neros Verbrechen der Tat des Sohnes Agamemnons, doch das Motiv veränderte die Sachlage; denn jener ward durch Götterratschluß Rächer seines Vaters, den man beim Trank erschlug; doch nicht befleckte er sich dadurch, daß er Elektra die Gurgel durchschnitt, noch mit dem Blut seiner spartanischen Frau; kein Gift mischte er Verwandten, sang nie 'Orestes' auf der Bühne und schrieb kein Epos über Trojas Fall! Welche Untat, während Neros grausam-roher Tyrannei begangen, schrie mehr nach Rache durch die Waffen des Verginius oder Vindex und Galba? Das sind die Werke, das die Künste des Fürsten aus edlem Hause, dem es gefiel, sich ehrvergessen als Sänger auf fremder Bühne zur Schau zu stellen und dadurch den griechischen Eppichkranz zu erwerben." (Übersetzung: H. C. Schnur).

[268] "Paene signifer Pisonianae coniurationis" (*Vita Suetoni, ed.* BRAIDOTTI, S. 32).

[269] "Während meine *Pharsalia* das Unrecht des Bürgerkriegs Zug um Zug offenlegte, neidete mir Nero meinen Ruhm. Oh Musen! Das Werk eures Sängers unterbrach er mit dem Schwert und befleckte das heilige Antlitz des Befreiers mit Blut."
Im Manuskript folgt hypermetrisches "-que" auf "Musae"; statt "assertori" ist "assertore" zu lesen.

In dieser Skizze half Nero erstmals den Tod Lukans beschleunigen. Höchstwahrscheinlich inspirierte sich ihr Erfinder (Leto selbst?) wie später Poliziano für *Nutr.* 516 ("Rugiat et truncas desiccet sanguine venas") an der Schilderung der Ermordung Agrippinas in Suetons *Nero.* Paragraph 4 des 34. Kapitels der Biographie beginnt mit den Worten:

> Adduntur his atrociora nec incertis auctoribus: *ad visendum interfectae* [*sc.* Agrippinae] cadaver accurisse [*sc.* Neronem], *contrectasse membra* [...][270]

Im gleichen Abschnitt wird erwähnt, daß Nero nach eigenem Eingeständnis seit der Ermordung seiner Mutter von Wahngebilden heimgesucht wurde:

> [...] saepe confessus exagitari se materna specie verberibusque Furiarum ac taedis ardentibus.[271] (zit. im *Commento*, S. 538)

"Dirae instinctus *verbere* matris", lautet Polizianos Umsetzung dieser Vorgabe in *Nutr.* 517. Für die Todesdarstellung schöpfte er zusätzlich aus dem *Genethliacon Lucani* des Statius[272] und der *Philosophiae consolatio* des Boethius[273], insbesondere aber, vom Monolog Agrippinas (vv. 593-645) an, aus der

---

[270] "Namhafte Schriftsteller fügen noch grauenvollere Einzelheiten hinzu: Nero sei herbeigeeilt, die Leiche der Ermordeten zu beschauen, habe ihre Glieder betastet [...]." (Übersetzung: M. Heinemann).
Für den Wortlaut von *Nutr.* 516 vgl. Vergil, *Aeneis* IX 63f., "collecta fatigat [*sc.* lupum] edendi / ex longo rabies et *siccae sanguine* fauces"; Val. Flaccus, *Argonautica* IV 331f., "nec *sanguine* Pollux / territus averso *siccabat* vulnera caestu"; vor allem aber Silius Italicus, *Punica* II 464f., "exurit *siccatas sanguine venas* / per longum celata fames".

[271] "Oft bekannte er, daß er durch die Erscheinung seiner Mutter und durch die Furien mit ihren Geißeln und brennenden Fackeln immerfort verfolgt würde." (Übersetzung: M. Heinemann).

[272] Im Rahmen seiner Spekulationen über Lukans Aufenthaltsort *post mortem* stellte sich Statius den Verstorbenen zuletzt als hehren Schatten in der Unterwelt vor, in gebührender Entfernung zu Nero:

> seu magna sacer et superbus umbra
> noscis Tartaron et procul nocentum
> audis *verbera* pallidumque visa
> *matris* lampade respicis Neronem. (*Silvae* II 7, vv. 116-19)

[273] Für das Porträt des blutrünstigen Nero im Metrum II 6 der *Consolatio* griff Boethius Informationen auf, die Tacitus (*Annales* XIV 9) zwar erwähnt, aber als umstritten bezeichnet hatte:

> Novimus, quantas dederit ruinas
> urbe flammata patribusque caesis
> fratre qui quondam ferus interempto
> *matris* effuso maduit cruore
> corpus et visu gelidum pererrans
> ora non tinxit lacrimis, sed esse
> censor ex*stincti* potuit decoris. (vv. 1-7)

pseudosenecanischen *Octavia*[274]. Polizianos Transferleistung besteht darin, die Anstachelung zum Bösen, die - der Tragödie zufolge - Kaiser Claudius aus dem Jenseits auf seine Mörderin Agrippina ausübte, um eine Episode zu verschieben, sie sozusagen erblich zu machen. Genusänderungen belegen den Vorgang: Aus *cruentam* (*Oct.* 628, 668) wird *cruentum* (*Nutr.* 515), aus "dir*i* puls*a* Ner*onis*" (*Oct.* 672) "dir*ae* instinct*us* [...] mat*ris*" (*Nutr.* 517). Die Wahl des Partizips dürfte von *Oct.* 614, "*extinctus* umbras *agitat in*festus meas", ausgegangen sein, während die erste Hälfte von *Nutr.* 517, "*Fronte minax*", eine klare Nachbildung von "*vultu minaci* [*sc.* Agrippinae]" (*Oct.* 722, ebenfalls in Spitzenstellung) darstellt.
In Lukans Epos ist es nicht Nero, sondern Caesar, den Furien heimsuchen - beim Blick über das leichenübersäte Schlachtfeld von Pharsalus. Auch er wird dabei ausdrücklich mit Orest verglichen. Lexikalische Anleihen in *Nutr.* 515 zeigen die Relevanz, die Poliziano der Stelle beimaß:

> Exigit a meritis tristis victoria poenas,
> sibila et flammas infert sopor. Umbra perempti
> civis adest, sua quemque premit terroris imago:
> ille senum voltus, iuvenum videt ille figuras,
> hunc agitant totis fraterna cadavera somnis,
> pectore in hoc pater est, omnes in Caesare manes.
> Haud alios nondum Scythica purgatus in ara
> Eumenidum vidit voltus Pelopeus Orestes
> nec magis attonitos animi sensere tumultus,
> cum fureret, Pentheus aut, cum desisset, Agave.
> hunc [Caesarem] omnes gladii, quos aut Pharsalia vidit
> aut ultrix visura dies stringente senatu,
> illa nocte premunt, hunc infera monstra flagellant,
> et quantum misero *poenae* mens *conscia* donat,
> quod Styga, quod manes ingestaque Tartara somnis
> Pompeio vivente videt! (VII 771-86[275])

[274] Unverändert kehren in den Versen der *Nutricia* die Formen *matris* (*Oct.* 597, 610), *ferro* (*Oct.* 606), *poenam* (*Oct.* 612), und *sanguine* (*Oct.* 608) wieder; leicht variiert werden: *verbera* (*Oct.* 620), *vindex* (*Oct.* 596), *principis* (*Oct* 648, 668, 689).

[275] "Weil der Sieg verdientermaßen schonungslose Buße heischte, drangen zischende Schlangen und lodernde Fackeln auf die Schläfer ein. Die Schatten erschlagener Landsleute traten an ihr Lager, und auf jeden legte sich der Alpdruck eines anderen Phantoms: Dem einen erschienen die Gesichter alter Männer, dem anderen jugendliche Gestalten, manchen ängstigte von Traum zu Traum der Leichnam eines Bruders, ein Vater stand vor manchem Sinn - vor Caesar aber standen alle Toten. Nicht anders war es, als der Pelopide Orest vor seiner Sühnung am taurischen Altar Eumenidenfratzen sah, und zerschmetternder war der Aufruhr im Gehirn nicht, den in seinem Wahnsinn Pentheus oder im Erwachen aus ihrem Wahnsinn Agave spürte: Diesem Mann wurden alle Schwerter, die die Schlacht von Pharsalus gesehen hatte oder der Rachetag in Senatorenfäusten sehen sollte, in der Nacht zum Alpdruck, alle Ungeheuer aus dem Hades peitschten diesen Mann -

Der siegreiche Imperator fühlt sich nicht annähernd so unbeschwert wie Polizianos Lukan im Angesicht des Todes.
Ebenfalls auf Caesar spielt die Verwendung des Ausdrucks *poenam levare* in *Nutr.* 514f. an. Nach der Catilinarischen Verschwörung forderte der Triumvir schwerstmögliche Strafen für die Schuldigen[276]. Einmal verhängt, sollten sie durch niemanden gemildert werden können:

> *S*ancit [*sc.* Caesar] ne quis eorum *poenam* quos condemnat aut per senatum aut per populum *levare* possit. (*In Catilinam* IV 4,8[277])

Im Falle des Verschwörers Lukan zeigte *Caesar* Nero zwar ebenfalls keinerlei Bereitschaft zu Konzessionen, doch half dem Epiker - zumindest laut *Nutricia* - sein reines Gewissen.
Poenam levare ist auch ein typischer Ausdruck der Verbannungsschriften *Tristia* und *Ex Ponto,* in denen Ovid Augustus (und - nach dessen Tod - Tiberius) zur Milderung seiner Strafe aufrief[278]. Die Gedichte, die die Wendung enthalten, zeigen einen reuigen Naso[279], der schon mit der Erlaubnis zufrieden wäre, seinen Wohnsitz vom Schwarzen Meer an einen weniger barbarischen Ort verlegen zu dürfen[280]. Bald schildert er, wie ihn die Göttin Spes vom Selbstmord abgehalten

---

doch welch schwere Pein blieb dem Gewissen des so Heimgesuchten erspart, wenn er sich in seinen Träumen wohl vom Styxstrom, von Totengeistern und Tartarus bedrängt sah, Pompeius aber lebte!" (Übersetzung: W. Ehlers).

276 Die Todesstrafe gehörte nicht zu Caesars Forderungskatalog. Sie sei, argumentierte er, nicht hart genug, da sie den Delinquenten lange Qualen erspare.

277 "[Caesar] bestimmt, daß niemand, sei es mit des Senates oder des Volkes Hilfe, die Strafe derer lindern kann, die er verurteilt." (Übersetzung: D. Klose). Lexikalisch nächste Quelle für "nam conscia poenam / Corda levant" (*Nutr.* 514f.) ist Val. Flaccus, *Argonautica* III 262f., ein Passus, der nicht Glück, sondern äußerste Beklemmung zum Ausdruck bringt:

> illi autem neque adhuc gemitus neque *conscia* facti
> ora *levant*; tenet exsangues rigor horridus artus

NB: *Ora* enthält alle Buchstaben von *corda.* - Zur Junktur "conscia corda" s. Anm. 321.

278 "Restituit multos aut *poenae* parte *levavit,* / Caesar: et in multis me, precor, esse velit", schreibt Ovid in *Ex Ponto* III 6 33f, nachdem er die "clementia" des Augustus "in media [...] ira" (v. 7) gelobt und, als genügte dies nicht, behauptet hatte: "Principe nec nostro deus est moderatior ullus" (v. 23).

279 Vgl. *Ex Ponto* I 1 57f.: "*S*aepe *levant poenas* ereptaque lumina reddunt, / cum bene peccati paenituisse vident."

280 Vgl. *Ex Ponto* II 8 23f. und 35f.:

> parce, vir inmenso maior virtutibus orbe,
> iustaque vindictae supprime lora tuae.
> [...]
> parte *leva* minima nostras et contrahe *poenas*,
> daque, procul Scythico qui sit ab hoste, locum.

Denselben Wunsch äußert Ovid in *Tristia* II 183-86 - wieder mit dem einschlägigen Ausdruck:

habe, um ihm das Weinen als Therapie nahezulegen[281], bald porträtiert er sich als den Unglücklichen schlechthin, seufzt: "Felix, qui patitur quae numerare potest!", und verleiht seiner Hoffnung Ausdruck, daß sich der Zorn "invicti [...] Caesaris" einst legen werde. Sobald dies geschehe, wolle er singen "quod probet ipse [*sc.* Augustus]": "*Poenae* modo parte *levata* / barbariem rigidos effugiamque Getas"[282]. - Welch ein Gegenbild zum freudigen Lukan der *Nutricia*![283]

7.10.4. Von hesperischen Blitzen

Emicat hesperio trifidum ceu fulmen ab orbe
iuvenis (*Nutr.* 499f.)

Der Anfang des Lukan-Bildes der *Nutricia* läßt Vorlagen sehr unterschiedlicher Art durchscheinen. Eine lukrezische haben wir bereits in 7.10.1. kennengelernt. Als erste der übrigen sei hier das dritte Metrum aus Buch I der *Philosophiae Consolatio* vorgestellt. Es diente Poliziano zur Profilierung des Hell-Dunkel-Kontrasts, der aus seinem Einfall resultiert, Lukan aus den "tenebrae" (v. 496) des Heraklit hervorleuchten zu lassen. Hier Boethius' Verse:

Tunc me discussa liquerunt nocte *tenebrae*
luminibusque prior rediit vigor,
ut, cum praecipiti glomerantur sidera Coro
nimbosique polus stetit imbribus,
sol latet ac nondum caelo venientibus astris
desuper in terram nox funditur;
hanc si Threicio Boreas emissus ab antro
verberet et clausum reseret diem,

---

non precor ut redeam, quamvis maiora petitis
credibile est magnos saepe dedisse deos;
mitius exilium si das propiusque roganti,
pars erit ex *poena* magna *levata* mea.

281 *Tristia* I 6 39-46. *Ibid.*, v. 27f., die trostlosen Worte: "Spes igitur menti *poenae*, Graecine, *levandae* / non est ex toto nulla relicta meae".

282 *Tristia* V 1, v. 30, v. 41, v. 45f.

283 Polizianos Lukan, reinen Gewissens, kann auch als Gegenbild der Mutter des Meleager gelten, die sich, von Schuldgefühlen gequält, in ihr Schwert stürzte, nachdem sie die Tötung ihres Sohnes veranlaßt hatte:

Nam de matre manus diri sibi *conscia* facti
Exegit *poenas* acto per viscera ferro. (*Met.* VIII 531f.)

Das Opfer hatte den tödlichen Schmerz heldenhaft wie der Lukan der *Nutricia* ertragen: "Magnos superat virtute dolores" (*ibid.*, v. 517).

emicat et subito vibratus lumine Phoebus
mirantes oculos radiis ferit. (vv. 1-10[284])

Die Anleihe setzt Lukan mit Apoll gleich, der ihm in *Nutr.* 518f. die Ehre erweist. Lukan selbst schreibt in der *Pharsalia*, daß Caesar auf dem Schlachtfeld gewütet habe...

qualiter expressum ventis per nubila *fulmen*
aetheris inpulsi sonitu mundique fragore
emicuit rupitque diem populosque paventes
terruit obliqua praestringens lumina flamma:
in sua templa furit nullaque exire vetante
materia magnamque cadens magnamque revertens
dat stragem late sparsosque recolligit ignes. (I 151-157[285])

Interessanter noch als die Stelle selbst ist ihr weiterer Kontext, der Caesar als erfolgreichen *aemulus* des älteren Pompeius vorstellt. Aus Versen wie den folgenden wird deutlich, daß Poliziano das Paar Lukan-Vergil parallel zu dem der beiden Feldherrn konzipierte:

Stimulus dedit aemula virtus:
tu, nova ne veteres obscurent acta triumphos
et victis cedat piratica laurea Gallis,
Magne, times; te iam series ususque laborum
erigit impatiensque loci fortuna secundi.
Nec quemquam iam ferre potest Caesarve priorem
Pompeiusve parem. Quis iustius induit arma?
scire nefas; magno se iudice quisquis tuetur:
victrix causa deis placuit, sed victa Catoni. (I 120-28[286])

---

284 "Da entließ mich des Schattens Gewalt, und die Nacht war zerschlagen; / wiederkehrte die Kraft meinem Augenlicht, / wie, wenn beim Corus, dem jähen Nordwest, die Wolken sich ballen / und der Himmel umhüllet mit Regengrau, / wenn die Sonne sich birgt, ob kein Stern noch zum Himmel gezogen, / Nacht doch von oben verströmt auf die Erde hin: / wie dann Phöbus hervorbricht, erzitternd in plötzlichem Lichte, / staunende Augen trifft mit dem Sonnenstrahl, / falls der Nordwind das Dunkel, aus thrakischer Höhle entlassen, / peitscht, den verschlossenen Tag wieder öffnet." (Übersetzung: K. Büchner). - Cicero hätte seine Freude an der Kontrastierung der *Nutricia* gehabt. In dritten Buch *De oratore* ließ er Crassus fordern: "Habeat [...] illa in dicendo admiratio ac summa laus umbram aliquam et recessum, quo magis id, quod erit inluminatum, exstare atque eminere videatur." (§101).

285 "... als ob ein Blitz unter Sturmgewalt durch die Wolken zuckt, die Luft unter seinem Anprall knattern und das Firmament erdröhnen läßt, den Himmel aufreißt und die Menschen bange zittern macht, wenn er mit feurigem Zickzack die Augen blendet; da tobt er gegen die Tempel seines eigenen Herrn, und weil kein fester Stoff sein Treiben hindert, schafft er mit Macht beim Fall und mit Macht bei der Rückkehr überall Verwüstung und sammelt seine verstreuten Funken zu neuem Strahl." (Übersetzung: W. Ehlers).

Dem Mißtrauen des Pompeius entspricht das Maros in *Nutr.* 509-11.

Ein weiterer Agon, auf den Poliziano durch die Wahl des Verbs "emicat" möglicherweise anspielen will, ist das von Nisus, Salius und Euryalus dominierte Wettrennen in *Aeneis* V. Nisus liegt scheinbar uneinholbar vorn, als er stürzt. Er kann das Rennen nicht wiederaufnehmen, beeinflußt es aber entscheidend, indem er den ihm folgenden Konkurrenten Salius zu Fall bringt und so seinem eigentlich abgeschlagenen Busenfreund Euryalus zum Sieg verhilft. Vergils Schilderung enthält zweimal "emicat" am Beginn eines Verses (v. 319 und v. 337). Beim ersten Mal gilt es dem noch führenden Nisus, beim zweiten Mal dem "munere [...] amici" triumphierenden Euryalus. Er soll offenbar zum Pendant Lukans werden. Klar ist jedenfalls, daß Salius, der um den Sieg gebrachte Läufer, *alter ego* Vergils ist: Er wird mit den Worten "Proximus huic" (v. 320) als Zweitplazierter eingeführt, ganz wie Maro in *Nutr.* 346[287]. Gut 150 Verse später wird ihn, wenn schon nicht Homer, so doch der "Ausonius Homerus" stolpern lassen und seinem *amicus* Lukan einen Triumph bescheren. Nicht uneigennützig, wie wir darzulegen versuchten. Die folgenden Erwägungen zu *Nutr.* 499 sind trotz ihres spekulativen Charakters vielleicht geeignet, unsere These zu flankieren.

Der Auftaktvers des Lukan-Porträts läßt den Epiker "trifidum ceu fulmen" am westlichen Himmel aufleuchten. Die Aufgabe des Attributs "trifidum", 'dreifach gezackt', könnte darauf beschränkt sein, die Kraft des Blitzes ausdrücken, dem der Hispanier verglichen wird. In diesem Fall wäre es allerdings recht unmotiviert. Zumindest für erwägenswert halten wir daher die Annahme, daß das Beiwort

---

286 "Aufstachelnd wirkte männlicher Ehrgeiz: Du, großer Feldherr, fürchtetest, die neuen Taten könnten deine alten Erfolge überschatten, dein Triumph im Seeräuberkrieg möchte gegen den Sieg über Gallien verblassen; dich anderen aber steifte jetzt deine pausenlose Kampferfahrung und ein Glück, dem der zweite Platz zu wenig war - Caesar duldete keinen mehr über sich, Pompeius keinen neben sich. Wer mit größerem Recht Waffen anlegte, sollen wir nicht wissen: Jeder kann sich auf hohe Richter berufen - der Sieger hatte die Götter auf seiner Seite, doch der Verlierer einen Cato." (Übersetzung: W. Ehlers). - Pompeius, der, dem Kriege entwöhnt, "priori / [...] fortunae" (134f.) vertraut, wird einer majestätischen Eiche verglichen, die trotz beginnender Altersschwäche als einziger Baum des Waldes Respekt genießt: "Quamvis [...] / tot circum silvae firmo se robore tollant, / sola tamen colitur." (141ff.). NB: Die Dichter der *Nutricia* sind "Bäume" einer Sylva!

287 Ein Unterschied ist gleichwohl festzuhalten: *Aeneis* V 320 wartet mit einem Einschub auf, der die Kürze des Abstands zwischen beiden Sportlern stark relativiert ("Proximus huic, longo sed proximus intervallo"), wohingegen in *Nutr.* 346ff. die Möglichkeit, daß Vergil vor Homer liegen könnte, nur aufgrund der größeren *antichità* des Griechen ausgeschlossen wird: "Proximus huic autem, vel (ni veneranda senectus / Obstiterit) fortasse prior, canit arma virumque, / Vergilius".
Begünstigt wurde die Adaptation des Wettlaufs aus *Aeneis* V vielleicht durch Manilius. Er würdigte zum Auftakt von Buch II seines *Astronomicon* Homer als "maximu*m* [...] vate*m*" (v. 1), um dann fortzufahren: "sed *proximus illi* / Hesiodus memorat divos divumque parentis" (v. 11f.).

insgeheim weniger dem hispanischen Autor als dem in *drei* Sprachen - Volgare, Latein und Griechisch - brillierenden Dichter Poliziano gelten könnte.
"*Hesperio* [...] ab orbe" scheint allein durch Claudian, *De quarto consulatu Honorii* 128f. ("te gaudet alumno / Bosphorus. *Hesperio* de limine surgit origo"), angeregt. Da Honorius Hispanier war, bot sich eine Übertragung des Adjektivs auf Lukan an. Vielleicht liegt aber auch hier ein autobiographischer Nebensinn vor, denn in seiner sekundären Bedeutung, 'italisch, lateinisch', findet sich *hesperius* an gleicher metrischer Stelle in einem lobenden Epigramm, das Bernardo Michelozzi *Ad Angelum* gerichtet hatte. Wir entnehmen es dem Kodex *Laur.* 90 *sup.* 37:

Nunc Dea me vacuas volitans formosa per auras
  Duxit in Aonidum, casta Minerva, domum:
"Aspice, ut hic fluvius gemino petat aequora rivo",
  inquit, "et ut late per nemus omne fluat:
Angelus *hesperiis* hic passim dicitur arvis,
  itala quem laudat, lingua pelasga canit."
Hinc ait: "O juvenis, celeri circumspice mente
  ausoniam quantum hic rivus inundet humum."
Alter ut invicto deflectat cornua cursu,
  exeris undae tuum, dulcis Homere, caput.
Si detur assiduo fluvium increbescere fonte,
  nil erit Euphrates niliacusque tumor.
Ausonios graiosque simul spargetur in agros,
  illius ut famam servet utrumque polum [*sic*].
Ante nec inflexo compescat gurgite cursum
  Astris quam nomen terminet ipse suum. (f. 123v)[288]

Der Ausonische Homer ist nicht nur an den hesperischen Ufern bekannt, er hebt sein Haupt noch dazu aus den Wellen des westlichen Meeres, über dem auch der Hispanier Lukan aufstrahlt. Der Anlaß des Epigramms, die im Werden befindliche

288 "Nun führte mich die schöne, keusche Göttin Minerva durch die Lüfte zur Wohnstatt der Musen. 'Schau, wie dieser Fluß mit doppelter Strömung dem Meer entgegenstrebt und in breitem Bett durch den ganzen Hain fließt', sagte sie. 'Angelus ist sein Name am westlichen Ufer; ihn lobt die lateinische, ihn besingt die griechische Zunge.' Und sie fügte hinzu: 'O Jüngling, betrachte flink, wie reich dieser Fluß den ausonischen Boden bewässert.' Wo dein *alter ego* [*sc.* der griechische Homer] seinen unbesiegt dahinziehenden Wagen abwärts lenkt, da hebst du, lieblicher [lateinischer] Homer, dein Haupt aus den Wellen. Wenn es dir vergönnt ist, die Kraft deines Redestroms durch ständigen Zufluß von Quellwasser zu mehren, dann werden der Euphrat und die Strudel des Nil ein Nichts sein. Zugleich wird er sich über die lateinischen und griechischen Lande ergießen, so daß die ganze Welt seinen Ruhm bewahren wird. Die Kraft seiner Wasser möge nicht nachlassen, bevor er den Namen Homers bis an die Ränder des Alls bekannt gemacht hat."

Ilias-Übersetzung, läßt erkennen, daß es in den frühen siebziger Jahren des Quattrocento entstand.

7.10.5. Manifestation(en) des Stolzes

Der Ausruf "Tum felix tamen, o juvenis, (nam conscia poenam / Corda levant) felix, inquam!" (*Nutr.* 514f.) scheint seine syntaktische Gestalt einem Prosatext des Ausonius, der *Gratiarum actio ad Gratianum Imperatorem pro consulatu*, zu verdanken. Der spätantike Dichter betonte darin, sein hohes Amt allein durch die Gunst des Kaisers, und nicht etwa, wie andere, über "Beziehungen" oder durch Bestechung erlangt zu haben. Stolz verkündete er:

> Iure meo, Auguste maxime, adfirmare possum, incolumi omnium gratia, qui ad hunc honorem diversa umquam virtute venerunt venturique sunt (suus enim cuique *animus*, suum meritum sibique mens *conscia* est), iure, *inquam*, meo adfirmare possum me mihi videri a ceteris esse secretum. (§14[289])

Vergleichen wir den Abschnitt mit *Nutr.* 514f., so erkennen wir jeweils eine unterbrochene Periode, deren Hauptfaden durch die erneute Nennung des Eingangselements - dort "iure meo", hier "felix" - und den Zusatz "inquam" wiederaufgenommen wird. Die Parenthese enthält dabei jeweils die Adjektivform "conscia" (einmal als Femininum Singular, einmal als Neutrum Plural).

Zufällige Parallelen? - Falls nicht, dann könnte man sagen: Ausonius behauptete, sein Konsulat aus eigener Kraft erlangt zu haben; indem Poliziano die Worte des Aquitaniers im Lukan-Porträt der *Nutricia* rezipierte, untermauerte er den eigenen Anteil an der Erringung seines Karrieregipfels, des Lehrstuhls für Rhetorik und Poetik. War Angelo selbst auf den Spuren seines *alter ego* Orpheus auf den "Parnaß" gelangt, so ließ er nun, in der heimlichen Nachfeier jenes Coups, Lukan dort Einzug halten.

---

289 "Mit vollem Recht, erhabenster Kaiser, darf ich betonen, ohne diejenigen zu verletzen, die durch andere Gaben zu dieser Ehre gekommen sind und kommen werden (jeder nämlich hat seine persönliche Gemütsart, sein persönliches Verdienst und weiß darum in seinem Geist), mit vollem Recht, sage ich, darf ich betonen, daß ich glaube, mich von den anderen [durch mein ehrbares Verhalten] abgesetzt zu haben."

7.10.6. Rhamnusia und die Projekte des jungen Poliziano

"Sed iniqua bonis Rhamnusia tantis / Heu decus hoc orbi invidit": Mit diesen Worten leitet *Nutr.* 511f. zur Episode von Lukans Tod über. Poliziano plazierte die Rachegöttin wohl bewußt auf dem fünften Versfuß (samt Auftakt). Die gleiche Stelle hatte sie in einem Hexameter der XXV. Epistel des Ausonius inne, die einen erstaunlichen Kontext bietet. Dies gilt nicht so sehr für die Evokation der Gottheit selbst...

> Grande aliquid verbum nimirum diximus, ut se
> inferret nimiis vindex *Rhamnusia* votis; (v. 51f.[290])

... als vielmehr für die nachfolgende Illustration ihres strafenden Einschreitens. Sie zeigt einen Mann, der sich einst mit großtönend anschickte, "Medica monumenta" zu errichten und von der Rächerin jäh gebremst wurde:

> Arsacidae ut quondam regis non laeta triumphis
> grandia verba premens ultrix dea *Medica* belli
> sistere Cecropidum in terris *monumenta* paranti
> obstitit (vv. 53-56[291])

Wir glauben Poliziano unterstellen zu dürfen, daß er die "medischen Denkmäler" zu "Denkmälern für die Medici" umlas, wie sie seine Großprojekte *Stanze* und *Ilias*-Übersetzung darstellen, beide auf der Strecke geblieben. Die "attischen Lande" ("Cecropidum [...] terr*ae*") konnte er mühelos auf die *novella Atene* Florenz übertragen.

7.10.7. Poliziano, Landino und Lorenzo (zu *Nutricia* 504f.)

Wenn Lukans rhetorische Fähigkeiten in den *Nutricia* mit denen eines Odysseus oder Perikles verglichen werden, so hat es damit eine ganz besondere Bewandtnis, die uns die extreme Vielschichtigkeit der 21 dem Epiker gewidmeten Verse noch

290 "Allzu großartig waren sie, unsere Worte, ja, so groß, daß Rhamnusia strafend die maßlosen Wünsche vereitelte."

291 "..., so wie die Rachegöttin einst, alles andere als erfreut über seine Triumphe, die großen Worte des Arsakiden-Königs strafte und ihm Einhalt gebot, als er bereits Vorbereitungen für die Aufstellung Medischer Denkmäler im Land der Athener traf."

plastischer vor Augen führt. Unstreitige Quelle für die Worte "ac torrens voce soluta / Dulichias aequare nives [...] tendit" (*Nutr.* 504f.) ist das 22. Gedicht einer Sammlung des Ausonius mit dem Titel *Commemoratio professorum burdigalensium*. Lesen wir es zur Gänze:

CRISPUS ET URBICUS GRAMMATICI LATINI ET GRAECI

Tu quoque in aevum, Crispe, futurum
maesti venies commemoratus
munere threni.

Qui primaevos fandique rudes
elementorum prima docebas
signa novorum,

creditus olim fervere mero,
ut Vergilii Flaccique iocis
aemula ferres.

Et tibi Latiis posthabite orsis,
Urbice, Grais celebris, carmen
nunc ἐλεγίζω.

Nam tu Crispo coniuncte tuo
prorsa solebas et vorsa loqui
impete eodem,

priscos ut [mox] heroas olim
carmine Homeri commemoratos
fando referres,

dulcem in paucis ut Plistheniden
et *torrentis* ceu *Dulichii*
ninguida dicta

et mellitae nectare vocis
dulcia fatu verba canentem
Nestora regem.

Ambo loqui faciles, ambo omnia carmina docti,
callentes mython plasmata et historiam.

Liberti ambo genus, sed quos meruisse deceret
nancisci ut cluerent patribus ingenuis.[292]

Schon der Titel von Ausonius' Sammlung führt uns in das Ambiente eines Lehrbetriebs. Prof. Poliziano überführte es von Bordeaux nach Florenz, indem er sich selbst mit Prof. Urbicus gleichsetzte. Seine intensive Beschäftigung mit griechischen Autoren und insbesondere seine Homerübersetzung berechtigten ihn zu diesem Transfer.

Wer aber ist der neue Crispus? - Die Antwort dürfte lauten: Cristoforo Landino, Polizianos Kollege am Florentiner *Studio*. Wenn auch nicht überliefert ist, daß er je wie sein aquitanisches Pendant trunken ans Katheder schritt, so war er doch immerhin ein führender Verfechter der Furor-Lehre. Noch spektakulärer indes die Koinzidenz, daß Landino mit Vergil[293] und Horaz[294] just die lateinischen Autoren bevorzugt kommentierte, mit denen sein "Vorläufer" in Wettstreit getreten war.

7.10.8. Cosimo de' Medici zwischen Lukan und Poliziano

Im zweiten Buch seines *Compendium in vitam Cosmi Medicis* schildert Amerigo Corsini ausführlich die Episode der Exilierung von Lorenzos Großvater. Begonnen hatte es mit der Darstellung von Cosimos Aufstieg zu einzigartigem Ruhm und allgemeiner Beliebtheit. Ihr folgt eine mythologische Erzählung nach

---

292 "*Crispus und Urbicus, Lehrer für Lateinische und Griechische Literatur.*
Auch deiner wird man dank meines Trauergesangs in aller Zukunft gedenken, Crispus. Du brachtest der ungeschlacht sprechenden Jugend die Grundlagen ihnen unbekannter Fächer bei. Einmal sollst du dich gar berauscht haben, um deine Ausführungen mit den Scherzen eines Vergil und eines Horaz in Wettstreit treten zu lassen.
Dir aber, Urbicus, nicht so hoch geschätzt für lateinische Unternehmungen, für griechische aber berühmt, huldige ich nun. Du pflegtest gemeinsam mit Crispus und ebenso kraftvoll in Prosa und Versen zu sprechen, um die Helden der homerischen Epen vorzustellen: den in knapper Rede gefallenden Plistheniden, den heißblütigen Odysseus mit seinen Schneeflocken gleichen Aussprüchen, und Nestor, den König, der mit dem Nektar seiner honigsüßen Stimme liebliche Worte kündete.
Crispus und Urbicus: Beide gewandt im Ausdruck, beide in jeder Art Dichtung bewandert, beide erfahren im Erfinden von Geschichten wie in der Geschichtsschreibung; beide Freigelassene, aber von einer Wesensart, daß sie es verdient gehabt hätten, durch edle Abkunft berühmt zu sein."

293 Die Beschäftigung Landinos mit Vergil reicht von der frühen *Praefatio in Virgilio* (1462) über die *Allegoriae virgilianae* (1473) und die *Disputationes Camaldulenses* (1474) bis hin zum *Aeneis*-Kommentar, der allerdings erst nach Beendigung der *Nutrix* entstand.

294 1482 erschienen der monumentale Horaz-Kommentar Landinos, zu dem Poliziano eine Ode *Ad Horatium Flaccum* (DEL LUNGO, S. 261f.) verfaßte.

ovidischen Mustern (v. 45ff.), die, sofern sie vor Polizianos *Epicedion in Albieram* (1473) entstanden sein sollte[295], wesentliche Teile des seit der klassischen Studie Perosas als kreative Glanztat Angelos geltenden *Febris*-Mythos vorweggenommen hätte.

Fortuna, unwillig über Cosimos Glück, reist in die Hölle und fordert dort Phthon (v. 83), den Gott der Mißgunst, zum Einschreiten gegen den Medici auf. Cosimos Ruf wird in der Folgezeit "opprobriis [...] acerbis" (v. 131) einflußreicher Neider zuschanden gemacht. Religio und Pietas erscheinen und beklagen, daß nur Ungerechte "magna [...] praemia" (v. 154f.) davontrügen - ein Punkt, auf dem wir Poliziano in der *Lettera apologetica* ebenso haben insistieren sehen wie auf der verheerenden Wirkung böser Zungen für das eigene Ansehen. Die Göttinnen bitten Jupiter, dem Medici zu helfen. Der Herrscher des Himmels versichert ihnen, Cosimo aus allen Gefahren letztlich unversehrt herauszuführen und ihm, "tut*o* ab invidia et longe secur*o* ab omni / Fortunae casu", einen "notum et clarum per saecula nomen" (v. 195f.) zu bescheren. Zunächst indes nimmt das Unglück seinen Lauf. Der Rat der Stadt beschließt, Cosimo für fünf Jahre zu verbannen (v. 257). Der Medici hält eine letzte Rede vor der versammelten Menge (vv. 263-95). Ein Traumgesicht hatte ihm, frei nach Corsini, schon zuvor verheißen, daß er nach weniger als einem Jahr triumphal zurückkehren würde. Überall auf seiner Reise, erfahren wir dann, habe man Cosimo begeistert empfangen, doch seine Liebe zu Florenz sei zu stark gewesen, als daß man ihn hätte halten können (v. 513ff.).

Ist dies ein weiteres Element, das Poliziano in der *Lettera apologetica* aufgriff[296], so scheint - und darauf wollen wir hinaus - ein Teil der Abschiedsrede Cosimos auf das Ende des Lukan-Porträts der *Nutricia* gewirkt zu haben. Hier ist er:

> Si quid enim in me collatum crudele fuisset,
> Id breve nempe foret, nam semper *conscia* recti
> Mens mihi venturae spondebat gaudia vitae.
> Sed magis angebat patriae immedicabile vulnus,
> Quod fore perpetuum rebar multisque dolendum.
> Compositis postquam rebus nunc cuncta quiescunt,
> Unius exilio nullo est subeunda dolore
> *Poena* mihi, at laetis *animis* et mente quieta

---

[295] Das *Compendium* entstand zwischen 1464 und 1477, wahrscheinlich aber vor 1469 (vgl. oben, Kap. 2).
[296] *Ed.* PICOTTI, S. 100.

Parendum dominisque meis patriaeque cavendum.
Ergo libens vestris laetusque obtempero iustis (vv. 281-90[297])

Neben den lexikalischen Entsprechungen sind auch die inhaltlichen beeindruckend. Cosimo, der frohen Herzens die über ihn verhängte Strafe der Verbannung auf sich nimmt, stärkt die Bande zwischen dem glücklich sterbenden Lukan der *Nutricia* und dem (*post festum* kräftig idealisierten) Poliziano des Winters 1479/80.
Cosimos Rückruf nach Florenz war ein geschichtliches Faktum, das Corsini nur zu überhöhen brauchte, Lukans triumphaler Aufstieg *post mortem* hingegen eine reine Erfindung Polizianos. Über die lexikalischen Brücken zum *Compendium* spielt der *Nutricia*-Dichter auf den Anlaß dieser Erfindung an: die eigene ehrenvolle Heimkehr aus einem "Exil", das ihn wie den nachmaligen *Pater Patriae* zunächst nach Venedig geführt hatte.

7.10.9. Lorenzo zwischen Nero und Apoll

Im ersten Buch der *Pharsalia* prophezeihte Lukan, daß Nero nach seinem Tod die Rolle eines Gottes seiner Wahl übernehmen werde, und beschrieb ausführlich den Fall einer Entscheidung des Kaisers zugunsten Apolls[298].

---

[297] "Wenn irgendeine grausame Maßnahme gegen mich beschlossen worden wäre, so wäre das Übel doch nur von kurzer Dauer gewesen, denn stets versprach mir mein Geist die Freuden des kommenden Lebens, wohl wissend um seine Rechtschaffenheit. Aber stärker bedrückte mich die Gefahr einer unheilbaren Wunde für mein Vaterland, die nach meiner Einschätzung für viele schmerzhaft gewesen wäre. Jetzt, da sich die Situation beruhigt hat, trifft mich die Verbannung allein meiner Person in keiner Weise. Frohen Herzens und ruhigen Geistes will ich mich fügen, wie es meine Pflicht ist, und so denen, die über mich herrschen, und meiner Heimatstadt beistehen. Froh und bereitwillig gehorche ich euren gerechten Weisungen *etc.*" - Zu Cosimos Standhaftigkeit gegenüber seinen Neidern vgl. auch *Compendium* II 139f.: "Integer est *animus* solum; tum *conscia* recti / Mens hominem sperare iubent [*sic*] et fidere divis".

[298] Vgl. *Pharsalia* I 45-52:

Te, cum statione peracta
astra petes serus, praelati regia caeli
excipiet gaudente polo; seu sceptra tenere,
seu te flammigeros Phoebi conscendere currus,
telluremque nihil mutato sole timentem
igne vago lustrare iuvet, tibi numine ab omni
cedetur, iurisque tui natura relinquet,
quis deus esse velis, ubi regnum ponere mundi.

In der *Apocolocynthosis* des Seneca nennt Apoll den römischen Kaiser "mihi similis vultu similisque decore / nec cantu nec voce minor" (Kap. 4).

Eine in den Anfängen der Regierungszeit Lorenzos entstandene Elegie Naldo Naldis (III 19), die wir bereits betrachteten, zeigt den Magnifico in ständigem Rollentausch zwischen Apoll und Mars. Nach kriegerischen Phasen[299], heißt es darin, erweise er sich immer wieder apollinisch:

Inde, probis quotiens animos das civibus aut cum
Exponis meritis praemia digna viris,
Sumis Apollineos habitus et pectore toto
Concipis aurata verba canenda lyra *etc.* (vv. 15-18[300])

Soll der Apoll der *Nutricia*, der Lukan den Lorbeerkranz aufsetzt, in ähnlicher Weise insgeheim den Lorenzo des Frühjahrs 1480 verkörpern, der Poliziano mit der Professur für Rhetorik und Poetik beschenkte; der die Maske des späten Nero abgelegt und die Rolle des Dichterfreundes, aus der er vorübergehend gefallen war, von neuem übernommen hatte?

Naldis Verse waren dem Autor der *Nutricia* ohne Zweifel präsent: Mindestens zwei der vier Gedichte aus der Feder des Florentiners, die Polizianos Rezeption der Maeon-Episode aus der *Thebais* vorwegnahmen, hinterlassen sichtbare, über Statius hinausgehende Spuren im triumphalen Schlußakkord der Lukan-Biographie. Eines, die *Elegie* II 3 auf Papst Pius II., lieh der Sylva die *cithara*:

Nec socium Phoebus *te dedignatus hon*estum *est*
Sed sibi te firma iunxit amicitia.
Ex hac cum dederit pariter te ferre coronam,
Qua premit auricomum fronde virente caput,
Sumere cum *citharam* te sit quoque passus eandem,
Qua solitus laudes concinuisse patri est,
Sic, dum Castalias doctus spatiaris ad undas
Dumque frequens lymphis proluis ora sacris,
Iuppiter ipse diem ratus est venisse, nitentis
Quo Pius acciperes sceptra tenenda poli. (vv. 49-54[301])

299 Naldi meinte selbstredend militärische Leistungen zum Schutz der Vaterstadt.

300 "Jedesmal wenn du rechtschaffenen Bürgern Mut machst oder verdienstvollen Männern würdige Belohnungen aussetzt, nimmst du dann wieder apollinische Züge an: Mit der ganzen Kraft deines Herzens ersinnst du dann goldene Worte, bestimmt zum Vortrag mit der Leier."

301 "Nicht verschmäht als ehrenhaften Gefährten hat dich Phoebus, sondern sich dir im Gegenteil in fester Freundschaft verbunden. Aus Freundschaft gewährte er dir, den grünen Lorbeerkranz zu tragen, der sonst sein goldgelocktes Haupt krönt, und die Leier zu ergreifen, auf der er spielt, wenn er seinem Vater Lobgesänge darbringt. Während du, der Gelehrte, dich also an die kastalischen Wasser begabst und deinen Mund oft mit heiligem Naß benetztest, da meinte Jupiter persönlich, daß der Tag gekommen sei, an dem du als Papst Pius die Herrschaft über die Welt empfangen solltest."

In der *Elegie* III 3, die dem jungen Lorenzo die Verdienste seines Vaters und seines Großvaters vor Augen führt, rühmt Apoll erst Cosimo und dann Piero de' Medici als Förderer der Musen, wobei jeweils die Klausel "dignatus honore" (v. 29 bzw. v. 109) zu verzeichnen ist, nahezu identisch mit der von *Nutr.* 519, "dignatus honora est". Dieselbe Schlußformel bezieht sich in der *Elegie* III 26, einem Nachruf auf Piero, erneut auf Lorenzos Vater. Diesmal freilich bilden nicht mehr die Aonischen Schwestern, sondern ihre gelehrten Jünger das direkte Objekt des Verbs:

Nam vos, quae Cirrhae tandem iuga summa tenetis,
  Vos, quae Castalia membra levatis aqua,
Vos etiam Medicis tam tristi in funere Petri
  Tristibus a lachrimis abstinuisse negant,
Et merito, quis enim tota fuit alter in urbe,
  Qui mage promeritis praemia digna daret,
Maiori aut doctos qui sit *dignatus honore*,
  Qui magis aut summis faverit ingeniis? (III 9, 195-202[302])

Den grammatischen Ort der *docti* nimmt in *Nutr.* 518f. Lukan ein. Die verborgene Botschaft der *Nutricia* dürfte lauten: Als *alter Apollo* trat Lorenzo in die Fußstapfen seines Vaters, als er das *summum ingenium* des *alter Lucanus* Poliziano ehrte.

7.10.10. Die sophistische Dimension von Lukans Verherrlichung

7.10.10.1. Petrarcas *Glücksbuch* und die *iactantia* Lukans

Im Kapitel I 9 von Petrarcas Traktat *De remediis utriusque fortune*, überschrieben *De eloquentia*, preist Gaudium die Redekunst als "torrens", "rapida", "clara", "prefulgida", "plena atque perfecta", "summa", "dulcis et ornata", "sonora" und

[302] "Ihr, die ihr die höchsten Joche des Berges Cirrha bewohnt, ihr, die ihr euere Glieder am kastalischen Quell erquickt, auch ihr sollt beim Begräbnis Piero de' Medicis die Tränen nicht zurückgehalten haben; mit Recht, denn welchen anderen gab es in der ganzen Stadt, der verdiente Bürger würdiger entlohnt, Gelehrten größere Ehren beschert, überragende Talente besser gefördert hätte?" - Das vierte Gedicht Naldis mit der Klausel "dignatus honore" spielte für Poliziano keine Rolle: Es handelt sich um die *Elegie* II 4, *Ad Marsilium Ficinum de vita Platonis*. Die einschlägige Stelle lautet: "Te [*sc.* Platonem] vel Aristoteles superum *dignatus honore* / Dicitur et votis saepe vocasse suis" (v. 81f.).

"florida". Ratio gesteht ihr zu, daß die Beredsamkeit ein "magnum [...] instrumentum glorie" sei, betont aber, daß ihr Glanz verderblich wirke, sofern sie nicht von Bescheidenheit gezügelt und mit Weisheit verbunden werde. Allzu oft diene sie skrupellosen Menschen ("procacibus atque inverecundis") zu verbrecherischen Zwecken und beflügele Heißsporne ("ardentes").

Ein "ardentis vir ingenii atque animi" ist Lukan nach dem Zeugnis der *Senilis* V 3. In Polizianos Porträt glänzt der Epiker mit einigen der Qualitäten, die Gaudium zum Lob der Beredsamkeit ins Feld führt: Wörtlich ist die Entsprechung beim Attribut "torrens" (*Nutr.* 504).

Ratio hält Beredsamkeit nur dann für schicklich, wenn sie "innocenter et absque iactantia"[303] eingesetzt wird. Ausgerechnet die Prahlsucht war nun aber, wie oben bei der Lektüre des Altersbriefs gesehen, für Petrarca der hervorstechende Wesenszug Lukans[304]. Folgt man den Worten der personifizierten Vernunft, so kann man in der *iactantia* auch den Grund für die Mißgunst erkennen, die Vergil laut *Nutricia* erfüllte, betonte sie doch, daß jene Charaktereigenschaft bei anderen Haß und Neid hervorrufe.

Prahlen mit natürlicher Begabung, wie es die *Culex*-Anekdote schildert, ließ sich Ratio schon in Kap. I 7, *De ingenio*, nicht bieten. Als sich Gaudium dort "acutissimi ingenii" brüstete, reagierte sie harsch: "Nihil sapientie odiosius acumine nimio, nihil vero philosophanti molestius quam sophista". Werde ein mit hervorragenden Anlagen ausgezeichneter Mensch hoffärtig, fuhr sie fort, verdiene er es, der Fürst der Finsternis zu werden. Nichts stehe dem persönlichen Fortschritt so sehr entgegen wie der Glaube, die Vollkommenheit bereits erlangt zu haben. Man merkt, daß Petrarca Lukan nicht nur aufgrund seines Selbstmords in der Hölle schmoren läßt...

---

303 Sämtliche Zitate aus: Petrarca, *Opera*, S. 13f.

304 Petrarcas Epigonen schlugen in die gleiche Kerbe: Boccaccio, der Empfänger der Epistel, kritisierte den Epiker als "alquanto presuntuoso in estimare della sua sofficienza, oltre al convenevole" (*Esposizioni sopra la Commedia* IV i 128), Pier Candido Decembrio schrieb: "Huius siquidem poetae iactantia stilo et eloquentiae suae par, immo superior habita est." (*Laur. Plut.* 65,52, f. 25r).

7.10.10.2. Das Sterben des Pompeius als angebliches Vorbild Lukans

Folgt man der Darstellung des Tacitus[305], zeigte Lukan *in extremis* Standfestigkeit, als er scheinbar unbeirrt von seinen Qualen Verse aus seinem Epos rezitierte. Zuvor war ihm jedes Mittel recht gewesen, um seine Haut zu retten: Wahrheitswidrig hatte er gar die eigene Mutter beschuldigt, in die Pisonische Verschwörung verstrickt gewesen zu sein. Warum der plötzliche Wandel zur *virtus*? Poliziano suchte und fand die Antwort im Œuvre Lukans. Nicht nur gefestigt, nein, "felix" sei der Epiker in den Tod gegangen, heißt es in den *Nutricia*[306]. Alles Kalkül, glaubte Poliziano zu wissen: Gemeinsam mit dem Adjektiv schanzte er Lukan auch die Gründe zu, die Pompeius Magnus laut *Pharsalia* dazu bewogen, sich im Angesicht seiner Mörder ostentativ glücklich zu geben:

> [Ut vidit comminus ensis,] lumina pressit
> continuitque animam, ne quas effundere voces
> vellet et aeternam fletu corrumpere famam.
> Sed postquam mucrone latus funestus Achillas
> perfodit, nullo gemitu consensit ad ictum
> respexitque nefas[307] servatque immobile corpus
> seque probat moriens atque haec in pectore volvit:
> "Saecula Romanos numquam tacitura labores
> attendunt, aevumque sequens speculatur ab omni
> orbe ratem Phariamque fidem: nunc consule famae.
> Fata tibi longae fluxerunt prospera vitae;
> ignorant populi, si non in morte probaris,
> an scieris adversa pati. Ne cede pudori
> auctorem dole fati: quacumque feriris,
> crede manum soceri. Spargant lacerentque licebit,
> sum tamen, o superi, *felix*, nullique potestas
> hoc auferre deo. Mutantur prospera vita,
> non fit morte miser. Videt hanc Cornelia caedem
> Pompeiusque meus: tanto patientius, oro,

---

305 *Annales* XV 56; vgl. *Vita Suetoni, ed.* BRAIDOTTI, S. 32.

306 Dies ist umso bemerkenswerter, als Nero für Petrarca zu denjenigen gehörte, "[che] fanno / parer la morte amara più ch'assenzio" (*Triumphus Mortis* II 44f.).

307 Vgl. *Nutr.* 507f.: "Pharsalica praelia [...] / Aegyptique *nefas*". Cicero nahm die zweite Junktur in seinem Werk *De natura deorum* vorweg: "Quartus [Mercurius] Nilo patre [natum ferunt], quem *Aegyptii nefas* habent nominare" (III 56).

> claude, dolor, gemitus; gnatus coniunxque peremptum
> si mirantur, amant.' Talis custodia Magno
> mentis erat, ius hoc animi morientis habebat." (VIII 612-33[308])

Alle, die Pompeius hätten sterben sehen, heißt es wenig später (v. 663ff.), hätten seine Tapferkeit bezeugt. Lukan läßt den Schatten des Feldherrn schließlich zu Beginn des neunten Buches der *Pharsalia* zu den "semidei Manes" (v. 7) aufsteigen. Analog dazu deutet Poliziano den Aufstieg des Hispaniers in himmlische Zonen an.

Niccola Vieri, Gegner der stoischen Lehre in Albertis *Profugiorum ab aerumna libri*, sah hinter nahezu jedem "Heldentod" ein rhetorisches Manöver zur Steigerung des Ruhms:

> Molti per paura di maggior tormenti deliberorono uscire di vita. E quegli altri cupidi di gloria, che col fronte e colle parole ostentorono in sé maravigliosa durezza contro a' casi e contro alle perturbazioni, Dio lo sa se l'animo loro era pacato e tranquillo. E pure, se uno e un altro si truovò in cui non fusse alle calamità sue sentimento e animo umano, furono o dii o certo non uomini. Chi non sente le cose che senton gli altri infiniti uomini, costui solo non è uomo. (*ed.* GRAYSON, S. 117)

308 "Als er sich Schwertern gegenüber sah, [...] preßte er die Augen zu und hielt den Atem an, damit er nicht versucht sei, auch nur die geringsten Laute auszustoßen und für immer seinen Ruhm mit Tränen zu verderben. Nein, nachdem Achillas ihm mörderisch seinen Degen durch die Flanke gerammt hatte, zeigte er mit keinem Seufzer, daß er von dem Stoß berührt sei oder der Untat Beachtung schenke, sondern hielt den Körper reglos, stellte sich im Sterben auf die Probe und bewegte dies im Herzen: 'Künftige Geschlechter, die von Römerleistungen nie schweigen werden, merken auf, und die Folgezeit beobachtet von jedem Punkt der Erde Boot und Redlichkeit Ägyptens: Jetzt sorg für deinen Nachruhm! Was dir ein langes Leben brachte, war ein Strom von Glück: Die Menschen bleiben ahnungslos, ob du Ungemach zu tragen verstehst, wenn du es nicht im Tod beweist. Vergeh nicht vor Scham und kränke dich nicht über den, der dein Ende herbeiführt: In jedem Stoß erkenne des Schwiegervaters Hand! Mag man mich zerstückelt hier- und dorthin werfen, dennoch bin ich glücklich, und keiner von euch Göttern droben hat die Macht, mir dies zu nehmen. Nur das Leben endet einen segensreichen Lauf, der Tod macht keinen Menschen elend. Cornelia und mein Pompeius sehen meinen Mord: Um so gefaßter, Schmerz, unterdrücke bitte Seufzerlaute - wenn Sohn und Gattin es bewundern, so ist mein Sterben ihnen lieb.' So wachte der große Feldherr über seine Denkart, übte diese Herrschaft über sein erlöschendes Bewußtsein." (Übersetzung: W. Ehlers).
De studio fame anxio in morte, das Kapitel II 130 von Petrarcas Traktat *De remediis*, bietet einen einschlägigen Vergleichstext. Dort meint Ratio zwar, daß man sich ein Leben lang um die eigene Fama kümmern solle, kommt aber schließlich zu dem Ergebnis, daß das Verhalten "in exitu" entscheidend sei: "Quali quisque dignus sit fama, post mortem nulla re melius quam morte censeri, quippe cum multos per omnem vitam inglorios et obscuros sola (dictu mirabile) mors illustrat." (*Opera*, S. 251).

"Cupido di gloria", bzw., um seinen Ausdruck zu gebrauchen, "gloriabundum" schalt Petrarca Lukan. "Fundamentum vere virtutis humilitas", ließ er die Vernunft im Dialog *De virtute* (*De remediis* I 10[309]) verkünden. In seiner Version der *Culex*-Anekdote wird die "iactantia" des Epikers von der "humilitas" Boccaccios geschieden. Lukan wahre *virtus* zu attestieren, war demnach ein Affront Polizianos gegen Petrarca. Es hieß die rhetorische *simulatio* würdigen, bei der er, Angelo, den Hispanier ertappt zu haben glaubte.

7.10.10.3. Der Dichter als Fälscher

Überragende Talente sind immer bevorzugte Zielscheiben des Neides: Pindar war es, der diesen Gedanken in die Literatur einführte. In der achten Nemeischen Ode (vv. 21-34) illustrierte er ihn am Beispiel eines Selbstmords, dem des Aias, von dem Ovid (*Met.* XIII 1ff.) ausführlich berichtet: Unbesiegt auf dem Schlachtfeld vor Troja, wurde der wortkarge griechische Held gezwungen, im rhetorischen Agon mit dem redegewandten, im Ruch der Feigheit stehenden Odysseus[310] um die Waffen des Achill zu streiten. Als er verlor, stürzte er sich in sein Schwert, unwillig, die Niederlage hinzunehmen.

> Aber ihn hat Homer zu Ehren gebracht unter den Menschen, der seine
> ganze Tüchtigkeit aufrichtete und zur Sprache brachte nach
> dem Stab gottgesprochener Epen, Späteren zum Spielen.
> Dies nämlich bewegt sich in Lautgestalt unsterblich fort,
> wenn einer etwas gut sagt; und über die fruchtvolle
>   Erde und durch das Meer hin geht
> von Werken der Strahl, von schönen, unauslöschlich immerfort.[311]

Folgt man Pindar, mehrte Homer aber nicht nur das Ansehen des Aias, sondern auch das des verschlagen-zwielichtigen Odysseus. Ja, aus den Versen des Thebaners läßt sich gar eine unstreitige Geistesverwandtschaft zwischen Homer und dem Irrfahrer herauslesen. Erringt dieser in der Auseinandersetzung um die

309 Petrarca, *Opera*, S. 14f.
310 Vgl. Aias' Vorwürfe in *Met.* XIII 73-79 und 115 ("et fuga, qua sola cunctos, timidissime, vincis").
311 Pindar, *Isthmische Oden* IV 52f. und 55-60 (Übersetzung: D. Bremer).

Waffen Achills mit "schillernder Lüge" "größte Ehre"[312], so verhilft jener seinem Helden "mit Täuschungen und beschwingter Erfindung"[313] zu ewigem Ruhm. Poliziano übernahm als *alter Homerus* die Rolle des Lobredners. Mit Odysseus teilt sein Lukan, wie *Nutr.* 504 ausdrücklich bestätigt, die Redegabe, mit Aias den Selbstmord und dank rhetorischer, wider besseres "Wissen" erteilter Schützenhilfe auch die Tapferkeit[314].

Allianzen zwischen Aufschneidern und Panegyrikern schmerzten Pindar sehr. Er beklagt sich bitter über das Laster der "boshaften Verdrehung" von Tatsachen, das, von Schmeichelreden begleitet, "dem Strahlenden Gewalt" antue, "für Unscheinbares aber eine morsche Herrlichkeit" schaffe: "Möge mir niemals solche Art eigen sein, Zeus Vater"[315], fleht er. Poliziano war sie eigen. Dem Schriftsteller Lukan übrigens auch. Er verteidigte "dichterische Einbildungskraft" entschieden "gegen das Ansinnen der historischen Faktentreue": "Invidus [...] / qui vates ad vera vocat" (*Pharsalia* IX 359f.)[316]. "Addidit invalidae robur facundia causae", sagt Lukan an einer anderen Stelle seines Epos (VII 67) über Ciceros

---

[312] *Nemeische Oden* VIII 25.

[313] *Nemeische Oden* VII 22.

[314] "Macte animo!", ruft er Lukan in *Nutr.* 518 zu. Mit der gleichen Formel hatte sich Statius (*Thebais* VII 280) an den heldenhaft kämpfenden Amphion - ebenfalls *vates* und *iuvenis* - gewandt. Angesichts der Vorlage läßt der Zuruf an den Lobpreis lukanischer *virtus* denken, doch kann er dank der Polysemie von *animus* ebenso gut der Gerissenheit des Epikers gelten: "Tu tantum corpore prodes, / nos *animo*", hält der zwielichtige Odysseus dem wackeren Aias in *Met.* XIII 366 entgegen.
Ältester erhaltener "Macte"-Vers ist *Aeneis* IX 641, "Macte nova virtute tua, sic itur ad astra", ein Ausruf Apolls. In Petrarcas *Secretum* ermuntert Augustinus sein Gegenüber Franciscus, sich durch konsequent stoisches Verhalten den Ausruf des vergilischen Apoll zu verdienen. Er müsse sich dazu ganz der Tugend verschreiben: "Sola virtus animum felicitat" (*ed.* FENZI, S. 106). Ruhm, der "ex [...] ingenii artibus" (*ibid.*, S. 274) herrühre, sei falsch...

[315] *Nemeische Oden* VIII 32-36 (Übers.: D. Bremer).

[316] Das Verspaar und seine Charakterisierung bei VON MOOS 1976, S. 99. Der Ausruf Lukans widerlegt die Urteile all derer, die den Epiker im Gefolge Servius' bzw. Isidors als planen Historiker sahen. Unter den Humanisten zählten dazu u. a. Petrarca (*Triumphus Fame*, Fassung b, v. 57, "[Lucano] che cantava canzon vera e non finta"), Coluccio Salutati (*Carmen* zu *Epist.* IV 1, v. 38ff.) und Sicco Polenton (*Scriptorum illustrium libri*, S. 46: "Bellum item Caesaris et Pompeii Lucanus sine fabula et fictione refert"). Nach Petrarcas Maßstäben wäre Poliziano zwar nicht der Wahrheit verpflichtet gewesen, wohl aber der Wahrscheinlichkeit. In *De remediis* II 114 erläutert Ratio diese Auflage just am Beispiel von Lukans Schilderung der Ermordung des Pompeius: "Meministi quibus verbis Lucanus Magnum Pompeium inter carnificum gladios usum facit? [...] hoc pro qualitate persone a poeta fictum et secundum verisimilitudinem animo viri illius in eo statu convenientibus verbis expressum est" (*Opera*, S. 230).

Redegabe[317]. Poliziano sollte diesen Grundsatz beherzigen, als er über den Hispanier schrieb[318].

7.10.11. Heiteres "Sterben"

Verse aus der Lukan-Biographie Pomponio Letos nannten die Gesichtszüge des sterbenden Epikers "sacros vultus". Von daher nimmt es nicht wunder, daß Poliziano auch Material aus der Vita eines Märtyrers in die Darstellung der *Nutricia* einbaute. Das doppelte "felix" in *Nutr.* 514f. verweist auf seinen Namen. Es ist jener Felix, den Paulinus von Nola in Geburtstagsgedichten feierte. Die "Heiligsprechung" Lukans gerät, was keine Überraschung mehr sein dürfte, nebenbei zur "Selbstkanonisierung" des *Nutricia*-Dichters. Angelo greift dabei ausgerechnet auf das *Carmen* XV zurück, in dem Paulinus betont hatte, sich weder mit "phantasmata vatum" abgeben noch "surdum Phoebum" aus seinem Felsspalt hervorlocken zu wollen. Natürlich ließ sich die Vita des Felix nicht in allen Punkten mit der autobiographischen Stilisierung Polizianos zur Deckung bringen, doch sind die Parallelen durchaus so deutlich, daß man verstehen kann, warum sie der Humanist rezipierte.

Gegenstand der Paulinischen Verse sind die Jugendjahre des Heiligen. Schon früh sei Felix durch seine "pia mens" (v. 104) aufgefallen. In schweren Zeiten für die Kirche habe er an der Seite seines Dienstherrn, Bischof Maximus, gekämpft, der ihn "mente paterna" bei sich aufgenommen hatte "veluti natum". Unter dem Schutz seines väterlichen Freundes habe Felix "sacerdotis veneranda insignia" erlangt - wie Poliziano im Jahre 1477 unter seinem Förderer Lorenzo.

Plötzliche Wirren, schreibt Paulinus, hätten den Ziehvater des Felix dann zur Flucht veranlaßt. Für den verlassenen Schützling habe daraufhin eine Zeit des einsamen Widerstands gegen zahlreiche Feinde begonnen:

> Ergo truces poenas, fugiente antistite, solus
> Vel primus de plebe, quasi de corpore vertex,

---

[317] Zu diesem Vers und zu Lukans Prinzip der Auxesis vgl. VON MOOS 1976, S. 115. Cicero hielt es dem gegenüber für das Grundgesetz der Geschichtsschreibung, nicht zu lügen (vgl. *De oratore* II 62).

[318] In den *Punica* des Silius ruft Unterweltsbesucher Scipio dem von Homer verewigten Helden Achill zu: "Felix Aeacide, cui tali contigit ore / Gentibus ostendi! crevit tua carmine virtus" (XIII 796f.). - Homerübersetzer Poliziano mehrte die *virtus* Lukans weniger, als daß er sie erfand.

Competitur Felix. Hunc omnes vincere certant (vv. 132-34[319])

Der Beschützer in der Ferne, der Schützling auf sich gestellt: *Vide* Polizianos Situation seit dem 6. Dezember 1479.

Felix, fährt Paulinus fort, habe sich "Fortior innumeris" (v. 147) erwiesen - vgl. "Macte animo!", *Nutr.* 518! Sein Gottvertrauen habe ihn so sehr gestärkt, daß ihn der *Furor* in seinem Umfeld nicht habe niederwerfen können:

Quid juvat ergo pium tanta quod mole furoris
Felicem vesane petis? (v. 153f.)
[...]
Sed fera corda suus stimulis furialibus error
Sanguinea flagrare siti, sanctumque cruorem
Urgebat, veluti sceleris deposcere palmam. (vv. 161-63[320])

Kraft seiner unerschütterlichen "fides", "*conscia* veri / Caelestis" (149f., das Adjektiv an gleicher Stelle in *Nutr.* 514[321]), habe Felix schließlich mit dem irdischen Tod das künftige Leben erworben (vgl. *Nutr.* 518f.):

[*sc.* fides Felicis] vitam praesenti morte futuram
Comparat, et victo victricem corpore mentem
Laeta Deo referens gaudentibus invehit astris. (vv. 150-52[322])

"Illicet arripitur gaudens": Es tut der Freude des Felix keinen Abbruch, "saevis furentum manibus" (v. 177f.) gepackt und langen Qualen zugeführt zu werden. Paulinus spricht gar von einer "beata [...] passio" (v. 194). Auch als die gefesselten Gliedmaßen des Heiligen - wie die blutleeren Lukans bei Tacitus - schon gefuhllos werden, bewahrt er gläubige Zuversicht, weiß Christus neben sich in allen Mühen, ist gewiß, daß ihm "virides gravior [...] poena coronas / Multiplicat" (v. 189f.).

---

319 "Schreckliche Strafen erduldet Felix, infolge der Flucht des Bischofs allein oder jedenfalls der erste Mann seines Volkes, vergleichbar dem Scheitel des Körpers. Ihn zu besiegen, danach lüstet es die Feinde alle."

320 "Was erquickt es dich, Wahnsinniger, Felix, den Gerechten, mit der geballten Wucht deines Rasens zu bestürmen? [...] Aber die wütenden Stachel ihres Irrtums lassen [die Feinde] glühend nach heiligem Blut lechzen, wie um ihr Verbrechen mit solchem Siegespreis zu krönen" - Vgl. das Wüten Neros in *Nutr.* 515-17.

321 Die Junktur "conscia corda" aus *Nutr.* 514f. findet sich, ins Negative gewendet, im *Carmen* XIX des Bischofs von Nola:

Ignis enim divinus inest, ubi vis crucis intus
Ardescente fide cruciat male *conscia corda*,
Vivificat animam vitiis in carne peremptis. (vv. 206-08)

322 "Im Tod erwirbt sein Glauben das künftige Leben. Freudig bringt er Gott die Kunde, befreit den siegreichen Geist aus dem besiegten Körper und trägt ihn zu den jubelnden Sternen empor."

"Conscia poenam / Corda levant", dichtet Poliziano seinem Lukan an, den er ebenso freudig im Angesicht des Todes zeigt. Wie Felix "virides [...] coronas", verdiente sich der Epiker laut *Nutricia* parnassischen Lorbeer. Paulinus sieht gar eine Proportionalität zwischen dem Ausmaß der Qualen und dem Lohn im Jenseits:

> Quantasque ex homine induerat caro poenas,
> Tantas a Christo recipit patientia palmas. (v. 196f.[323])

Auch Poliziano selbst liquidierte seine Orfeo-Existenz freudig, in einer τραγῳδία παίζουσα, die sie ihm auf einer "elysischen" Stufe zurückgeben sollte. Er selbst starb dabei nicht, wird man einwenden. Die Parallele zu Felix erschüttert dies nicht. Nach all dem, was wir bislang gelesen haben, mag es unglaublich klingen, doch der Heilige überlebt seine Pein: Gott befreit ihn aus den Ketten, da er Felix die Aufgabe zugedacht hat, dem greisen Maximus, der sich in der Wüste fast zu Tode gefastet hat, neue Kraft einzuflößen und ihn nach Nola zurückzubringen. Konnte Poliziano diese Episode schwerlich auf sich und Lorenzo übertragen, so durfte er es mit um so größerem Recht mit dem Schluß des *Carmen* tun, der berichtet, wie Maximus Felix ehrte:

> Felicem Christo sic Maximus ore paterno
> ore et apostolico benedicens et locupletans,
> inmarcescibilis redimivit honore coronae
> perpetuisque opibus, quas et modo cernimus, auxit. (vv. 358-61[324])

7.10.12. Blendende Beredsamkeit

"Non enim Polydeochen suae commendasset venae salientis ubertas, nisi Smyrnei fontis fatidico latice fuisset adtactus", schrieb einst der spätantike Dichter

323 "So viele Qualen sein Fleisch von Menschenhand bezog, so viele Siegespreise empfängt seine Geduld von Christus."

324 "Als Vater und Apostel überhäufte Maximus Felix auf Christi Geheiß mit Lob und Reichtum. Er zierte ihn mit der Ehre einer unvergänglichen Krone und vergrößerte seine Macht durch ewige Schätze, die wir heute noch schauen können." - Die "Krone" des Felix war eine Bischofsmütze, "corona antistitis" (*Carmen* XXI 158).

Venantius Fortunatus[325], als er im Bann der rhetorischen Fähigkeiten eines Freundes namens - Felix stand. Für den Beredsamen war er voll des Lobes:

> Tantus enim exercitati claritate conloquii vestrae linguae iubar effulsit, tanta se renidentis eloquentiae lux vibravit, ut converso ordine mihi videretur verbis radiantibus ab occidentali parte te loquente sol nasci. (*Epist.* III 4, §2[326])

"Ex *occidente* lux!" Unter diesem Motto steht auch der Auftakt des Lukan-Porträts der *Nutricia*. Lukan ist, wir wissen es längst, nur eine falsche Sonne, zum Strahlen gebracht von der rhetorischen Leuchtkraft des *alter Felix* (und *alter Lucanus*) Poliziano.

Fortunat tadelte Felix, weil er ihn in einem Brief allzu sehr, seine Gönnerin Radegunde hingegen "nur" ihren Verdiensten entsprechend gewürdigt habe. Dabei traf der christliche Autor eine Unterscheidung, die auch der Leser der *Sylvae* nachvollziehen sollte: "Quantum in mea persona panegyricum poetice tangitis, tantum in eius laudes historiam retulistis"[327]. Die Übergänge zwischen Wahrheit und Lüge sind fließend - und dürfen es für Fortunat auch bleiben. Er bittet Felix lediglich darum, die Proportionen zu wahren: "Qui de me parvo magna depingitis, quaeso, de magnis maxima praedicetis" (§12). Poliziano mißachtete dieses Prinzip, als er mit Lukan einen kleinmütigen Redekünstler zum markantesten Helden der *Nutricia* machte.

In Versen der siebten *Nemeischen Ode* hatte Pindar lange vor Fortunat die Möglichkeiten dichterischer Manipulation in ewiggültige Verse gefaßt:

> Ich vermute, größer ist
> die Geschichte von Odysseus als sein Widerfahrnis
> durch den süßredenden Homer geworden;
> denn mit Täuschungen und beschwingter Erfindung
> liegt etwas Erhabenes auf ihm; Meisterschaft
> betört, indem sie irreführt mit Worten. Blindes Herz hat
> die große Masse der Männer. (vv. 20-24)

---

325 *Epistolae* III 4, §5.

326 "So groß war der Glanz, den das geschulte Sprechen Deiner Zunge verbreitete, so groß das Licht, das Deine funkelnde Beredsamkeit aufflackern ließ, daß ich im Bann Deiner strahlenden Worte glaubte, die Sonne gehe entgegen den Gesetzen der Natur im Westen auf."

327 Vgl. Leonardo Brunis Unterscheidung: "Aliud est [...] historia, aliud laudatio. Historia quidem veritatem sequi debet, laudatio vero multa supra veritatem extollit" (in *Epistolae*, *ed.* MEHUS 1741, II, S. 112).

Der selbsternannte *Ausonius Homerus* Poliziano hatte 1485, ein Jahr vor seiner Dichter-Sylva, den "süßredenden Homer" in der *Ambra* verherrlicht. Ob er dabei seinerseits die "blinden Herzen" der "großen Masse der Männer" verführte, wird das folgende Kapitel zu klären versuchen.

8. *Ambra* - Implikationen einer *Laus Homeri*

Als einzige der *Sylvae* ist die *Ambra* von einer Prosarede ähnlichen Inhalts flankiert, die zum ersten Mal 1498 in der *Editio aldina* der Werke Polizianos erschien. Isidoro Del Lungo, Ida Maïer und Perrine Galand geben als Datum dieser *Oratio in expositione Homeri*[1] Herbst 1486 an, was der jüngsten Interpretin der *Ambra*, Elisabeth Klecker[2], willkürlich erscheint. Für Lucia Cesarini Martinelli entstand die Rede etwa zeitgleich zur *Ambra*, für die sich als Terminus *post quem non* der 4. November 1485 angeben läßt, das Datum des Widmungsbriefs an Lorenzo Tornabuoni[3].

In welchem zeitlichen Verhältnis beide *praelusiones* auch immer zueinander stehen, festzuhalten ist, daß Poliziano rund ein Jahrzehnt nach dem Abbruch seiner Iliasübersetzung auf Homer zurückkam. Der Humanist hebt es in der Prosarede selbst hervor:

> Ego is sum, qui ab ineunte adolescentia, ita huius eminentissimi poetae studio ardoreque flagraverim, ut non modo eum totum legendo olfecerim peneque contriverim, sed iuvenili quodam ac prope temerario ausu vertere etiam in latinum tentaverim. (*OEH*, S. 477[4])

Elisabeth Klecker zeigt mit großer philologischer Versiertheit die Modalitäten der Wiederaufnahme, freien Ausgestaltung und Erweiterung homerischer und posthomerischer Erzählformen in der *Ambra* auf[5]. In den folgenden Anmerkungen werden wir uns auf die am Ende des Lukan-Kapitels aufgeworfene Frage nach einer eventuellen "sophistischen" Dimension der Homersylva konzentrieren.

Poliziano erhebt Homer zu Beginn seines Panegyrikus "in göttliche Sphären, ja geradezu in den Rang eines Gottes der Dichtung"[6]. Er preist ihn als Inspirationsquell aller Poeten und erklärt, ihm - am Beginn des akademischen

---

[1] Poliziano, *Opera*, S. 477-92 (im folgenden: *OEH*).

[2] KLECKER 1994, S. 67-123.

[3] Zur Datierungsdiskussion vgl. *ibid.*, S. 110.

[4] "Ich bin derjenige, der sich von früher Jugend an mit so glühendem Eifer um diesen herausragendsten aller Dichter bemühte, daß ich ihm nicht nur in einer vollständigen Lektüre nachspürte und ihn beinahe müde jagte, sondern ihn in jugendlichem und geradezu verwegenem Wagemut auch ins Lateinische zu übersetzen versuchte."

[5] Vgl. besonders die Kapitel *concilium deorum* (S. 70-86) und *divitiae carminis* (S. 105-23) in KLECKER 1994.

[6] *Ibid.*, S. 67.

Jahres 1485/86 - die ersten Früchte seiner Arbeit darbringen zu wollen[7], so wie einst die Alten alljährlich ihren Göttern die *primitiae* geopfert hätten: Ähren, Trauben, Milch[8]. Der Schluß des Proömiums faßt die Verdienste Homers in kurze Worte: Gast an der Tafel Jupiters[9], habe der Mäonier den Menschen die Geheimnisse des Himmels und der Natur erschlossen[10] und den Gipfel der reinen Tugend erklommen.

Nach diesem Proömium bittet Poliziano Clio, die Muse der Geschichtsschreibung, ihm von der göttlichen Sendung Homers zu künden. Die Erzählung hebt an mit der Schilderung eines prächtigen Götterzugs nach Äthiopien (v. 35ff.), dessen Heiterkeit freilich durch eine Klage der Thetis getrübt wird. Die Mutter Achills, schon in der *Ilias* Fürsprecherin ihres Sohnes, schildert Jupiter die Gefahr, daß die großen Taten des Helden in Vergessenheit geraten könnten, wenn niemand ihrer angemessen gedenke. Jupiter verkündet daraufhin (v. 119ff.), daß ein Dichter in die Welt gesandt werden solle, um die Göttin zufriedenzustellen[11]. Es ist Homer,

---

[7] Das Primizopfer für Homer ist keine Erfindung Polizianos. In einem einst für authentisch befundenen Werk aus dem Korpus Lukians, dem Δημοσθένους ἐγκώμιον, hat sich der Dichter Thersagoras aufgemacht, den Geburtstag Homers mit den ersten Früchten seiner Dichtung zu ehren, in der Hoffnung, zum Lohn ein wenig von der poetischen Fülle des Epikers zu empfangen. Der Erzähler, der ihn auf dem Weg zur Opferhandlung trifft, will solche Ehre nur dem Demosthenes zukommen lassen. Thersagoras verteidigt daraufhin den Dichter der *Ilias*. Am Ende seiner Apologie erntet er ein großes Kompliment: "Du hast mir bewiesen, mehr als ein guter Dichter zu sein, indem du deinen Versen Prosa hinzufügtest und deiner Gabe an Homer als Unterstützung den Demosthenes hinzufügtest." Was Thersagoras getrennt vollbrachte, gute Verse (vor dem Dialog) und gute Rhetorik (während des Dialogs), realisierte Poliziano in der *Ambra* simultan. In der Verschmelzung seiner beiden Lehrfächer, Poetik und Rhetorik, liegt ja überhaupt die besondere Leistung der *Sylvae*. Als Resultat entstand die neuartige Form der *praelectio* in Versen. - Thersagoras sagt, sein poetisches Erstlingsopfer sei im Furor weniger Stunden entstanden. Von der *Ambra* behauptet Poliziano ähnliches, indem er sie eine Sylva nennt.

[8] Vgl. *OEH*, S. 477 und S. 479.

[9] "Ille Jovis mensae accumbens, dat pocula nobis / Iliaca porrecta manu" (v. 18f.): Das Material dieses Verses stammt weitgehend aus *Silvae* IV 2,10f. (Del Lungo, jedoch mit falscher Versangabe), wo Statius sagt, er fühle sich als Teilnehmer eines von Domitian veranstalteten Banketts an den Tisch des Göttervaters versetzt. Für Polizianos Homer wird der Schein poetische Wirklichkeit, vielleicht auch deshalb, weil Maternus im *Dialogus de oratoribus* des Tacitus (XII) behauptet hatte, daß "poetae et vates" einst an den Gastmählern der Götter teilgenommen hätten.

[10] Mit *Ambra* 24-26 vgl. Dion Chrysostomos, *Oratio* 53, *De Homero*, §5. Dion bezog sich ausdrücklich auf Platon, *Staat* 397a, einen Passus, den Poliziano in den genannten Versen der Sylva denn auch berücksichtigt (nicht aber in seiner Prosarede).

[11] Naldo Naldi schildert in einer seiner *Elegiae* (III 4) die Geschichte von der irdischen Sendung Cosimo de' Medicis. Dort ist es Jupiter selbst - ähnlich verdrossen über die in die Barbarei zurückverfallene Erde wie sein Pendant in den *Nutricia* über die Roheit der frühen, noch unzivilisierten Menschen -, der der Götterversammlung seinen Entschluß mitteilt, Florenz und Italien mit dem Medici zu beglücken. Er versichert sich nach seinem Plädoyer der Unterstützung der Pallas und des Merkur (v .97ff.). Auf Betreiben Jupiters gelangt Cosimo auch in Corsinis *Compendium* auf die Erde. Dort bindet der Göttervater Venus, Merkur und Sol in das

der - laut *Ambra* - als Sohn eines Waldgotts und der schönen Critheis in der Nähe von Smyrna das Licht der Welt erblickt[12]. Schon als Säugling Liebling der Nymphen, zeigt er rasch erstaunliche musikalische Fähigkeiten und erlernt von Satyrn das Flötenspiel. Ganz im Sinne seiner Vorbestimmung entwickelt er bereits in frühen Jahren eine große Leidenschaft für Dichtung. Poetischer Wahn läßt ihn, kaum erwachsen, das Projekt der *Ilias* ersinnen (v. 260ff.). Um die Taten Achills vollendet beschreiben zu können, versucht er, den Schatten des Helden mit magischen Kräften aus der Unterwelt hervorzulocken[13]. Das Unterfangen glückt, der darin liegende Frevel aber wird bestraft. Homer empfängt Allwissenheit, bezahlt die Gabe aber mit dem Verlust des Augenlichts. Wie einst Teiresias, ergänzt die *Ambra*, als er Pallas nackt zu Gesicht bekommen habe.

Die Sylva gibt sodann (vv. 299-404) eine Zusammenfassung der *Ilias*. Kaum habe Homer das Epos zu Ende gebracht, sei ihm Odysseus in einem Traumgesicht erschienen und habe seinerseits gefordert, poetisch verewigt zu werden. Der Dichter habe daraufhin die *Odyssee* geschrieben. Nachdem auch ihr Inhalt in Form einer Paraphrase (vv. 433-56) wiedergegeben worden ist, feiert die *Ambra* Homer als doppelt gekrönten, von Neid verschonten Dichter, der, den Tücken des menschlichen Daseins enthoben, es selbst mit Jupiter aufnehmen könne. In einer langen Kette von Versen (vv. 467-565) werden sodann sein stilistischer Reichtum, seine rhetorische Vollkommenheit, sein Vorwegnehmen und Vereinigen aller philosophischen Gedanken[14], seine politische, militärische, ökonomische,

---

Unternehmen ein (vv. 48-69). An der Parallelstelle der *Ambra* (v. 113ff.) werden demgegenüber Venus und Apoll für die Sendung Homers gewonnen.

12 "Pater, aonii deus incola luci / [...] / Furtivo pulchram implerat Critheida foetu" (*Ambra* 215-18); das vergilische Modell von v. 218, "furtivom partu sub luminis edidit oras" (*Aeneis* VII 660; Del Lungo), betrifft wenn nicht die Zeugung, so doch die Geburt eines Kindes, das ebenfalls von einem unsterblichen Vater und einer sterblichen Mutter abstammt: Es handelt sich um Aventinus, einen Sohn des Herkules und der Vestalin Rhea.

13 KLECKER 1994, S. 90-93, illustriert und kommentiert die Quellen der Episode.

14 Quicquid honorato sapiens canit ore vetustas
Doctaque multijugae post hunc divortia sectae,
Hinc haustum (*Ambra* 515ff.)

Im dritten Buch des Dialogs *De oratore* beschuldigt Crassus den Sokrates, zunächst die Scheidung von Redekunst und Philosophie und dann die Aufspaltung der letzteren in mehrere Schulen ("familiae dissentientes inter se et multum disiunctae et dispares") verursacht zu haben (§§60-63). Der Text der *Ambra* zeigt, daß die "Sekte" zunächst bei aller Heterogeneität noch vereint war. Den Grund nennt Ciceros Dialog: In den Anfängen der Ausgliederungsphase beriefen sich noch alle auf Sokrates.

Die Okkurrenz des seltenen Adjektivs *multijugus* ist darauf zurückzuführen, daß Crassus in *De oratore* III 69 behauptete, daß der Appennin nicht nur eine Wasserscheide, sondern auch ein "iugum sapientiae" darstelle; an diesem Joch sei es einst zu den "doctrinarum [...] divortia" gekommen: Die Philosophen seien ins sichere Ionische Meer (d. h. nach Griechenland) geflossen,

arithmetische, musikalische und medizinische Meisterschaft, ferner seine Vorbildfunktion für die Weissagekunst, sämtliche literarische Gattungen sowie die Malerei verherrlicht. Er habe den Göttern Sprache verliehen und die ganze Welt in Worten dargestellt. Dies habe ihm Verehrung aller Art eingetragen und die Bewunderung Alexanders des Großen.

Poliziano erklärt nochmals die eigene "grata pietas" (v. 590) zum Anlaß seiner Würdigung Homers und beschließt die Sylva mit einer Beschreibung des Ortes, in dessen *otium* sie entstand: der Medici-Villa in Poggio a Caiano, gelegen am Fluß Ombrone. Die Tochter des Flußgotts[15], eine Nymphe namens Ambra, habe ihm das Gedicht geschenkt.

8.1 Strategische Anpassung: Poliziano und die traditionelle Homer-Exegese

Polizianos Homer-Schriften, die *Ambra* und die *Oratio in expositione Homeri*, reihen sich in eine hellenistische Deutungstradition ein, die dem Dichter Allwissenheit, ἐγκύκλιος παιδεία, bescheinigte. Dabei schöpfen sie ausgiebig aus einem pseudo-plutarchischen Traktat mit dem Titel *De Vita et Poesi Homeri*. Während sich die *Ambra* darauf beschränkt, die darin behaupteten Fähigkeiten Homers rasch aufzulisten, imitiert die *Oratio* auch deren Veranschaulichung an Beispielen so stark, daß sich Poliziano den Vorwurf des Plagiats eintrug[16].

Die Prosarede arbeitet mit historischer Akribie: Sie bezeichnet Homers Geburtsort als unsicher und weist auf die Widersprüchlichkeit der Angaben von Ephorus, der *Vita Herodotea*[17] und Aristoteles[18] hinsichtlich der Eltern des Epikers hin (S. 478). Anders die Sylva, die mit einem Mythos aufwartet, der sich über all diese Zweifel mühelos hinwegsetzt[19]. Als performativer Dichterphilologe nimmt

die Redner hingegen in die aufgewühlte Tyrrhenische See. Poliziano variierte das Bild für seine Zwecke.

[15] *Ambra* 594 nennt ihn "corniger Umbro", wodurch er mit gewagter Hyberbel dem Tiber, "corniger Hesperidum fluvius regnator aquarum" (*Aeneis* VIII 77), gleichgestellt wird.

[16] Vgl. KLECKER 1994, S. 111.

[17] ... d. h. der Homer-Vita des Pseudo-Herodot, die Poliziano 1480/81 auch im *Commento*, S. 66 und S. 516, zitierte; die Version des Ephorus ist bei Ps.-Plutarch, *De vita et poesi Homeri* I 2, überliefert.

[18] Vgl. *ibid.*, I 3, wo auf das verlorene dritte Buch der *Poetik* verwiesen wird.

[19] In der Manier des "redegewaltigen" Aristides Smyrnaeus, von dem *Anthologia Graeca* XVI 320 berichtet:

Poliziano die Freiheiten in Anspruch, die die Homerinterpreten des Hellenismus dem Epiker einräumten. Poetische Lizenzen, argumentierten sie, erlaubten es, spröde Doktrin in anziehende Form zu kleiden und somit ein breiteres Publikum anzusprechen[20]:

> Kurz gesagt, er [sc. Homer] greift deshalb zur wunderbaren und mythischen Erzählweise, um bei den Lesern Aufmerksamkeit und Bewunderung zu wecken, und dem Zuhören Staunen hinzuzufügen. Denn poetische Kraft erwächst immer aus wunderlichen und außerordentlichen Dingen. (*De Vita et Poesi Homeri* II 6)

Die Dichter erfreuten durch ihren Erzählmodus nicht nur das gemeine Volk, sondern schützten darüber hinaus große Wahrheiten vor unbefugtem Zugriff:

> Wenn wir aber erkannt haben, daß Homer die Grundlagen und Keime all dieser [philosophischen Lehren] aufgeboten hat, warum sollte er dann nicht vor allen anderen Bewunderung verdienen? Daß er aber die Gedanken in Rätsel und mythische Reden kleidet, darf nicht verwundern, denn es gehört zur Dichtung und entspricht der Auffassung der Alten, daß die Lernbegierigen leichter zur Wahrheit finden, wenn sie auf dem Weg dorthin eine gewisse Erquickung erfahren; und daß die Ungebildeten wenigstens nicht verachten sollen, was sie nicht verstehen können. Was nämlich durch bildlichen Ausdruck bezeichnet wird, vermag zu fesseln, das offen Ausgesprochene hingegen ist wohlfeil. (*ibid.*, II 92)

Diese Sichtweise wurde von den Kirchenvätern auf den Text der Bibel übertragen und bald auch von christlichen Autoren auf heidnische Texte angewandt. Über ein Jahrtausend lang beherrschte sie die hermeneutische Praxis. Man findet sie massiv in Schriften Florentiner Humanisten. Für uns steht außer Zweifel, daß Poliziano die *Ambra* auf ihre exegetischen Gewohnheiten abstimmte.

* * *

Jenen uralten Streit der Städte in jonischen Landen
ob der Herkunft Homers bracht Aristides zur Ruh.
Alle riefen: "Geboren hat Smyrna den hehren Homeros:
auch Aristides erstand redegewaltig in ihr." (Übersetzung: H. Beckby)

Die Erzählung von der Smyrnäischen Geburt Homers basiert weitgehend auf Ps.-Herodot, *Vita Homeri* (DEL LUNGO, *ad versus*; KLECKER 1994, S. 86ff.; *ibid.* weitere Quellen, denen hinzuzufügen sind: die XVII. Rede des Aristides Smyrnaeus, §4, §9 und §14; Claudian, *Carminum minorum* II; Pausanias, *Graeciae descriptio*, *Achaia* V 12).

[20] Vgl. Klecker 1994, S. 115.

> Homerus apud Grecos solium possidet ingenii: cuius sententie non ego, sed Plinius auctor est, uberiorem sibi hanc latioremque gloriam non limitatis finibus assignans. Constat in gemino ipsius opere[21] philosophie magnas partes multo melius multoque gravius quam ab ipsis philosophie professoribus absolvi. Certe Macrobius hunc omnis divine inventionis fontem originemque pronunciat.[22]

So schreibt Petrarca in den *Rerum memorandarum libri*[23]. Jahrzehnte später finden sich bei Leonardo Bruni ähnliche Töne: "Quid Homero deest, quominus in omni sapientia sapientissimus existimari possit? Eius poesim totam esse doctrinam vivendi quidam ostendunt"[24]. Cristoforo Landino, der in seinen akademischen Reden einige Elemente der *Ambra* vorwegnahm[25], sprach nicht nur von Homers Allwissenheit, sondern bezeichnete den Epiker mit einem Aristoteles-Wort, das er offenbar bei Thomas von Aquin gefunden hatte[26], als "poeta theologus", nicht ohne ihm Dante in beiden Punkten zur Seite zu stellen[27]. Aus Brunis Übersetzung der Epistel *An die Jugend* des griechischen Kirchenvaters Basilius zitierte Landino zudem einen Homer lobenden Ausspruch ("totam

---

[21] Petrarcas Formel "in gemino [...] opere" hallt in der *Ambra* doppelt wider: "Ergo tegunt *geminae* victricia tempora laurus / Vatis apollinei; *geminis* ergo arduus alis / Fugit humo" (v. 457ff.).

[22] "Homer hat bei den Griechen den Thron der Begabung inne. Dieser Satz stammt nicht von mir, sondern von Plinius, der ihm blühenden, räumlich unbegrenzten Ruhm bescheinigt. Bekanntlich werden in den beiden Werken Homers große Teile der Philosophie weit besser und mit weit größerem Ernst abgehandelt als von den Philosophieprofessoren selbst. Macrobius nennt ihn denn auch den Quell und Ursprung aller göttlichen Erfindung."

[23] Francesco Petrarca, *Rerum memorandarum libri, ed.* BILLANOVICH 1943, S. 60. Für die Quellen des Passus und Parallelstellen im Werk des Humanisten vgl. den Apparat der Edition. Einen ausdrücklichen Bezug zur Integumentum-Theorie bietet ein Abschnitt der an Homer gerichteten *Fam.* XXIV 12: "Apud antiquos quidem ac modernos [...] non modo philosophus sacer [...] sed [...] philosopho maior atque sublimior haberis, ut qui pulcerrimam philosophiam ornatissimo ac tenuissimo tegas velo." (§28).

[24] *De studiis et litteris*, in Bruni, *ed.* BARON 1928, S. 14.

[25] Dies gilt für:
- Die Anerkennung Homers durch Alexander den Großen (*Praefatio in Virgilio*, 1462, *ed.* CARDINI, Bd. I, S. 25 bzw. *Prolusione dantesca*, 1474, *ibid.*, S. 51; *Ambra* 586-89);
- Die religiöse Verehrung Homers (*Prolusione cit.*, I, S. 51, "a Omero gli Smirnei come a dio el tempio consagrorono."; *Ambra* 575, "Huic aras huic templa dedit veneranda vetustas");
- Den Städtestreit um den Geburtsort Homers (*Praefatio cit.*, S. 26, bzw. *Prolusione cit.*, S. 51), von dem schon Boccaccio (*Genealogie deorum gentilium* XIV 9) aus der *Anthologia Planudea* wußte. Poliziano umging diese mittlerweile "verbrauchte" Quelle, indem er für seine Darstellung auf die erst von Poggio wiederentdeckten *Silvae* des Statius zurückgriff: Aus "Maeoniden aliaeque aliis *natalibus urbes* / *diripiunt* cunctaque probant; non omnibus ille / verus, alit victos immanis gloria falsi." (*Silvae* V 3, v. 130ff.) wird in *Ambra* 582f. "huius *natalia* septem / Quaeque sibi *rapiunt* studiis pugnacibus *urbes*".

[26] Vgl. CARDINI 1974, II, S. 27.

[27] Vgl. *Prolusione dantesca, ed.* CARDINI, I, S. 48 und S. 54.

Homeri poesim laudem virtutis continet"[28]), mit dem schon Carlo Marsuppini den Geleitbrief zu seiner metrischen Übersetzung des ersten Gesangs der *Ilias* an Papst Nikolaus V. geschmückt hatte[29]. Poliziano wiederholte das Diktum in seiner Prosarede[30].

Auch den Ansichten Ficinos trägt Poliziano Rechnung. Für Marsilio war Homer einer der "legitimi poetae", die "insani" gedichtet hätten. Clio habe dem Epiker seine Verse eingegeben[31]. Neben der Anrufung derselben Muse in *Ambra* 31 stellt vor allem die Behauptung aus *Ambra* 260, die Verse der *Ilias* seien einer "insana vis" entsprungen, ein klares Eingehen auf den führenden Neuplatoniker dar.

Ein weiterer florentinischer Prä-Text der *Ambra* ist in der Epistel zu sehen, mit der Pellegrino Agli dem Magnifico seine lateinische Übersetzung der pseudo-herodoteischen *Vita Homeri* widmete. Das Schreiben beginnt mit einer forcierten Lektüre des *Ion* und greift im weiteren Verlauf ausgiebig auf den Traktat des Pseudo-Plutarch zurück, mit dessen Hilfe Agli, wie später Poliziano in *Ambra* und *Oratio*, die Lektüre Homers zur hochphilosophischen Angelegenheit erklärt:

> Socrates ille sapientissimus Apollinis oraculo iudicatus, ut est apud Platonem in libello cui *De Iliade sive Ion* est titulus, bonos omnis poetas, Homerum precipue studiose perlegere opere pretium esse existimavit. Neque vero nudatim illius figmenta spectari oportere, sed multo magis ad ea mentem intendere, que ille sub iis quasi velaminibus tanta cum venustate contexit, ut instinctu potius afflatuque divino effusa quam humano studio elaborata videantur. In illis enim multa de hominum moribus, de domestica et civili disciplina, de imperio, de re militari velut in expressa seu depicta vitae communis imagine contineri. His preterea de diis et inferis, de stellis atque sideribus, denique de omnium rerum natura esse admixta quam plurima. Que quidem tam scienter ab eo tractata sunt, ut e sapientie sacrario deprompta videri possint. Tantam insuper inesse illius in poematis compositionis dignitatem, tam suavem numerorum leporem, tot verborum sententiarumque lumina, ut nihil gravius, nihil suavius, nihil politius excogitari queat. Equidem non ignoro eam fuisse quorundam philosophorum de poetis opinionem, ut illos sine calore vique mentis, qui divinus appellatur furor, nihil egregium scribere posse iudicarint. Sed ipsius Homeri poesim non tam, quod vires hominis videbatur excedere, a Socrate tantopere laudatam atque

---

[28] *Disputationes Camaldulenses, ed.* LOHE, S. 118; vgl. Basilius, *Ad iuvenes* 4,42 (Lohe).
[29] Vgl. KLECKER 1994, S. 95.
[30] *OEH*, S. 491.
[31] *Theologia platonica* XIII 2 (siehe oben, Kap. 6.4).

attribuitam furori existimo, quam, quod divinum potius quam humanum videri potuit hominem luminibus captum in summa paupertate tanta virtutis et ingenii sui documenta prestitisse. (*Laur. Plut.* 65,52, f. 1r-v[32])

Die göttlich anmutenden Fähigkeiten Homers, auch von einigen Epigrammen der *Anthologia graeca* thematisiert[33], führen in der *Ambra* zur Divinisierung des Epikers. War Agli, der 1457 Empfänger von Ficinos Brieftraktat *De furore* gewesen war, nicht bereit, seine Reserven gegen die These vom Furor-Dichter Homer aufzugeben, so rückt Poliziano den Epiker in eine Position des Furor-Kraftfelds, die selbst Sokrates den Musen vorbehalten hatte: In *Ambra* 14-17 inspiriert Homer nicht (wie in Ion 536a) die Mehrzahl der Rhapsoden, sondern alle Dichter[34].

Nun hatte Platon bekanntlich aber die Dichter aus seinem Idealstaat verbannt, und Homer machte keine Ausnahme[35]. Seit Manuel Chrysoloras Ende des 14. Jhds. eine lateinische Übersetzung des *Staates* vorgelegt hatte, der zuvor hauptsächlich aus Mitteilungen Ciceros und Augustinus' bekannt war, war dies eigentlich nicht mehr zu bestreiten. Der Dominikaner Giovanni Dominici, prominenter Gegner der *studia humanitatis*, hatte Salutati denn auch voller Genugtuung mit der

---

32 "Sokrates, der vom Orakel des Apoll zum Weisesten aller Menschen erklärt wurde, vertrat, wie Platons Büchlein *Über die Ilias oder Ion* zu entnehmen, die Ansicht, daß die eifrige Lektüre aller guten Dichter, hauptsächlich aber Homers, eine lohnende Mühe sei. Nicht aber in ihrer bloßen Oberflächengestalt seien Homers Dichtungen zu betrachten; vielmehr sei die Aufmerksamkeit auf das zu richten, was er unter den Versen wie unter Schleiern mit so großer Anmut zusammengewoben habe, daß es eher durch göttlichen Anhauch verströmt als durch menschliche Bemühung erarbeitet scheine. In seinen Epen nämlich seien viele Gedanken zu den menschlichen Sitten, zur umsichtigen Leitung eines Hausstands oder Staatswesens, zu verschiedenen Herrschaftsformen und zu militärischen Fragen wie in einer sprachlichen oder bildlichen Darstellung des Alltagslebens enthalten, dazu eine unermeßliche Zahl an Informationen zu den Göttern und zur Unterwelt, zu den Sternen und Gestirnen und überhaupt zur Natur aller Dinge. Von all diesen Themen habe Homer mit soviel Sachkunde gehandelt, daß man fast meinen möchte, er habe sie dem Heiligtum der Weisheit entnommen. Zudem zeigten seine Werke eine solche Würde der Komposition, eine solche Anmut der Verse und so viele sprachliche Glanzlichter - seien es einzelne Wörter, seien es Sentenzen -, daß nichts Erhabeneres, nichts Lieblicheres, nichts Reineres ersonnen werden könne. Natürlich weiß ich sehr wohl, daß einige Philosophen die Ansicht vertreten haben, Dichter könnten ohne jene heftige Wallung des Geistes, die 'göttlicher Furor' heißt, nichts Hervorragendes schreiben. Ich glaube aber, daß Sokrates die Dichtung Homers nicht deshalb so sehr lobte und dem Furor zuschrieb, weil sie menschliche Kräfte zu übersteigen schien, sondern vielmehr deshalb, weil es eher göttlich als menschenmöglich scheinen konnte, daß ein erblindeter Mensch in tiefster Armut solch hervorragende Beweise seines Talents geliefert hatte."

33 *Anthologia graeca* XVI 295; 296. "Unsterblich und alterslos" nennt den Epiker ein von Pausanias, *Graeciae descriptio*, *Lokris* XXIV 3, zitiertes Epigramm.

34 Wie wir noch sehen werden, begünstigten lateinische Quellen die Variation.

35 *Politeia* 398a.

unangenehmen Wahrheit konfrontiert[36]. Dennoch hielt sich die auf Petrarcas *Invective contra medicum* zurückgehende Überzeugung, daß Platos Bann nur eine *poetica fex* betroffen habe. Hatte es sich für Boccaccio und Salutati dabei um "inhonesti comici" gehandelt[37], so sah Landino darin Dichter, deren Werke "more tragico perturbatos animos" nachahmten[38]. Sicher gegen seine Absicht stimmte er damit gleichsam der Vertreibung Homers zu, denn Sokrates hatte den Epiker explizit als "ersten Lehrer und Anführer aller Tragiker" (*Staat* 595b-c) bezeichnet. In der hellenistischen Literatur hatte sich u. a. Dion Chrysostomus der Verteidigung Homers angenommen. In seiner Rede *De Homero*[39], die Poliziano in der *Oratio* massiv bemüht, hatte er die Vielzahl der Stellen hervorgehoben, an denen Platon Homer mit Lob bedenkt, um zu zeigen, daß der Philosoph für den Epiker keineswegs nur Kritik übrig hatte. Poliziano greift dies auf und rät, die Angelegenheit nicht zu dramatisieren:

> Neque enim temere ausim duobus mihi amicissimis hominibus, gravissimo utroque atque sanctissimo inter se accusantibus, damnare alterutrum. Caeterum Platoni ipsi omnino multus in ore Homerus est, quem scilicet etiam magistrum vitae appellare non dubitat, sicut nec eos praedicare fortunatos, qui usquequaquam in eius pertractandis poematibus [*ed.* poematis] versentur. (*OEH*, S. 491[40])

Nichts beabsichtigte Poliziano weniger, als mit abwertenden Äußerungen Platons das positive Homer-Bild zu zerstören, das die Florentiner Humanisten der allegorischen Tradition entnommen hatten: Ein solches Vorgehen hätte nur seinen eigenen Ruf in Mitleidenschaft gezogen, der immer noch wesentlich auf seinen Leistungen als "Homericus adulescens"[41] gründete.

---

[36] Vgl. HANKINS 1990, I, S. 39f.
[37] Vgl. *Genealogie* XIV 20 bzw. *De laboribus Herculis* I 1,7.
[38] *Disputationes Camaldulenses*, *ed.* LOHE, S. 11.
[39] *Oratio* 53; KLECKER 1994 zitiert *passim* Auszüge aus der Rede.
[40] "Ich möchte es nicht wagen, im Streit, den zwei meiner besten Freunde, beide von höchster Würde und Heiligkeit, miteinander führen, einen der beiden Kontrahenten zu verurteilen. Im übrigen führt Platon Homer häufig im Munde und zögert bekanntlich ebensowenig, ihn 'Lehrer für das Leben' zu nennen, wie diejenigen glücklich zu preisen, die sich fortwährend auf irgendeine Weise mit der Auslegung seiner Epen beschäftigen."
Ähnlich (aber mit einer *conclusio*, die der *Ritorno di Platone* dann als falsch erwies) argumentierte Boccaccio in *Genealogie* XIV 19: "Hunc [*sc.* Homerum] ipse Plato in eodem libro Rei publice aliisque persepe conclusionorum suarum inducit in testem. Si igitur virtutum pater a legibus habitus est, si tot civitatum civis etiam repetitus, si a preceptore ipso Platone testis assumptus, stultissimum est arbitrari Platonem idem prudentissimum virum, talem poetam urbe pellendum iussisse." (*ed.* ROMANO, II, S. 742).
[41] Ficino, *Opera*, S. 618.

8.2. Als Sophist in der Nachfolge Homers: Poliziano und die Rhetorik der Allwissenheit

In *Ambra* und *Oratio* gibt sich Poliziano als gläubiger Anhänger der traditionellen Homer-Exegese. Eine Analyse von *Ambra* 27-30 entlarvt die plakative Zustimmung indes als Attitüde mit raffiniertem Hintersinn. Der Passus zeigt Homer auf dem Olymp thronend. Der Grieche ist dem gemeinen Volk längst enthoben:

> Quin, nudam virtutem ipsam complexus, honores
> Fastidit vanos, et ineptae praemia famae
> Despicit exemptus vulgo; ac jam monte potitus,
> Ridet anhelantem dura ad fastigia turbam.[42]

Hauptquelle der beiden letzten Verse ist ein Opus Lukians mit dem Titel Ῥητόρων Διδάσκαλος. Darin erklärt ein Redelehrer seinem jungen Schüler, wie er ohne jegliche Mühe den Titel eines Redners und Sophisten erwerben und im Auftreten ebenso unwiderstehlich wie unbesiegbar werden könne. Dazu brauche er sich nicht, wie es andere zu tun pflegten, auf den steinigen, steilen und aussichtslosen Pfad der Studien zu begeben; es genüge vollauf, den blütengesäumten, bequemen und dabei auch noch kurzen Pfad der Rhetorik zu wählen. Auf ihm könne er ohne zu schwitzen den Gipfel des Ruhms erreichen, um dann lachend auf die Schar der sich plagenden Konkurrenten zu blicken:

> [...] ἀγρεύσεις οὐ καμὼν καὶ νὴ Δί' εὐωχήσῃ κατακείμενος, ἐκπνους ὁπόσοι τὴν ἑτέραν ἐτράποντο ἀπὸ τοῦ ὑψηλοῦ ἐπισκοπῶν, ἐν τῇ ὑπωρείᾳ τῆς ἀνόδου ἔτι κατὰ δυσβάτων καὶ ὀλισθηρῶν τῶν κρημνῶν μόλις ἀνέρποντας, ἀποκυλιομένους ἐπὶ κεφαλὴν ἐνίοτε καὶ πολλὰ τραύματα λαμβάνοντας περὶ τραχείαις ταῖς πέτραις· σὺ δὲ πρὸ πολλοῦ ἄνω ἐστεφανωμένος εὐδαιμονέστατος ἔσῃ, ἅπαντα ἐν βραχεῖ ὅσα ἐστὶν ἀγαθὰ παρὰ τῆς ῥητορικῆς μονονοὐχὶ καθεύδων λαβών.[43]

---

[42] "Mehr noch: Nachdem er die nackte Tugend selbst umarmt hat, verschmäht er eitle Ehren und verachtet, dem gemeinen Volk enthoben, Auszeichnungen für unberechtigten Ruhm. Als derjenige, der den Gipfel schon erklommen hat, verlacht er die Schar derer, die an den steilen Hängen um Atem ringen."

[43] "[Du] hast die Beute ohne Arbeit erjagt und legst dich nun nieder und lässest dir['s] wohl sein, einen mitleidigen Blick auf die armen Tröpfe unten am Berge herabwerfend, die sich's auf jenem gewöhnlichem Wege so sauer werden lassen, durch pfadlose und schlüpfrige Klippen mühselig emporzukriechen, auch nicht selten wieder herabpurzeln und sich tüchtige Löcher in den Kopf fallen, indessen du Glückseliger schon lange mit Preis und Ruhm gekrönt oben sitzest und dich an

Den Rednertyp, der ohne irgendeine Ausbildung in den Wissenschaften allein mit rhetorischem Blendwerk sein Publikum erobert, über lexikalische Anleihen mit Homer zu vergleichen - bedeutet dies nicht, sich insgeheim über die allegorische Exegesetradition und ihre Exponenten zu belustigen, die dem Epiker Allwissenheit attestierten?

Der Redelehrer aus Lukians Satire setzt "Rhetor" und "Sophist" synonym, bezeichnet den zweiten Titel gar - jenseits aller Ironie - als "äußerst ehrenvoll" und "allseits ruhmreich" (§1). Als exzellenter Redner galt Homer der Antike und schon seit Petrarca[44] auch der Renaissance. Zum Sophisten wurde er "nur" in zwei Werken Platons erklärt. Im *Protagoras* stuft der Protagonist des Dialogs, natürlich selbst Sophist, den Epiker als einen Mann ein, der seine sophistische Kunst aus Furcht vor Neid und Anfeindungen mit Versen "maskiert" habe (316d), und Sokrates stimmt ihm im *Staat* indirekt zu, als er es - *notabene*! - für absurd erklärt, Homer umfassende Weisheit zu attestieren (598d-599e), und seinen Gesprächspartner Glaukon dazu verleitet, einen jeden, der Anspruch darauf erhebe, alles nachahmen zu können, einen "höchst wundersamen Sophisten" (596c) zu nennen - was hier selbstverständlich abwertend gemeint ist. Homer, ergänzt Sokrates, sei in Wahrheit ohne Nachwirkung in all den Bereichen geblieben, für die man ihm prägenden Einfluß nachsage (600a):

> "Wenn du also, Glaukon", sagte ich, "Lobredner Homers triffst, die uns erzählen, daß dieser Dichter der Erzieher Hellas' gewesen sei, und es mit Blick auf die Gestaltung und die Verfeinerung des menschlichen Lebens verdient, von uns studiert und verehrt zu werden, und daß wir unser ganzes Leben der Führung dieses Dichters unterordnen sollen; dann müssen wir sie lieben und willkommen heißen als solche, die ihr Bestes geben, und ihnen zugestehen, daß Homer der Poetischeste aller Poeten und der erste aller Tragiker ist, aber auch die Wahrheit wissen, nämlich daß wir keine Dichtung in unserem Staat zulassen können außer Hymnen auf die Götter und Lobpreisungen guter Bürger." (606e-607a)

Als Lobredner wie jener, vor dem Sokrates gewarnt hatte, betätigt sich Poliziano. Indem er in homerischer Manier über Homer dichtet, führt er das poetisch-

allen Gütern erlabest, die dir durch die Redekunst nur nicht gar [= nahezu] im Schlafe zugefallen sind." (Übersetzung: C. M. Wieland). Im Verlauf der Rede erweisen sich diese Ausführungen als hochgradig ironisch. Lukians Absicht ist es gerade, Kritik an der mangelnden wissenschaftlichen Ausbildung vieler Redner zu üben.

[44] In *Fam.* XXIV 12 apostrophiert Petrarca Homer als "summus eloquii sol" (§12).

sophistische Wirken des Epikers weiter. Sokrates nun hatte die Wirkungsweise poetischer Rede wie folgt charakterisiert:

> Wir können wohl sagen, daß der Dichter selbst, der nichts zu tun vermag als zu imitieren, mit Worten und Sätzen die Farben verschiedener Künste so einsetzt, daß andere, gleichermaßen unwissende Menschen, die Dinge nur durch Worte sehen, seine Worte für ganz hervorragend befinden werden, ganz gleich ob er mit Metrum, Rhythmus und Harmonie nun über das Schusterhandwerk oder die Feldherrnkunst spricht. (601a-b)

Nur Unwissende lassen sich laut Sokrates von poetischen *artificia* täuschen. Als einer der ihren erschiene, nimmt man des Atheners Worte zum Maßstab, auf den ersten Blick auch Poliziano...

> Wenn irgendeiner uns daher berichtet, daß er einen Mann getroffen habe, der sämtliche Künste kenne und alles andere, was einzelne Männer wissen, und es nichts gebe, was er nicht genauer wisse als irgendein anderer, dann müssen wir von ihm annehmen, daß er ein einfältiger Mensch ist, der offenbar so etwas wie einem Magier und Imitator aufgesessen ist, der ihm vormachte, allwissend zu sein, was ihm wegen der Unfähigkeit seines Gegenüber, Wissen, Unwissenheit und Imitation zu unterscheiden, gelingen konnte. (598c[45])

Da sich der Humanist aber selbst als Dichter betätigt und nicht als einer der "Kritiker [...], die getäuscht wurden" (599a), leitet er die Schmach der Unwissenheit auf all die Rezipienten ab, die sein Lob der Allwissenheit Homers in der *Ambra* gläubig aufnehmen.

Als Feind der *imitatio* vertrat Sokrates die Meinung, daß ein Dichter, verfügte er über echtes Wissen, sich eher den wirklichen Dingen als ihrer Nachahmung widmen würde. "Er würde lieber Gegenstand des Lobs sein als Lobredner" (599b). Im Vertrauen auf sein rhetorisches Talent handelt Poliziano dieser These gleich doppelt zuwider: Er tritt nicht nur als Panegyriker auf, sondern macht einen weiteren Lobredner, den des Achill, zum Gegenstand seines Enkomions.

* * *

[45] Homer wird gleich darauf als Paradebeispiel eines solchen Magiers erwähnt.

Die Übernahme des Ps.-Plutarch in *Ambra* wie *Oratio* geschah mit dem Ziel, die Florentiner in der Täuschung zu halten, die Sokrates seinen Zeitgenossen hatte austreiben wollen. In dieser sophistischen Operation wird deutlich, wie sehr Poliziano - im Gegensatz zu Platons Lehrer - Homers Fähigkeit schätzte, mühelos glaubwürdige Phantasmen zu erzeugen. Sein Lobpreis poetischer *historia* "qui quam facillime quorum velit auditoribus faciat fidem"[46] aus dem Jahre 1490 reflektiert denn auch die eigene Homernachfolge.

Ein Passus aus Boccaccios *Corbaccio* verbindet die Exaltierung Homers in *Ambra* 27-30 und den sophistischen Geschichtsbegriff, der den *Sylvae* zugrundeliegt, auf einzigartige Weise. Dort umschreibt die sich läuternde Seele, die das sündige *alter ego* des Dichters nach und nach aus seiner irdischen Verstrickung befreit, die Kunst der Literaten mit folgenden Worten:

> Se io ho il vero già molte volte inteso, ciascuno, che in quello s'è dilettato di studiare, o si diletta, tu[47] sai ottimamente, *eziandio mentendo sa cui li piace tanto famoso e sì glorioso rendere negli orecchi degli uomini che, chiunque di quel cotale niuna cosa ascolta, lui per virtù e per meriti sopra i cieli estimano tenere la pianta de' piedi*; e così in contrario, quantunque virtuoso, quantunque valoroso, quantunque di bene sia uno che nella vostra ira caggia, con parole, *che degne paiano di fede*, nel profondo di ninferno il tuffate e nascondete.[48]

Postskriptum zu *Ambra* 30: Ist der Blick des Epikers auf die schnaufenden Gemeinsterblichen aus Lukian entlehnt[49], so gilt dies nicht für sein Lachen. "Ridet anhelantem [...] turbam" erweist sich als originelle Adaptation von Statius, *Silvae* I 3. Dort lacht der Fluß Anio über "seine" Nymphen, die im durch

[46] *Praefatio in Suetonii expositionem* (*Opera*, S. 501; siehe oben, Kap. 7.1).

[47] = "che tu": Ellipse des Relativpronomens (Padoan).

[48] *Ed.* PADOAN, S. 511. Polizianos "Vorbild" unter den Figuren des *Corbaccio* war die perfide Witwe, "[cui] piacciono i grandi favellatori, con ciò sia cosa ch'ella di favellare ogn'altra persona avanzi e trapassi [...] E veramente egli non sarebbe stato né uomo né donna alcuna, che udita l'avesse, che non avesse creduto lei veramente nell'animo avere quel che le sue bugiarde parole sonavano." (*ibid.*, S. 490 bzw. S. 497).

[49] Zu "anhelantes" vgl. aber auch die Äußerungen, die Petrarca anläßlich seiner Dichterkrönung zur Frage seiner Nachfolger machte: "Sicut quosdam pudet per aliorum isse vestigia, sic alii multoque plures sunt qui, sine aliquo certo duce, iter arduum aggredi reformidant, quales ego multos, et precipue per Italiam, novi eruditos quidem et ingeniosos viros eisdem studiis deditos, eademque sitientibus animis *anhelantes*, herentes tamen adhuc et seu verecundia, seu segnitie, seu diffidentia, seu, quod suspicari malim, humilitate quadam ac modestia, nondum iter hoc ingressos." (*Collatio laureationis* 8,1). Anders als der Homer der *Ambra* wollte Petrarca den sich Plagenden Führer sein.

angrenzende Schmieden erhitzten Wasser schwitzen: "Vaporiferis iunctus fornacibus amnis / *ridet anhelantes* vicino flumine nymphas" (v. 45f.[50]). Das Ergötzen über Anstrengungen anderer, die man nicht teilen muß, eint den Fluß sowohl mit dem von Lukian skizzierten Rednertyp als auch mit Polizianos Homer.

8.3. Spuren autobiographischer Stilisierung in der *Ambra*

Bei der Abfassung der *Oratio* war Poliziano nicht in seinem Element. Zwar konnte er auf eine alte Vertrautheit mit Homer verweisen, doch fiel ihm zur Illustration von dessen philosophischen Fähigkeiten partout nichts Eigenes ein. Es war pure Verlegenheit, die ihn dazu trieb, sich über Gebühr aus Dions *De Homero* und dem Traktat *De vita et poesi Homeri* des Ps.-Plutarch zu bedienen. Die beiden Texte sind bezeichnenderweise die einzigen Quellen von Rang, die die Rede nicht kenntlich macht.
Die dichterischen Qualitäten Polizianos treten am deutlichsten in den Teilen der *Ambra* hervor, die von philosopischem Denken unberührt sind. Dornige Syllogismen werden generell aus dem Kosmos der Sylva verbannt. Sie sind Sache "derer da unten", jener "turba" aus v. 30, die sich peinigt, ohne sonderlich voranzuschreiten. Der *Ausonius Homerus* gehört nicht zu ihnen. Am Schluß der *Ambra* zeigt sich Poliziano in der zauberhaften Umgebung der Medici-Villa zu Poggio a Caiano. 1485, im Jahr der Komposition der *Ambra*, sonnte er sich in Lorenzos Gunst. Nicht minder als der Homer der Sylva hatte Angelo selbst auf dem Weg der poetischen Rhetorik den Gipfel des Ruhms erklommen; einen Gipfel, der nur äußerlich dem stoischen *Virtus*-Gipfel[51] ähnelte, den nach mühevoller Selbsttherapie erreicht zu haben er im *Orfeo*-Coup vorgespiegelt hatte.

---

[50] Vgl. Polizianos Erläuterung im *Commento*, S. 282f. - Mit "Ridet anhelantes" beginnt auch *Thebais* VI 688. Dort verlacht eine Thessalische Zauberin die Pferde des Mondwagens, den sie mit magischen Kräften vom Himmel stürzen läßt. Obwohl Sokrates Homer als Magier bezeichnete (vgl. Anm. 45), halten wir den Passus im Zusammenhang mit *Ambra* 30 für weniger relevant.

[51] Vgl. Petrarca, *Familiares* XI 3, §9 und XII 14, §6; v. a. aber die *Fam.* XVIII 9 an Francesco Nelli, *Magnum virtutis indicium esse ignotum vulgo*: "Ego [...] stuporem non insulsi hominis [eines florentinischen Boten, dem er die Vorzüge des Florentiners Nelli schilderte] stupebam et, ut dici solet, in sinu tacitus gaudebam et ad me identidem: 'Quantus est ille meus [*sc.* Nelli], cuius hic cum latera viderit, verticem certe non vidit!' Puto, nubibus cinctus erat, quod excelsis montibus usu evenit, imo vero nubes excesserat; quod si Olimpo datur, quanto altior illa pars anime est passionum nebulas supergressa, ubi immota serenitas habitat, quo lippus et multa caligine obsitus popellus frustra suspicit!" (§§2-4).

Wie sehr es Poliziano in *Ambra* 27-30 um die eigene Person ging, läßt sich auch daraus folgern, daß er die Verse unter Rückgriff auf ein Porträt gestaltete, das Statius von einem gewissen Pollius Felix anfertigte: Sein Name ähnelt dem des Humanisten, und sein Beiname ist der des Heiligen, dem in den *Nutricia* eine wichtige Rolle im Rahmen der verdeckt autobiographischen Glorifizierung Lukans zukommen sollte. Zudem war Pollius Dichter. Sein Lob ist in *Silvae* II 2, *Villa Surrentina Pollii Felicis*, enthalten, einer Dichtung, die ebenso wie die *Ambra* ein Landgut preist[52]. Hier der Auszug, auf den Poliziano im "Gipfel-Passus" seiner Homer-Dichtung anspielt:

Vive, Midae gazis et Lydo ditior auro,
Troica et Euphratae supra diademata felix,
quem non ambigui fasces, non mobile *vulgus*
non leges, non castra terent, qui pectore magno
spemque metumque domas voto sublimior omni,
exemptus fatis indignantemque refellens
Fortunam; dubio quem non in turbine rerum
deprendet suprema dies, sed abire paratum
ac plenum vita. nos, vilis *turba*, caducis
deservire bonis semperque optare parati,
spargimur in casus: celsa tu mentis ab arce
despicis errantes humanaque gaudia *rides*. (vv. 121-32[53])

Der Dichter Pollius, zum glänzenden, unsterblichen Mesnchen stilisiert, dem gegenüber sich Statius zum Angehörigen der "vilis turba" erniedrigt - diesen rhetorischen Kraftakt machte sich Poliziano zunutze: Er, Autor der *Sylvae*, nahm gemeinsam mit Homer den Platz des Gefeierten ein und stellte sich damit implizit über den Dichter der *Silvae*.

Pollius war laut Statius (vv. 112-20) ein Mann von begnadeter Eloquenz. Nicht nur, daß Poliziano ähnliches von sich geglaubt haben dürfte, auch die Etappen der

---

[52] Schon DEL LUNGO, *ad titulum*, wies auf diese Parallele hin.

[53] "Lebe glücklich! Denn reicher bist du als Midas und Krösus, / Teurer Felix, und über des reichen Asiens Kronen / Weit erhaben. Die zweifelhaften Ehren der Ämter / Fesseln dich nicht, und das bewegliche Volk, der Senat und die Kriege / Reizen dich nicht, und mutig bezwingst du die Furcht und die Hoffnung. / Frei von Begierde nach Ruhm, entrückt den Geschicken, verschmähst du / Stolz unwürdiges Los. Nicht schwankend im Wirbel der Dinge, / Sondern des Lebens satt, bereit und gerüstet zu scheiden, / Siehst du dem Tode entgegen. Wir Menschen gewöhnlichen Schlages, / Stets bestrebt zu wünschen, zu jagen nach Gütern des Glückes, / Werden verstreut in des Zufalls Geschick: Auf die Irrenden schaust du / Hoch von des Geistes Burg und belächelst die Freuden des Menschen." (Übersetzung: R. Sebicht).

Vita seines Quasi-Namensvetters konnte er leicht mit der eigenen autobiographischen Stilisierung zur Deckung bringen:

tempus erat, cum te geminae suffragia terrae
diriperent celsusque duas veherere per urbes,
inde Dicarcheis multum venerande colonis,
hinc adscite meis, pariterque his largus et illis
ac iuvenile calens plectrique errore superbus.
at nunc discussa rerum caligine verum
aspicis - illo alii rursus iactantur in alto -,
et tua securos portus placidamque quietem
intravit non quassa ratis. sic perge nec umquam
emeritam in nostras puppem dimitte procellas. (vv. 133-42[54])

Den beiden Städten, die Pollius für sich hatten gewinnen wollen, konnte Angelo Venedig, Padua, Verona[55] und Mantua gegenüberstellen, wo er im Winter 1479/80 großen Eindruck hinterlassen hatte. Wie Statius' Freund hatte er eine stürmische Lebensphase hinter sich, wie jener zog er sich in reiferen Jahren (wenn auch nur gelegentlich) ins idyllische Ambiente einer Villa zurück - nach Poggio a Caiano, wo die *Ambra* angeblich entstand.

Es bedarf nicht des Umwegs über Pollius, um in der *Ambra* autobiographisch geprägten Elementen zu begegnen. Zu schmeichelhaft, um in der Sylva nicht berücksichtigt zu werden, waren für Poliziano die Elogen, die ihm seine jugendliche Glanztat, die *Ilias*-Übersetzung, bereits *in fieri* eingetragen hatte. Nicht zufällig läßt die *Ambra* ungeachtet des Fehlens entsprechender Belege Homer kaum erwachsen sein, als er das Troja-Epos schuf...

Gioviano Crasso, ein Gelehrter aus dem apulischen Monopoli, hatte 1472 dem achtzehnjährigen Poliziano dieses euphorische Epigramm gewidmet:

AD ANGELUM, HETRUSCI GENERIS DECUS AC DELITIAS, JOVIANUS CRASSUS

Qui potes extemplo sublimes edere versus,
  Ingenii partem da mihi, quaeso, tui;

---

54 "Einstmals gab's eine Zeit, wo dich zwei der Städte begehrten / Als den ihren zugleich. Du fuhrst durch beide erhaben, / Hier von Puteolis Volk und dort von den Bürgern Neapels / Hochgeehrt und gegrüßt, du strittest jugendlich glühend / Hier wie dort um die Ehren des edlen musischen Wettkampfs. / Doch seitdem sich der Nebel teilte, schaust du das Wahre; / Darum mögen auf hoher See sich andere tummeln! / Dein Schiff fuhr in den sichren Hafen zur freundlichen Ruhe / Unbeschädigt und ohne Leck. O bleibe daheim nun, / Sende niemals wieder hinaus in unsere Stürme / Deinen Nachen! (Übersetzung: R. Sebicht).

55 Vgl. PICOTTI 1915, S. 78-81.

Quod tibi felicis gravido jam matris in alvo
  Regnator superum Juppiter ipse dedit.
Hoc superare vales ardentia sidera magni
  Aetheris, hoc summos laetus adire deos.
Te genitum[56] pulchra velox atlantide Maia
  Nomen ab officio jussit habere suo,
Interpres latiae fidus graiaeque Camenae;
  Sospite quo, magnus noster Homerus erit.[57]

Folgende Parallelen zwischen diesen Versen und der *Ambra* sind zu konstatieren:
1.) Poliziano wird als Furor-Dichter gepriesen (v. 1), wie Homer in *Ambra* 260.
2.) Schon allein wegen seines angeblich von Merkur vorbestimmten Namens sei Angelo Bote göttlichen Wissens, sagt Crasso (v. 5f.); die gleiche Funktion bekleidet Homer in der *Ambra* (vv. 18-20[58]).
3.) Sein Talent soll Poliziano von Jupiter haben, der es, so Crasso, in den Leib der bereits mit Angelo schwangeren Maja eingegeben habe. Laut *Ambra* bestimmte der Göttervater einen mit Apoll wetteifemdern Waldgott zu Homers Vater. Polizianos Erfindung soll analog zu der seines Lobredners die Begabung seines *alter ego* erklären: "Inde capax nato ingenium" (v. 219). Was zunächst nur wie eine Glosse zu einem Satz aus Petrarcas *Familiaris* an Homer[59] erscheint, enthält mit "ingenium" doch auch einen wichtigen Terminus aus Crassos Epigramm[60].

---

[56] *Ed.*: "genitus".
[57] In: DEL LUNGO, S. 182. "*An Angelo, Zierde und Freude des toskanischen Volkes, Gioviano Crasso*: Der Du aus dem Stegreif erhabene Verse dichten kannst, gib mir doch einen Teil Deines Talents, das Dir schon im Leib der glücklichen Mutter der Herr der Himmlischen gab, Jupiter selbst. Kraft dieses Talents vermagst Du die glühenden Sterne des großen Äthers zu übersteigen und die höchsten Götter fröhlich aufzusuchen. Du, Sproß der schönen Atlastochter Maja, erhielst auf Weisung der flinken Göttin einen Namen von ihrer Tätigkeit her, o zuverlässiger Übersetzer der lateinischer und griechischer Dichtung, durch dessen Wirken unser [*sc.* lateinischer] Homer groß werden wird."
[58] Im 19. Kapitel der *Miscellaneorum Centuria Prima* (1489) erzählt Poliziano, wie ihn die Veroneser auf seiner Oberitalienreise des Jahres 1480 als "demissum coelitus Angelum" gefeiert hätten, als er ihnen die Dichtungen ihres Landsmanns Catulls interpretierte. Das Wortspiel war offenbar zu naheliegend, um nicht von mehreren Seiten bemüht zu werden.
[59] "Discerptum te ab imitatoribus tuis doles: sic oportuit; nemo in totum tanti *ingenii capax* erat." (*Fam.* XXIV 12, §26).
[60] Von der göttlichen Begabung Polizianos schwärmte auch Alessandro Braccesi im achten seiner Epigramme, *Ad Angelum Bassum* ("Bassus" war der Spitzname des jungen Poliziano in der *Brigata medicea*):

Carmina iucundo tua qui non lumine, Basse,
  Pellegit, et tua quem non sacra Musa iuvat,
Angele, *divinum* tibi qui non esse poetae
  Asserit *ingenium* dulcisonamque chelim,
Hunc ego vel credam liventia pectora ferre,
  Hunc ego vel nullis sensibus esse putem.

Als Poliziano die *Ambra* schrieb, erinnerte er sich nachweislich an das Epigramm. Seine einstige Antwort auf Giovianos Lob, voll affektierter Bescheidenheit, begann mit Versen, die den Auftakt der Sylva präzis vorwegnehmen:

Τί στάχυας Δήμητρι, τί κύματα δοῦν' ἐθέλεις με
  Πρωτεῖ ποντοπόρῳ, Νυκτελίῳ τε βότρυν;
Σὺ μόνος ἐκ γλώττης γλυκερὸν μέλι, σὺ μόνος αὐδὴν
  Ἀμβροσίην στόματος ἐκ λιγυροῖο χέεις·[61]

Aus dem ersten Distichon wird im Exordium der *Ambra* eine ausladende Frage:

Spicea si Cereris templo suspensa corona
Donum erat agricolae quondam; si vinitor uvam
Seposuit Bromio, quoties praedivite cornu
Copia se fudit; placidam si lacte recenti
Pastores sparsere Palem, spumantia postquam
Complerant olidam supra caput ubera mulctram;
Primitias et quisque sui fert muneris auctor;
Cur ego non vocem hanc, aut si quid spiritus olim
Concipit egregium, si quid mens ardua conscit
Rerum insigne sibi, si quo se murmure jactat
Lingua potens, cur non totum in praeconia solvam
Maeonidae magni, cujus de gurgite vivo
Combibit arcanos vatum omnis turba furores? (vv. 1-13[62])

Auch aus der Feder Naldo Naldis werden wir in Kürze Ähnliches lesen.

[61] DEL LUNGO, S. 182: "Warum nur willst du, daß ich der Demeter Ähren, dem die Meere durchstreifenden Proteus Wasser, dem Nachtgott [Dionysos] Trauben darbringe? Du allein läßt süßen Honig über deine liebliche Zunge verströmen, du allein eine ambrosische Stimme."

[62] "Die Ährenkrone, aufgehängt im Tempel der Ceres, war einst die Gabe des Bauern; der Winzer sparte für Bromius [= Bacchus] eine Traube auf, sooft Copia sich ausschüttete aus übervollem Horn; die Gunst der Pales gewannen die Hirten, indem sie sie mit frischer Milch besprengten, sobald die schäumenden Zitzen über ihrem Kopf den stinkenden Melkkübel gefüllt hatten. Jeder von ihnen bringt ein seinem Beruf gemäßes Primizopfer dar. Warum soll ich dann nicht diese Stimme oder (wenn doch schon bisweilen mein Geist etwas Hervorragendes ausdenkt, mein kühner Sinn sich einer außergewöhnlichen Schöpfung bewußt ist und sich die machtvolle Zunge ihres Brausens rühmt) - warum soll ich mich dann nicht ganz der Verherrlichung des großen Mäoniers hingeben, an dessen lebendigem Quell die ganze Schar der Dichter geheimnisvolle Wasser der Begeisterung trinkt?"
Die Quellenangaben Del Lungos und Kleckers zum Auftakt der *Ambra* lassen sich um drei erweitern. So findet sich in den Jahresgaben des Paulinus von Nola für den hl. Felix ein Exordium mit identischen Vokalen und Sibilanten: "*Sidera si* caelo, si possunt gramina terris / defore etc.". (*Carmina* XIX 1f.). Weitaus wichtiger aber waren zwei andere Gedichteingänge. Der ungarische Humanist Janus Pannonius (1434-1472) eröffnete seinen *Panegyricus* auf Guarino Guarini mit den Worten:

Rustica si pietas consuevit rite quotannis
Flaventes Cereri spicas, nova musta Lyaeo,
Arbuta Pomonae, baccas offerre Minervae,

Für das abschließende Bild des Quells kombinierte Poliziano die ovidischen Zeilen "Adiice *Maeonidem* a quo, ceu fonte perenni, / *Vatum* Pieriis ora rigantur aquis"[63] mit Versen aus Petrons *Satiricon* ("artis severae si quis ambit effectus / [...] det primos versibus annos / *Maeonium*que *bibat* felici pectore fontem"[64]). Die Ersetzung von "fonte" durch "gurgite" scheint auf das in Kap. 7.10.4. zitierte Lobgedicht Bernardo Michelozzis zu verweisen, in dem Poliziano selbst als poetischer Strom gepriesen wurde. Es endete mit den Worten: "Ante nec inflexo compescat *gurgite* cursum / Astris quam nomen terminet ipse suum." Für das Ausstrahlen dieses Wunsches auf *Ambra* 12 spricht, daß der Parallelpassus der *Oratio* das Wort *gurgite* auffällig hervorhebt: "Pulcherrima illa carmina [...] vivo [...] (ut ita dixerim) gurgite exundabant"[65].

Als Naldo Naldi ein Epigramm auf die Homerübersetzung verfaßte, pries er zwar Polizianos Talent, stellte aber auch klar, daß das meiste Lob an der Version einem anderen gebühre:

Tu, licet ingenio dum sacrum vertis Homerum,
   Macte puer, laudes promerere novas,
Te tamen, o vates, si quicquam credis amico,
   Angele, promeritum palma secunda manet.

Veris opes Florae, cuivis sua munera Divum:
Iure, Guarine, tibi nos carmina nostra dicamus
Fontibus hausta tuis; mea nec lyra dignius ullum
Ante sonet, quam quo didicit crepitare magistro.
Verum ego si totum docili simul ore bibissem
Quicquid tu, invidia nil subducente, fluebas,
Tantarum haud possem fastigia tangere laudum. (vv. 1-10)

Hier stoßen wir nicht nur auf einen Konditionalsatz, der Götter und die ihnen dargebrachten Ernteopfer auflistet, sondern auch auf den Vergleich des Dichterlehrers (hier Guarino) mit einem sprudelnden Quell, von dessen Wassern der Schüler trinkt (in der *Ambra* sollten es unzählige sein). Poliziano bewies philologische Souveränität, als er in die Gestaltung seiner Verse auch das Modell des ungarischen Dichters, die erste *Praefatiuncula* des Ausonius, einbezog:

Agricolam si flava Ceres dare semina terrae,
   Gradivus iubeat si capere arma ducem,
solvere de portu classem Neptunus inermem
   fidere tam fas est quam dubitare nefas,
[...]
Cur me posse negem, posse quod ille putat? (vv. 1-4 und v. 11)

Mit dem Aquitanier, nicht aber mit Janus teilt Poliziano die Anapher der Konjunktion "si", die Beschränkung auf drei Gottheiten, das Lexem *agricola* und die durch "cur" eingeleitete Frage.

63 *Amores* III 9,25f. (Del Lungo).

64 *Satiricon* V, v. 1 und v. 11f.; vgl. aber auch Petrarca, *Fam.* X 4, §26 ("De fonte homerico bibere Virgilium, omnibus est notum qui poeticis exercentur").

65 *OEH*, S. 477. Man beachte die ficinianische Akzentuierung von *Ambra* 13 durch das den genannten Quellen fremde Element der "arcani furores".

Nam, velut in superis laus est quoque prima Tonantis,
   Si quid ab imperio causa secunda facit,
Sic Medicis nostri laus est quoque prima iubentis
   Carmen ut efficias, palma secunda tua est.[66]

Poliziano glaubte dem Freund spätestens 1485 nicht mehr: Er gab sich in der *Ambra* selbstbewußter. Ihr zufolge ist Homer dem "Tonans" Jupiter, der ihm das Dichten befiehlt, nicht unterlegen, sondern ebenbürtig ("Par *superis* ipsique Jovi", v. 460), ja, hat ihm gar zur Sprache verholfen (v. 565ff.). All dies erlaubt womöglich Rückschlüsse auf Polizianos private Bewertung seines Verhältnisses zu Lorenzo, läßt vermuten, daß er sich als Liebling, gleichgestellten Vertrauten und dichterisch überlegenen Künder seines Jupiter sah.
In *Ambra* 457-66 konstatiert Angelo die doppelte Krönung Homers (durch *Ilias* und *Odyssee*) und zieht neuerlich die Parallele zum Olymp:

Ergo tegunt geminae victricia tempora laurus
Vatis apollinei; geminis ergo arduus alis
Fugit humo, celsumque altis caput intulit astris,
Par superis ipsique Jovi, quo nulla rebellis
Spicula livor agat, quo nulla aspiret iniquae
Tempestas foeda invidiae: sic eminet extra
Liber et innocuus, toto sic ille sereno
Perfruitur gaudens; magni ceu purus Olympi
Supra imbres vertex et rauca tonitrua surgit,
Despectatque procul ventorum praelia tutus.[67]

Elisabeth Klecker[68] erkannte in der Klausel von v. 459 ein Zitat aus der Apotheose des Herkules, die Ovid in *Metamorphosen* IX schildert.[69]. Auch ein

---

[66] In: PICOTTI 1915, S. 100f.: "Wenn du auch dank deines Talents im Verlauf deiner Übersetzung des heiligen Homer ständig neues Lob erntest - heil Dir, Knabe! -, so bleibt dir, göttlicher Dichter Angelo, wenn du dem Urteil eines Freundes glauben willst, bei all deinen Verdiensten doch nur der zweite Preis. Denn wie bei den Himmlischen Jupiter der größte Ruhm gebührt, wenn eine nachgeordnete Instanz etwas auf sein Geheiß vollbringt, so gebührt auch unserem Medici, der dir das Dichten befiehlt, der größte Ruhm, dir aber der zweite Preis."
[67] "Nunmehr deckt doppelter Lorbeer die siegreichen Schläfen des apollinischen Dichters; nunmehr entflieht er kühn mit doppelter Schwinge dem Erdboden und taucht mit seinem erhabenen Haupt in die Höhen der Gestirne ein, den Himmlischen gleich und selbst dem Jupiter, in dessen Herzen kein Neid Unruhe stiftet, kein garstiger Sturm feindseliger Mißgunst tobt. Frei und unangefochten ragt Homer heraus, freudig genießt er die ganze Heiterkeit des Himmels: so wie der helle Gipfel des großen Olymp sich über Regenwolken und dumpfen Donner emporhebt und aus sicherer Ferne auf die Kämpfe unter den Winden herabsieht."
[68] KLECKER 1994, S. 108.
[69] NB: In der *Sylva in Scabiem* hatte sich Poliziano zum leidenden *Hercules Oetaeus* stilisiert, der schmerzverzerrt der Aufnahme in den Götterhimmel (lies: der Rückkehr nach Florenz) harrte.

berühmter Passus, in dem ein Dichter seine eigene Gottwerdung vorhersagte, wurde von Poliziano aufgegriffen: der Beginn der Ode II 20 des Horaz:

Non usitata nec tenui ferar
penna biformis per liquidum aethera
vates, neque in terris morabor
longius, invidiaque maior

urbes relinquam. Non ego, pauperum
sanguis parentum, non ego, quem vocas,
dilecte Maecenas, obibo
nec Stygia cohibebor unda.[70]

Horaz' Worte von der Überwindung des Neids prägen *Ambra* 461f., mit "livor" statt "invidia". Auch das Element der Loslösung von der Erde ist beiden Texten gemeinsam: "Penna" wird dabei zu "alis" (*Ambra* 458). Man beachte, daß Horaz das *Carmen* an seinen Gönner Mäcenas richtete und darin die Niedrigkeit seiner Herkunft ansprach ("pauperum / sanguis parentum"), die seinen Aufstieg um so erstaunlicher mache. Die Relevanz dieser Punkte für Poliziano bedarf keiner Hervorhebung mehr. Es hat einmal mehr den Anschein, daß die Verse der *Ambra* im Stillen Angelos eigenen Aufstieg feiern (Schlüsselworte: "liber" und "tutus"). Horaz verkündete seinen Nachruhm schon zu Lebzeiten - eine Strategie, die Früchte trug. Poliziano wäre ihm sicher gern ebenso lautstark gefolgt, mußte aber angesichts eines argwöhnischeren Umfelds einen Umweg einschlagen: Er pries einen Homer, dem er Züge seiner selbst verlieh.

70 "Mit wunderbarem, mächtigem / Fittich werd' ich, der Dichter, umwandelt den reinen Äther / durchfliegen, werde nicht länger auf der Erde verweilen; / über den Neid erhaben, // werd' ich die Städte verlassen. Nein! ich armer Eltern / Blut, ich den du als Freund begrüßest, / geliebter Mäcenas, ich werde nicht sterben, / mich werden die Stygischen Fluten nimmer umschließen." (Übersetzung: C. F. K. Herzlieb).

9. Triumph der Eloquenz: Die *Medea Ovidii*, Cola di Rienzos Improvisationen und Polizianos *Fabula di Orpheo*

Seneca der Redner ist einer der wesentlichen Farbgeber des Ovid-Porträts der *Nutricia*. Seine *Controversiae* bestimmen nicht nur dessen Finale (vv. 451-53)[1], sondern beeinflussen auch den vorangehenden Gedanken aus *Nutr.* 449f., "suspendit et unca / Nare malos (quorum nunc omnia plena) poetas", für dessen Wiedergabe Poliziano, wie gesehen, eigens ein ursprünglich horazisches Bild auf Naso übertrug[2]. Philologischer Anlaß dazu scheint auf den ersten Blick allein die Notiz eines ovidischen Buches *In malos poetas* aus *Institutio oratoria* VI 3,96 (Del Lungo) gewesen zu sein; doch verrät genaueres Hinsehen, daß Poliziano mit *Controversiae* VII 1,27 und *Suasoriae* 3,5-7 auch zwei *loci* des hispanischen Rhetors im Blick hatte.

Die erste der beiden Stellen zeigt einen Ovid, der sich respektlos über zwei Hexameter des Varro äußert. Unser Zitat beginnt mit den kritisierten Versen:

> desierant latrare canes urbesque silebant;
> omnia noctis erant placida composta quiete
>
> solebat Ovidius de his versibus dicere potuisse longe meliores, si secundi versus ultima pars abscideretur et sic desineret:
>
> omnia noctis erant.
>
> Varro quem voluit sensum optime explicuit; *Ovidius in illius versu suum sensum invenit: aliud enim intercisus versus significaturus est, aliud totus significat.*[3]

Ovid induzierte neuen Sinn in altes Material, verformte, entstellte es. Wie oft haben wir Poliziano genau dies auf den vergangenen Seiten attestiert!

Die zweite Stelle gibt ein weiteres Beispiel für die Aneignungstechnik Ovids: Der Dichter habe es geliebt, schreibt Seneca, Wendungen Vergils zu übernehmen, "non subripiendi causa sed palam mutuandi, hoc animo ut vellet agnosci." Als er

---

[1] Vgl. DEL LUNGO, *ad locum*.

[2] Vgl. Kap. 7.8. Der anschließende Halbvers "Indulgens tamen sibi" (*Nutr.* 450) reflektiert ein Urteil Quintilians (*Inst. orat.* X 1,98): "Ovidi Medea videtur mihi ostendere quantum ille vir praestare potuerit, si ingenuo suo imperare quam *indulgere* maluisset".

[3] "'Die Hunde hörten zu bellen auf, es schwiegen die Städte: Alles hatte die freundliche Ruhe der Nacht beschwichtigt.' Ovid pflegte zu diesen Versen zu sagen, daß sie weitaus besser sein könnten, wenn der zweite Teil des zweiten Verses abgeschnitten würde und die Stelle mit den Worten 'Alles hatte die Nacht umfangen' enden würde. Varro freilich drückte die von ihm beabsichtigte Bedeutung hervorragend aus. In seiner Variante fand Ovid dann eine eigene, ihm genehme. Der abgeschnittene Vers nämlich besagt etwas anderes als der ganze."

etwa gehört habe, daß sich einer seiner Freunde am (nicht erhaltenen) Vergilwort "plena deo" derart berauscht hatte, daß er es in allen erdenklichen Situationen, ob passend oder nicht, anbrachte, habe er sich seinerseits entschlossen, es in eine Tragödie (wohl die verlorene *Medea*) einzubauen, und zwar gleichfalls mit verändertem Sinn: Was bei Vergil 'gotterfüllt' mit edel-erhabener Konnotation bedeutet haben mußte, mutierte im Munde der rasenden Medea zu 'gottbesessen': "Feror huc illuc, vae, plena deo", klage sie im Drama. Auf das Vergilwort war Seneca ursprünglich deshalb zu sprechen gekommen, da sich ein Redner namens Fuscus Arellius unglücklich an seiner *imitatio* versucht hatte.

Die Parenthese zu "malos poetas", "quorum nunc omnia plena", enthält die Auftaktelemente der Formulierungen ("*Omnia* noctis erant" bzw. "*plena* Deo"), um die Senecas Episoden kreisen. Die Rezeption leuchtet ein, denn die erste Anekdote zeigt Ovid selbst als Kritiker eines Dichters, und die zweite erwähnt ihn immerhin kurz nach einem Mann, der sich in wenig überzeugender Manier an der Nachahmung eines Poeten versuchte. Insgesamt betrachtet, parodiert *Nutr.* 450 zudem den zum Diktum avancierten Hexameter "Ab Iove principium, Musae: Iovis omnia plena" aus der dritten Ekloge Vergils (v. 60)[4].

In einer verderbten Tertullian-Handschrift war Poliziano auf die Information gestoßen, daß die Rezeptionskunststücke des Ovid einen Wiederverwertungsgrad von bis zu 100% erreichten. Produkt solch vollständigen Recyclings war dem Manuskript zufolge die ovidische *Medea*. Auf sie verwies der Dichterphilologe, als er in *Miscellanea* I 61[5] den Halbvers begründete, mit dem die *Nutricia* Ovids Tragödie umschreiben: "Consutum quoque syrma trahit" (v. 449).

Polizianos Anknüpfungspunkt war ein Abschnitt des Traktats *De praescriptionibus*[6], in dem Tertullian gegen all jene Schriftsteller Klage führt, die aus Worten der Heiligen Schrift neue, die christliche Wahrheit entstellende Texte formten und daran nichts Verwerfliches fänden. Schon die Centones nach Vergil

[4] Ficino hielt das Diktum nach wie vor für gültig. Im Brieftraktat *De divino furore* hatte er geschrieben "Ex quo efficitur, ut a Iove, totius mundi spiritu ac mente, quomodo coelestes movet sphaeras atque regit, earundem quoque cantus musici, quas Musas nuncupant, oriantur. Quapropter Platonicus ille clarissimus: 'Ab Iove principium Musae, Iovis omnia plena'. Quoniam et ubique ille animus, qui Iupiter dicitur, viget atque implet omnia [...]." (*Opera*, S. 614).

[5] "[*Medea*], quam Tacitus quam laudat Quintilianus, et quam fuisse (quod miror) pene virgilianis *consutam* versibus autor Tertullianus est, et nos in *Nutrice* significavimus." (zit. bei DEL LUNGO, *ad locum*).

[6] *Patrologia Latina* II, S. 52f.

und Homer hätten indes - so der Kirchenvater - gezeigt, wie die Verwendung gleichen Materials häufig zu gänzlich unterschiedlichen Resultaten führe:

> Vides hodie ex Virgilio fabulam in totum aliam componi, materia secundum versus, versibus secundum materiam concinnatis. Denique Ovidius Geta Medeam tragoediam ex Virgilio plenissime exsuxit.[7]

Wie so oft erklären die *Miscellanea* lediglich die philologische Motivation einer Passage der *Nutricia*, nicht aber ihre lexikalische Grundlage. Mit anderen Worten: Ebensowenig wie Poliziano etwa im Kallimachos gewidmeten Kap. 24 der *Prima Centuria* die Ableitung des dort als Selbstzitat erscheinenden Halbverses "Celsior assueto" (*Nutr.* 427) aus einer *Sylva* des Statius offenbarte, erhellt er uns hier die materielle Provenienz der Wendung "Consutum syrma trahit". Das Geheimnis kann gelüftet werden: Sie ist einer Formulierung nachempfunden, die in Petrarcas *Familiaris* XIII 6, *De poetice nomine inter vulgares et indoctos profanato*, zu finden ist.

Den Grund der Entlehnung verrät ein Blick auf den Inhalt des Briefes. In satirischem Tonfall bringt Petrarca darin seine Enttäuschung darüber zum Ausdruck, daß der einst von ihm gefeierte, selbsternannte Volkstribun Cola di Rienzo seinen großartigen Plan, die Römische Republik neu zu gründen, durch Zögern im entscheidenden Moment selbst zerstört habe. Ausgerechnet weil ihm der völlig unberechtigte Ruf vorauseile, ein großer Dichter zu sein, vermöge er nun seine Haut zu retten:

> Si me tamen interroges, Nicolaus Laurentii vir facundissimus est et ad persuadendum efficax et ad oratoriam pronus, dictator quoque dulcis ac lepidus non multe quidem sed suavis colorateque sententie; poetas, puto, qui comuniter habentur, omnes legerit; non tamen ideo magis est poeta quam textor ideo quia *manibus alienis texta chlamyde induitur*;

---

[7] "Du siehst, wie heute eine Erzählung aus Vergils Epos zu einer völlig anderen umgeschrieben wird, wobei der Stoff des neuen Stücks nach den Versen des alten gestaltet wird und die Verse des neuen nach dem Stoff des alten. Ovidius der Gete sog seine Tragödie *Medea* ja vollends aus vergilischen Versen."
Wahrscheinlich benutzte Poliziano den Kodex *Magliabechianus*, *Conventi soppressi* I vi 9 (15. Jhd.), der folgende Lesart bietet: "Denique Ovidius citra Medeam tragoediam ex Virgilio plenissime exsuxit." Der verwandte Kodex *Magl. Conv. sopp.* I vi 10 hat "Offidius citra Medeam", während der im *Corpus Christianorum* akzeptierte Traditionsstrang "Hosidius Geta Medeam" liest, was ohne Zweifel richtig ist, da der *Cento* des Hosidius erhalten ist.
Soweit sie heidnische Texte betrifft, verwirft Tertullian die *Cento*-Praxis nicht. Es wäre exakt diejenige Polizianos, wäre da nicht die Fixierung auf eine einzige Quelle, die den Autor der *Miscellanea* ja auch verwunderte (vgl. Anm. 5).

> et licet ad poete nomen promerendum non sufficiat solum carmen sitque verissimum illud Horatii
>
> neque enim *contexere* versum
> Dixeris esse satis, nec siquis scribit uti nos
> Sermoni propiora, putes hunc esse poetam[8],
>
> iste tamen nunquam vel unicum carmen quod ad aures meas venerit, *contexuit*; (§27[9])

Consutum entspricht (*manibus alienis*) *texta*, der griechische Terminus *syrma* läßt Petrarcas *chlamys* widerhallen, und von *induitur* bis *trahit* ist es auch kein weiter semantischer Weg. Ist der Wortlaut indes auch ähnlich, so sind die Positionen der beiden Autoren radikal verschieden. Die Reaktion Petrarcas auf Colas Collagen ist heftige Erregung, während Poliziano sich angesichts der *Medea* Ovids kommentarlos-gelassen zeigt. Da er selbst den Bezug zu Petrarca hergestellt hat (pikanterweise durch eine *Textanleihe*), ist ihm am Kontrast gelegen. 'Was ist ein Dichter schon anderes als ein *textor*?', scheint Angelo seinem Vorläufer entgegenhalten zu wollen. Was in seinen Augen zählt, ist sichtlich nicht die Originalität der Stoffe, sondern die ihrer rezeptiven Anverwandlung.
Hinter Ovid schimmert also die Gestalt Cola di Rienzos durch. Beide nähten sich Poetisches aus fremden Stoffen zusammen. Ausgehend von seinem fehlerhaften Tertulliantext hielt Poliziano Ovids *Medea* für ein dramaturgisches Werk aus groben Flicken - und insoweit sicher für ein Pendant zu seiner *Fabula di Orpheo*. Rufen wir uns in Erinnerung, daß in keinem anderen Opus des Dichterphilologen einzelne Versatzstücke die Größe der Gewebe erreichen, die für das Szenenstück aus Ovid, Vergil oder Calpurnius herausgeschnitten wurden. Laut *Lettera a Carlo Canale* wurde es hastig zusammengenäht[10]: Ein Merkmal, das auch den

---

[8] Horaz, *Satiren* I 4, 40-42, leicht abgewandelt (Martelli).
[9] "Wenn Du aber mich fragst, so ist Cola di Rienzo ein sehr zungenfertiger Mann von hoher Überzeugungskraft und guter Eignung zum Redefach, dazu ein angenehm zu lesender und witziger Autor von zwar nicht sehr reichem, aber doch anmutigem und farbigem Sprachschatz. Die Dichter, die zum allgemeinen Kulturgut zählen, dürfte er alle gelesen haben. Freilich ist er deshalb genauso wenig ein Dichter, als er deshalb ein Weber wäre, weil er sich einen von fremden Händen gewobenen Mantel anzieht. Und ganz abgesehen davon, daß ein einziges Gedicht ohnehin nicht ausreicht, um sich den Titel eines Dichters zu verdienen, und das Horazwort 'denn sag nicht, genug sei es schon, in das Versmaß / Worte zu weben, und glaub's ja nicht, daß der schon ein Dichter, / der wie ich etwas schreibt, das näher steht dem Gespräche' nur zu wahr ist, ist zu sagen, daß Cola meines Wissens noch nicht einmal ein einziges Gedicht verfaßt hat." (Übersetzung des Horaz-Zitats nach K. Büchner).
[10] Der Wahrheit braucht diese Behauptung natürlich nicht zu entsprechen.

Improvisationen Colas eignete, als dessen "Verwandter" sich Poliziano im übrigen auch aus anderen Gründen fühlen konnte.
Petrarca vermerkt nicht ohne Erstaunen, daß Cola "sub clipeo poetico Nicolaus e tantis periculis evaserit, unde non evasurus esset Maro" (§29). Daran knüpft er die bereits ausgewertete Klage über die im Falle des Tribunen gewiß lebensrettende, im Grunde aber verwerfliche Unfähigkeit des gemeinen Volkes, zwischen wahren Dichtern und "nigromantici" zu unterscheiden. Poliziano kennt, wie gesehen, eine solche Differenzierung nicht. Frei - wie Ovid - von den Prätentionen eines Moralapostels, sieht er in der Eloquenz ein Instrument, das sich in vielerlei Einsatz bewähren kann, im Extremfall auch als Mittel zur Rettung der eigenen Haut. Für Poliziano wird Cola di Rienzo so just von dem Zeitpunkt an zum Helden, ja sogar zur Identifikationsfigur, da sein Stern in den Augen Petrarcas zu sinken begann. Francesco hätte sich für den Tribunen, den er aus alter Anhängerschaft nicht gänzlich verdammen will, anstelle der Flucht einen Heldentod auf dem Kapitol gewünscht. Poliziano hingegen solidarisiert sich mit Colas Versuch, sein Heil in der Gabe der Rede zu suchen. Kein Wunder: Ganz wie der Römer war er selbst "sub clipeo poetico" in Deckung gegangen, als er im Winter 1479, nach dem Zerwürfnis mit Lorenzo, nach Mantua aufbrach, um außerhalb der Mauern seiner Stadt sein Können zu beweisen - ebenfalls im Vertrauen auf die Reaktion des *vulgus*. Der Flucht des Volkstribuns aus Rom entsprach die Polizianos aus Florenz.
Angesichts dieser Parallele tut sich auch eine neue Perspektive für den à la Ovid "palam [...], ut vellet agnosci", zusammengeflickten Ovid-Cento[11] auf, der in die *Forma teatrale* 1 des *Orfeo* Eingang fand.

> Orpheo ritorna, redempta Euridice, cantando certi versi alegri che sono de Ovidio accommodati al proposito:
>
> Ite triumphales circum mea tempora lauri!
> Vicimus: Euridice reddita vita mihi est.
> Haec est praecipuo victoria digna triumpho:
> huc ades, o cura parte triumphe mea.[12]

[11] Der Cento, den Tissoni Benvenuti in ihrer Edition, S. 51f., eisig zum Machwerk eines tolpatschigen Höflings erklärt, kombiniert allein Ovidisches - aus *Amores* II 12; lediglich der zweite Vers ist etwas freier gestaltet -, so wie vermeintlich Ovid (in Wahrheit: Hosidius Geta) nahezu ausschließlich Vergilisches zusammengeflickt hatte.

Aus ihrem Kontext extrapoliert, sind diese Verse geeignet, Polizianos eigenen Triumph zu beschreiben[13]. Man kann den Cento im "Cento" als eine Hommage an den "Cento"-Dichter Cola werten, die in die *Fabula* eingebaut wurde, als die Krise im Verhältnis zu Lorenzo mit ihrer Hilfe glücklich überwunden worden war.

Cola di Rienzo war nicht nur Vorläufer Polizianos, sondern gemeinsam mit ihm auch Nachfahre Homers. Der Epiker galt Pellegrino Agli, der sich gewiß anderes dabei dachte, als Beispiel für "animi mentisque [...] vis", die aus größten Schwierigkeiten zu befreien vermöge, "modo studium et voluntas non remittatur"[14]: aus Schwierigkeiten, können wir mit *Fam.* XIII 6 glossieren, "unde non evasurus esset Maro", nicht zufällig gemeinsam mit Petrarca der große Verlierer der *Nutricia*.

[12] *Ed.* TISSONI BENVENUTI, S. 180; "Winde dich um meine Schläfen, Lorbeer des Triumphs! Ich habe gesiegt: Euridice, mein Leben, ist mir zurückgegeben worden. Dies ist ein Sieg, der einen ganz besonderen Triumph verdient. Halte Einzug, aus Kummer geborener Jubel!"

[13] In *Ft* 1 stehen die Verse natürlich kurz vor der Katastrophe, doch gestattete das Werk nur an diesem Ort die Manifestierung persönlicher Triumphgefühle (die ja überdies keinesfalls plakativ geäußert werden sollten).

[14] *Laur. Plut.* 65,52, f. 1v.

10. Grammaticus, interpres, philosophus

Kurz vor Ende der vorliegenden Studie soll der Frage nachgegangen werden, wie ernst bzw. welcher Art die Wende zur Philosophie war, die Poliziano laut *Miscellaneorum Centuria Prima* unter dem Einfluß Picos 1488 vollzog. Dazu wollen wir uns einem Text zuwenden, den der Dichterphilologe im Herbst 1492 verfaßte und umgehend drucken ließ: der *Lamia*, *Praelectio* zu einer Vorlesung über die *Priora Analytica* des Aristoteles[1].

Die *Lamia* ist über weite Strecken eine Theaterperformance, die nur mittelbar an das Publikum des Florentiner *Studio* gerichtet ist. Poliziano läßt gleich zu Beginn des Werkes eine Schar Neider auftreten - verkleidet als volkstümliche Schauergestalten, blutsaugende *Lamiae* -, mit der er in eine Auseinandersetzung tritt.

Die *Lamiae* zeigen sich (S. 3f.) halb belustigt, halb empört über die plötzlichen philosophischen Neigungen des bei ihnen als "nugator" verrufenen Poliziano. Dieser bestreitet umgehend (und für den Kenner der *Miscellaneorum Centuria Prima* gewiß überraschend), ein Philosoph zu sein oder als solcher erscheinen zu wollen. Um dies beweisen zu können, müsse er aber erst ermitteln, was unter dem "animal quod homines philosophum vocant" eigentlich zu verstehen sei. Seine ätiologische Untersuchung (S. 4-8) läßt ihn umgehend auf Pythagoras stoßen, der der Tradition zufolge die Bezeichnung Philosoph erfand. Poliziano zitiert einige Sentenzen (*Symbola*) des Griechen[2] ("Du sollst keine Bohnen essen", "Du sollst nicht gegen die Sonne pinkeln" etc.) und überhäuft sie mit Spott. Eine jener Maximen verbot es, den Namen des Philosophen auszusprechen, weswegen Poliziano ihn schlicht "Ipse" nennt.

Mit einem Philosophen wie Pythagoras will Poliziano nichts gemein haben. Die Distanzierung ist keineswegs banal, denn aus den *Symbola* lasen viele Neuplatoniker qua allegorischer Lektüre moralische Botschaften heraus[3]. Überraschend kommt die Demontage der Spruchsammlung allerdings nicht: Schon Polizianos Lobpreis ihrer Konzision im Widmungsbrief des *Enchiridion*, dreizehn Jahre zuvor, war ja ein Akt heimlicher *malizia* gewesen.

---

[1] Grundlage unserer Analyse ist die Edition Ari Wesselings aus dem Jahr 1986.

[2] Zu Polizianos Zeit galten die *Symbola* als authentisches Werk des Pythagoras.

[3] Vgl. *ed.* WESSELING, S. 29.

Weiter im "Stück" (S. 8-16): Poliziano sucht nach anderen Gründen für die vorwurfsvollen Töne der *Lamiae* und fragt sich nunmehr, ob seine Gegner etwa deshalb glaubten, ihn anklagen zu müssen, weil dem Titel Philosoph etwas Schlechtes anhafte. Er selbst hält die Bezeichnung für ruhmreich, was ihn dazu veranlaßt, zu einem großangelegten Lob des Philosophen auszuholen, das er mit der ausgedehnten Paraphrase des *Protreptikos*, eines platonischen Poems des spätgriechischen Autors Jamblichos, gestaltet und mit einer nahezu wörtlichen Übertragung der dort gegebenen Version des Höhlengleichnisses krönt. Clou des Manövers: Der *Protreptikos* lag bis dato nicht in lateinischer Fassung vor[4]. Die Absicht, die Neuplatoniker auf ihrem ureigenen Terrain auszubooten, ist offenkundig. Ist Poliziano also doch ein Philosoph?

Im Schlußteil der *Lamia* (S. 16-19) leugnet er dies ein weiteres Mal entschieden und beansprucht stattdessen den Titel eines "grammaticus" oder "interpres" für sich. Er zeigt sich bestrebt, die Grammatik aus den Niederungen rudimentärer Pädagogik herauszuholen[5], in denen sie als unterste der *artes liberales* gemeinhin angesiedelt wurde. 'Unten' versteht er als 'fundamental', was es ihm erlaubt, die Disziplin als unabdingbare Voraussetzung für den Zugang zu allen anderen Künsten einschließlich der Philosophie zu preisen. Nachdem er eine Reihe griechischer und römischer *auctoritates* für diese Auffassung[6] ins Feld geführt hat, wartet er mit einer Liste hellenistischer Grammatiker auf, die, wie er sagt, unter allen Kommentatoren philosophischer Werke die Besten gewesen seien.

Nach diesen Ausführungen sind die *Lamiae* bereit, Poliziano den Titel eines *grammaticus* zuzuerkennen. Im Gegenzug aber verlangen sie, er solle seinen Verzicht auf den Rang eines *philosophus* mit mangelnder Einarbeitung in die Philosophie begründen - womit sie gleichsam beweisen, daß sie seinen *grammaticus*-Begriff entweder nach wie vor nicht teilen oder aber nicht intelligent genug sind, ihn zu verstehen. Poliziano geht auf diese "Finte" natürlich nicht ein:

---

[4] Ficino hatte zwar 1464 eine Übersetzung des *Protrepticus* begonnen, sie jedoch nie beendet (vgl. *ibid.*, S. XXVf.).

[5] Wenn Poliziano im Vorwort zur *Miscellaneorum Centuria prima* das Wort *grammaticus* abschätzig und in seinem engen Sinn ('Schulmeister') verwendet, sollte dies nicht verwundern: 1489 ging es ihm vorrangig darum, als Philosoph anerkannt zu werden, und *philosophus* war nun einmal *vulgo* der Gegenbegriff zu *grammaticus*. Die weite Auffassung des Begriffs *grammaticus* im Hellenismus, auf die auch Quintilian (*Inst. orat.* II 1,4) anspielt, war dem Humanisten gewiß schon 1489 nicht fremd. Er dürfte damals nur keinen Sinn darin gesehen haben, sie zu propagieren. Anderer Ansicht ist Wesseling„ *ed. cit.*, S. 100f.

[6] Vgl. *ibid.*, S. XXIII, S. XXV, S. 99-102.

Es zu tun, käme einer Bankrotterklärung gleich. Die *Lamiae* stünden als die einzig wahren Philosophen da.

Nur gut, daß die Diskussion mit den starrköpfigen Widersachern imaginär ist, und Poliziano selbst darin Regie führt. So kann er die *Lamiae* in ihrem falschen Glauben belassen und sich nunmehr direkt seinen Studenten zuwenden. Ihnen gegenüber verweist er auf die Vielzahl seiner philosophischen Lektüren sowie auf seine "familiaritas" mit allen Philosophen, die kennenzulernen ihm im Laufe seines Lebens gegeben war. Gerade diese außergewöhnliche Vertrautheit sei es, die ihn befähige, an schwierige Werke wie die *Analytica Priora* des Aristoteles heranzugehen, um die alle anderen einen Bogen schlügen, insbesondere jene, die für sich für Philosophen hielten. "Me enim grammaticum vocatote vel, si hoc magis placet, philosophastrum vel ne hoc ipsum quidem" (S. 18).

Poliziano also ein reiner "grammaticus"? Geht es dem Humanisten in der philosophischen Performance des Mittelteils allein darum, sein Recht zu unterstreichen, als Philosophie*dozent* aufzutreten?[7] Wie aufrichtig ist sein insistentes Leugnen, ein Philosoph zu sein?

Im Verlauf der *Lamia* verwies Poliziano unter Rückgriff auf die 21. Rede des Themistios[8] auf das Recht des Philosophen, zur Zurücknahme der eigenen Person zu lügen:

> Quanquam aliquod mendacium quoque philosopho congruit, ut cum se ipse et sua extenuat, quali Socrates ironia fertur eleganti usus adversus inflatos sophistas, ut qui ab homine refellerentur imperitum agente facilius intellegerent quam omnino nihil ipsi scirent. (S. 7[9])

Als *inflati sophistae* wird Poliziano die *Lamiae*, Fratzen seiner philosophischen Gegner, eingestuft haben. Leitete ihn also sokratische Ironie, als er bestritt, ein Philosoph zu sein?[10] - Die Art und Weise der Wiederaufnahme von Epiktets *Enchiridion*, des stoischen Handbuchs, das der Humanist 1479 ins Lateinische

---

[7] Vgl. *ibid.*, S. XXII: "With this speech Poliziano sets himself upon the pedestal of the true professor of philosophy."

[8] Vgl. *ibid.*, S. 57f.

[9] "Freilich steht auch einem Philosophen ein gewisses Maß an Verlogenheit zu, nämlich dann, wenn er sich selbst und seine Lehre ein wenig zurücknimmt. Sokrates soll dieses elegante ironische Mittel gegen die aufgeblasenen Sophisten eingesetzt haben, um sie, widerlegt von einem Mann, der den Unkundigen spielt, leichter erkennen zu lassen, wie wenig sie doch wissen."

[10] Wesseling (*ed. cit.*, S. XXI-XXV) befaßt sich ausführlich mit der ironischen Dimension des Textes. Gleich zu Beginn erwähnt er dabei das Themistios-Zitat, ohne daran allerdings die hier vorgestellte Hypothese zu knüpfen.

übertragen hatte, stützt diese Annahme. Er habe genug rezipiert - sagt Poliziano, kurz nachdem er die *Lamiae* "entlassen" hat -, halte es aber mit Epiktet, dem Stoiker, wenn er nicht alles wieder ausspeie, was er in sich aufgenommen habe. Wie ein Schaf wolle er stattdessen seine Nahrung in Milch und Wolle verwandeln. Ausgerechnet dieses Transformationsgleichnis gab das *Enchiridion* dem angehenden *Philosophen* als Empfehlung an die Hand. Der solle es wie *Sokrates* halten und sich niemals als solcher zu erkennen geben.

Poliziano folgt dieser Anweisung. Er will Philosoph sein, aber nicht wie die *Lamiae*, nicht in den engen Grenzen einer Schule wie etwa der zu Beginn des Mittelteils ausgiebig ironisierten neuplatonischen: Deshalb negiert er sein Philosophentum gegenüber seinen Widersachern. Völlig konform zu Epiktet - laut Simplikios ja ein Geistesverwandter des in der Rede demontierten Pythagoras - verhält sich Poliziano indes nicht. Wäre die Rezeption loyal, hätte er nicht zuvor mit Nachdruck darauf bestehen dürfen, ein *grammaticus* und *interpres* zu sein, nicht zwei Termini beanspruchen dürfen, die Epiktet als radikal antiphilosophisch verurteilte (wie er im übrigen jeglichen Anspruch auf "interdisziplinäres" Wissen rundweg ablehnte).

Zu glauben, daß Poliziano in seiner sokratischen Verstellung soweit ging, sich exakt als das Gegenteil dessen auszugeben, was Epiktet für einen Philosophen hielt, hieße des Humanisten Umgang mit philosophischen Texten ignorieren, der tatsächlich auf (im weiteren Sinne) "grammatische" Fragen konzentriert war. So spricht letztlich alles dafür, daß die *Lamia* verschmilzt, was im *Enchiridion* noch Gegensätze waren. Die Termini "grammaticus", "interpres" und "philosophus" werden bei Poliziano insgeheim zu Synonymen. Zeichen dafür, daß der Dichterphilologe - entgegen allen Beteuerungen - nunmehr doch Philosoph sein wollte, ist bereits die materielle Basis der ersten Stelle, an der das *Enchiridion* wiederaufgegriffen wird. Das 27. Kapitel des Handbuchs beginnt in Polizianos Übersetzung mit den Worten: "Si philosophiam cupis, praepara te continuo ut irridearis, ut subsanneris a multis, ut dicant: '*repente* nobis *philosophus* emersit'"[11]. Die *Lamiae* ließ er spotten: "Nugator ille [...] qui sic *repente philosophus* prodiit". Auch der Kommentar des Humanisten zu diesem Einwurf, der einer realen Vorlage sicher nicht entbehrte, ist zu beachten:

---

[11] Auf das Zitat verwies bereits E. Maltese in Poliziano, *ed.* MALTESE 1990, S. 51.

> Sed quod repente me dixerunt prodiisse philosophum nescio equidem utrumne illis hoc totum displiceat philosophum esse, quod ego profecto non sum, an quod videri velim philosophus, cum longe absim tamen a philosopho.[12]

Wesseling zitiert aus Polizianos Übersetzung des *Enchiridion*:

> Satis igitur tibi in omnibus sit philosophum te esse. Si autem videri etiam vis, tibi ipsi videare, et satis erit.[13]

Das Verbergen des eigenen Philosophentums wird hier ein weiteres Mal zur Strategie erhoben. Die Leugnung wird rhetorisch auf die Spitze getrieben, als Poliziano verkündet, daß wahre Philosophen seltener seien als weiße Raben und er selbst, würde er diesen Anspruch erheben, "stultior Coroebo" wäre (S. 8).

Die *Lamia* endet, wie Wesseling schreibt, "with the fable of the owl and the birds, meaning that the philosophers who attack him [*sc.* Poliziano] are no more than opinionated, foolish owls who do not deserve to be called philosophers." (XX). Der holländische Philologe nennt im Kommentar (S. 114) die Quelle der Fabel, das Finale von Dions Rede *De habitu*. Einen Unterschied indes verschweigt er: Dion zählt sich im Gegensatz zu Poliziano selbst zu den falschen Eulen, die nur das Gewand des Sokrates (oder Diogenes) trügen, im Geiste aber weit von ihnen entfernt seien[14]. Poliziano spricht zwar ebenfalls von "multae noctuae", die nur dem Anschein nach Eulen seien, schließt dabei aber weder aus, daß es noch wahre Eulen gebe, noch daß er selbst eine solche sein könne. *Notabene*: Wahre Eulen bleiben auch dann im Dunkeln, wenn sie ans Licht der Öffentlichkeit treten. Wahre Weise leugnen ihr Philosophentum.

Vom sophistischen Dichter der *Ambra* zum rhetorisch beschlagenen Philosophen war es für Poliziano kein weiter Weg. Stets konnte er seine Redegabe in die Waagschale werfen. Schon Mitte der achtziger Jahre des *Quattrocento* hatte sich Poliziano gegenüber Auswärtigen (den Venezianern um Ermolao Barbaro) als Philosoph dargestellt. In der *Miscellaneorum Centuria Prima* von 1489 unternahm er dann einen nicht ungeschickten Versuch, sich auch in Florenz das Image eines

---

[12] "Was aber ihre Behauptung betrifft, ich sei mit einem Mal als Philosoph aufgetreten, so weiß ich nicht, ob es ihnen mißfällt, daß jemand überhaupt Philosoph ist - ich bin es fürwahr nicht -, oder aber, daß ich angeblich als Philosoph erscheinen will - auch davon bin ich weit entfernt."

[13] "Es soll dir also in jeder Situation genügen, ein Philosoph zu *sein*. Willst du aber auch ein Philosoph *scheinen*, so scheine dir selbst einer: Das wird genügen."

[14] Dion Chrysostomos, *Oratio* XXVII, §16.

Denkers zu geben: Einerseits gab er zu, lange Zeit keine stabilen philosophischen Interessen gehegt zu haben, andererseits behauptete er, von Pico auf Dauer zur Philosophie bekehrt worden zu sein. Obwohl er in den *Miscellanea* philosophische Termini analysierte und später gar Vorlesungen über philosophische Texte hielt, mußte er erfahren, daß ihm kaum Glauben geschenkt wurde. Obschon davon überzeugt, ein Philosoph zu sein, gab er daher in der *Lamia* den Anspruch auf, *für die Masse* als solcher zu gelten. Nur wer sein rhetorisches Spiel durchschaute, sollte sein Philosophentum erkennen.

Polizianos Strategie, ἐγκύκλιος παιδεία und Philosophie mehr oder minder miteinander zu identifizieren, stand bei alldem auf brüchigem Fundament: Wahre Philosophen zeichnen sich von jeher durch spekulative Begabung aus, und diese fehlte Angelo bis zuletzt. Auch als Kommentator philosophischer Texte blieb er ein *antiquarian*.

11. Schlußwort

Als Schöpfer von Textcollagen müßte sich der *poeta doctus* der Renaissance in einer Zeit, da das Schlagwort "Intertextualität" Konjunktur hat, eigentlich großer Beliebtheit erfreuen. Was die gegenwärtige deutsche Italianistik betrifft, so kann davon allenfalls mit Blick auf das 16. Jahrhundert die Rede sein. Dank seiner geringeren lateinischen Komponente trägt es den Sieg über das *Quattrocento* davon, obwohl dieses das Operieren des Literaten im Aktionsfeld "Tradition" weit weniger ideologisch beengte: Bembos stilistische Regulierung mit ihrer Kanonisierung Petrarcas und Boccaccios zu Musterautoren für Dichtung bzw. Prosa war noch nicht erfolgt, die Fixierung auf Vergil und Cicero im lateinischen Bereich nicht einmütig akzeptiert, die aristotelische Poetik noch nicht zum Maß aller Verskunst erhoben worden.

Die Dichter des 15. Jahrhunderts wußten ihren Freiraum auf verschiedenste Weise zu nutzen. Polizianos Domäne war das raffinierte gelehrte Spiel. Er hat dem Leser eine hermeneutische Herausforderung zu bieten, die man bei einem Ariost oder Tasso vergeblich suchen dürfte. Sie anzugehen, erfordert eine geradezu detektivische Vorgehensweise. Zunächst sind die Materialien aufzufinden, aus denen seine Texte gleichsam destilliert sind. Ein sicherer Anker für die Interpretation sind sie, einmal aufgespürt, jedoch nicht immer, denn sie werden oft so frei kontaminiert, daß große Margen in der Deutung bleiben. Nicht selten meint man sich einem Autor gegenüberzusehen, der auf mehreren Inhaltsebenen simultan agiert und mit dem Einsetzen eines einzigen Mosaiksteins gleich auf mehrere Vorlagen verweisen will.

Das semantische Potential, das die besten der dichterischen Werke Polizianos auf engstem Raum bergen, ist wahrhaft erstaunlich. Nötigt schon das Maß an Recherche, das sie gekostet haben, Respekt ab, so zeigen ihre Vielschichtigkeit und ihr Esprit die ganze Meisterschaft des Dichterphilologen. Eigene philosophische Gedankengebäude zu zimmern, war die Stärke des Dogmen- und Kanonfeindes Angelo naturgemäß nicht; die anderer verdeckt zu subvertieren, lag ihm dafür um so mehr.

Die Hingabe, mit der man sich in der Hochzeit des Positivismus der Literaten der Renaissance annahm - häufig im unbewußten Bestreben, sie zu "Ersatzheiligen" zu machen -, hat zur Anhäufung einer Fülle von Daten geführt, von der es heute zu profitieren gilt: Informationen, die jahrzehntelang brachlagen, können in völlig neuem Licht erscheinen, wenn man sie kritisch hinterfragt, etwa, wie es Francisco Rico und andere im Fall Petrarcas so erfolgreich vorgeführt haben, unter dem Aspekt der autobiographischen Stilisierung; oder aber, ganz allgemein, unter dem der Rhetorik und ihrer Strategien. Solche Ansätze lassen die Züge der Betroffenen plastischer hervortreten, da sie Schlüsse auf ihren Charakter und ihr Verhalten im jeweiligen intellektuellen und materiellen Lebensumkreis erlauben. Hier liegt zweifellos ein weites Feld für künftige Forschung, dessen Bestellung, auch durch "Quereinsteiger" aus der klassischen Philologie und dem mittellateinischen Bereich, lebhaft zu wünschen wäre.

VERZEICHNIS DER VERWENDETEN LITERATUR

1. QUELLEN

1.1. Texte Angelo Polizianos

1.1.1. Alte Drucke

POLIZIANO 1498 = *Omnia Opera* Angeli Politiani *et alia quaedam lectu digna* etc. Venedig 1498.

POLIZIANO 1553 = Angeli Politiani *Opera quae quidem extitere hactenus omnia* etc. Basel 1553 (nur für *Miscellaneorum Centuria Prima*).

1.1.2. Moderne Ausgaben (nach Herausgebern geordnet)

BOCCUTO 1990 = Angelo Poliziano, *Nutricia*. Introduzione e commento di Giuseppina Boccuto. Perugia 1990.

BRANCA / PASTORE STOCCHI 1972 = Angelo Poliziano, *Miscellaneorum Centuria Secunda*. Per cura di Vittore Branca e Manlio Pastore Stocchi. Florenz 1972.

CARRAI 1988 = Angelo Poliziano, *Stanze. Fabula di Orfeo*. A cura di Stefano Carrai. Mailand 1988.

CESARINI MARTINELLI 1978 = Angelo Poliziano, *Commento inedito alle Selve di Stazio*. A cura di Lucia Cesarini Martinelli. Florenz 1978.

DEL LUNGO 1976 [1867] = Angelo Ambrogini Poliziano. *Prose volgari inedite e Poesie latine e greche edite e inedite*. Raccolte e illustrate da Isidoro Del Lungo. r(Florenz 1867) Hildesheim 1976.

GARIN 1952 = *Prosatori latini del Quattrocento*. A cura di Eugenio Garin. Mailand / Neapel 1952.

LAZZERI 1971 = Angelo Poliziano, *Commento inedito all' Epistola ovidiana di Saffo a Faone*. Florenz 1971.

MALTESE 1990 = Epitteto. *Manuale*. Con la versione latina di Angelo Poliziano e il volgarizzamento di Giacomo Leopardi. Introduzione, traduzione e note di Enrico V. Maltese. Mailand 1990.

ORVIETO 1989 = Angelo Poliziano, *Sylva in Scabiem*. A cura di Paolo Orvieto. Rom 1989.

PEROSA 1954 = Angeli Politiani *Sylva in Scabiem*. Testo inedito a cura di Alessandro Perosa. Rom 1954.

PICOTTI 1915 = Angelo Poliziano, *Lettera apologetica*. In: PICOTTI 1915 (zitiert unter 2.), S. 90-100.

SCHÖNBERGER 1992 = Angelo Poliziano, *Rusticus*. Einleitung, Text, erste deutsche Übersetzung und Anmerkungen von Otto Schönberger. Würzburg 1992.

TISSONI BENVENUTI 1986 = Antonia Tissoni Benvenuti, *L'Orfeo del Poliziano. Con il testo critico dell'originale e delle successive forme teatrali*. Padua 1986.

VARESE 1953 = *Prosatori volgari del Quattrocento*. A cura di Claudio Varese. Mailand / Neapel 1953.

WESSELING 1986 = Angelo Poliziano, *Lamia. Praelectio in Priora Aristotelis Analytica*. Critical edition, introduction and commentary by Ari Wesseling. Leiden 1986.

ZANATO 1983 = Angelo Poliziano, *Detti piacevoli*. A cura di Tiziano Zanato. Rom 1983.

1.2. Sonstige Texte der italienischen Literatur

1.2.1. Leon Battista Alberti

CONSOLO 1986 = Leon Battista Alberti, *Momo o del principe*. A cura di Rino Consolo. Genua 1986.

GOGGI CAROTTI 1976 = Leon Battista Alberti, *De commodis litterarum atque incommodis*. A cura di Laura Goggi Carotti. Florenz 1976.

GRAYSON 1966 = Leon Battista Alberti, *Opere volgari*. Bd. II: *Rime e trattati morali*. A cura di Cecil Grayson. Bari 1966.

1.2.2. Dante Alighieri

LANZA 1995 = Dante Alighieri, *La Commedìa*. Nuovo testo critico secondo i più antichi manoscritti fiorentini. A cura di Antonio Lanza. Anzio 1995.

ROTHE 1930 = Pseudo-Dante, Kanzone *O alta prole del superno Giove, ed.* Curt Rothe in: *Dantea dresdensia. Deutsches Dante-Jahrbuch* 12 (1930), S. 87-210, bes. S. 133-160.

1.2.3. Giovanni Boccaccio

Textgrundlage war, soweit möglich, die Ausgabe: *Tutte le opere di Giovanni Boccaccio.* Sotto la direzione di Vittore Branca. Mailand 1964ff. Im einzelnen gilt dies für:

AUZZAS 1992 = Giovanni Boccaccio, *Epistole.* A cura di Ginetta Auzzas. Bd. V.1, S. 493-856.

BRANCA 1992 = Giovanni Boccaccio, *Rime.* A cura di Vittore Branca. Bd. V.1, S. 1-374.

DELCORNO 1994 = Giovanni Boccaccio, *Elegia di Madonna Fiammetta.* A cura di Carlo Delcorno. Bd. V.2, S. 1-412.

FABBRI 1992 = Giovanni Boccaccio, *Vite di Petrarca, Pier Damiani e Livio.* A cura di Renata Fabbri. Bd. V.1, S. 879-962.

PADOAN 1965 = Giovanni Boccaccio, *Esposizioni sopra la Comedia di Dante.* A cura di Giorgio Padoan. Bd. VI.

PADOAN 1994 = Giovanni Boccaccio, *Corbaccio.* A cura di Giorgio Padoan. Bd. V.2, S. 413-614.

Weiterhin wurde herangezogen:

ROMANO 1951 = Giovanni Boccaccio, *Genealogie deorum gentilium.* A cura di Vincenzo Romano. 2 Bde., Bari 1951.

1.2.4. Leonardo Bruni

BARON 1928 = Leonardo Bruni Aretino, *Humanistisch-philosophische Schriften.* Hrsg. von Hans Baron. Leipzig 1928.

RESTA 1976 = Leonardo Bruni Aretino, *Epistola* VI 1. In: Johannis Marrasii *Angelinetum et Carmina varia* ed. Gianvito Resta. Palermo 1976, S. 144-48.

1.2.5. Amerigo Corsini

JUHÁSZ 1934 = Amerigus Corsinus, *Compendium in vitam Cosmi Medicis ad Laurentium Medicem.* Ed. Ladislaus [László] Juhász. Leipzig 1934.

1.2.6. Marsilio Ficino

Opera = Marsilius Ficinus, *Opera omnia.* Basel 1576.

GENTILE 1990 = Marsilio Ficino, *Lettere I. Epistolarum familiarum liber I.* A cura di Sebastiano Gentile. Florenz 1990.

MARCEL 1958 = Marsile Ficin, *Commentaire sur le Banquet de Platon.* Texte critique établi et traduit par Raymond Marcel. Paris 1958.

MARCEL 1964 = Marsile Ficin, *Theologia platonica.* Texte critique établi et traduit par Raymond Marcel. 2 Bde., Paris 1964.

1.2.7. Janus Pannonius

TELEKI 1784 = Iani Pannonii *Opusculorum* edidit Sándor Teleki. 2 Bde. Traiecti ad Rhenum 1784.

1.2.8. Cristoforo Landino

CARDINI 1974 = Cristoforo Landino, *Scritti critici e teorici.* A cura di Roberto Cardini. 2 Bde., Rom 1974.

LIACI 1970 = Cristoforo Landino, *De vera nobilitate.* A cura di Maria Teresa Liaci. Florenz 1970.

LOHE 1980 = Cristoforo Landino, *Disputationes camaldulenses.* A cura di Peter Lohe. Florenz 1980.

PEROSA 1939 = Cristophori Landini *Carmina omnia* ex codicibus manuscriptis primum *ed.* Alexander Perosa. Florenz 1939.

1.2.9. Lorenzo Lippi

MÜLLNER 1901 = Laurentii Lippii *Collensis opuscula tria. Ed.* Karl Müllner, in: *Programm des K.K. Staats-Ober-Gymnasiums zu Wiener Neustadt.* Wiener Neustadt 1901, S. 1-42.

1.2.10. Giannozzo Manetti

MEHUS 1741 = Giannozzo Manetti, *Oratio funebris in solemni Historici, Oratoris ac Poetae laureatione.* In: *Leonardi Bruni Arretini* [sic] *Epistolarum libri VIII* ed. Lorenzo Mehus. Florenz 1741, S. LXXXIX-CXIV.

1.2.11. Giovanni Marrasio

RESTA 1976 = Johannis Marrasii *Angelinetum et Carmina varia* ed. Gianvito Resta. Palermo 1976.

1.2.12. Naldo Naldi

JUHÁSZ 1934 = Naldus de Naldis Florentinus, *Elegiarum libri III ad Laurentium Medicen*. Ed. Ladislaus [László] Juhász. Leipzig 1934.

1.2.13. Francesco Petrarca

Petrarchae *Opera*. Venedig 1501.

Francisci Petrarchae Opera omnia. Basel 1582.

BILLANOVICH 1943 = Francesco Petrarca, *Rerum memorandarum libri*. Per cura di Giuseppe Billanovich. Florenz 1943.

BUFANO 1975 = Francesco Petrarca, *Opere latine*. A cura di Antonietta Bufano con la collaborazione di B. Aracri e C. Kraus Reggiani. Introduzione di M. Pastore Stocchi. 2 Bde, Turin 1975.

DOTTI 1974 = Francesco Petrarca, *Sine Nomine. Lettere polemiche e politiche*. A cura di Ugo Dotti. Bari / Rom 1974.

FENZI 1992 = Francesco Petrarca, *Secretum*. A cura di Enrico Fenzi. Mailand 1992.

FRACASSETTI 1859-1863 = Francisci Petrarcae *Epistolae de rebus familiaribus et Variae*. Ed. Giuseppe Fracassetti. 3 Bde., Florenz 1859-1863.

MARTELLI 1992 = Francesco Petrarca, *Opere. Canzoniere, Trionfi, Familiarum Rerum Libri. Con testo a fronte*. A cura di Mario Martelli. Florenz [3]1992.

MARTELLOTTI 1968 = Francesco Petrarca. *Laurea occidens. Bucolicum Carmen X*. Testo, traduzione e commento a cura di Guido Martellotti. Rom 1968.

MARTELLOTTI ET ALII 1955 = Francesco Petrarca, *Prose*. A cura di Guido Martellotti e di Pier Giorgio Ricci, Enrico Carrara e Enrico Bianchi. Mailand / Neapel 1955.

1.2.14. Giovanni de' Pigli

LANZA 1975 = *Lirici toscani del Quattrocento*, a cura di Antonio Lanza. Bd. II, Rom 1975, S. 265.

1.2.15. Sicco Polenton

ULLMAN 1928 = Sicco Polenton, *Scriptorum Illustrium Latinae Linguae Libri XVIII*. Edited by Berthold Louis Ullman. Rom 1928.

1.2.16. Coluccio Salutati

HANKEY 1959 = Teresa Hankey, *Salutati's Epigrams for the Palazzo Vecchio at Florence*. In: *Journal of the Warburg and Courtauld Institutes* 22 (1959), S. 363-65.

NOVATI 1891-1911 = *Epistolario di Coluccio Salutati*. A cura di Francesco Novati. 4 Bde., Rom 1891-1911.

ULLMAN 1951 = Coluccii Salutati *De laboribus Herculis* ed. Berthold Louis Ullman. 2 Bde., Zürich 1951.

1.2.17. Domenico Silvestri

JENSEN 1973 = Domenico Silvestri, *The Latin Poetry*. Edited by Richard C. Jensen. München 1973.

1.2.18. Lorenzo Valla

Opera = Laurentius Valla, *Opera omnia*. Con una premessa di Eugenio Garin. 2 Bde., Turin 1962.

GARIN 1952 = *Prosatori latini del Quattrocento*. A cura di Eugenio Garin. Mailand / Neapel 1952.

BESOMI 1973 = Laurentii Vallae *Gesta Ferdinandi Regis Aragonum* ed. Ottavio Besomi. Padua 1973.

1.2.19. Maffeo Vegio

DE LA BIGNE 1677-1703 = Maphei Vegii Laudensis *Veritas exulans. Dialogus Veritatis et Philalethis ad Eustachium fratrem*. In: *Bibliotheca (Maxima) veterum Patrum et antiquorum scriptorum ecclesiasticorum*. Ed. Margarino de La Bigne. Lyon 1677-1703. Bd. 26, S. 754-57.

RAFFAELE 1909 = Luigi Raffaele. *Maffeo Vegio, Elenco delle opere, Scritti inediti.* Bologna 1909.

1.2.20. Ugolino Verino

MENCARAGLIA 1940 = Ugolini Verini *Flametta* ed. Lucianus Mencaraglia. Florenz 1940.

1.2.21. Filippo Villani

GALLETTI 1847 = Philippi Villani *Liber de civitatis Florentiae famosis civibus* ed. Gustavo Camillo Galletti. Florenz 1847.

RACHELI 1857 = *Cronica di Giovanni, Matteo e Filippo Villani.* Secondo le migliori stampe corredate di note filologiche e storiche. Premessa di A. Racheli. Triest 1857 (enthält ein freies Volgarizzamento des *Liber de civibus*).

1.2.22. Giovanni Villani

RACHELI 1857 = *Cronica di Giovanni, Matteo e Filippo Villani.* Secondo le migliori stampe corredate di note filologiche e storiche. Premessa di A. Racheli. Triest 1857.

1.3. Texte des Altertums und frühen Mittelalters

NB: Standardausgaben lateinischer und griechischer Schriftsteller werden in der Regel nicht aufgeführt. Ausnahmen:
1.) Wenig geläufige Texte werden genannt.
2.) Bei Autoren, deren Texte in den gängigen Editionen uneinheitlich angeordnet bzw. untergliedert sind, wird die verwendete Ausgabe erwähnt.
3.) Editionen, denen besondere Angaben zur Biographie von Autoren bzw. zur Überlieferungsgeschichte ihrer Werke entnommen wurden, werden - nach ihrer Kurzbenennung im Text der Studie - nunmehr mit ihrem Volltitel zitiert.

1.3.1. Texte zu Lukan

BRAIDOTTI 1972 = *Le vite antiche di M. Anneo Lucano.* Introduzione e testo critico a cura di Cecilia Braidotti. Bologna 1972.

WEBER 1856-59 = *Vitae M. Annaei Lucani* collectae a Carolo Friderico Weber. Marburg 1856-1859, 3 Bde.

1.3.2. Sonstige Texte

Bernardus Silvestris, *Commentum super sex libros Eneidos Virgilii.* Nunc primum edidit Guilielmus RIEDEL. Greifswald 1924.

Decimo Ausonio Magno. *Opere.* A cura di Agostino PASTORINO. Turin [2]1978.

Donatus auctus. In: *Die Vitae Virgilianae und ihre antiken Quellen.* Hrsg. von Dr. Ernst DIEHL. Bonn 1911.

Greek Lyric. Edited by David A. CAMPBELL. 4 Bde., Cambridge/Mass. und London 1982-1992.

Lyrica Graeca selecta. Edidit D.L. PAGE. Oxford 1968.

Mythographi latini. Edidit Angelus MAI. Rom 1831.

Orphicorum fragmenta colligit Otto KERN. Berlin 1922.

Panégyriques latines. Édités par Édouard GALLETIER, Paris 1949.

Pseudoacronis *Scholia in Horatium vetustiora.* Recensuit Otto KELLER. 2 Bde. Leipzig 1902/1904.

Sextus Pompeius Festus, *De verborum significatu.* Edidit Aemilius THEWREWK DE PONOR. Pars I. Budapest 1889.

Stobaeus, *Anthologium.* Ediderunt Curtius WACHSMUTH et Otto HENSE. 5 Bde. (Bde. 1-2 *ed.* WACHSMUTH; Bde. 3-5 *ed.* HENSE). Berlin 1884-1912.

2. SEKUNDÄRLITERATUR

NB: Einleitungen, Kommentare etc. aus den unter I. genannten Ausgaben werden im allgemeinen nicht nochmals berücksichtigt. Nur bei besonders häufig zitierten Werken erfolgt ein Querverweis.

ADAM 1988 = Wolfgang Adam, *Poetische und Kritische Wälder. Untersuchungen zu Geschichte und Formen des Schreibens 'bei Gelegenheit'.* Heidelberg 1988.

ALLEN 1981 = Michael J. B. Allen, *Marsilio Ficino and the Phaedran charioteer.* Berkeley 1981.

BAUSI 1994 = Francesco Bausi, *Sui* Nutricia *di Angelo Poliziano. Questioni esegetiche e testuali.* In: *Interpres* XIV (1994), S. 163-97.

BERNABEI 1970 = Richard Bernabei, *The Treatment of Sources in Macrobius'* Saturnalia, *and the Influence of the* Saturnalia *in the Middle Ages*. Ann Arbor 1970 (Mikrofilm).

BERTALOT 1931 = Ludwig Bertalot, *Forschungen über Leonardo Bruni Aretino*. In: *Archivum Romanicum* 15 (1931), S. 284-323.

BETTINZOLI 1986 = Attilio Bettinzoli, *"Dolus et Error": di alcuni carmi latini del giovane Poliziano*. In: *Lettere italiane* 38 (1986), S. 166-92.

BETTINZOLI 1990 = Attilio Bettinzoli, *A proposito delle "Sylvae" di Angelo Poliziano: Questioni di Poetica*. In: *Memorie dell'Istituto Veneto di Scienze, Lettere ed Arti. Classe di Scienze morali, Lettere ed Arti.* 43 (1990), 1. Faszikel.

BETTINZOLI 1992 = Attilio Bettinzoli, *Ruris opes saturi... Lettura della* Sylva Rusticus *del Poliziano*. In: *Rinascimento* N.S. 32 (1992), S. 3-81.

BETTINZOLI 1994 = Attilio Bettinzoli, *Rassegna di studi sul Poliziano (1987-1993)*. In: *Lettere italiane* 46 (1994), S. 592-648.

BEYER 1993 = Andreas Beyer, *Funktion und Repräsentation. Die Porphyr-Rotae der Medici*. In: *Piero de' Medici "il Gottoso" (1414-1469)*. Hrsg. von Andreas Beyer und Bruce Boucher. Berlin 1993, S. 151-167.

BIGI 1967 = Emilio Bigi, *La cultura del Poliziano e altri studi umanistici*. Pisa 1967.

BIGI 1988 = Rezension von Poliziano, *Orfeo*, *ed.* Tissoni Benvenuti 1986. In: *Giornale Storico della Letteratura Italiana* 165 (1988), S. 463-69.

BIGNONE 1913 = Ettore Bignone, *La fortuna di Lucrezio*. In: *Rivista di Filologia e di Istruzione classica* 41 (1913), S. 254-57.

BORINSKI 1914 = Karl Borinski, *Die Antike in Poetik und Kunsttheorie*. Bd. 1: *Mittelalter, Renaissance, Barock*. Leipzig 1914.

BRANCA 1983 = Vittore Branca, *Poliziano o l'Umanesimo della Parola*. Turin 1983.

BRANCA 1985 = Vittore Branca, *Tra Ficino 'Orfeo ispirato' e Poliziano 'Ercole ironico'*. In: *Marsilio Ficino e il Ritorno di Platone*. A cura di Gian Carlo Garfagnini. Bd. 2. Florenz 1985, S. 459-75.

BROWN 1992 = Alison Brown, *The Humanist Portrait of Cosimo de' Medici, Pater Patriae* [1961]. In: *eadem, The Medici in Florence. The exercise and the language of power*. Florenz / Perth 1992

BULST 1993 = Wolfger A. Bulst, *Die* sala grande *des Palazzo Medici in Florenz. Rekonstruktion und Bedeutung.* In: *Piero de' Medici "il Gottoso" (1414-1469).* Hrsg. von Andreas Beyer und Bruce Boucher. Berlin 1993, S. 89-127.

CALDERINI 1915 = Aristide Calderini, *I codici milanesi delle opere di Francesco Filelfo.* In: *Archivio storico lombardo* XLII (1915), S. 335-411.

CARDINI 1973 = Roberto Cardini, *La critica del Landino.* Florenz 1973.

CARDINI 1974 = *ed.* Cardini 1974 => I.2.8.

CARDINI 1990 = Roberto Cardini, *Mosaici. Il "nemico" dell'Alberti.* Rom 1990.

CARRAI 1988 = Stefano Carrai, *Echi massimianei nella "Sylva in Scabiem".* In: *Interpres* 8 (1988), S. 276-82.

CARRAI 1990 = Stefano Carrai, *Implicazioni cortigiane nell'Orfeo di Poliziano.* In: *Rivista di letteratura italiana* VIII (1990), S. 9-23.

CESARINI MARTINELLI 1982 = Lucia Cesarini Martinelli, *Un ritrovamento polizianesco: il fascicolo perduto del Commento alle 'Selve' di Stazio.* In: *Rinascimento* N.S. XXII (1982), S. 183-212.

CESARINI MARTINELLI 1985 = Lucia Cesarini Martinelli, *De Poesi et Poetis. Uno schedario sconosciuto di Angelo Poliziano.* In: *Tradizione classica e Letteratura umanistica. Per Alessandro Perosa.* A cura di R. Cardini, E. Garin, L. Cesarini Martinelli e G. Pascucci. Bd. 2, Rom 1985, S. 455-87.

CEVOLANI 1992 = Alessandra Cevolani, *Un poemetto dedicato a Lorenzo ed il suo autore.* In: Pietro Apollonio Collazio, *De duello Davidis et Goliae.* A cura di Roberta Manetti. Mailand 1992, S. 7-20.

DELLA TORRE 1968 [1902] = Arnaldo Della Torre, *Storia dell'Accademia Platonica di Firenze.* r(Florenz 1902) Turin 1968.

DEL LUNGO 1897 = Isidoro Del Lungo, *Florentia. Uomini e cose del Quattrocento.* Florenz 1897.

DE NOLHAC 1907 = Pierre De Nolhac, *Pétrarque et l'humanisme.* 2 Bde., Paris 1907.

DE ROBERTIS 1974 [1967] = Domenico De Robertis, *Interpretazione della 'Sylva in scabiem'* [1967]. In: *Id.*, *Carte d'identità.* Mailand 1974, S. 137-58.

DIONISOTTI 1960 = Pietro Bembo, *Prose e Rime.* A cura di Carlo Dionisotti. Turin 1960.

DOGLIO 1977 = Maria Luisa Doglio, *Mito, metamorfosi, emblema dalla "Fabula di Orfeo" alla "Festa de lauro"*. In: *Lettere italiane* 29 (1977), S. 148-70.

DONATO 1988 = Maria Monica Donato, *Gli eroi romani tra storia ed "exemplum". I primi cicli umanistici di uomini famosi.* In: *Memoria dell'antico nell'arte italiana*. Bd. 2, Turin 1988, S. 95-152.

DONATO 1991 = Maria Monica Donato, *Hercules and David in the early decoration of the Palazzo Vecchio: Manuscript Evidence*. In: *Journal of the Warburg and Courtauld Institutes* 54 (1991), S. 83-98.

ETTLINGER 1972 = Leopold Ettlinger, *Hercules Florentinus*. In: *Mitteilungen des Kunsthistorischen Instituts in Florenz* 16 (1972), S. 119-42.

FRIEDRICH 1972 = Hugo Friedrich, *Romanische Literaturen* I. Hrsg. von Brigitte Schneider-Pachaly. Frankfurt 1972.

GALAND 1987 = Ange Politien, *Les Silves*. Éd. et traduites par Perrine Galand. Paris 1987.

GARIN 1992 [1961] = Eugenio Garin, *La cultura filosofica del Rinascimento italiano*. Florenz ^{3}1992 [^{1}1961].

GASPAROTTO 1972/73 = Giovanni Gasparotto, *Il nome di Lucrezio nel Petrarca (La biografia geronimiana)*. In: *Atti e Memorie dell'Accademia Patavina di Scienze, Lettere ed Arti* 85 (1972/73), S. 293-307.

GODMAN 1993 = Peter Godman, *Poliziano's Poetics and Literary History*. In: *Interpres* 13 (1993), S. 110-209.

GOMBRICH 1985 = Ernst H. Gombrich, *Norm und Form. Zur Kunst der Renaissance I*. Stuttgart 1985 (Originalausgabe: Oxford 1966).

GUTHMÜLLER 1986 = Bodo Guthmüller, *Studien zur antiken Mythologie in der italienischen Renaissance*. Weinheim 1986.

HADOT 1985 = Pierre Hadot, *La survie du commentaire de Simplicius sur le Manuel d'Épictète du XVe au XVIIe siècles: Perotti, Politien, Steuchus, John Smith, Cudworth*. In: Ilsetraut Hadot (*ed.*), *Simplicius. Sa vie, son oeuvre, sa survie. Actes du Colloque international de Paris (28 Sept. - 1er Oct. 1985)*. Berlin / New York 1985.

HANKINS 1990 = James Hankins, *Plato in the Italian Renaissance*. 2 Bde., Leiden 1990.

HERZNER 1978 = Volker Herzner, *David Florentinus I. Zum Marmordavid Donatellos im Bargello.* In: *Jahrbuch der Berliner Museen* XX (1978), S. 43-115.

HERZNER 1982 = Volker Herzner, *David Florentinus II. Der Bronze-David Donatellos im Bargello.* In: *Jahrbuch der Berliner Museen* XXIV (1982), S. 63-142.

VON HESSERT 1991 = Marlis von Hessert, *Zum Bedeutungswandel der Herkules-Figur in Florenz.* Köln / Weimar / Wien 1991.

KLECKER 1994 = Elisabeth Klecker, *Dichtung über Dichtung. Homer und Vergil in lateinischen Gedichten italienischer Humanisten des 15. und 16. Jahrhunderts.* Wien 1994 (= Wiener Studien, Beihefte 20).

KRISTELLER 1937 = Paul Oskar Kristeller, *Supplementum ficinianum.* 2 Bde., Florenz 1937.

KRISTELLER 1977 = Paul Oskar Kristeller, *Iter Italicum. A finding list of uncatalogued or incompletely catalogued humanistic manuscripts of the Renaissance in Italian and other libraries.* 6 Bde., London 1977-92.

MAÏER 1966 = Ida Maier, *Ange Politien. La formation d'un poète humaniste (1469-1480).* Genf 1966.

MARTELLI 1978 = Mario Martelli, *Il* Libro delle Epistole *di Angelo Poliziano.* In: *Interpres* 1 (1978), S. 184-255.

MARTELLI 1980a = Mario Martelli, *Nota a Poliziano, 'Epigrammaton latinorum' XXIX,3.* In: *Interpres* 3 (1980), S. 270-81.

MARTELLI 1980b = Mario Martelli, *La politica culturale dell'ultimo Lorenzo.* In: *Il Ponte* XXXVI (1980), S. 923-50 und S. 1040-69.

MARTELLI 1988 = Mario Martelli, *Il mito d'Orfeo nell'età laurenziana.* In: *Interpres* 8 (1988), S. 7-40. Erneut vorgelegt in: *Orfeo e l'Orfismo. Atti del Seminario Nazionale (Roma-Perugia, 1985-1991).* A cura di Agostino Masaracchia. Rom 1993, S. 319-51.

MIONI 1979 = Elpidio Mioni, *L'*Antologia Planudea *di Angelo Poliziano.* In: *Medioevo e Rinascimento Veneto con altri Studi in honore di L. Lazzarini.* Bd. I, Padua 1979, S. 541-55.

VON MOOS 1976 = Peter von Moos, *"Poeta" und "Historicus" im Mittelalter. Zum Mimesis-Problem am Beispiel einiger Urteile über Lucan.* In: *Beiträge zur Geschichte der deutschen Sprache und Literatur* 98 (1976), S. 93-130.

OLIVER 1958 = Revilo P. Oliver, *Politian's Translation of the* Enchiridion. In: *Transactions and Proceedings of the American Philological Association* 89 (1958), S. 185-217.

ORVIETO 1989 = *ed.* Orvieto 1989 => I.1.2.

PAOLETTI 1993 = John T. Paoletti, *"...ha fatto Piero con voluntà del padre...": Piero de' Medici and Corporate Commissions of Art.* In: *Piero de' Medici "il Gottoso" (1414-1469).* Hrsg. von Andreas Beyer und Bruce Boucher. Berlin 1993, S. 221-250.

PEROSA 1946 = Alessandro Perosa, *Febris: a poetic Myth created by Poliziano.* In: *Journal of the Warburg and Courtauld Institutes* 9 (1946), S. 74-95.

PEROSA 1954 = *ed.* Perosa 1954 => I.1.2.

PICOTTI 1914 = G. B. Picotti, *Sulla data dell'"Orfeo" e delle "Stanze" di Agnolo Poliziano.* In: *Rendiconti della Reale Accademia dei Lincei. Classe di Scienze morali, Storia.* 5. Serie, 23 (1914), Faszikel 1-2, S. 319-52.

PICOTTI 1915 = G. B. Picotti, *Tra il poeta ed il lauro. Pagina della vita di Agnolo Poliziano.* Parte seconda. In: *Giornale Storico della Letteratura italiana* 66 (1915), S. 52-104.

PIRROTTA 1969 = Nino Pirotta, *Li due Orfei.* Turin 1969.

PIZZANI 1990 = Ubaldo Pizzani, *L'erramento ferino e lo sviluppo della Società umana nei* Nutricia *di Angelo Poliziano: la presenza di Lucrezio.* In: *Homo sapiens Homo humanus.* A cura di Giovannangiola Tarugi. Bd. 2, Florenz 1990, S. 389-406.

RICO 1974 = Francisco Rico, *Vida u obra de Petrarca.* Padua 1974.

ROSCHER 1978 = W. H. Roscher, *Ausführliches Lexikon der griechischen und römischen Mythologie.* 6 Bde. + 1 Supplement. [r](Berlin 1886-1937) Hildesheim 1978.

TANTURLI 1992 = Giuliano Tanturli, *La Firenze laurenziana davanti alla propria Storia letteraria.* In: *Lorenzo il Magnifico e il suo tempo.* A cura di Gian Carlo Garfagnini. Florenz 1992, S. 1-38.

RUBINSTEIN 1942 = Nicolai Rubinstein, *The beginnings of political thought in Florence.* In: *Journal of the Warburg and Courtauld Institutes* 5 (1942), S. 198-227.

TIMPANARO 1985 = Sebastiano Timpanaro, *Appunti per un futuro editore del* Liber proverbiorum *di Lorenzo Lippi.* In: *Tradizione classica e letteratura umanistica. Per Alessandro Perosa.* A cura di R. Cardini, E. Garin, L. Cesarini Martinelli, G. Pascucci. Bd. 2, Rom 1985, S. 391-435.

TISSONI BENVENUTI 1981 = *Il viaggio d'Isabella d'Este a Mantova nel giugno 1480 e la datazione dell'"Orfeo" del Poliziano.* In: *Giornale storico della letteratura italiana* 158 (1981), S. 368-83.

TISSONI BENVENUTI 1986 = *ed.* Tissoni Benvenuti 1986 => I.1.2.

TÖNNESMANN 1993 = Andreas Tönnesmann, *Zwischen Bürgerhaus und Residenz. Zur sozialen Typik des Palazzo Medici.* In: *Piero de' Medici "il Gottoso" (1414-1469).* Hrsg. von Andreas Beyer und Bruce Boucher. Berlin 1993, S. 71- 88.

VITALINI 1969 = Mirella Vitalini, *A proposito della datazione dell'*Orfeo. In: Giornale storico della letteratura italiana 146 (1969), S. 245-51.

WASCHBÜSCH 1972 = Alfons Waschbüsch, *Polizian.* München 1972.

WRIGHT 1994 = Alison Wright, *The Myth of Hercules.* In: *Lorenzo il Magnifico e il suo mondo.* A cura di Gian Carlo Garfagnini. Florenz 1994, S. 323-339.

ZURAW 1993 = Shelley Zuraw, *The Medici Portraits of Mino da Fiesole.* In: *Piero de' Medici "il Gottoso" (1414-1469).* Hrsg. von Andreas Beyer und Bruce Boucher. Berlin 1993, S. 317-339.

3. VERWENDETE ÜBERSETZUNGEN

Leon Battista Alberti, *Momus oder Vom Fürsten.* Lateinisch-deutsche Ausgabe. Übers., kommentiert und eingeleitet von Michaela Boenke. München 1993.

Anthologia Graeca, Griechisch-Deutsch. *Ed.* Hermann Beckby. 4 Bde., München 1957/58.

Boethius, *Trost der Philosophie.* Übers. und. hrsg. von Karl Büchner. Mit einer Einführung von Friedrich Klingner. Stuttgart 1971.

Cicero, *De oratore. Über den Redner.* Lateinisch / Deutsch. Übers. und hrsg. von Harald Merklin. Stuttgart [2]1991.

Cicero, *Pro A. Licinio Archia poeta oratio. Rede für den Dichter A. Licinius Archias.* Lateinisch / Deutsch. Übers. und hrsg. von Otto Schönberger. Stuttgart 1990.

Marcus Tullius Cicero, *Vier Reden gegen Catilina*. Übers. und hrsg. von Dietrich Klose. Mit einem Nachwort von Karl Büchner. Stuttgart 1970.

Aulus Gellius, *Die Attischen Nächte*. Zum ersten Male vollständig übers. und mit Anmerkungen versehen von Fritz Weiss. Neudruck der Ausgabe von 1875. 2 Bde., Darmstadt 1965.

Q. Horatius Flaccus, *Oden und Epoden*. Lateinisch und deutsch. Übers. von Christian Friedrich Karl Herzlieb und Johann Peter Uz. Eingeleitet und bearbeitet von Walther Killy und Ernst A. Schmidt. Zürich / München 1981.

Horaz, *Ars Poetica. Die Dichtkunst*. Lateinisch / Deutsch. Übers. und mit einem Nachwort hrsg. von Eckart Schäfer. Stuttgart 1984.

Juvenal, *Satiren*. Übersetzung, Einführung und Anhang von Harry C. Schnur. Stuttgart 1969.

Lucanus, *Bellum Civile. Der Bürgerkrieg*. Hrsg. und übers. von Wilhelm Ehlers. München 1973.

Titus Lucretius Carus, *Welt aus Atomen*. Lateinisch und deutsch. Textgestaltung, Einleitung und Übersetzung von Karl Büchner. Zürich 1956.

Lukian, *Werke in drei Bänden*. Hrsg. von Jürgen Werner und Herbert Greiner-Mai. Aus dem Griechischen übers. von Christoph Martin Wieland. Berlin / Weimar 1974.

Publius Ovidius Naso. *Tristia. Epistulae ex Ponto. Briefe aus der Verbannung*. Lateinisch und deutsch. Übertragen von Wilhelm Willige, eingeleitet und erläutert von Georg Luck. Zürich / Stuttgart 1963.

Publius Ovidius Naso, *Metamorphosen*. Lateinisch / Deutsch. Übers. und hrsg. von Michael von Albrecht. Stuttgart 1994.

Pindar, *Siegeslieder*. Griechisch-deutsch. Hrsg., übers. und mit einer Einführung versehen von Dieter Bremer. München 1992.

Platon, *Der Staat*. Übers. und hrsg. von Karl Vretska. Stuttgart 1982.

Properz und Tibull, *Liebeselegien*. Lateinisch und deutsch. Neu hrsg. und übers. von Georg Luck. Zürich / Stuttgart 1964.

L. Annaeus Seneca, *De vita beata. Vom glücklichen Leben*. Lateinisch / Deutsch. Übers. und hrsg. von Fritz-Heiner Mutschler. Stuttgart 1990.

Titus Catius Silius Italicus, *Punica. Das Epos vom Zweiten Punischen Krieg.* Lateinischer Text mit Einleitung, Übersetzung, kurzen Erläuterungen, Eigennamenverzeichnis und Nachwort von Hermann Rupprecht. 2 Bde. Mitterfels/Ofr. 1991.

Statius, *Lied von Theben.* Deutsch von A. Imhof. 2 Bde. Ilmenau / Leipzig 1885.

P. Papinius Statius, *Silvae.* Übers. von Dr. Richard Sebicht. Ulm 1902.

Sueton, *Cäsarenleben.* Hrsg. und erläutert von Max Heinemann. Mit einer Einleitung von Rudolf Till. Stuttgart 1957.

P. Cornelius Tacitus, *Dialogus de oratoribus. Das Gespräch über die Redner.* Lateinisch-deutsch, *ed.* Hans Volkmer. München 1967.

Bei Fragen zur Produktsicherheit wenden Sie sich bitte an:
If you have any questions regarding product safety,
please contact:

Walter de Gruyter GmbH
Genthiner Straße 13
10785 Berlin
productsafety@degruyterbrill.com